国家出版基金项目

教育部文科重点研究基地重大项目

叶朗 主编 朱良志 副主编

中国美学通史

宋金元卷

HISTORY

OF

CHINESE

AESTHETICS

潘立勇
陆庆祥
章辉
吴树波
著

江苏人民出版社

图书在版编目(CIP)数据

中国美学通史.宋金元卷/叶朗主编;潘立勇等著.--
南京:江苏人民出版社,2021.3
 ISBN 978-7-214-23588-6

Ⅰ.①中… Ⅱ.①叶… ②潘… Ⅲ.①美学史-中国
-辽宋金元时代 Ⅳ.①B83-092

中国版本图书馆 CIP 数据核字(2020)第 036315 号

中国美学通史

叶 朗 主编 朱良志 副主编

第五卷 宋金元卷

潘立勇 陆庆祥 章 辉 吴树波 著

项 目 策 划	王保顶	
项 目 统 筹	胡海弘	
责 任 编 辑	胡海弘	
装 帧 设 计	周伟伟	
出 版 发 行	江苏人民出版社	
地 址	南京市湖南路 1 号 A 楼,邮编:210009	
网 址	http://www.jspph.com	
照 排	江苏凤凰制版有限公司	
印 刷	苏州市越洋印刷有限公司	
开 本	652 毫米×960 毫米 1/16	
印 张	214.75 插页 32	
字 数	2 980 千字	
版 次	2021 年 3 月第 2 版	
印 次	2021 年 3 月第 1 次印刷	
标 准 书 号	ISBN 978-7-214-23588-6	
总 定 价	880.00 元(全八册)	

江苏人民出版社图书凡印装错误可向承印厂调换

总　序

一

中国历史上有极为丰富的美学理论遗产。继承这份遗产，对于我国当代的美学学科建设，对于我国当代的审美教育和审美实践，对于 21 世纪中华文化的伟大复兴，有着重要的意义。近代以来，梁启超、王国维、蔡元培、朱光潜、宗白华等前辈学者对这份美学理论遗产进行了整理和研究，取得了重要的成果。20 世纪 80 年代以来，学术界开始尝试对中国美学的发展历史进行系统的研究，出版了一批中国美学史的著作。我们试图在前辈学者和学术界已有研究成果的基础上，写出一部更具整体性和系统性的中国美学通史，力求勾勒出中国美学思想发展的内在脉络，呈现中国美学的基本精神、理论魅力和总体风貌。

二

我们在《中国美学通史》的写作中注意以下几点：

一、《中国美学通史》是关于中国历史上美学思想的发展史。美学是对审美活动的理论性思考，是表现为理论形态的审美意识，所以这部美学通史不同于审美文化史、审美风尚史等著作。

二、中国美学史的发展,在一定程度上体现为美的核心范畴和命题的发展史。一个时代美学的核心范畴和命题的形成和发展,反映那个时代美学的基本精神和总体风貌。这部通史重视研究各个时期的重要美学概念、范畴和命题,力求通过这样的研究勾勒出一个理论形态的中国美学发展的历史。

三、这部通史注意在历史发展过程中把握中国美学的内在逻辑线索,不同于孤立地介绍单个的美学家和单本的美学著作。

四、中国美学的一个重要特点是它不限于少数学者在书斋中做纯学术的研究,而是与人生紧密结合,与各个门类的艺术实践紧密结合,它渗透到整个民族精神的深处。因此,我们这部通史既注意在哲学、宗教等相关著作中发现有价值的思想,又注意发掘艺术理论、艺术批评中所蕴涵的丰富的美学思想,同时还注意到各个时代的社会生活中寻找美学理论与现实人生相互联结的各种材料,以更深一层地显示美学理论的时代特色。

五、这部通史注意新材料的发现,同时力求以研究者独特的眼光去发现和照亮历史材料中的新的意蕴。这部通史的写作还力求体现我们这个时代的时代精神。这部通史从上古时期的商代开始一直写到1949年,反映中国美学从上古时代到近现代的全幅波动,但并不意味着把它写成过往时代历史材料的堆积,我们力求使这部通史反映当代的理论关注点,反映当代的美学理论的追求,从而在某种程度上使它成为一部闪耀着当代光芒的美学史。

三

这部《中国美学通史》是由教育部文科重点研究基地北京大学美学与美育研究中心组织编写的。由叶朗任主编,朱良志任副主编。全书由江苏人民出版社出版。

这部美学通史共有八卷,分别是先秦卷、汉代卷、魏晋南北朝卷、隋唐五代卷、宋金元卷、明代卷、清代卷、现代卷。

这部书的著者以北京大学的学者为主,同时邀请了国内其他高校的一批有成就的中青年学者参加。本书从 2007 年启动,前后经过六年多时间。全书初稿完成后,又组织几位学者进行统稿。参加统稿的学者为:叶朗、朱良志、彭锋、肖鹰。统稿时对各卷文稿作了若干修改,其中对个别卷作了较大的修改。

这部美学通史被列入教育部文科基地重大项目,并获得国家出版基金资助,我们对此表示深深的谢意。本书编写过程中得到北京大学相关部门的帮助,很多学者参加过本书从提纲到初稿的讨论,在此一并表示谢意。

由于多方面的原因,全书还存在着很多缺点,敬请读者提出批评意见。

目　录

第一章 导 言

宋金元时期是中国历史上一个重要转折点,它上承汉、唐,下启明、清,其 400 余年的历史在中国古代封建社会中后期史上占有极重要的地位。尤其宋朝(960—1279)是中国古代自唐代之后的一个重要的汉族政权,这一朝代的社会文化有许多独特之处:一方面是民族危机深重,另一方面则是经济文化高度繁荣;一方面是高度的中央集权,另一方面又是学术、思想的相对自由;一方面是性命道德的执着追求,另一方面却是感官享受的全面宣泄。这种社会背景在一定程度上促进了理论思维的成熟。在文化哲学和理论思维上,如果说先秦是中华人文的奠基和发端,魏晋南北朝是中华人文的自觉,那么,宋代则是中华传统人文的全面成熟和近世人文的兴起。这个特征同样体现在宋代美学领域,它的理论的思辨性、学派的多样性、学者的群体性,皆有其他时代难以企及之处。而市民阶层的形成、近世人文的兴起、休闲文化的繁荣,又使宋代美学体现出走向近代的特征,中国古代美学由此告别汉唐气象,进入宋元境界。

第一节 特殊的社会背景

从历史上看,处于中国封建文明发展史中承前启后的转折点的两宋社会基本结构,具有突出的外强内虚的特征,这种社会背景使当时的社会文化心理及其审美意识形成了相应的特征。

宋代社会及其文化心理和审美意识的矛盾是多重性、错综复杂的,可以说没有另外任何一个朝代汇集了有如宋代这样错综复杂而又具有对峙性的内在矛盾与冲突。就社会基本结构而言,经济文化的空前发达与民族危机的极端深重,即繁荣与忧患的同时并存;就社会文化心理结构而言,道德规范的极度强化与生命情感的肆意追求,即伦理和情欲的并驾齐驱(如理学与宋词的双璧生辉、儒学道统与禅悦之风的并行不悖);就社会审美意识结构而言,审美伦理教化说与审美自由论感受,即功利与超功利的对立并峙,如此等等,都是这种内在矛盾特征的体现。

一、特殊的社会结构

中国历史上没有另外一个朝代像宋代社会这样表现了如此对立复杂的矛盾状态,汇聚了如此交织迭合的内在冲突:一方面经济文化空前发达,另一方面民族危机也达到很高程度。而靖康之变所造成的宋代社会由鼎盛而式微、由升平而离乱、由荣耀而屈辱的剧变,更使两宋社会呈现了一幅大起大落、大荣大辱的历史场景。对此,哲学史家赵纪彬曾作过这样的概括:"朱熹的时代特征是经济发展下的民生问题的严重及民族危机与文化——尤其是哲学遗学的丰富。"①

我们先看看宋代经济文化空前繁荣发达的这一面情况。由于宋代的封建生产关系发生了新的变化,如在土地所有制上,贵族官僚按封建等级世袭占有土地的方式基本瓦解,地主土地私有制逐渐发展;在剥削方式上,"部曲佃客制"逐渐由"租佃制"代替,实物地租逐渐取代了劳役地租;在劳动者地位上,人身的依附束缚相对减轻。以土地的商品性质增强和农民的人身依附地位减轻为主要标志的生产关系调整必然促进生产的发展和经济的繁荣,而宋代中央集权下相对宽松与开明的经济政

---

① 《赵纪彬文集》(一),第 283 页,郑州:河南人民出版社,1985 年。

策,又为这种发展与繁荣提供了来自上层建筑的保证;因此,两宋的物质文明达到了中国封建社会前所未有的高度,而且南宋在北宋的基础上又有所发展。

与唐代相比,宋代粮食产量、垦田面积、耕作工具与生产技术及水利事业、农产品商业化诸方面都有显著提高,人口也大大增加,这些反映了宋代农业经济的繁荣状况。宋代经济的发达,更体现于商品经济的长足发展。例如在手工业方面,生产经营规模不断扩大,生产分工更加细密,产品产量与生产技术明显提高,尤其是造船业、陶瓷业、纺织与印染业等等迅速发展;在商业方面,大都市迅速形成(如唐代十万户的城市仅 11个,北宋则达 40 个),城市商业繁荣,市镇与集市贸易及沿海贸易活跃,工商业税成为政府的重要财源,另外已开始推广纸币,据日本学者佐野袈裟美氏研究,当时通行的货币,已有公据、关子、盐砂、茶引、交子、会子等种类。① 在社会意识上,已有不少人改变传统的认商为末的看法,认为士农工商"此四者皆百姓之本业"②。

宋代的文化在中国封建文明史上更是以其登峰造极的成就而辉映史册。陈寅恪曾以"华夏民族之文化,历数千载之演进,造极于赵宋之世"③之语盛赞赵宋文化,邓广铭也认为"宋代文化的发展,在中国封建社会历史时期之内达于顶峰,不但超越了前一代,也为其后的元明之所不能及"④。宋代统治者采取文治靖国的政策,在强化专制主义中央集权的前提下,对宋代的士人给予了前朝从未有过的优厚的社会地位、经济待遇和较为开明的文化政策,如宋太祖曾立下誓规"不杀士大夫""不以言罪人"和"优待文士"。这种重文优士的政策与发达的社会经济及前代的文化遗产结合,为宋代的文化繁荣发达提供了良好的动力与保障,极大

---

① 〔日〕佐野袈裟美:《中国历史教程》,刘惠之、刘希宁译,第 261—262 页,上海:读书出版社,1937 年。
② 〔宋〕陈耆卿:《嘉定赤诚志》卷三七,《风土门·重本业》,北京:中华书局,1990 年。
③ 陈寅恪:《金明馆丛稿二编》,第 245 页,上海:上海古籍出版社,1980 年。
④ 邓广铭:《宋代文化的高度发展与宋王朝的文化政策》,《邓广铭学术论著自选集》,第 169 页,北京:首都师范大学出版社,1994 年。

地促进了文化事业的发展、文化品位的提升、审美文化的发达,使有宋一代的科学技术、文学艺术、经史哲学及社会教育各方面都达到了前所未有的高峰。

在科学技术方面,印刷术、火药和指南针的发明与使用,新超星的纪录和世界上最早的天文图的绘制,杨辉的开方法、秦九韶的三次方程式的运用,以及沈括的《梦溪笔谈》、李诫的《营造法式》、丁度等的《武经总要》等科技著作的出现,无不标志着科技的先进水平和辉煌成就。

在文学艺术方面,宋词以堪与唐诗媲美的姿态异军突起,宋文以唐宋八大家中占六家的风采彪炳史册,而话本小说和戏曲等市民趣味的艺术样式的兴起更使文坛别开生面。还有宋代的山水花鸟、行书狂草……几乎没有一个艺术领域不产生了足与前朝后代争辉的巨观。宋代的绘画书法、美术工艺、园林营造、戏艺杂技等等都达到繁盛的水平,宋代山水画的气势博大与意境隽永,被誉为代表着中国画的最高艺术水平。值得注意的是这时期艺术理论和美学论著的大量出现,最令人注目的是诗话的兴起。著名者如欧阳修的《六一诗话》、张戒的《岁寒堂诗话》、姜夔的《白石道人诗说》、叶梦得的《石林诗话》、严羽的《沧浪诗话》等等。据郭绍虞《宋诗话考》,现存完好的宋人诗话有42种,部分流传或本无其书而由他人撰辑而成的共46种,已佚或尚有佚之未及辑者50种,可见其成果之富。

在经史哲学方面,继先秦子学、两汉经学、魏晋玄学、隋唐佛学之后出现了以理学为主干的宋学,理学突破章句训诂之学,以强思辨、精义理、深邃博大而彪炳一代。《新唐书》、新旧《五代史》、《资治通鉴》及吕祖谦和浙东史学的出现,以及《太平御览》《太平广记》《文苑英华》《册府元龟》等上千卷之巨的大类书的编纂印行,则充分显示了非前朝可及的宋代史学的实绩及集大成的文化意识与文化成就。

在社会教育方面,科举制度的进一步发展,讲学之风的盛行,以著名的四大书院为代表的民办学术教育机构的遍地林立,都标志着宋代社会教育事业的空前发展。京师设有国子学、太学等等,另外有专业性很强的武学、律学、算学、画学、书学、医学。除了官办学校外,私人讲学授徒亦蔚然成风。

此外,宋代文化发达的一个突出特征是文化群体的出现。这首先表现为同一时代涌现出一大批有杰出贡献的文化人物。以著名思想家为例,从生年上考察,北宋之欧阳修(1007 年)、李觏(1009 年)、邵雍(1015年)、周敦颐(1017 年)、司马光(1019 年)、张载(1020 年)、王安石(1021年)、沈括(1031 年)、程颢(1032 年)、程颐(1033 年),南宋之朱熹(1130年)、张栻(1133 年)、吕祖谦(1137 年)、陆九渊(1139 年)、陈亮(1143年)、叶适(1150 年)等,两大思想家群体的涌现都集中在二三十年之间,这不仅在中国文化史上,而且在世界文化史上也是罕见的。其次表现为学派群体的形成,《宋元学案》共一百卷,除六卷元儒、两卷元祐、庆元党禁外,其余各卷均为宋儒。每个学案均录学派同人几十人乃至百人以上。两宋期间学派林立,仅理学内部就有濂学、关学、洛学、闽学、陆学、象数学等学术派别。不同学派之间互相交流争论,辨解诘群,形成了中国历史上第二次百家争鸣的学术景观。

总之,宋代文化在各个领域都取得了辉煌成就。然而,与经济文化空前发达同时并存的是民族危机和民生问题的极其严重。翻开中国历史的长卷,一个朝代在绵延几百年的时间内,一直不曾统一海内者,也唯独赵宋王朝。赵宋先后与辽、金、西夏等少数民族政权相峙鼎足,至南宋则剩江南半壁江山,并最终为蒙古民族所灭。史学家云:"唐代踔厉向外,宋代则沉潜向内;唐代能征服人,宋代人则被征服于人。"①宋代在文治勃盛、经济繁荣的背后,是国力的虚弱。宋朝疆域远不及汉唐之广,而耗费却数倍于前,这除了用于满足统治者的穷奢极欲外,很大部分是被用来维持宋朝苟且偏安的局面。在宋代君王心目中,"外扰不过边事,皆可预防"(宋太宗语,见《宋史·宋绶传》),而"安内靖国"才是稳固统治的要事。史称宋代治国体制和策略是"重文轻武",或"重内虚外",如果说

---

① 刘伯骥:《宋代政教史》序,第 3 页,台北:中华书局,1971 年。

"重文轻武"中的"轻武"未必是史实(因为宋代开国之初就形成了"国倚兵而立"的局势,内扰外患始终不断,宋君岂有自毁长城之理);那么,"重内虚外"中的"虚外"却的确是伴随宋代300多年的现实与危机。朱熹曾指出:"本朝鉴于五代藩镇之弊,兵也收了,财也收了,赏罚刑政一切也收了,州郡逐日就困弱,靖康之祸,虏骑所过,莫不溃散。"(语类卷一二八)宋代开国之君鉴于唐末五代武人拥兵自重之患,以及自身是通过"陈桥兵变"、"黄袍加身"获取政权的史实,深知武将篡夺之祸必须防范,于是采取了皇帝独揽大权、兵将分离、将帅互制的制衡方式,其结果是导致了封建政治机制和军事机制的日益僵硬、呆滞,御边能力的空前虚弱。尤其是自宋太宗自出兵收复失地这一努力成为泡影之后,更是一改汉唐拓土开业之雄风,而沉潜制治于靖内。不仅如此,宋廷上下还染上了难以去除的恐敌症,对外族入侵者一味退让,不惜以输帛纳币,甚至下跪称臣的方式来求得一时之苟安。尽管这一时代不乏抗敌报国之忠勇之将(如岳飞、辛弃疾等),也不乏希求变革、重振国威的有识之士(如范仲淹、王安石等),但大都以无力回天乃至祸及自身的悲剧告终。民族危机之深化加剧了社会阶级矛盾,统治者对外屈膝求安,在内则穷奢尽欲,以致"百姓膏腴,皆归贵势之家"(《宋史》卷一七三),造成贫富悬殊、官民对立,致使宋三百年间农民起义连绵不断,整个时代烽火四起,边患不绝,"风雨如晦,鸡鸣不已"。

这种内忧外患的局面至南宋更为严重。朱熹曾指出当时社会"内至心腹,外达四肢","无一毛发不受病"(《戊申封事》,《文集》卷一一)。于是,民族危机和民生问题自然成了当时许多仁人志士着意思考的主题。从总体来看,这种繁荣与忧患交错并存的局面对宋代美学的特征有深刻的影响。

二、文化心理的复杂性

宋代社会的文化心理结构也存在着复杂性。当人们想寻找最能体现宋代时代特征的文化专名时,首先会想到两个名词,一个是"理学"(或曰宋学),一个则是"宋词"。尽管由于着眼点大小的不同,人们在选择概括名词时会侧重其一,如南宋陈郁指出"本朝文不如汉,书不如晋,诗不如唐,惟是学大明,自孟子而下,历汉、晋、唐皆未有"(《藏一话腴》甲集卷上),近人王国维则称"汉赋、唐诗、宋词、元曲"各统"一代之胜"(《宋元戏曲考·序》);前者是着眼于广义的文化范畴来推崇宋代道学(理学)的成就,后者则是着眼于文学艺术这一自成系统的历史文化层面而强调宋词的影响;但他们致力于把握时代特征而刻意寻找体现宋代文化之突出成就的名词这一着眼点却是相同的。①

最能典型反映宋代文化心理结构的正是"理学"与"宋词"的双向并峙、情理互补。看起来这两种文化形态形式和旨趣迥异,甚至互相冲突:理学对形上道德本性的追求,体现了社会对个体成员理性的最高规范,而宋词则表达了宋人对形下情感本性的追求,体现了个体对生命存在的感性的最细腻品味;一则主理,一则言情。二者既矛盾冲突,又相辅相成,构成了宋代社会文化心理的深层结构。

这两种文化形态在其兴起和发展上也具有时间的同步性。一般认为理学肇源于中唐的儒学复兴运动,"治宋学必始于唐,而以昌黎韩氏为之率"②,经宋初三先生(胡瑗、孙复、石介)之酝酿,周敦颐之开创,张载之奠基,至二程建其大体,而再至南宋朱熹集于大成。词亦产生于唐朝中期,宋初转盛,经北宋的发展至南宋而圆熟。就代表人物讲,理学宋初三先生之于词家晏、柳,程颢、程颐之于苏轼,朱熹之于辛弃疾,在时间上又发生了耦合,这种耦合,具有历史的必然,是宋代社会心理内在的二重性结构的必然体现。

与汉唐的相对开放、相对外倾、相对热烈的文化类型不同,宋代的文化类型是相对封闭、相对内倾、色调淡雅的。③ 重内虚外的社会结构使宋

---

① 参见陈植锷《北宋文化史述论》,第五章"宋学与北宋其他层面",北京:中国社会科学出版社,1992年。
② 钱穆:《中国近三百年学术史》,第2页,北京:商务印书馆,1997年。
③ 参见冯天瑜《中华文化史》,第634页,上海:上海人民出版社,1990年。

人的社会心理和文化心态更多地"沉潜向内",在扩疆拓域建功立业方面,宋人缺少了汉唐那种立马横刀、威凌八荒的民族自信,但在体察天人、品味情理方面,宋人却达到了汉唐人所难以望其项背的主体及个体自觉。这种内向的主体自觉朝着两个极端分化,而又奇妙地在社会各个层次乃至具体个人身上混合了起来。于是,一方面,宋代的士大夫比以往任何时代都具有强烈的忧患意识与伦理济世精神,在对现实痛心疾首之际,反省人生意义、宇宙社会秩序以及历史文化的发展;理性的思考和伦理的规范成了这一时代有志之士的追求,宋人自己就认为"本朝百事不及唐,然人物议论远过之"(《陆九渊集》卷三四引王顺伯语),这表现了宋人社会理性的自觉。另一方面,宋代士大夫又强烈地表现出一种生命本体意识,表现出对个体存在、人性自由、情感满足等方面的自然而执着的关注和渴念,有人甚至逃遁、退避于现实世界之外,着意于心灵的安适与更为细腻的官能感受,这表现了宋人个体感情的自觉。正是这种特殊的社会心理结构,形成了"理学"和"宋词"这一双向对峙的文化形态,而这双向对峙的文化形态,又正好满足了宋代士大夫的心理需要。宋代士大夫可能在社会政治的领域内高喊周孔道德,标榜儒家教义,一本正经地强调仁义道德,而在私人生活领域里却也或沉溺于声色,或浪迹于田园。

三、文化心理影响下的审美意识

在宋代审美意识领域,一个突出的矛盾现象是:一方面,伦理教化及政教功能说对审美领域发动了前所未有的紧逼;另一方面,审美领域又出现了对伦理教化说的空前背离。表现在审美意识上,则是功利与超功利、治政与言情、载道与吟味、学思与心悟、质理与情文等等日益明显的对立与交峙,如果说在中国古典美学论史上宋代以提供了最极端的审美教化治政功能论而令人瞩目的话,那就还应该说,宋代也以创造了最彻底的审美自由感受论而同样令人瞩目。

在这一时期,既有大张旗鼓的以古理圣道之政教内容为要旨的古文运动和诗文革新运动,又有阵容庞大的唯句法格律之形式趣味是求的"江西诗派"及其多样变种;既有标榜"宗经复古"、"明道致用"、"文以载道"、"垂教于民"的伦理政治功用主义的艺术哲学观念的空前盛隆,又有倡扬"吟情说性"、"不涉理路"、"高其韵味"、"唯造平淡",以及"妙语"、"滋味"、"兴趣"等等超功利纯美学思潮的全面崛兴;既有正襟危坐、议论说理、大有教训味道的语录诗,又有直率自然、任情恣性、充满柔情幽意的香奁词。

即便在同一个历史人物身上,也鲜明地表现出这种奇特的内在矛盾现象。如欧阳修就既是一个文学复古革新运动领袖,又是一个追求"闲和严静""趣远之心"的美学家和著名的"女性词作家";王安石作为一名改革家、"政治诗人"和以"治教政令"为文的实用理论家,却在晚年像西昆诗派一样追随晚唐李商隐专写起空灵明净的绝句小诗来了。反过来,像黄庭坚、陈师道等江西派诗人,一方面以其对诗歌格律的创意追求表现出强烈的形式主义美学倾向,另一方面却也高唱"道者,体也","不务本而为末者,悖也;有其文而无实者,伪也"(陈师道《理究》),俨然一副道貌。

张戒作为一个以其《岁寒堂诗话》而著称于世的诗歌理论家,他的诗歌美学理论最为典型地表现了这种审美意识的内在分离和对立。他一方面旗帜鲜明地反对重表意、守格律的"苏黄二体",强调诗以"言志"为本,以"咏物"为宗,主张诗应"思无邪",应发挥其"经夫妇、成孝敬、厚人伦、美教化、移风俗"的伦理功能,另一方面却又大力标榜"意味"、"情味"、"韵味"说,认为诗要达到有味有境界,"非至闲至静之中,则不能至",诗的创作应"词婉意微"、"不迫不露"、"含蓄蕴藉";他既推崇"独得圣人删诗之本旨"的杜甫,又倾心于悠然咏物、超然物外的孟韦。他一会儿是一位急功近利、喋口说教、堪为儒家正统的伦理美学家,一会儿又是一位超尘越俗、闲静淡泊、大有道味禅趣的诗歌理论家。①

---

① 参见仪平策《论宋代审美文化的双重模态》,《文学遗产》,1990 年第 2 期。

宋代美学既体现为政治功利与审美自由的对立,也表现在伦理追求与政治取向的似同工而实异趣;政治家的"文以致用"美学观、道学家的"文道合一"美学观和文艺家的"随物赋形"美学观乃至禅学家的"别材别趣"美学观交织并列,或交互冲突,或互为补充。

第二节　人文的成熟与转向

宋代在中国封建文明发展史中,是个重要的转折时期。中外宋史学家一致肯定了宋代社会处于历史转折点这一特征。如日本学者内藤虎次郎、宫崎市定等认为中国社会自宋代开始进入了近世史,唐宋以来商品经济发达,宋比唐更为发达,已出现资本主义因素;中国学者钱穆等则从政治上的变化的角度,提出宋代开始了平民社会,而不同于以前的贵族社会(见钱穆《国史大纲》)。此外,更多的学者认为,宋代是我国封建社会中承上启下的一个新的发展阶段,如欧洲研究宋史的先驱,法国汉学家狄纳·巴拉兹认为,中国封建社会的特征到宋代已发育成熟,而近代中国以前的新图景到宋代已显著呈现;中国许多学者也通过宋代生产力和生产关系的发展变化,证明宋代确是中国历史的一个重要的转折时期。[①]

宋代不但是中国封建文化的最高峰,中华传统人文臻于成熟;而且是中国近世人文的兴起时代,大批城市的崛起,市民阶层的形成,人本追求的凸显,使宋代文化出现了明显的近世特征。宋代的审美文化、理论思维与艺术表现,也体现出承前启后、继旧萌新的特征,审美形态更加丰富多样化。

一、成熟的传统人文形态

宋代因其高度发达的社会与文化,使传统中华人文臻于成熟。上古夏、商、周三代,是古人普遍认为的天下大治、文化灿烂的"圣明时代",成

---

① 参关履权《两宋史论》,郑州:中州书画社,1983 年。

为后人理想中的楷模。南宋陆游就曾在诗中将本朝与汉、唐联系起来，视为可与前三代媲美的盛世："商周去不还，盛哉汉唐宋。"（《玉局观拜东坡先生海外画像》）《宋史·太祖本纪》则称："三代而降，考论声明文物之治，道德仁义之风，宋于汉、唐，盖无让焉。"李贽亦云："前三代，吾无论矣。后三代，汉、唐、宋是也。"（《藏书·世纪列传总目前论》）

虽然史上唐、宋总是并称，但长期以来人们多主张唐代文化高峰说。但也有不同的观点，明代徐有贞就在《重建文正书院记》里认为，宋代人文胜过汉、唐："宋有天下三百载，视汉唐疆域之广不及，而人才之盛过之。"日本学者和田清在 20 世纪 50 年代出版的《中国史概说》中也认为："唐代汉民族的发展并不像外表上显示得那样强大，相反地，宋代汉民族的发达，其健全的程度却超出一般人想象以上。"①也许，就文化境象的开阔、气势的轩越，两宋确实不如汉唐；但人文建构的成熟深邃，艺术表现的精致典雅，宋代与唐代相比毫不逊色。

近人对宋代人文的成熟更是推崇有加。王国维说："宋代学术方面最多，进步亦最著……天水一朝人智之活动与文化之多方面，前之汉唐，后之元明皆所不逮也。近世学术多发端于宋人。"②邓广铭则认为："宋代是我国封建社会发展的最高阶段。两宋期内的物质文明和精神文明所达到的高度，在中国整个封建社会历史时期之内，可以说是空前绝后的。"③还有学者认为宋代"作为文化组成部分的物质文明和精神文明比以往任何一个朝代，都有了长足的进步"，"宋代的文化区域及文化层次等也远比过去扩大和深入"④。中外学者普遍认同这样的结论，即两宋文化"直至 20 世纪初都是中国的典型文化。其中许多东西在以后的一千年中证明是中国最典型的东西"⑤。

---

① 转引自张邦炜《瞻前顾后看宋代》，《河北学刊》2006 年第 5 期。

② 王国维：《王国维论学集》，傅杰编校，第 201 页，中国社会科学出版社，1997 年。

③ 邓广铭：《关于宋史研究的几个问题》，《社会科学战线》，1986 年第 2 期。

④ 徐吉军：《中国古代文化造极于宋代论》，《河北学刊》，1990 年第 4 期。

⑤ [美]费正清、赖肖尔：《中国：传统与变革》，陈仲丹等译，第 103—104 页，南京：江苏人民出版社，2012 年。

宋代人文的成熟,促进了文化艺术各门类的多样化发展和互融互通,这种发展与融合促进了官吏的文士化、学者化,同时也促进了文人的审美素质全面提升。正如恩格斯曾说文艺复兴是需要巨人并产生了巨人的时代,宋代也出现了一大批多才多艺甚至可称通才全才的杰出人士,如作为政治家的王安石、范仲淹、欧阳修、苏轼、黄庭坚等以及作为理学家的朱熹等人,都既是大诗人、词人、散文家,又兼通艺术。《宋史·丁谓传》评价范仲淹时说:"喜为诗,至于图画、博弈、音律,无不通晓。"(《宋史》,卷二八三)他们不是以单一的社会角色出现,而是文化的全才、通才。正是各门类艺术之间的融通,促使了文化全才和通才的出现,而文化全才和通才的出现也进一步促进了宋代艺术和美学的多元化、系统化、精致化发展。

宋代艺术在书法、绘画、园林、瓷艺、诗词、话本(小说)、戏曲及舞蹈等方面,都达到了很高的水平。宋代成熟的人文形态和独特的文化氛围,对艺术产生了深刻的影响。

理学是宋代人文成熟的重要标志。理学是儒学发展的一个重要阶段,它以儒家的道德伦理为本,吸取道家和禅家的思辨因素,通过三教合一,建立了中国封建社会最为复杂精深的理论体系,既回应了道家和佛家在理论上的挑战,又弥补了原始儒家哲学本体论的不足,将伦理学与宇宙本体论打通,为中国传统士人的安身立命提供了博大精深的理论体系和本体依据。理学对中国后期文化产生了深远的影响。理学通过道德的自我提升和完善,影响了中华民族注重气节和德操、注重社会责任和历史使命的文化性格。因而,理学的兴起也可谓是儒家人伦道德学说的重建和提升。作为中国古代思想文化结构与内涵的一大转折与新变,理学对宋元及后代的总体社会思潮及审美意识形态的演进嬗变皆有重要的影响乃至支配作用。如理学对主体心性之学的思考和建构,促进了宋代乃至中华民族的主体性自觉,宋元境界不同于汉唐气象的地方,很大程度就取决于宋元士人的主体自觉。审美的观照从外向的自然天地境界,更多地转向内向的主体人格境界,"圣贤气象"、道德人格在新的理论取向中获得更深刻的审美可能。理学极大地强化了审美的伦理功能（与单纯的政治功能不同），心性论与宇宙论的统一，使理学美学将审美的道德功能内化，"玩味圣贤气象""观天地生意"具有了人生的美育意义，人格的道德操守和审美熏育内在关联，人生境界的道德审美比以往更为深沉。与前代相比，宋代审美哲学在思辨程度上大大超过前人，这正是宋学尤其是理学的影响所致。

二、文化发展的"近世"化

　　宋朝已具有近现代社会文化的一些特征，被有些学者视为"近世人文"的肇始。1910 年，日本学者内藤虎次郎发表《概括的唐宋时代观》一文，提出唐和宋在文化性质上有显著差异，因此唐代可认为是中世纪的结束，而宋代则是近世的开始。这就是著名的"内藤假说"或称"唐宋变革论"。"内藤假说"断言了宋代在各方面的对古代中国而言所具有的巨大而深远的变革性。后来和田清也有类似说法："虽然由于史料等关系，常常简单地把唐和宋称为唐宋时代，但……唐、宋之间，是明显地存在着截然区别的，无论从四周形势来看，还是从国内的政治、经济、社会、科学、艺术、宗教、思想等各方面来看，五代、宋以后，是与前代显著不同，而与后代相连。这大概是任何人也不能不承认的。"①宋代文明"在不断的发展过程中，逐渐普及开来，促进了庶民阶级的兴起，根本上改变了从来的以贵族为中心的社会，而带来了较强的近代倾向"②。

　　国内学者的看法大体与日本学者接近。如钱穆认为："论中国古今社会之变，最要在宋代。宋以前，大体可称为古代中国，宋以后，乃为后代中国……就宋代而言之，政治经济、社会人生，较之前代莫不有变。"③还有学者认为："商业街区的形成、侵占官街河道事件的屡屡出现，以及

---

① ［日］和田清：《中国史概说》，第 132 页，北京：商务印书馆，1964 年。
② 同上书，127—128 页。
③ 钱穆：《理学与艺术》，《宋史研究集》第 7 辑，第 2 页，台北：台湾书局，1974 年。

城墙外附郭草市的增多,改变了宋以前中国传统城市的内部及外部形象,使城市具有近代城市的色彩。"①甚至有学者认为宋代已有了现代社会的特征:"公元960年宋代兴起,中国好像进入了现代……行政之重点从传统之抽象原则到脚踏实地,从重农政策到留意商业,从一种被动的形势到争取主动,如是给赵宋王朝产生了一种新观感。"②以上种种都可以看出宋代文化的近世面貌已见端倪,近代人文精神与旨趣,已经在宋代呈现乃至蔚然成风。

近代人文的一个重要特征是社会的世俗化、文化的平民化,教育由贵族通向平民,艺术由殿堂走向民间。士大夫的审美兴趣呈现出多样性、世俗化的特点。两宋文化艺术在臻于精致、典雅的同时,更为平民层所喜闻乐见的俗文化也随之兴起,并达到相当繁荣的程度。

在文学领域,词成为宋代文学的标志。词以长短句的形式,更适合于细腻委婉情感体验的表达,词的审美视角,相比于诗,更贴近人生的形而下的存在体验。尽管其后如苏轼、辛弃疾、陆游等被称为"豪放派",突破了词为"艳科"的传统樊篱,凡怀古、感旧、记游、说理等诗文惯用的题材,都用词来表达,大大拓宽了词的领域,并在词作中表达了强烈的政治热情和豪爽的英雄本色,体现出豪放旷达的风格;但词坛总体仍以"婉约""阴柔"为主流,词格仍以沉吟于人生当下体验所传递的"韵味"为基调,宋词中抒发的感情大多都是浅斟低唱的闲情逸趣。

士人文化切近生活、走向世俗的同时,更为通俗的民众文化兴起。宋代城市的繁荣和商品经济的发展,使成分庞杂的市民阶层迅速崛起,更加感官化和日常生活化的市民审美需求也随之产生。孟元老在《东京梦华录·序》中这样描述当时汴京的城市文化景观:"辇毂之下,太平日久,人物繁阜。垂髫之童,但习鼓舞;班白之老,不识干戈。时节相欢,各有观赏……举目则青楼画阁,绣户珠帘,雕车竞驻于天街,宝马争驰于御

① 吴晓亮主编:《宋代经济史研究》,第145页,昆明:云南大学出版社,1994年。
② 黄仁宇:《中国大历史》,第128页,上海:三联书店,1997年。

路,金翠耀目,罗绮飘香。新声巧笑于柳陌花衢,按管调弦于茶坊酒肆。八荒争凑,万国咸通。集四海之珍奇,皆归市易;会寰区之异味,悉在庖厨。花光满路,何限春游;箫鼓喧空,几家夜宴。伎巧则惊人耳目,侈奢则长人精神。"这是城市大众通俗文化的狂欢盛现。

张择端《清明上河图》则在 5 米多长的画卷上展现了清明时节首都汴京东南城内外的热闹情景,反映了都市形形色色、各行各业人物的劳动和生活,以及各种各样、丰富多彩的市井文艺场景。市井风情,瓦肆风韵,一一栩栩如生地呈现。宋代的民间戏剧如傀儡戏、滑稽戏、参军戏已十分流行,这些歌舞小戏以滑稽调笑、讽刺揶揄为主,可以随时随地增添一些即兴表演,台下观众大声应和,气氛颇为热烈。而传承而来的话本艺术是"说话"艺人的底本,是民间"说话"伎艺发展的一种文学形式。为了市民的娱乐,各种瓦肆伎艺应运而生,瓦肆即瓦舍,是市民文化娱乐的固定场所,每个瓦舍划有专供表演的圈子,称为"勾栏"。在众多勾栏里演出多种形式的文艺节目,如说书、讲史、杂剧、杂技、说诨话、角抵、队舞、皮影等。市井俚俗的下里巴人之调,已与文人士大夫的阳春白雪之曲分庭抗礼,并呈现出酣畅淋漓的市井美学风采。

值得注意的是,宋代的娼妓业也因宋代城市经济的高度繁荣而趋于兴盛,其分工非常明确,大致分为了"官妓""声妓""艺妓""商妓"四类。这些从事娱乐业的女子,大都卖艺不卖身,一般都才貌双全,有的则琴、棋、书、画、歌、诗、词、曲样样精通,甚至很有造诣,深得官宦文人的青睐。也许在很大程度上,正是由于她们的吸引,文人士大夫也纵身市井风情,肆享瓦肆风韵。所有这些,反映出不同于贵族或传统士人情调的俗文化在宋代的兴起,日常生活的休闲情趣和审美享受,已经成为宋代社会的一种不可缺少的生活方式。正如美国学者包弼德所说:"在文化史上,唐代这个由虚无和消极的佛道所支配的宗教化的时代,让位于儒家思想的积极、理性和乐观,精英的宫廷文化让位于通俗的娱乐文化。"[1]中国的休闲文化,也正是

---

① [美]包弼德:《唐宋转型的反思》,《中国学术》,2000 年第 3 期。

在宋代走向繁荣。在美学上的影响是，宋代美学的风尚和意趣，比之汉唐，更多切入了生活的休闲旨趣和境界。甚至反过来可以说，正是宋代休闲氛围的兴盛和休闲文化的繁荣，促进了宋代美学的空前发展和成熟，并使其更自觉地切入了生活，融入了人的实际的生存状态。

宋代被普遍认为是一个开始自觉地走向休闲的社会。从《东京梦华录》《梦粱录》《都城纪胜》《西湖老人繁盛录》《武林旧事》等等大量历史笔记来看，宋代的休闲活动和方式已经蔚然成风。上自宫廷、士大夫阶层，下至一般文人和市井民众，其休闲活动与方式之丰富，为历代所不及。此外，宋人善于理性思辨的特点还使他们对休闲有着理论上的思考和建树。休闲文化的繁荣是宋代人文转型的重要标志之一，对宋代人们的审美生活产生重要影响。本卷后面列专章讨论。

第三节　从汉唐气象到宋元境界

宋代社会的转型、理论思维的成熟、主体性情的凸显、市民阶层的兴起、人本需求的张扬、士人心态的世俗化，导致宋元境界与汉唐气象有很大不同。与汉唐美学相比，宋代美学一方面走向理性、走向成熟，另方面走向生活、走向休闲。

在理论形态上，相对而言，汉代美学较为拙实，魏晋美学较为空灵，唐代美学较为感性张扬，宋代美学则更为思辨缜密。总体而言，宋代美学在理学本体思辨的影响下，对美学的本体论问题作了深入思考，强化艺术和审美的伦理功能，高扬审美的主体品格和人生境界，"理气""文道""性情""胸次""气象""涵泳""自得"等哲学、伦理学范畴被深层地融入美学构架，"文道合一"成了理学家美学的立论之本。在唐代美学的基础上，宋代美学深入考察审美意识的特征，特别突出了审美意识有别于一般理智认识的独特性；受道禅哲学的影响，宋人推崇平淡自然的审美境界，出现了"风行水上""随物赋形""绚烂至极归于平淡"的理论表述。与此同时，在士大夫审美趣味世俗化、生活化的背景下，宋代文人士大夫

美学精神凸显休闲旨趣,追求一种平淡天然的"逸"的境界,一种与日常
生活相联系的"闲"的趣味,一种在入仕与出尘之间无可无不可的"适"和
"隐"的态度,美学更深度地融入了生活,表现了休闲的旨趣和境界。

一、从唐韵到宋调:审美风尚的转换

中国封建社会在中晚唐发生了变化,转入了中年,从汉唐立马横刀
式的向外开拓,转向了庭院踱步式的内敛沉思。宋代的美学也发生了由
唐韵向宋调的转变。总的趋势和风貌是:在审美旨趣上,由外向狂放转
向了内敛深沉;在审美创造的视角上,由更多地关注和表现情景交融的
山水境界,转向更多地关注和抒写性情寄托的人生气象;在美学境界上,
由兴象、意境的追求转向逸品、韵味的崇尚,"境生于象"的探讨逐渐转向
"味归于淡"的品析。如果说唐代美学的核心范畴是"境",是"神",那么
宋代美学的核心范畴则是"意",是"韵"。①

以史学、理学为核心的宋学②对宋代美学产生了深刻影响,着重表现
为人文追求的执着、本体思考的凸显、主体意识的自觉、议论风格的流
行、史学精神的融贯、忧患意识的深沉。

理学对于宋代美学理论品格的影响最为深刻与直接。理学引导的
宋代士人主体意识、本体意识及道德意识的自觉,对宋代美学重视本体
论的建构、强化审美的社会功能以及对人生境界的推重等方面,产生了
重要的影响。宋代理学通过对佛、道辩证的扬弃与融合,使自身发展成

---

① 叶朗提出:"唐代美学中'境'这个范畴是唐代审美意识的理论结晶,宋代美学中'韵'这个范
畴就是宋代审美意识的理论结晶。"见叶朗《中国美学史大纲》,第 4 页,上海:上海人民出版
社,1985 年。李泽厚也认为宋代美学的一个规律性的共同趋向就是"韵味",见《美学三书》,
第 159 页,合肥:安徽文艺出版社,1999 年。

② 关于"宋学",学术界有三种定义:第一种认为:"宋学"在中国经学史上,是与汉代"汉学"相对
的一种学术概念,也可以说是一种经学研究流派,即区别于经文考据的、重于经义阐述的"义
理之学"。《四库全书总目提要》卷一《经部总叙》:清初经学"要其归宿,即不过汉学、宋学两
家互为胜负。"第二种认为:宋学就是宋明理学,或谓"宋代新儒家学派"。钱穆在《中国政治
得失》一书中称"宋学",又称理学。第三种观点,提出"新宋学"的概念,陈寅恪从历史文化角
度立论,认为"新宋学"包括宋代整个学术文化。

为细密严谨的思辨理论体系，其理性的思维深刻影响着宋代审美思维方式和审美精神。

宋代理学家在求理方法上吸收了释、道的向心内求、内向反省的方法，注重内在修持和自我参悟。与此相应，宋代美学在重写实的基础上，更重内在的涵泳玩味、体认了悟，把外界事物看作是自己主观心境的传达形式，看作是表达内心情感、抒发胸中意气、张扬个性品质的中介。因而，宋代美学主"韵"、尚"意"、重"气象"，追求以神造形、韵外之致、味外之旨。"性情""胸次""气象"等等与人生境象直接相关的范畴，更多地进入宋代美学家法眼，"圣贤气象"为宋人普遍崇尚，乃至被视为最高的人生境界。

宋代美学普遍追求"理趣"，诗画书法皆然。在艺术表现中，宋诗尤以"理趣"见长，如钱锺书所评："唐诗多以丰神情韵擅长，宋诗多以筋骨思理见胜。"宋代"以文字为诗、以才学为诗、以议论为诗"，历来为批评家诟病，然而我们今天应公允地评价，这是宋诗有别于唐诗的重要特色，各有千秋。宋诗中如程颢《春日》"万物静观皆自得"、王安石《登飞来峰》"不畏浮云遮望眼，自缘身在最高层"、苏轼《饮湖上初晴雨后》"欲把西湖比西子，浓妆淡抹总相宜"、《题西林壁》"不识庐山真面目，只缘身在此山中"、朱熹《观书有感》"问渠那得清如许，为有源头活水来"、陆游《游山西村》"山重水复疑无路、柳暗花明又一村"等名句，均表现了融一种审美本体情感与宇宙人生哲理为一体的透悟性意会理趣，具有相当高的审美价值。日本学者青木正儿有这样的议论："盖唐诗蕴藉，总觉得有一种悠悠倘恍之感，纵令意义有缺少明快者，但风韵是足供玩味的。然宋诗过于通筋露骨，受浅露之诽，即以此也。"然而他接着说："唐诗犹如管弦之乐，在断想的调和上多少有其妙味；宋诗宛如独奏之曲，在思想贯通上有其快味。而前者典丽婉曲，后者素朴直截，这是时代思潮所使然，趣味是有差异的，而不一定能分别甲乙。总之，其在诗学上是不同的两派。"①是为公允之论。缪钺则如是说："唐诗以韵胜，故浑雅，而贵蕴藉空灵；宋诗以

① ［日］青木正儿：《中国文学概说》，隋树森译，第77页，重庆：重庆出版社，1982年。

意胜,故精能,而贵深折透辟。唐诗之美在情辞,故丰腴;宋诗之美在气骨,故瘦劲。"①这种着眼于美学风格的论述,揭示了唐宋诗内在本质的差异。相对而言,宋诗中的情感内蕴经过理性的节制,比较温和、内敛,不如唐诗那样热烈、外扬;宋诗的艺术外貌平淡瘦劲,不如唐诗那样色泽丰美;宋诗的长处,不在于情韵而在于思理。它是宋人对生活的深沉思考的文学表现。

诚然,"理趣"一词早多见于佛教典籍,原意是指佛法修证过程中所体悟到的义理旨趣。所以有人说,宋代"理趣"的文化根源主要不是理学,而是佛门的禅机。② 此说固有其道理,禅机的悟趣及禅理的语录点拨式表达,确实对宋代士人的审美体悟和理论表达产生重要影响。然而,禅理之"理"与宋人崇尚的理趣之"理"尚有很大差别。前者拒绝理性,后者则渗透着理性。而理学作为三教合一的更深层次的理论形态,一方面吸取和蕴含了佛门的思辨,另方面则凸显了与佛门禅机迥别的理性精神,后者显然对宋人的形上追求和理性精神影响更为深刻和直接。相应,"理趣"被移用到诗学批评乃至整个美学批评领域,用来指作品中呈现的一种审美本体情感与宇宙人生哲理为一体的透悟性意趣,着实是与理学的影响直接相关的。从反向来说,"理趣"之"理",离不开哲理,乃与"才学""议论"相关,这正是理学的特长。而浸禅悦之风"以禅喻诗"的代表人物严羽则旗帜鲜明地反对"以文字为诗、以才学为诗、以议论为诗",主张"诗有别趣,非关理也",强调诗歌表现"不着理路,不落言筌",这可说明"禅趣"与"理趣"之趣并不对应,更不重合。从正向来说,宋代"理趣"的理论表述,集中体现在词论、画论尤其是诗话之中,虽然这些语录体的流行也受佛门"公案"语体影响,但理学家运用语录体更为广泛,尤以朱子语类为其集大成者。

宋代史学突出地体现了经世致用的现实精神和忧国忧民的忧患意

---

① 缪钺:《论宋诗》,见《宋诗鉴赏辞典·代序》,第3页,上海:上海辞书出版社,1987年。
② 参见钱锺书《宋诗选注·序》,北京:人民文学出版社,1958年。

识,它对宋代美学的影响是:宋代美学比之唐代更关注现实的民生和民族问题,这使宋代美学带上一种深沉苍凉的基调。宋代的民族危机、社会巨变,都促使士人更加关注现实生存。政治家固然力图使审美与艺术能现实地为世所用,道学家、文学家也异曲同工地关注审美与艺术的社会人生功能。受此影响,政治情结、爱国情怀、民生关切、道德境界、人生意趣成为宋代文学突出的主题,忧患意识、悲凉情绪成为宋代文学抹之不去的基调。在理论思潮中,宋代屡次出现的"复古"与"革新"之风,均与史学精神相关。士人"或则正一时之所失,或则陈仁政之大经,或则斥功利之末术,或则扬贤人之声烈,或则写下民之愤叹,或则陈天人之去就,或则述国家之安危危,必皆临事摭实,有感而作,为论为议,为书疏、歌诗、赞颂、箴铭、解说之类,虽其目甚多,同归于道,皆谓之文也"(孙复《答张洞书》)。"苟非美颂时政,则必激扬教义"(田锡《贻陈季和书》),鉴古论今、以史喻今成为常见的时评,时政之论、忧世之作,构成宋代美学领域释放史学精神和情怀的沉郁顿挫的交响。

三教合流的调适,尤其是禅悦之风的浸染,给宋代士人提供了一种相对进退自如的心理机制,因此,与性理追求和忧患意识的沉重基调相辅的,是宋代的仕隐文化与士人普遍具有的洒落心态。白居易的"中隐"人生哲学受到宋代士人的推崇,苏轼即为其中的代表。苏轼在《六月二十七日望湖楼醉书》说:"未成小隐聊中隐,可得长闲胜暂闲。"他还作有题为《中隐堂》的诗,抒写中隐情怀。可以说,宋人比前人更潇洒地容与在仕与非仕之间、无可与无不可之中,对仕隐文化作了圆融的诠释,并身体力行。苏轼在《灵璧张氏园亭记》中如此表白自己的仕隐哲学:"古之君子,不必仕,不必不仕。必仕则忘其身,必不仕则忘其君……开门而出仕,则跬步市朝之上;闭门而归隐,则俯仰山林之下。于以养生治性,行义求志,无适而不可。"前代文人在仕、隐两者之间往往不可兼容,甚或冲突,宋人则能更从容于入世与出尘之间,入则为仕,出则同尘,或者无可无不可。范仲淹的"不以物喜,不以己悲",苏轼的"我适物自闲""常行于所当行,常止于不可不止",均是对这种人生哲学的透彻表达。

深入人生和远离人生的矛盾张力在宋代士大夫那里特别地纠结。苏轼与陶渊明在退隐上终有区别,后者是恬淡的真退隐,而前者是无法逃脱又无可奈何的一种排遣。苏轼是进取和隐退矛盾的一个典型,是中晚唐以来士大夫进取与退隐双重矛盾心理最鲜明的人格化身。在苏轼所谓的"澹泊"心境中,渗入了对整个宇宙人生的意义、价值的一种无法解脱的怀疑和感伤。

总体而言,宋代士人的个性不再像唐人那样张扬、狂放,他们的处世态度倾向于睿智、平和、稳健和淡泊,人生得意时并不如李白般大呼"天生我材必有用""人生得意须尽欢",事业顺利时也并不像李白那样狂喊"仰天大笑出门去,我辈岂是蓬蒿人";反之,命运坎坷时也很少像孟郊般悲叹"出门即有碍,谁谓天地宽"。宋人虽少了汉唐少年般的野性和青壮年的豪迈,却有着中年人"四十不惑"的睿智、冷静和洞彻。与唐人相比,宋代文人的生命范式更加冷静、理性和脚踏实地,超越了青春的躁动,而臻于成熟之境。① 宋代士人心态对物对己更为圆彻、宽容,人生上表现为入仕出尘的无可无不可,审美上表现在雅与俗、刚与柔兼收并蓄,甚至以俗为雅、以丑为美。

禅宗以内心的顿悟和超越为宗旨,认为禅悟产生在"行住坐卧处、着衣吃饭处、屙屎撒溺处"(释了元《与苏轼书》),深受此风之染的宋代士人领悟到雅俗之辨不在于外在形貌而在于内在心境,因而采取和光同尘、与俗俯仰的生活态度。禅学的世俗化带来的是文人审美态度的世俗化。宋人认为艺术中的雅俗之辨不在于审美客体孰雅孰俗,而在于主体是否具有高雅的品质与情趣。"凡物皆有可观,苟有可观,皆有可乐,非必怪奇玮丽者也"(苏轼《超然台记》),"若以法眼观,无俗不真"(黄庭坚《题意可诗后》)。审美情趣世俗化的转变使文学观念开始由严于雅俗之辨向以俗为雅转变。这种转变在宋诗中的表现最为明显,具体表现在题材和

---

① 参袁行霈主编《中国古代文学史》第三卷第五编绪论第二节,北京:高等教育出版社,2005 年。

语言的世俗化上。题材的"以俗为雅"与生活态度和审美态度的世俗化密切相关,宋人拓展了诗歌表现的范围,挖掘出生活中随处而有的诗意,使诗歌题材愈趋日常生活化;语言受禅籍俗语风格的直接启示,采用禅宗语录中常见的俗语词汇,以俚词俗语入诗,仿拟禅宗偈颂的语言风格,从而又开拓了宋诗的语言材料,使诗歌产生谐谑的趣味和陌生化的效果。① 只要把苏、黄的送别赠答诗与李、杜的同类作品相对照,或者把范成大、杨万里写农村生活和景物的诗与王、孟的田园诗相对照,就可清楚地看出宋诗对于唐诗的新变。

在艺术表现上,宋代艺术多追求精灵透彻的心境意趣的表现。唐韵的壮美逐渐淡化,代之以宋调的含蓄、和谐、宁静,甚至平淡。然而这种平淡不是贫乏枯淡,而是绚烂归之于平淡,是平静而隽永、淡泊而悠远。宋代的审美追求从推崇李、杜转向崇尚陶渊明,李、杜是入世的,而陶渊明则是"采菊东篱下,悠然见南山",很平淡,它成了宋代文人审美的理想风范。宋代美学重视"悟"("妙悟"、"透彻之悟")、"趣"("兴趣"、"理趣"、"别材别趣")、"韵"(出入之间、有无之间、远近之间)、"味"(平淡、天然、自然)、"逸"(出尘、脩远、逍遥)、"闲"(心闲、身闲、物闲)、"适"(适意、心适物闲)等概念,在一定程度上也透露出宋代的审美倾向性。

在绘画领域,唐代传达的是热烈奔放的气质和精神,如李思训、李道昭父子金碧山水画的雍容华贵、绚丽辉煌,吴道子佛像绘画的"吴带当风",韩幹画马的雄健肥硕。宋代文人画传达的则是淡远幽深的气质和精神,其美学风格进一步由纤秾转向平淡,笔致雅逸、以淡为尚是其主要特征。如文同《墨竹图轴》以水墨之浓淡干枯表现竹之神态、苏轼《枯木怪石图卷》以一石、一株、数叶、数茎勾寥落之状,李成《寒林平野图》以平远构图法表现林野之清旷幽怨。山水画逐渐呈现由以重着色转向重水墨的风格,在简古、平淡的形式外表中,蕴含着超逸、隽永的深意。宋代

---

① 参袁行霈主编《中国古代文学史》第三卷第五编绪论第二节。

人物画在题材上将表现范围拓展到平民市井乡村民俗及各种社会生活。张择端的《清明上河图》即为代表之作。自北宋中期苏轼、文同等极力提倡抒情写意、追求神韵的文人画，至元代则将写意文人画推向高峰，并促进了书画的进一步渗透融合。

在书法领域，唐人重法，欧、柳、褚、颜诸家，莫不如此。而宋书以意代法，努力追求能表现自我的意志情趣，形成"尚意"书风。苏轼的"我书意造本无法"，黄庭坚的"书画当观韵"、强调"韵胜"，皆是此意。后世评论"晋人尚韵，唐人尚法，宋人尚意"（清梁巘《承晋斋积文录·学书记》）。宋代"尚意"书法除了具有"天然""工夫"外，还需具有"学识"即"书卷气"，同时有意将书法同其他文学艺术形式结合起来，主张"书画同源"，"书中有画、画中有书"。

瓷艺也在宋代达到精致典雅、玲珑透彻的境界。宋代瓷艺既体现儒家崇尚的沉静典雅、简洁素淡之美，又表现道家追求的心与物化之趣，还有禅家倾心的玲珑透澈之境，达到中国瓷艺最高峰。

中国园林艺术自商周开始，经过魏晋南北朝、隋、唐不懈的创新与发展，到宋代别开生面，达到超逸之境。尤其是宋代士人园林的兴起，以其简远、疏朗、雅致、天然的风格和意趣，"虽由人作，宛自天开"，在"壶中天地"中，追求贯通天人、融合宇宙人生的意境，成为满足宋代士大夫在出入之间、仕隐之际独特精神追求的诗意栖居地。宋代士人园林，在园意观念和园境实践两方面精妙地体现了"中隐"的意趣，一种与禅宗"非圣非凡，即圣即凡"的境界同调的"不执"境界。造境手法别出心裁：在叠山理水上以局部代替整体，折射出文人画中以少总多的写意追求，色彩上以白墙青瓦、栗色门窗表现淡雅心境，植物上以莲、梅、竹、兰包含象征意义，由此，园林的意境更为深远。同时，园中赏玩，集置石、叠山、理水、莳花之实境和诗词、书画、琴茶、文玩之雅态为一体，从而赋予更浓郁的诗情画意，"壶中天地"渗透着诗心、词意、乐情、茶韵、书趣、画境，体现了文人容纳万有的胸怀。艺术与生活、审美与休闲，在宋代士人园林中融为一体。

二、宋代美学的核心范畴

1. 理、气、象

"理、气、象"的相互关系体现宋代理学的本体论结构,在朱熹哲学体系中圆成。在朱熹哲学体系中,"理"或"道"是其出发点和归宿,它必须借助于"气"而"造作",依"气"而"安顿";"物"是"理"的体现和表象,是"理"借"气"而派生的。从"上推下来","理"—"气"—"物";从"下推上去","物"—"气"—"理";统而言之,则"理"—"气"—"物"—"理",这就是朱熹的先验世界图式。[①] 在朱熹理学美学本体论的逻辑结构中,它的出发点和归宿同样是"道"或"理","文"是"道"或"理"的体现和表象,是"道"或"理"借"气"构成或派生的,在"道"和"文"之间,同样有个"气"的中间环节。因此,从上推下来,"道"—"气"—"文";从下推上去,"文"—"气"—"道";统而言之,则为"道"—"气"—"文"—"道",这就是朱熹的先验的审美客体存在模式或美本体论模式。在这个逻辑结构中,"道"是美的逻辑本原,"气"是美的实性构成,"文"是美的直观表象;它的理想状态则是"文道合一",也即逻辑本原的充分体现。

作为本体的"理"或"道"是存而不有的虚体,它虽决定一切,派生一切,然却只是一个静阔无为的逻辑本原或推论中的原动力,世界万物的实体构成和具体的凝聚造作,实在是由于"气"的存在和作用,理需借助气的实性来造作世界。气按照理的原型构造成形便表现为"文",文是理借气构成的感性显现。比如就艺术而言,道或理是艺术的本体,这个本体只是一种逻辑的原型,是艺术之所以为艺术的所以然,其本身是超越的、先验的、在形迹之先的;艺术实际构成的元素是气,艺术的各种组成元素都属于气的层面;艺术的表现状态则是文,文是诉诸人之感官的形象画面。

宋代一个重要的美学范畴"气象",与理学有某种程度的联系。"气

[①] 张立文:《朱熹思想研究》,第127—128页,北京:中国社会科学出版社,1994年。

象"在宋代出现时更多地是作为道学范畴而不是作为美学范畴来使用。朱熹和吕祖谦编集的儒学入门书《近思录》第一卷为《道体》,最后一卷即第十四卷为《圣贤气象》或《观圣贤》,意在表示道体即在圣贤气象中显现,或者说,圣贤气象即是道体在社会人生领域的理想体现。宋代理学家好言"气象",比如北宋二程,一则云,"学圣人者必观其气象",如"仲尼浑然,乃天地也;颜子粹然,犹和风庆云也;孟子岩岩然,犹泰山北斗也";再则云,"观天地生物气象";三则云,"孔子之言……自是有温润含蓄气象"(均见《河南程氏粹言》)。二程言"气象"包括"圣贤气象""天地气象""言语气象"三方面,宋代道学家言"气象"大抵不出于此。"气象"作为道学范畴指的是圣贤人格、天地自然、言语文章体现出来的整体精神风貌。

在宋代,"气象"也被普遍用于艺术风貌的品评。如刘道醇《圣朝名画评》"观画之法,先观其气象";姜夔《白石道人诗说》"在凡诗自有气象、体面、血脉、韵度,气象欲其浑厚";严羽《沧浪诗话·诗辨》"诗之法有五:曰体制,曰格力,曰气象,曰兴趣,曰音节",并多处用"气象"品评诗歌作品,如评"汉魏古诗,气象混沌,难以句摘","盛唐诸公之诗……气象浑厚"(《沧浪诗话·诗评》)。他们都把"气象"的"浑厚"或"混沌"作为诗歌的一种审美理想。

钱穆曾在《理学与艺术》中引了刘道醇《圣朝名画评》后指出:"气韵在用笔,而气象乃在画面全体之格局。气韵仍属所画之外物,而气象乃涉作画者内在之心胸。气象二字,尤为宋代理学家所爱用。观人当观其气象,观画亦然。"[1]叶嘉莹在论王国维《人间词话》时认为,"气象"一词作为诗学范畴,"当是指作者之精神透过作品中之意象与规模所呈现出来的一个整体的精神风貌"[2]。叶朗则进而认为:"这种整体风貌不仅表现诗人本身的精神风貌,而且也表现时代生活的风貌。"因此,"气象作为一

① 钱穆:《中国学术思想史论丛》(六),第 224 页,台北:东大图书公司,1978 年。
② 叶嘉莹:《王国维及其文学批评》,第 184 页,广州:广东人民出版社 1982 年。

个美学范畴,乃是概括诗歌意象所呈现的整体美学风貌,特别是它的时空感"①。在艺术哲学领域,"气象"是指艺术作品的审美意象、规模气度等各种因素综合呈现的整体美学风貌。"气象"不仅仅通用于艺术风貌的品评,还常用于形容山水、人物风貌。因此,"气象",不仅仅是个艺术范畴,还是一个涵盖更为广泛的美学范畴。

2. 性与情

在宋代理学的哲学体系中,"理气"是表达本体论思想的范畴,"性情"则是表达主体论思想的范畴。中国古代美学史上历来存在着理本体和情本体的对立及"主理"与"主情"价值取向的分歧,在宋代两重性社会心理和审美意识结构中,这种对峙和并列更加复杂而深刻。

理学家对主体的性情关系也予以了本体论的解释。与理学美学本体论"道—气—文"三层次结构相对应,在人格美结构论里,则表现为"性—情—行"的模式。朱熹认为:"性为体,情为用。""性者心之理,情者性之动。"(语类卷五)并说:"德行,得于心而见于行事者也。"(《孟子集注》卷二)"盖存于中之谓德,见于事之谓行。"(语类卷九七)在这三层面的结构中,性为本然之体,情为实然之性,行为显示之状(象)。在理学家看来,所谓本然之性就是未生未发之时的性之本体,它虽是人性善和人格美之本体依据,但只是一个逻辑的虚体,人生实际存在的只是气质之性,人格中实际体验的也就是已发之情,即所谓恻隐、羞恶、辞让、是非之情。而这种实然之情必须表现为人格美外现的行为,才能为人们所感知,所以,行是个象性或象体范畴,人格美必须表现为恕廉敬豫等行为态度,即恕所表现的"亲亲、仁民、爱物",廉所表现的贞节、庄俭、疾恶导善、勇决刚果,敬所表现的温、良、恭、让、顺、泰、谨言、慎行,豫所表现的敏锐、睿智、权变等等,都既有人格的感召力量,又有人格美的欣赏魅力。

与艺术美和自然美不同,人格美是人自身之美的直接体现,这个审美对象既是客体,又是主体,它的结构就是一个动态的结构,是个由人心

① 叶朗:《中国美学史大纲》,第320页。

自我能动主宰的结构。因此,在人格美的结构系统中,还得加上一个能动因素,这就是"心"。在人性论中,朱熹主张"心统性情"说:"性者,心之理;情者,性之动;心者,性情之主。""合如此是性,动处是情,主宰是心。"(语类卷五)"心统性情"成为理学家处理性情关系的基本准则。

在理学家哲学体系里,性是与理同一本体层面的概念。在美学取向上,理学家总体主张以理制情,反对溺于情感,所以邵雍将诗"发乎情"改换为发乎"性",提出"情之溺人也甚于水"(《伊川击壤集序》),主张"以物观物",反对"以我观物":"以物观物,性也;以我观物,情也。性公而明,情偏而暗。"(《观物外篇十》)然而理学家也并不绝对地否定情感的作用,如朱熹就认为"古人作诗与今人作诗一般,其间亦有感物道情,吟咏性情"(语类卷八〇)。他本人也经常在"江山景物之奇"面前,不能不"感事触物",作诗以"写难喻之怀",然而又每每在抒情忘怀中"自咎",提醒自己,唯恐"流而生患"。(《南岳游山后记》)

以苏轼为代表的文人艺术家则主张"性命自得"的"吟咏性情"观。苏轼主张情本论,他重视情,但也谈性,然而这个性与理学家的性不同,是自然之性。他认为:"饥而食,渴而饮,男女之欲,不出于人之性也,可乎? ……圣人无是,无由以为圣;而小人无是,无由以为恶。"(《杨雄论》)在他看来,人的自然情欲是圣人、小人,乃至一切人之普遍共存的东西,是人之所以成为人的本质基础。性即情,情即性,情外无性,性外无情,性情本一元。因此:"夫圣人之道,自本而观之,则皆出于人情,不循其本,而逆观之于其末,则以为圣人有所勉强力行,而非人情之所乐者,夫如是,则虽欲诚之,其道无由。故曰'莫若以明'。使吾心晓然,知其当然,而求其乐。"(《中庸论》)这样,就与理学家对立,将性本转向了情本;情须自然、率然而发,是为"诚",诚发之就有乐。在这种"性命自得"的情本哲学支持下,苏轼率先主张"常行于所当行,常止于不可不止"、"随物赋形"(《文说》)的审美创作观,在宋代产生了重大的影响。

3. 文与道

在中国传统艺术哲学和审美理论,尤其是传统儒家的艺术哲学和审美理论中,文与道的关系是一个非常重要的命题。先秦荀子最先萌发了"文以明道"的思想,东汉扬雄进而发挥了这一思想,南北朝刘勰在《文心雕龙》中设"原道"专章,系统地阐释了文道关系,唐代古文家主张"文以明道",宋代古文家主张"文以贯道"、"文与道俱",北宋理学家强调"文以载道",或"作文害道",至朱熹则提出"文道合一"的命题,对历代文道观的争论作了系统的批判与梳理,并将范畴与命题上升到本体论的高度。

在理学美学以前,文道关系大抵都侧重于一般道德内容与文辞形式的关系,"文以明道"或"文以贯道"大都是强调文学艺术要有充实的道德内容,为表现道德或道理服务,此时文道关系还没上升到体用关系。甚至在先期的理学家中,文道关系也还不是严格意义上的体用关系,因此文道之间还是两分而未能合一。朱熹则突破仅从内容与形式着眼的文道关系而使之上升到形上与形下、本体与现象的体用关系。因此,他的文道观既有别于古文家,也有别于先儒,甚至也与理学前辈有很大的区别。可以说,是朱熹第一次赋予文道说以严格的本体论意义。

宋代古文家中欧阳修和苏洵及苏氏兄弟均继承唐代韩、柳"文以贯道"的思想,站在古文家的立场阐述道文关系。欧阳修以韩愈后道统继承人自居,自然反复强调"道胜者,文不难而自至也","若道之充焉,虽行乎天地,入于渊泉,无不至也"(《答吴充秀才书》)。认为"道纯则充于中者实,中充实则发为文者辉光,施于事者果毅"(《答祖择之书》)。他的着力点还在于作者道统的修养。苏洵及苏氏兄弟在文道关系上,思想颇为博杂,儒道佛兼而有之。苏轼将道定名为"可致而不可求","可致"者,可以在实践上掌握之谓;"不可求"者,不可求于言谈之类是也。实际上苏轼已把道理解为客观事物的内在规律,而非局限于儒家的道统。在文道关系上,主张的是"文与道俱"(其实是苏轼引欧阳修语)或"文以贯道"。他已脱离唐宋以来古文家重道的传统,更强调文的重要性和独立性。

在理学家中,周敦颐首开"文以载道"(《通书·文辞》)之说,"文以载道"说形式上与"文以贯道"说相近,其实有很大区别。古文家的"文以贯道"说尽管在理论上有一定程度的主道宾文倾向,但实际上是重道又重文,甚至是以文为贯本之体,怪不得朱熹要斥之为"本末倒置"。周敦颐虽然重道轻文,然而他是轻文而不废文,认为"美则爱,爱则传",文之美有利于道之传。文道关系上走向极端的是二程,尤其是程颐,他不但强调"有德者必有言",而且更极端地以道德排斥艺文,以致提出了著名的"作文害道"和"玩物丧志"。(《二程遗书》卷一八伊川语四)程颐的观点可谓理学家中有关文道关系的最极端说法,他确实是最大程度地表现了对文学艺术的偏见。

朱熹正是在前人的基础上,对文道关系从本体论的角度作了新的阐述,并以此形成了统贯他的艺术哲学的艺术本体论思想。

对此,张立文作过如是评述:

> 朱熹有分析地批评了唐代古文家韩、柳及宋初古文革新运动的柳开、欧阳修的"文以明道"、"文以贯道"和"文与道俱"等观点和失足之处,对周敦颐和程颐的"文以载道"、"作文害道",已作了修正和阐发,由此,朱熹综罗各家得失利弊,而开创出"文道合一"论。①

朱熹对传统"文道"说的突破着重体现在两个方面,一是对唐宋古文家文道论的突破,主要针对其割文道为二的二元论观念,以及其以文为本、以道为末的颠倒论倾向;二是对理学前辈文道观的修正,主要也是针对其未能圆融地将文道合而为一,以及由此过分贬低文的地位和价值的取消论倾向。朱熹对传统"文道"说的发展则主要体现在第一次将文道关系明确地上升到了本体论的角度,将历来仅限于道德或道统内容与文学辞章关系的文道说,切入到体用关系的深度,从表象世界或表现方式与其本体世界或终极原型之间的关系来加以新的审视。

在朱熹看来,古文家各派文道说的失足,其理论上的要害就在于分裂文道为二物,即"文自文,道自道"。按照朱熹理学美学的本体论体系,文与道是本体与现象、本体与功能的一体两面、两在合一的关系,是根本

---

① 张立文:《朱熹思想研究》,第369—370页。

不能分裂的。本体道是现象文的决定者,现象或表现文是本体道的体现。两者如形影相随。朱熹对理气、道器关系的基本观念是不即不离、两在合一。就实存而言,理即在气中,道也即在器中;就必欲分出个逻辑上的先后或形上形下而言,则理在气先,道在器先,理和道为形上之本,气和器为形下之在或形下之象。就一为本体,一为现象而言,两者是有区别的,是为不即、两在;就一体同存而言,两者是不可分裂的,是为不离、合一。因此,朱熹肯定"文是文,道是道"的说法,而反对"文自文,道自道"的观点,"是"与"自"一字之差,正体现了朱熹严密的本体论思路和辩证的文道关系。所以他反复强调:"道外无物,固不足以为道,且文而无理,又安足以为文乎?盖道无适而不存者也。"因此"即文以讲道,则道与文两得而一以贯之,否则亦将两失之矣"。(《答汪尚书》)如此强调"文道合一"在理论和实践上的意义表现为:惟有文道合一,一以贯之,方能保证是文皆为道之体现,实现文道两得。

由此可见,朱熹文道论之"破",不仅表现在破古文家重文轻道、本文末道的本质论基点,也表现在破若干理学前辈过于唯道轻文的,乃至一味地置文道对立的偏颇;当然破的态度不一,对前者是直动干戈,毫不留情,对后者是委婉修正,不露声色。所谓立则主要表现在他将文道论明确地上升到了艺术本体论的高度,这是前无古人的。

4. 悟与趣

"悟"与"趣"在宋代美学范畴中的突起,最深的原因是受禅悦之风的影响。宋人多有以禅喻诗的言论,宋代最重要的诗派江西诗派几乎都以禅喻诗(实际上,江西诗派之形成本身就是受了佛教宗派意识的影响)。吕本中持"悟入"说,韩驹也明确以禅宗"参""悟"喻诗,其《赠赵伯鱼诗》云:"学诗当如初参禅,未悟且遍参诸方。一朝悟罢正法眼,信手拈出皆成章。"吴可有《学诗诗》三首,每首头句都是:"学诗浑似学参禅。"戴复古《论诗十绝》第七首:"欲参诗律似参禅,妙趣不由文字传。个里稍关心有悟,发为言句自超然。"强调学诗与参禅相似,重在一个"悟"字。

"悟"与"趣"的范畴在严羽及其《沧浪诗话》中得到了集中的表现。

清贺贻孙《诗筏》中说:"严沧浪诗话,大旨不出'悟'字。"的确,"悟",或曰
"妙悟",诚乃严羽以禅喻诗之核心思想。《诗辨》中云:"大抵禅道惟在妙
悟,诗道亦在妙悟。"并提出"悟有浅深、有分限……谢灵运至盛唐诸公,
透彻之悟也"。

严羽认为,与禅道相似,"诗道亦在妙悟",落实到诗歌创作中,"妙
悟"便体现为诗人在观照外物的基础上,启动感知、体验、想象、联想等心
理功能进而创造出审美意象的综合心理过程。这一过程具有感性和直
觉性的特征,不同于理性的逻辑推演。这一过程也就是审美感兴的
过程。

同时,严羽还在美学史上第一次提出"别材别趣"的命题:"夫诗有别
材,非关书也;诗有别趣,非关理也。"(《诗辨》)严羽所理解的诗歌艺术的
本质特征显然就是"兴趣",所说的"别趣"与"兴趣"基本上是同一概念,
"别趣"之"别",乃是相对于"理"和"学"而言,"兴趣"是指有感而发、兴会
神到艺术趣味。叶朗在《中国美学史大纲》中将"兴趣"解释为"诗歌意象
所包含的那种为外物形象直接触发的审美情趣"①,点出了这一概念的实
质。严羽所说的"兴趣"正是审美感兴,大略相当于钟嵘的"滋味"和司空
图的"韵外之致""味外之旨"。"兴"是中国古代美学早已通用的范畴,但
"兴趣"作为审美创造的范畴,是由严羽首先确定的。严羽将"兴"和"趣"
结合起来,用以指称由外物形象感发而引起的耐人咀嚼、回味的审美情
趣,在美学史上堪称一大贡献。叶朗在其《中国美学史大纲》中如此评价
严羽"兴趣"和"妙悟"说的贡献:

> 兴趣说的贡献主要在于把审美意象和审美感兴紧密联系起来
> 进行考察,从审美感兴出发,对诗歌意象(主要是其中的"情")作了
> 重要的规定。妙悟说的贡献主要在于把审美感兴和逻辑思维区分
> 开来,从而对艺术家的审美创造力作了一个重要的规定。

① 叶朗:《中国美学史大纲》,第315页。

这一分析十分到位。严羽在当时确已触及到了艺术创造中形象思维与逻辑思维的分别，只是"没有适当的名词可以指出这分别，所以只好归之为妙悟"①。

5. 逸与远

"逸"原指一种出世的隐逸情怀，与道家的人生哲学关系密切。逸一开始用于品评人物的一种生活形态和精神境界，这在先秦儒道文献中已有所见，在魏晋时期更是被广泛地运用到人物赏鉴，至南北朝则推及艺术批评中。但此时对逸的理解更多地还是越出法度，不同流俗的含义。

在宋之前艺术审美领域对逸的理解，大概仍是不拘常法、超越规矩的自然之趣，而宋代之逸则表现为"尚意"（出于意表）。也就是说，逸之所以超越形似与一般性的程式，是画家以自己的主体意向为创作旨归。"当然这种'写意'，并不是写任何一种意，而只是写特定的意，即'清逸'、'超逸'、'高逸'之意，总称之为'逸气'。"逸更进一步地内在化了，成为主体意趣品格的呈现。逸的地位的提升，标志着中国绘画艺术追求的一个重要转折，逸成为一种创作主体的态度与情怀的自我需要。若从画风笔法而言，逸是脱略了一般画法的畦径、超越形似的画格；而从创作主体方面而言，逸是一种迥异流俗、解衣磅礴的自由心态。

"逸"的"超逸""出尘"，包含着"清远""清淡平远"之意，在宋代山水画中，这种境界就被郭熙总结概括成"远"，或"三远"。"远"的概念由来已久，《老子》就云："大曰逝，逝曰远，远曰反。""在道家，老子把远当作道的别名，远乃是由有限走入无限宇宙的门槛。"②魏晋时期，"远"开始用于人物品藻的审美，《世说新语》有"清远""旷远""深远""远致"等概念。"远"与"近"相对，"近"为有形、入尘，"远"则出尘，通向无限。"远"的意象，是飞离世俗、超越物质功利的束缚。五代荆浩《画山水赋》云"远人无目，远树无枝，远山无皴、高与云齐，远水无波，隐隐似有"，已暗含了对淡

① 郭绍虞校释：《沧浪诗话校释》，第 22 页，北京：人民文学出版社，1983 年。
② 朱良志：《中国艺术的生命精神》，第 370 页，合肥：安徽教育出版社，1995 年。

远意境的向往。

真正将"远"转化为山水画审美意境范畴的是郭熙、郭思父子《林泉高致·山水训》中提出的"三远法":"高远""深远""平远"。表面看来是由于人的视线的变化而产生的对山的空间形态的不同感知,但实际上这是将物态的山给意态化、精神化了。不同的远,也就成了人的三种不同的精神境界。山与人的融合,将自然界那种生机盎然之情趣呈现出来。山水本来就是远离世俗社会的一种寄托意象,以远的构图形之于绢素之上,就是要显现出山水画之独特价值——"远"的精神,一种最大限度超越现实功利的自由精神。叶朗认为:"山水本来也是有形质的东西。但是'远景'、'涵思'、'远势'突破山水的有限的形质,使人的目光伸展到远处,并且引发人的想象,从有限把握到无限。"①这就是宋人追求的山水画的意境,标志着中国山水画艺术走向成熟。在北宋山水画的发展历程中,怎么样突破形式的束缚,在极为有限的空间内呈现士人超逸脱俗、清远旷达的精神意趣,这正是山水画家要解决的一个美学问题。郭熙提出的"三远法",既是对宋代山水画理论的创新性总结,是中国山水画意境的提升,也是对宋代士人"超逸"意趣的形象写照。

6. 韵与味

范温在其《潜溪诗眼》中对韵的历史演变有比较精炼的概括:"自三代秦汉,非声不言韵;舍声言韵,自晋人始;唐人言韵者,亦不多见,惟论书画者颇及之。至近代先达(按:指黄庭坚),始推尊之以为极致。"②汉蔡邕《琴赋》"繁弦既抑,雅韵复扬",南朝宋谢庄《月赋》"若乃凉夜自凄,风篁成韵",均指一种和美的声音。到了魏晋,随着玄学的兴起,韵范畴被用于人伦鉴赏之中,意指一种超凡不俗的精神气度,如《世说新语》"阮浑长成,风气韵度似父,亦欲作达"(任诞篇),《晋书·庚敳传》"雅有远韵",《宋书·王敬弘传》"敬弘神韵冲简"。徐复观对人伦鉴识中的"韵"的概

---

① 叶朗:《中国美学史大纲》,第 289 页。
② 转引自钱锺书:《管锥编》第四册,第 1362 页,北京:中华书局,1979 年。亦见郭绍虞《宋诗话辑佚》,第 202 页,北京:中华书局,1980 年。

念作了精辟界定:"它指的是一个人的情调、个性有清远、通达、放旷之美,而这种美是流注于人的形相之间,从形相中可以看得出来的,把这种形相相融的韵,在绘画上表现出来,这即是气韵的韵。"①

韵从人伦品鉴很自然地便被运用到了当时的人物画的赏鉴之中,谢赫《古画品录》所提"六法"中第一法即为"气韵"。谢赫的气韵仍偏向于"气"范畴,故其以生动释气韵,于韵则实未有直接阐述。大概在中唐之前的艺术审美领域中,艺术批评的视角还主要放在艺术审美的对象之上,而审美主体艺术家自身精神生命的深度与广度则一定程度上被忽视了。

到了北宋,"韵"或"韵味"这一审美范畴终于推广向所有艺术领域,并趋向于成熟,成为艺术审美批评的最高标准。苏轼、黄庭坚都推崇"韵",范温则对"韵"的内涵作了最集中明确的界定,并将之标高到无以复加的地位:"韵者,美之极""凡事既尽其美,必有其韵,韵苟不胜,亦无其美"。②

苏轼以"韵"来评论诗书画。他以韵论诗云"毛滂文词雅健,有超世之韵""佳篇词韵高艳"。以韵论书法如:"东坡云:近日米芾行书、王巩小草,亦颇有高韵,虽不逮古人,亦必传于世也。"③黄庭坚不仅继苏轼后以"韵"通论诗、书、画,也开始注重开掘"韵"范畴的多层内涵,突出"韵"的自然、平淡、脱俗境界,从而在更深层意义上促进了"韵"范畴的发展。

"韵"的内涵非常丰富,根据范温在《潜溪诗眼》中的概括,它诚然包括不俗、潇洒、传神、简而穷理等等,但最重要的是"有余意谓之韵",要求在作品中有一种含蓄不尽的余韵。"有余"即要"众善皆备",但并非"露才用长",而是"必也备众善而自韬晦,行于简易闲澹之中,而有深远无穷之味,观于世俗,若出寻常"。并且要做到"巧丽者发之于平澹,奇伟有余者行之于简易"。而且对于有余之韵,贵在能识(知见高妙),然后能

---

① 徐复观:《中国艺术精神》,第 152 页,沈阳:春风文艺出版社,1985 年。
② 范温:《潜溪诗眼》,转引自郭绍虞《宋诗话辑佚》,第 372 页。
③ [宋]胡仔:《苕溪渔隐丛话》后集,第 241 页,北京:人民文学出版社,1984 年。

"悟"。范温对"韵"的解释抓住了"韵"的本质,一方面强调了"余音复来","声外之音"含蓄混成的特点,另一方面则突出了"意",强调"韵"中包含着创作的主观情志。

由黄庭坚、范温所确立起来的"韵"范畴是北宋中后期艺术审美领域创造和集成的重要理论成果,至南宋张戒标举"意、味、韵、气"(《岁寒堂诗话》),姜夔主张"大凡诗自有气象、体面、血脉、韵独",并强调"韵度欲其飘逸,其失也轻"(《白石道人诗说》),都延续了主"韵"说,"韵"范畴在宋代美学体系中的地位已经得到确立。宋代"韵"的审美理想不同于唐代对于"境"的审美追求①,它与宋代内向的文化心理转型有深刻的关联。它不仅明确规定了宋代美学不同于往代的独特气质,同时也对元明清的艺术美学产生了深远的影响,后来明代的陆时庸、清代的王渔洋等人对韵的审美理想追求都是在宋代韵论基础上得以发展起来的。

宋代的"韵",又称"韵味",主要是指意味之美、意味之境,于是,与"韵"相辅的"味"范畴也显得特别重要。

"味"在先秦老子那里已经隐含了一种美学意味,《老子》有"味无味""道之出口,淡乎其味"的命题,王弼注"味无味"曰"以恬淡为味",由此启发后来以自然恬淡为美的美学精神。魏晋南北朝时期,"味"开始作为美学范畴凸显。宗炳《画山水序》提出"澄怀味象""澄怀味道",刘勰《文心雕龙》标举"志隐而味深",钟嵘《诗品序》提倡"滋味"说,认为"使味之者无极,闻之者动心,是诗之至也"。唐代司空图则标举"韵外之致""味外之旨"的审美境界。

到宋代"味"及"味无味"成为艺术和审美更加普遍使用的重要范畴。苏轼提出"寄至味于淡泊"(《书黄子思诗集后》),南宋姜夔提出"句中有余味,篇中有余意,善之善者也"(《白石道人诗说》),朱熹门生魏了翁则从哲学上对"至味"做了概括:"无味之味至味也。"(《题跋》)可见,在自然

---

① 范温指出:"唐人言韵者,亦不多见,惟论书画者颇及之。至近代先达,始推尊之以为极致。"唐代更为主要的艺术范畴贡献是"境",见叶朗《美在意象》,第287页,北京:北京大学出版社,2010年。

淡雅、浑然天成的形式中,蕴涵着深邃无限、难以穷尽的审美趣味的"至味"成了宋代艺术的最高境界。

7. 平淡与自然

宋代的核心美学范畴,无论是"逸与远""悟与趣",还是"韵与味",都以平淡自然为旨归。对"淡"最为推崇的莫过于道家。《老子》称:"道之出口,淡乎其无味。""恬淡为上,胜而不美。"淡在这里被看作是道的一种属性,而且所谓的淡,就是无味。虽无味,但作为道的属性,也是一种至味。"淡"超越了一般世俗的"美味",而上升为一种超越有限而入无限的至味。庄子更进一步表示了对淡的推崇:"虚静恬淡,寂寞无为,万物之本也。"(《庄子·天道》)"淡然无极而众美从之。"(《庄子·刻意》)淡在这里也就被表述为一种"至美",是万物生存的依据。宋代虽说是三教融合,然平淡审美风格的形成更多的是受老庄,尤其是庄子的影响。

宋代平淡诗风的形成多与对陶渊明的推崇有关。宋代诗风从推崇李杜到崇尚陶渊明,陶渊明"采菊东篱下,悠然见南山"的恬淡心态和诗风,成为宋人审美的理想风范。

梅尧臣可谓是北宋开"平淡"风气之先的。他推崇"中作渊明诗,平淡可比伦"(《寄宋次道中道》),提出"作诗无古今,唯造平淡难",旗帜鲜明地以"平淡"之诗风为诗文创作的理想风格。但真正奠定文坛"平淡"审美风格的是欧阳修。从当时平淡文风的转变上看,梅尧臣可谓是造其先,而欧阳修是壮其势,苏轼则是登其顶,将宋代平淡自然的审美追求推向了极致。苏轼赋予平淡美更为深刻丰富的内容。平淡作为一种审美风格,很容易让人等同于简单、肤浅、无华,然而,苏轼却从艺术辩证法的角度以及哲学的内在深度规定了平淡美的特殊价值:"所贵乎枯澹者,谓其外枯而中膏,似澹而实美。"(《评韩柳诗》)认为最高的审美境界是"寄至味于澹泊"。在苏轼看来,平淡不能仅仅理解为一种形式上的简单(简古、散缓不收),更不是内容上的贫乏(癯),而是在看似简单、疏淡的形式之下,蕴含着深厚的情感力量(至味)与生命情趣(趣)。至此,经过梅尧臣、欧阳修、苏轼的努力,平淡的审美之风基本上成为被普遍认同的北宋艺术审美风格。

"平淡"的风格,根源于自然。平淡为其表现,自然则是其本性。"自然"是苏轼美学思想的核心观念,正如姜书阁所指出的:"现在读《苏东坡集》,不论其文、其诗、其词、其赋,亦不论是记叙、论说、书简、章奏,皆'有触于中',顺其自然,不得不发,'而非勉强所为'。这就成为苏轼的文学观点,成为苏轼的文学主要风格。"[1]据统计,苏轼直接提到"自然"就有近百次。其最根本的审美创作主张就是"随物赋形","大略如行云流水,初无定质,但常行于所当行,常止于不可不止,文理自然,姿态横生"(《答谢民师书》)。

自然的审美旨趣,是对功利和技巧的拒绝,是艺术提醒生命之本体的本然表现。在这里,生命情感的自然抒发,即为艺术,而无须刻意地加工、修饰,一切自然而然地真实地再现。这是艺术创作的自由境界,也是"性命自得"的最高境界。正如李青春所言:"作为一种明确的诗学范畴,'自然'的产生恰恰标志着文学的发展已经走向成熟与自觉,并且已经出现了某种过于注意形式技巧、创作规则的倾向了。因此,'自然'范畴是作为对诗文创作中过于形式化、程式化、技巧化的反拨而出现的一种诗学观念,它只能是文学发展到十分成熟的阶段的产物。"[2]

8. "涵泳"与"自得"

理学家的"熟读涵泳"读书法和"通悟自得"鉴赏说,对宋代审美鉴赏理论产生了重要的影响。朱熹在谈及《诗经》解读法时提出"玩味本文"。在朱熹以前,尤其是汉儒,对《诗经》等古代诗歌艺术作品的解释往往穿凿附会,远离本意。朱熹"玩味本文"说在《诗》学上的一个极重要贡献,就是在当时的条件下,尽可能地还这些艺术作品的本来面目,把其当作审美对象来观照,指明其美学特征,解除汉儒的附会。朱熹明确指出:"圣人之言在春秋易书无一字虚,至于诗则发乎情不同。"(语类卷八一)

① 姜书阁:《苏轼在宋代文学革新中的领袖地位》,选自《20世纪中国文学研究论文选·宋代卷》第305页,北京:社会科学文献出版社,2010年。
② 李春青:《论自然范畴的三层内涵——对一种诗学阐释视角的尝试》,《文学评论》,1997年1期。

因此对于诗不必处处凿求义理,而应当唯"本文"是读,在"本文"的反复涵泳中体悟诗味,他这样说:

> 学者当"兴于诗"。须先去小序,只将本文熟读玩味,仍不可先看诸家注解,看得久之,自然认得此诗是说甚事。谓如拾个无题目诗。(语类卷八〇)

在朱熹看来,诗歌言情,又运用比兴手法,诗歌艺术作为审美对象,对它欣赏的着眼点是观照、体味其"本文",即诗歌本身的语言、意象、情韵、气势等等,并需"熟读涵泳":"须是读熟了,文义都晓了,涵泳读取百来遍,方见得那好处。那好处出,方见得精怪。"(同上)

"熟读涵泳",主要强调"熟",强调鉴赏的反复专注,这是一种审美体验的强度、频度和深度。朱熹认为这还不够,还需"自得":"大凡事物须要说得有滋味,方见其功,而今随文解义,谁人不解? 须要见古人好处……须要自得言外之意始得,须是看得那物事有精神方好。"(语类卷一一四)朱熹强调读诗必须得其"滋味""精神",才算是成功的鉴赏;而要得其"滋味""精神",必须具"眼目",必须有所"自得":一是自得"文义",主要属于理解层,二是自得文外之意,即"意思好处",这是妙悟层,"滋味""精神"大都得自后一层。只有得其文外之意味,悟其"意思好处",方能"跳踯叫唤,自然不知手之舞,足之蹈"(同上),得到极大的审美愉悦。"涵泳"与"自得"作为美学范畴的出现,标志着宋代美学主体意识的自觉。

9. 闲与适

宋代休闲文化的兴起和繁荣,士人仕隐心态的成熟,使宋代美学呈现了走向生活、通向休闲的旨趣。于是,"闲"与"适"成了宋人生活美学的重要范畴。

我们可以在宋人的文集中读到大量对"闲"的赞颂,如"百计求闲,一归未得,便得归闲能几年"(李曾伯《沁园春》);"乐取闲中日月长""一闲且问苍天借"(李曾伯《减字木兰花》);"只思烟水闲踪迹"(吴渊《满江

红》);"这闲福,自心许"(汪晫《贺新郎》)。理学家也复如此,邵雍有诗曰
"林下一般闲富贵,何尝更肯让公卿"(《初夏闲吟》)。程颢的《秋日偶
成》:"闲来无事不从容,睡觉东窗日已红。万物静观皆自得,四时佳兴与
人同。道通天地有形外,思入风云变态中。富贵不淫贫贱乐,男儿到此
是豪雄。"更是表现了在日常生活中的理趣与闲情。

李之彦在《东谷所见》中有论:"造物之于人,不蕲于功名富贵而独蕲
于闲……故曰:身闲则为富,心闲则为贵;又曰:不是闲人闲不得,闲人不
是等闲人。"有闲之人生,已经超越了一般所谓的功名富贵。而且,宋代
士人将休闲现象分为"身闲"与"心闲",体现了宋代士人对于休闲认识的
深度。宋人在一种文化内转的时代背景下,把"闲"作为了人生之本体。
休闲不再是无所事事微不足道,而是蕴含了深刻的本体价值。

在宋人看来,"适"与"闲"内在相关,对人生的意义重大。苏轼曾说
"适意无异逍遥游"(《石苍舒醉墨堂》),苏辙亦有"盖天下之乐无穷,而以
适意为悦"(《武昌九曲亭记》)的说法,司马光也主张"人生贵适意"(《送
吴耿先生》),其实适意的文化心理已经成为宋代士人安身处世的重要依
据,这标志着宋人对个体生命体验、人格独立自由的重视。

适与闲到底有何关联?苏轼曾言"心闲手自适"(《和陶贫士七首》),
又言"我适物自闲"(《和陶归园田居》)。从前者来看,"心闲"强调了一种
在艺术创造过程中,主体心灵处于超功利审美的状态,也即"闲"的状态,
这是进行艺术创造非常重要的规律,闲成了适的本然基础;而在后者看
来,"我适"是主体身心处于一种自我满足而无所外求的状态,此时主体
也是处于审美的无功利状态,世界的美与趣味便在个体眼前呈现出来,
适则成了闲的显现基础,也即适乃闲之工夫。

宋人之所以比前人更加从容自得,进退自如,很大程度寄托于"闲"
与"适"的生存哲学。"闲"与"适",既是人生境界,也是艺术境界,合之就
是人生的艺术境界,艺术的人生境界。

第二章　宋代经世致用的美学观念

　　"致用"一直是中国美学的独特维度。先秦以来,我国美学史上就强调"经世致用"的观念。儒家美学思想便是以伦理道德、政治教化和审美的三位一体为特征的,孔子提出"兴于诗,立于礼,成于乐",主张"兴观群怨",文学艺术都被赋予政治教化的功能。荀子也非常崇尚功用,说:"故由用谓之道,尽利矣。"(《荀子·解蔽》)因此主张文辞必须合道,即为某种政治理想服务:"心合于道,说合于心,辞合于说。"(《荀子·正名》)在《荀子·儒效》中,他进一步指出诗书礼乐都必须符合道,为其服务。其他先秦诸子也多持文艺致用观,如墨家的墨子主张"无务为文而务为察"(《墨子·修身》),"君子之为文学……实将欲其国家邑里万民刑政者也"(《墨子·非命下》)。作为先秦法家的集大成者,韩非的审美观更是带上了极端的功利色彩,他极力反对虚夸无用之言:"言顺比滑泽,洋洋纚纚然,则见以为华而不实……多言繁称,连类比物,则见以为虚而无用……闳大广博,妙远不测,则见以为夸而无用。"(《韩非子·难言》)他担心"人主览其文而忘其用"(《韩非子·外储说左上》),因此主张"好辩说而不求其用,滥于文丽而不顾其功者,可亡也"(《韩非子·亡征》),反对无用的文藻之词。他的寓言《买椟还珠》《秦伯嫁女》等,即是上述主张的形象例解。

汉代《毛诗序》将儒家的文学艺术的政治教化功能强化到了极致："正得失，动天地，感鬼神，莫近于诗。先王以是经夫妇，成孝敬，厚人伦，美教化，移风俗。""是以一国之事，系一人之本，谓之风；言天下事，形四方之风，谓之雅；雅者，正也，言王政之所由废兴也。"东汉王充提出文章"为世用者，百篇无害；不为用者，一章无补"（《论衡·自纪》），强调了"文为致用"观。魏曹丕提出"盖文章，经国之大业，不朽之盛事"（《典论·论文》），强调了文学对于国家政治的巨大作用。其后南北朝刘勰沿着荀子一脉，提出"圣因文而明道……辞之所以能鼓天下者，乃道之文也"（《文心雕龙·原道》），在理论上系统地完成了"明道""征圣""宗经"的思想，更明确地规定了文艺遵循的致用方向。

唐初，刘知几首先明确表达了文学的致用观："夫观乎人文以化成天下，观乎国风以察兴亡，是知文之为用远矣，大矣！"（《史通·载文》）盛唐、中唐时期，杜甫、白居易等人继续深入提出文章表现政治、为社会服务的一系列命题。杜甫认为："文章一小技，于道未为尊。"（《贻华阳柳少府》）即词藻营构的技巧是末技，弘道才是头等事业。白居易认为诗歌具有补察时政、泄导人情的作用，提出"救济人病，裨补时阙，而难于指言者，辄咏歌之"（《与元九书》），"为君、为臣、为民、为物、为事而作，不为文而作也"（《新乐府序》），"古之为文者，上以纽王教，系国风；下以存炯戒，通讽喻"（《策林》六十八《议文章碑碣词赋》）等宗旨，强调了诗歌的社会功能和政治讽谕作用。而在散文领域强调致用观的，是韩愈、柳宗元。他们以"古文运动"来反对六朝以来单纯对语言形式美的追求，主张文道合一。韩愈的"修其辞以明其道"（《争臣论》）、"通其辞者本志乎道"（《题哀辞后》），柳宗元的"道假辞而明"（《报崔黯秀才书》）、"文者以明道"（《答韦中立论师道书》）都力图指出，文章的作用就是可使儒道得到彰显。

在宋代，受时代哲学的影响，"文以致用"的观念得到进一步强化，并深刻地影响美学领域，出现了一些值得重视的新思想。北宋范仲淹、司马光、王安石提倡"致用"的美学观，至南宋，又有叶适、陈亮等，从"事功"

的角度深化这一美学观念。他们的思想强化了审美的社会功能,对当时流行的形式主义倾向有所遏制,然而,过分的"致用",也在一定程度上削弱了文学艺术的审美特征,使美学走向过度的实用主义。

第一节　宋初政治家复古与致用的美学取向

宋初复古与致用的美学取向兴起,与当时的学坛和文坛的不振之风相关,是对前者的一种理论上的反拨。晚唐、五代时期,政治腐败,道德沦丧。为适应天下大乱后统一政权的需要,宋初政治者颇尚"无为",导致黄老思想极为流行。如淳化四年(993 年),宋太祖曾在朝廷里公开表示:"清静致治,黄老之深旨也。夫万务自有为,以至于无为;无为之道,朕当行之。"当时的参知政事吕端也说:"国家若行黄老之道以致升平,其效甚速。"(李焘《续资治通鉴长编》卷三十四)这虽有促进社会平稳的一面,但同时也造成了"士君子务以恭谨静慎为贤"(同上,卷一八九)的精神状态,导致"人人因循,不复奋励"(欧阳修《范公神道碑铭序》)。真宗时宰相李沆、王旦等,循规蹈矩,慎所变改。朝中大臣更是恪守祖宗成法,不敢有所作为。近代史学家刘咸炘在《史学述林·北宋政变考》中对宋初的政治风尚作过如下揭示:"真宗以前及仁宗初年,士大夫论治则主旧章,论人则循资格……文以缛丽为美,修重厚笃谨之行而贱振奇跅驰之才。"此外,佛教和道家的思想对传统儒家观念产生重大的冲击,儒学一度不振,士人心理普遍趋于出世而不致力于事功。反映在文学上,就是部分作家对社会现实不大关心,作品中缺乏儒家积极入世的精神。当时,以杨亿、刘筠为代表的西昆派作家,脱离现实,缺乏对社会的道德责任感。其作品沿袭五代的柔弱文风和芜鄙之气,用华美精丽的文辞,表现醉生梦死的生活,内容空洞贫乏,却一时占据文坛主导地位,被时人争相效仿。

北宋政治家致用美学思想之流行,也与宋代朝廷"以文治政"的开明政策相关,正是后者的相对开放的正常,使宋代文人政治家有着高于前代的参政议政热情和能量。宋代统治者深刻反思前朝的教训,对宗室、后妃、外戚、宦官等政治势力采取极力抑制的方针,转而将士大夫群体作为可信赖依托的对象,选择了"与士大夫治天下"的清明政治。广泛的取士、优厚的薪俸和宽容的言路,在精神上大大鼓励了士人从政的积极性,又在制度上保证他们能够自由从事治世的实践。在这种时代精神的盛召下,新兴士大夫参政议政的热情空前高涨。北宋九帝期间,士人官员数量之多,文化素质之高,参政热情之切,都超过了以往任何时代。由此催生出如范仲淹、欧阳修、司马光、王安石这样的具有高度影响力的大政治家,加之他们同时又是文学家、文论家,遂能结合其政治事功,站在更宏观的角度反思文学与政治的关系,从而开创了较单纯的道学家、古文家更为务实的致用美学,使之有效地发挥辅时及物的功用。

面对晚唐五代以来学坛文坛的颓况,宋初就有一些作家如田锡、柳开、王禹偁、孙复、石介等,站在古文家或道学家的立场反对五代旧习,力图改革文风,他们以写作"古文"相号召,试图重建儒家的"文统"和"道统"。田锡在《贻陈季和书》里提出"人之有文,经纬大道",赞美韩、柳"苟非美颂时政,则必激扬教义"。他本人的诗赋、奏议大多致力于议论政治时事,表现出强烈的参政意识。柳开首先倡导韩、柳的"古道"和"古文",他肯定韩愈,是因为其文的社会政治价值:"观先生之文诗,皆用于世者也。"(《昌黎集后序》)王禹偁强调文章是为"传道"而作的:"夫文,传道而明心也。"(《答张扶书》)他的"道",被认为是"突出了儒家思想中操守正直、积极入世、注意民生诸方面,同实际事功有比较密切的联系"①,他们是站在古文家的立场提倡致用美学观。孙复则直接肯定文学的致用性:"文者,道之用也。"(《答张洞书》)"斯圣人之文也……或则正一时之所失,或则陈仁政之大经,或则斥功利之末术,或则扬贤人之声烈,或则写下民之愤叹,或则陈天人之去就,或则述国家之安危,必皆临事摭实,有

---

① 王运熙、顾易生主编:《中国文学批评通史(宋金元卷)》,第 41 页,上海:上海古籍出版社,1996 年。

感而作,为论为议,为书疏、歌诗、赞颂、箴铭、解说之类,虽其目甚多,同归于道,皆谓之文也。"(《孙明复小集》二)石介同样主张"安上治民存乎礼,移风易俗存乎乐,穷理尽性存乎易,惩恶劝善存乎春秋:文之所由著"(《上蔡副枢书》)。他们都站在宋初道学家的立场强调了文章包括政治在内的多方面作用。

不过,他们虽然在文道的关系上强调致用取向,但影响有限,五代以来的形式主义美学倾向,在宋初三朝(太祖、太宗、真宗)始终无法革除。宋初古文家和道学家从文道关系的纠结上强调文的致用,但他们或缘于对道的探究和建树不够深沉和系统,还不足以在学坛上正本清源,力挽狂澜,重树儒学"道统";或缘于对文的创作和议论不够精彩和深入,也还不足以在文坛上脱胎换骨、点铁成金,重树文学"文统"。道学上的建构,有待"北宋五子"来完成;文坛上的革新,则由欧阳修及其盟友来完成。

面对这样的时弊,范仲淹为代表的北宋政治家首先站出来,继之欧阳修、司马光、王安石等相继振臂。他们都是一时的政治风云人物,且是一时的文坛豪杰,故能登高一呼,四方相应。在他们的理论影响下,西昆派终于败退,经世致用的美学观深入人心。此外,他们还以自身的创作实践,切实实现了文艺为社会、政治、民生服务的理念。

政治家同古文家一样主张文以明道,文道并重,一样反对文坛的形式主义作风,但又不主修辞,而是重视"道"中的重大政治内容,要求发挥文学在政治事功方面的作用,其经世致用思想更为明显、明快和强烈。和道学家相比,政治家更具经世致用精神,他们要使道见之于事功,验之于当世,而不重在体之于身心,修之于一己。刘彝曾很经典地将圣人之道进行了"体、用、文"的三分。他对"用"的解释是:"举而措之天下,能润泽斯民,归于皇极者,其用也。"(黄宗羲《宋元学案·安定学案》)在这个角度上,政治家又突破了古文家:他们才识兼通,能使文章深中时弊,这就突破了古文家之致用的狭窄领域,更多地实现了文学在现实社会政治天地里的作为。

欧阳修是开一代风气的领袖型文人,曾官至参知政事,其作为政治家的影响亦不可忽视。范仲淹和他一为政治改革的领袖，一为诗文革新运动的领袖，但在政治、文学上二人是互相配合的，都实现了致用美学的事功。欧阳修指出当时士人缺乏政治热情的现状是："务以恭谨静重为贤。及其弊也，循默苟且，颓堕宽驰……至于百职不修，纪纲废坏。"（《论包拯除三司使上书》）因此他倡导用文学来发挥社会政治功用。他说："我所谓文，必与道俱。"（苏轼《祭欧阳文忠公文》）而他的"道"，是对韩愈"道统"的发展，并明确加入了"事"的内涵。他在《答吴充秀才书》里指出，文人学者为道而不能达的原因，是因为忽视了对社会的关注。文人自认为"吾文士也，职于文而已"，只满足于辞藻之工丽，乃至"弃百事不关于心"，这恰恰是颠倒了文、道的关系。因此他以文坛盟主的身份倡导诗文革新，反对形式主义，注重内容的功用。在诗歌创作上，他主张要学习《诗经》："察其美刺，知其善恶，以为劝戒。"（《诗本义·本末论》）他告诫杜默，写诗要关注"饥荒与愁苦"，以"发声通下情"（《赠杜默》），发挥关切政治的作用。在散文上，他主张"知古明道而后履之以身，施之于事，而又见于文章而发之，以信后世"（《与张秀才第二书》），要求把文章的内容同道的内容、同社会现实联系起来。他又主张"文博辩而深切，中于时病而不为空言"（《与黄校书论文书》），要求作家关心时政，发挥文学针砭时弊的社会作用。他论汉代的文章，赞赏其"善以文言道时事，质而不俚"（《试笔》）。他尤其推崇贾谊的《过秦论》《治安策》等作品，因为它们既能中于时病，还能指出弊病的根源和改革办法，有补于世。而柳开、石介所推崇的扬雄、王通，却"道未足而强言"（《答吴充秀才书》），只是一些儒道概念的转述和古人语言的模拟，并不能发挥现实作用。此外，他的《读李翱文》也值得注意。它通过比较李翱的《幽怀赋》和韩愈的《感二鸟赋》，抒发自己爱国与关心现实的怀抱。此文所强调的仍然是：作家应该忧时感事，作品须要触及社会问题。这与范仲淹《岳阳楼记》所表现的"先天下之忧而忧"的时代忧患意识与社会责任感相呼应，体现了欧阳修把政治改革和诗文改革相结合的精神。

曾巩作为欧阳修的门生，曾巩亦有政治家之名。他继承了老师的道路,也强调文学的政治作用,主张文学要发挥治理国家、教化吏才之作用。他深刻认识到文学与社会治乱之关系,指出:"文章之得失,岂不系于治乱哉?"(《王子直文集序》)他在《南齐书目录序》里认为,为文的作用在于明先王、圣人之道,而明道的目的是提供治理天下之法。他赞赏贾谊,就是因为他的文章"经画天下""悯时忧国"(《读贾谊传》)。在《书魏郑公传后》中,他指出谏文在国家政治生活中的重要作用。在《辞中书舍人状》中,他论证应用文起源于尧舜,并认为能"兴造政事"的应用文为治理国家所必须。因此,他在《答李沿书》中期望友人写文章既要"得诸心、充诸己",还要"扩而被之国家天下",而不能"急于辞"。他的议论文大多是对当朝国政要事的论说,如《本朝政要策五十首》《唐论》《刑赏论》等。在文学与现实的关系上,他特别强调文章的经世致用,因而他笔下内容广博,除了政论、史论、吏论之外,还有大量反映民本民情之作品,深刻地反映了社会现实。

第二节　范仲淹、司马光的致用美学思想

范仲淹(989—1052),字希文,苏州吴县人。北宋著名思想家、政治家、改革家,曾官至参知政事(副宰相),亦是著名文学家、文论家。钱穆指出:"宋朝的时代,在太平景况下,一天一天的严重,而一种自觉的精神,亦终于在士大夫社会中渐渐萌出。所谓'自觉精神'者,正是那辈读书人渐渐自己从内心深处涌现出一种感觉,觉到他们应该起来担负着天下的重任。"[1]范仲淹正是最先标举这样自觉精神的人,他率先改变士风和文风,提出复古道以救文弊,厥功甚伟。蒙培元指出:"他的哲学具有两个基本精神,一是'经世致用'的实用精神,一是'穷理尽性'的实践精神。"[2]而前者正是他致用美学思想的来源。在佛、道大行其道的唐后之世,范仲淹在重振了儒学的基本精神,开创了以天下为己任的北宋新型

---

① 钱穆:《国史大纲(修订本)》(下册),第558页,北京:商务印书馆,1996年。
② 蒙培元:《范仲淹的哲学和理学的兴起》,《北京社会科学》,1992年第4期。

士风的同时,也发出了致用美学的先声。在作品论(文用论)上,他极其重视文艺的政治作用,认为文学为政治之衡鉴,坚持主张文学在弘扬儒道、为国选才等方面发挥作用。在创作论上,他提倡复古道,重经济,反对吟风弄月,不问政治,空洞无物的形式主义倾向。

司马光(1019—1086),字君实,陕州夏县(今属山西)人,北宋中后期政治家、文学家、史学家,曾官至尚书左仆射(宰相)。时值儒家复兴,理学构建,儒家入世的思想已深深扎根于他所处的时代。作为一位史学家,他以高度的"史学自觉"意识,力图通过研究历史来干预政治;而作为文学家,他提出"学者贵于行之,而不贵于知之;贵于有用,而不贵于无用"(《答孔文仲司户书》)的致用观念,并侧重文章的讽谏作用。

一、范仲淹的文用论:文学为政治之衡鉴

晚唐、五代以来,文风有浮艳轻丽,片面追求辞藻音律的倾向。而以杨亿、刘筠为首的西昆派,则仍是晚唐、五代时期形式主义创作的继续。作为宋初声势最大的诗派,他们以学习李商隐为标榜,追求用典丰缛、属对工整,用字艳丽,然而内容不外乎吃喝玩乐、男女情爱,且描写浮泛,缺乏对时事政治的深切关注。对此,范仲淹深感忧虑。在他看来,文学是政治的一部分,与政治密切相关。文章是国家政治的晴雨表,完全可以从中看到社会的风俗厚薄,从而考察出国家的兴衰治乱。他说:"国之文章,应乎风化;风化厚薄,见乎文章。是故观虞夏之书,足以明帝王之道;览南朝之文,足以知衰靡之化。"(《奏上时务书》)又说:"前代盛衰与文消息,观虞夏之纯,则可见王道之正;观南朝之丽,则知国风之衰。"(《上时相议制举书》)显然,这种论调来源于《礼记·乐记》中"治世之音安以乐,其政和;乱世之音怨以怒,其政乖;亡国之音哀以思,其民困。声音之道与政通矣!"的著名论断。那么为什么文学与政治相通呢? 他在谈论诗这种文体时有一段著名的议论:

> 诗之为意也,范围乎一气,出入乎万物,卷舒变化,其体甚大。

故夫喜焉如春,悲焉如秋,徘徊如云,峥嵘如山,高乎如日星,远乎如神仙,森如武库,锵如乐府。羽翰乎教化之声,献酬乎仁义之醇。上以德于君,下以风于民。不然,何以动天地而感鬼神哉?(《唐异诗序》)

这段话指出,诗与政治的关系就在于它可以传播教化、宣扬仁义、感激美政、反映疾苦,具有高度的现实功用。不难看出,这同样也是继承了《礼记·乐记》中乐可以"善民心""移风易俗"的观点和《诗大序》中诗可以"厚人伦,美教化,移风俗"的诗教观念,并秉承了汉乐府的现实主义精神。范仲淹认为,诗所以能动天地而感鬼神,正是因为它反映了社会现实,故而强调发挥其讽谏教化、针砭时政的作用。

基于此,范仲淹特地编了一部唐宋律赋选本——《赋林衡鉴》,又为此书写了序言,借赋这种文体来阐发文章为世用的致用美学理论。序的开篇谈到赋的起源问题,认为赋为六义之一,具有"感于人神,穆乎风俗"的社会功用。显然其观点仍来源于《礼记·乐记》和《诗大序》。他接着谈论历史上对赋的定义和评价,认为陆机《文赋》中"赋体物而浏亮"的说法只是谈到赋之功能一个方面,并不全面;而扬雄关于赋乃"童子雕虫篆刻……壮夫不为"(《法言·吾子第二》)的说法,只是他自己推重其经学著作的片面之辞,不可当真。范仲淹认为,赋类文体在唐宋以来之所以特别受到推崇,正是因为它在政治方面发挥了"或祖述王道,或褒赞国风,或研究物情,或规戒人事"等诸多重要功能,以至于被国家规定为科举文体,发挥着为国家选贤用能的重大作用。范仲淹将所选律赋分为不同大类,其中"颂德、记功、赞序、缘情、明道"等类显然是按照政治功能来分的。用他自己的话来说,就是"颂圣人之德者,谓之颂德;书圣贤之勋者,谓之记功;陈邦国之体者,谓之赞序;缘古人之意者,谓之缘情;明虚无之理者,谓之明道"。而将这些赋作汇编成书的目的就是"权人之轻重,辨己之妍媸",即为国家选才提供借鉴。

范仲淹认为,当时文坛的弊端是"吟咏性情而不顾其分,风赋比兴而不观其时……仰不主乎规谏,俯不主乎劝诫"(《唐异诗序》)。即是说,其害在于浮华而不切实际,于现实无补。他赞赏孟郊、白居易、罗隐等唐代诗人,就是因为他们的诗作能反映现实,心系天下,与时代同呼吸共命运:"孟东野之清苦,薛许昌之英逸,白乐天之明达,罗江东之愤怒,此皆与时消息,不失其正者也。"(《唐异诗序》)他指出,文学于世无补不仅仅是文坛的缺陷,更会造成国家政治的弊端:"今文庠不振,师道久缺……故文章柔靡,风俗巧伪,选用之际,常患才难。"(《上时相议制举书》)也就是说,不良的文风造成的是不良的士风。健康的文风,不仅仅是文学本身的需要,同时也是选才为政的需要。为此,他以继承孔孟、韩柳的道统和古文为己任,迫切提出了"救文弊"的思想,这就是在创作论上重质朴而应风化,反映时代特征。

二、范仲淹的创作论:复古道、重经济

文与质,或者说形式与内容的辩证关系,始终是我国文艺创作论主要话题之一。晚唐、五代时期文风崇尚骈体,轻艳浮靡,形式主义严重。北宋初期承袭前代旧习,气格卑弱。对此,柳开等人首举旗帜,鼓吹儒家道统和韩愈古文,力图敦复古风,倡导诗文革新。惜乎他们在创作理论方面未能提出新颖切实的见解,实践上也多有不成功之处,故而"欲变古而力非逮"(《宋史·文苑一》),影响力尚为有限。后来,姚铉编《唐文粹》,穆修编韩、柳文集,欲与西昆派负隅相抗,但仍难以扭转大风气。从维护国家治理的角度出发,甚至皇帝也明确支持了文学的复古之道,如1009年真宗下诏说"必思教化为主,典训是师,无尚空言,当遵体要"(《诫约属辞浮艳令欲雕文集转运使选文士看详诏》),直接干涉文风,倡导为政治服务的文学。但西昆体力量很大,诏书也未能雷厉风行地贯彻。至仁宗年间,范仲淹登高一呼,要求文以经世,力戒浮华,在诗文创作理论上取得了极为有益的贡献。并且,他利用其政治地位,使改革文弊成为其"新政"的一部分,从而得到了来自官方的支持,因此造成了较大的声势和影响。

范仲淹严厉地指出当时创作的主要缺点是浮华:"有非穷途而悲,非乱世而怨。华车有寒苦之述,白社为骄奢之语。学步不至,效颦则多。以至靡靡增华,惽惽相滥。"(《唐异诗序》)在1025年给仁宗的《奏上时务书》中批评时文"不追三代之高,而尚六朝之细",毫不关心民生疾苦,更谈不到兴寄和讽谏,而时人则是"修辞者不求大才,明经者不问大旨。师道既废,文风益浇……士无廉让,职此之由"。在范仲淹看来,浮华浇薄的文风必将影响经世致用的士风,危害甚大。对此,他提出了改革文风的思想。改革的目标,就是要崇尚质朴、文道并重。那么,他的解决之道是什么呢?就是创作上的"复古"。他在此奏中建议皇帝"敦谕词臣,兴复古道,更延博雅之士布于台阁,以救斯文之薄,而厚其风化也",很明显,他所谓的古道,是传统致用观的古道。在政治上,是圣人之道、周孔之道、儒家之道;在创作手法上,则是风雅、比兴。他力主恢复《诗经》传统,视之为文学正道之源,并推崇杜甫、白居易、韩愈、柳宗元等文以明道的理论和关注民生的创作实践。

唐代韩愈作《原道》,最早全面系统地提出儒家"道统论"。其实质,就是批判道、佛两家没有经世致用的思想。该文中,韩愈反对道家"为太古之无事"、佛家"所谓清净寂灭"的消极无为,而崇尚自尧、舜、禹、汤、周文王、周武王、孔子、孟子一脉而来的"仁义道德"。这是因为,在韩愈看来,正是具有经世致用品格的圣人之道才解决了人们衣食住行等各个方面的生存问题,"如古之无圣人,人之类灭久矣……古之所谓正心而诚意者,将以有为也"。韩愈之论是针对唐代道、佛大兴,儒学衰落的局面而发出的呐喊,而崇尚黄老无为,儒家士风不振恰也是宋初的不良态势。因此,范仲淹积极认同韩愈之说,在《尹师鲁河南集序》中,他赞赏韩愈的古文运动,称他"主盟于文,而古道最盛",又赞赏尹洙"力为古文",而鄙薄晚唐、五代"其体薄弱"。对于西昆派之弊,他又是最早发出呐喊者之一,指责他们"专事藻饰,破碎大雅,反谓古道不适于用"。

仁宗肯定了范仲淹的奏议,并多次下达改革文风的指示。1029年下诏指责"浮夸靡蔓之文,无益治道",要求文人"务明先圣之道"(《续资治通鉴长编》卷一〇八）。1033 年又指示"近岁进士诗赋多浮华,而学古者或不可以自进,宜令有司兼以策论取之"（《续资治通鉴长编》卷一一三）。但上谕仍未能得到迅速有效的执行。1043 年,范仲淹又上《答手诏条陈十事》,指出当时的各种内忧外困,提出十项改革主张。其中"精贡举"一项更明确涉及文艺与政治的关系问题。他指出,当时科举仍沿袭隋唐旧制,专以词赋取士。这种方式偏重文学修养,弊在"士皆舍大方而趋小道,虽济济盈庭,求有才有识者十无一二"。他认为,解决之道是"教以经济之业,取以经济之才"。这里的"经济",即指本于儒家的"经义"或"经旨"而经国济民,治理天下。所以,他提请皇帝将科举制度做如下改革——"进士:先策论而后诗赋;诸科:墨义之外,更通经旨。"他建议"进士以策论高词赋次者为优等,策论平词赋优者为次等",这样做的目的是"使人不专辞藻,必明理道",有利于国家选拔经世致用的政治人才。此论受到仁宗的赞赏,在随后立即开展的"庆历新政"中,科举法随之更定。而据《续资治通鉴长编》卷一四七载,1044 年仁宗再次下诏反对在科举中对儒者"以声病章句以拘牵之",要求放松体制,让"通天地之理,明古今治乱"的人才得以驰骋。

从以上可知,致用的美学思想已被北宋统治者作为制定"以文治国"国策所自觉运用的理论依据。仁宗的诏谕既对转变士风,培养遇事争先,不苟同时俗的精神面貌有着重大作用,也对清除西昆体末流之弊和古文运动的兴起有着很大影响。因此无论在文学史上还是政治史上,它的颁布都堪称重大事件。而范仲淹对这一切功不可没。他注重"经济",提倡文艺的治世功能,将"辞藻""墨义"置于"经旨""理道"之下,这对于转变士风和文学创作起了关键的作用。正是在他的影响下,整个北宋时代的士大夫才逐步形成了良好的入世风气。

此后,大批士人继续讨论文道关系,推进诗文革新运动。如苏舜钦在《石曼卿诗集序》中认为诗歌"原于古,至于用",影响国家的治乱兴亡,而石介的诗像《诗经》一样,能"警时鼓众",具有社会作用。古代采诗制度被后世废弃,导致"在上者不复知民志之所向",故"政化烦悖,治道亡矣"。李靓的"天下治则文教盛而贤人达,天下乱则文教衰而贤人穷。欲观国者,观文而可矣"(《上李舍人书》)之说与范仲淹的《奏上时务书》亦有异曲同工之意。他指责当时"新进之士……不求经术……不思理道,而专雕镂以为丽"(《同上》),"古道不逞,辞科浸长,不由经济,一出声病"(《潜书》),认为文章"诚治物之器焉"(《上李舍人书》),其作用是"核礼之序,宣乐之和,缮政典,饰刑书……兴国家,靖生民"(《同上》),具有无比重要的政治意义。故而要求文以经世,致用为贵。而欧阳修更有意把诗文革新同范仲淹的政治改革结合起来,使作品与理论为现实政治斗争服务,从而把运动引向了自觉和深入,最终达到了摧垮西昆派的目的,并由此而形成了以诗论事、以诗论史、以诗论政的创作潮流。可见,范仲淹复古道、重经济的创作论思想影响深远,不仅一定程度上改变了北宋知识分子的精神风貌,也一定程度上改变了北宋美学的面貌。

值得注意的是,范仲淹并没有偏废而走向另一个极端,而是始终坚持义道并重。他改革文风的目的是"使人不专辞藻",而不是完全抛弃辞藻。在文质关系上,不是非此即彼的关系,而是二者并重,文质相救。他提出:"文弊则救之以质,质弊则救之以文。质弊而不救,则晦而不彰;文弊而不救,则华而将落。"(《奏上时务书》)这种"文道合一"的创作论主张,是非常辩证的。范仲淹稍后的石介,虽然也大力反对西昆体吟风弄月、淫巧侈丽,批评杨亿是"使天下人不见、不闻周公、孔子、孟轲、扬雄、文中子、吏部之道"(《怪说》中),但他以道代文,意欲废弃诗文的艺术形式,使文学成为儒家经典、封建伦理的代言,则是矫枉过正,受到了欧阳修的批评。

三、司马光的文用论:有益于用、重在讽谏

在范仲淹的倡导下,北宋中后期,儒家中兴,儒道流行,士风、文风皆得以扭转。一生奉行儒道的司马光,更加坚持韩、柳的"文以明道"思想,并和他所倾慕的前辈梅尧臣、欧阳修一样,在创作论上反对重词藻的形式主义,强调有内容,有功用。

那么,致用的具体内涵有哪些呢?对于诗歌,司马光侧重的是讽谏。因为讽刺时政,可以让人知时。孔子说:"诗可以兴,可以观,可以群,可以怨,迩之事父,远之事君,多识于鸟兽草木之名。"(《论语·阳货》)这可算是儒家"文学尚用说"的最早阐述。而身负"事君""事父"职责的重臣司马光,对诗歌的讽谏作用也就格外看重。他的《续诗话》同欧阳修的《诗话》最大的不同在于,他并不局限于选取有情韵的诗歌意象,而是以儒家诗教"兴、观、群、怨"为标准,主张言之有物,有为而发。他在书中认为:"古人为诗,贵于意在言外,使人思而得之。故言之者无罪,闻之者足以戒也。"这里所谓"意",就是讽谏时政之意图。他赞赏杜甫,认为以《春望》为代表的大量杜诗所描绘的意象可以让人"见之而泣,闻之而悲,则时可知矣。"而华美的词藻如果没有讲明道义、于世无用,那么纵如曹植、刘琨、鲍照、谢灵运那样"壮丽",在他看来也是不足取的:"近世之诗大抵华而不实,虽壮丽如曹、刘、鲍、谢,亦无益于用。"(《答齐州司法张秘校正彦书》)

宋仁宗景祐年间,山东人颜太初作诗以刺地方乱政,为上所闻,取得了最终的政治胜利。司马光便立即抓住这个现实典型,大声疾呼文学要有政治讽谏作用:

> 求天下国家政理风俗之得失,为诗歌洎文以宣畅之。景祐初,青州牧有以荒淫放荡为事……太初恶其为大乱风俗之本,作《东州逸党诗》以刺之。诗遂上闻天子,亟治牧罪。又有郓州牧,怒属令之清直与己异者,诬以罪,掠死狱中,妻子弱不能自诉。太初素与令善,怜其冤死,作《哭友人诗》,牧亦坐是废……异日有见之者,观其《后车》诗,则不忘鉴戒矣;观其《逸党》诗,则礼义不坏矣;观其《哭友人》诗,则酷吏愧心矣。(《颜太初杂文序》)

对于散文,司马光则看重其弘道之用。隋唐以来的科举取士,一直存在专尚文辞的弊端。所以,司马光认为,作品的取舍,要以能否有用为首要。他在奏章中写到:"凡取士之道,当以德行为先,文学为后。就文学之中,又当以经术为先,辞采为后。"(《续资治通鉴长编》卷三百七十一)所谓"经术",就是解释和应用儒家经典的能力。考察作品经术如何,即是考察其是否有从理论和实践上弘扬儒道的政治功用。他在此奏中赞赏汉代"辞赋小才,无益于治,不如经术"的观点,批评了魏晋以来"贵文章而贱经术,以词人为英俊,以儒生为鄙朴"的现象,指出只用律赋、格诗以考察音韵、平仄、对仗,是形式主义标准,是末流之法,只能助长专尚辞华、于世无补的作风。这和范仲淹企图通过改革科举而转变文风、士风的思路是完全一致的。本着这样的文论观,他甚至排斥《庄子》。有人称赞庄子文辞华美,他则反问说:"君子之学为道乎?为文乎?夫唯文胜而道不至者,君子恶诸。"(《迂书·斥庄》)明确表现了文章必须合道合用的价值观。在他看来,没有弘道的文章,就像把危房装修一新,或在陷阱上覆盖绸缎一样,不但是没用的,而且是有害的、坑人的,要绝对摈弃。因此,他甚至称庄子为"佞人"。

那么,在司马光眼中,儒道的主要内涵是什么呢?那就是利民之道。他在《与薛子立秀才书》中这样说:"士之读书者,岂专为禄利而已哉!求其位而行其道,以利斯民也。国家所以求士者,岂徒用印绶粟帛富宠其人哉?亦欲得其道以利民也。故上之所以求下,下之所以求上,皆非顾其私,主于民而已矣。"可见,司马光的致用美学有很强的民本主义精神。并且,他主张要通过考察来检验文学是否达到了"明道"的功用:"故学者苟志于道,则莫若本之于天地,考之于先王,质之于孔子,验之于当今。"(《答陈充秘校书》)这样看来,其致用美学不但立足于民本,而且还有强调用实践来检验其效用的务实精神。

司马光把文辞看成一种工具,在君子手里,文辞用来传道,而在小人手里,却成为颠倒黑白的幌子:

> 或谓迂叟:"子于道则得其一二矣,惜乎无文以发之。"
>
> 迂叟曰:"然,君子有文以明道,小人有文以发身。夫变白以为黑,转南以为北,非小人有文者,孰能之?"(《迂书·文害》)

在这里,司马光对小人为文的手段予以抨击,却对君子无文之缺憾未加介意,这就有了重道轻文的意味。他又说:"今之所谓文者,古之辞也。孔子曰:辞达而已矣。明其足以通意,斯止矣,无事于华藻宏辩也。"(《答孔文仲司户书》)这就更明显具有只重内容而轻视文辞的倾向,偏离了范仲淹文道并重的传统。这一点,到王安石那里才得到克服。

第三节 王安石的政治美学及其时代意义

王安石(1021—1086),字介甫,江西临川人。北宋杰出的政治家、思想家、文学家、改革家,曾两度为相,其各方面的思想深深影响了当时和后世。王安石首先是一个儒家思想占主导地位的政治家,向来有高远的政治抱负。正如邓广铭所言:"古代中国的士大夫们,大都有一个'学以致用'的愿望,他们都想从儒家的经典当中,找一些经理世事的方案出来。王安石也是这样的。当他还极年轻的时候,他便懂得要把书本上所讲的和从现实社会体察到的,紧密地结合起来。"[1]他自言"材疏命贱不自揣,欲与稷契遐相希"(《忆昨诗示诸外弟》),甚至经常自比孔孟,志在使国家回复三代圣明景象。而《宋史·王安石传》也说他"慨然有矫世变俗之志"。而他他思想体系的核心是"重道崇经、经世致用"的经学观,其政治观、美学观皆源本于此。他认为"经术者所以经世务也"(杨仲良《通鉴长编纪事本末》卷五十九)。于是,作为一代大儒和北宋最大的致用美学家,重道致用也成了他根本的美学宗旨。

有学者指出:"王安石文学思想的核心,一言以蔽之曰:经世致用,重道崇经。"[2]由此看来,王安石对文学基本性质的体认和道学家是十分接近的,不过,他所说的"用","偏重在具体实际的社会作用方面,而不像道学家偏重在道德说教,这是政治家的本色"[3]。郭绍虞因此把他和司马光

---

[1] 邓广铭:《王安石》,第 2 页,上海:三联书店,1953 年。
[2] 彭亚非:《中国正统文学观念》,第 126—127 页,北京:社会科学文献出版社,2007 年。
[3] 章培恒等主编:《中国文学史》,第 349 页,上海:复旦大学出版社,2004 年。

作为政治家文论的代表:"政治家的文论就和道学家的见解不一样;在当时,最足以代表的就是司马光和王安石。他们两人在政治上的意见尽管不一致,但是论文见解却是一样的……就反对雕镂无用的文辞这一点讲,政治家和道学家古文家都是一致的,不过政治家更强调在'用'的方面;就'文'讲要重在用,就'道'讲也一样要重在用。这是政治家文论,——也就是政治家学说——最突出的一点。"①和范仲淹、欧阳修、司马光相一致,王安石完全从政治出发,把对美学的思考落实于治世的功能,形成了独特的政治美学思想,并直接影响了南宋的陈亮、叶适等思想家。

一、王安石的文用论

王安石提出"文者,务为有补于世"(《上人书》)和"文章合用世"(《送董传》)的致用美学观。文学有补于世并不是王安石一家之见,而是唐宋八大家所共同倡导的文学观点,以此抵制六朝、五代以来华而不实的骈文。但作为政治家的王安石,却在这一点上走到一个顶峰,他的观点完全建立在儒家道统的基础上,并强调作品要表达"政事",凸显了高度的政治抱负。

1. 文贯乎道

在文道关系的各种理论中,"文以贯道"思想最初发轫于隋代王通。他说:"学者,博诵云乎哉? 必也贯乎道。文者,苟作云乎哉? 必也济乎义。"(《中说·天地》)在唐代,韩愈提出:"夫所谓先王之教者,何也? 博爱之谓仁,行而宜之之谓义,由是而之焉之谓道,足乎己无待于外之谓德。其文,《诗》《书》《易》《春秋》;其法,礼、乐、刑、政。"(《原道》)即是指出,文学、音乐等艺术形式,能体现先王之"道"。而韩愈门人李汉则在此基础上更直接提出了"文者,贯道之器也"(《昌黎先生集序》)。这条思路在北宋得到了王安石的有力继承。王安石赞赏王通,在《取

---

① 郭绍虞:《中国文学批评史》,第 183—184 页,上海:上海古籍出版社,1979 年。

材》一文中引用他的话说:"文中子曰:文乎文乎,苟作云乎哉?必也贯乎道。学乎学乎,博诵云乎哉?必也济乎义。"并极力提倡"诚发乎文,文贯乎道,仁思义色,表里相济"(《上邵学士书》)的口号。值得注意的是,"文以贯道"和"文以载道"虽形式类似,但实质有不小的区别。周敦颐的"文以载道"虽未废文,但毕竟消极地轻文,而"文以贯道"则把文作为贯道之器,突出了文的能力与功用。虽有尊道的倾向,但实际仍是文道并重。

王安石说"道之不明邪……士亦有罪焉"(《王逢原墓志铭》),即士人的职责就在于明道、行道。那么他的"道"指什么呢?韩愈曾有言:"吾所谓道也,非向所谓老与佛之道也。尧以是传之舜,舜以是传之禹,禹以是传之汤,汤以是传之文武周公,文武周公传之孔子,孔子传之孟轲。"(《原道》)此即所谓儒家"道统"的"道"。而王安石说:"若欲以明道,则离圣人之经,皆不足以有明也。"(《答吴子经书》)又说:"读圣人之书,师圣人之道,约而为事业,奋而为文辞。"(《上蒋侍郎书》)以及:"某愚不识要务之变,而独古人是信。闻古有尧舜也者,其道大中至正,常行之道也。得其书,闭门而读之,不知忧乐之存乎已也。穿贯上下,浸淫其中,小之为无间,大之为无涯岸,要将一穷之而已。"(《上张太傅书》)由此可知,王安石的"道"就是圣人之道、孔孟之道,也即韩愈道统之道。清人蔡上翔曾说,"盖自韩柳而下至北宋,若柳仲涂、穆伯长、孙明复、石守道、胡冀之、李泰伯、欧阳永叔、曾子固、王介甫,此皆言道术者,总之不离乎孟荀杨韩"(《王荆公年谱考略》),则更印证了这一点。

2. 惟道之在政事

孔孟之道的核心是仁义道德。所以王安石《答韩求仁书》明确说过:"道之在我者为德,德可据也。以德爱者为仁,仁譬则左也,义譬则右也。"不过,虽然王安石的"道"与韩愈的道统一脉相承,但他并非泛泛而言孔孟之道中的仁义道德,也非北宋新儒学(理学)所主要侧重的心性之道,而是带了强烈的政治致用色彩。正如有学者指出:"王安石的'道',装进了'政治变革'的新义,与过去的'道'相比较,须要作重新解释。"①目前国内学者的共识是："王安石继承、发展了儒家思想中'兼济天下'的一面及儒家文论中'尚用'的传统,他之所谓'道',乃指治国安邦、革弊变俗的政治理想,所强调的是经世致用。"②"他指的道,并不同于理学家标榜的心性之道……这个道指的是安邦治国之道。"③安邦治国之道也就是政事,故而王安石提出:"惟道之在政事。"(《周礼义序》)这是因为:"圣人之于道也,盖心得之,作而为治教政令也。"(《与祖择之书》)

因此,他对孔子的崇拜,是基于其经邦治国之才:"夫仲尼之才,帝王可也……仲尼之道,世天下可也。"(《孔子世家议》)又说:"谁为尧舜徒,孔子而已矣。"(《读墨》)他还声称,自己行事是"取正于孔子"(《答王该秘校书二》)的。他推崇《诗经》,乃是因为《诗经》传达了政事。他在《周官新义》中曾重申《诗序》的论点:"上以风化下,下以风刺上,主文而谲谏,言之者无罪,闻之者足戒,故曰风……是以一国之事,系一人之本,谓之风。言天下之事,形四方之风,谓之雅。雅者,正也,言王政之所由废兴也。政有大小,故有小雅焉,有大雅焉。颂者,美盛德之形容,以其成功告于神明者也。是谓四始,诗之至也。"因此,在美学观上,他也热切希望文学能在政治上发挥事功,遂在"文贯乎道"的基础上进一步明确提出了以下重要观点:

> 唯诗以谲谏,言者得无悔。(《杨刘》)
>
> 文者,礼教治政云尔。(《上人书》)
>
> 治教政令,圣人之所谓文也。(《与祖择之书》)

也就是说,在王安石眼里,所谓"诗"的作用就是表达政治谏议,"文"的功能就是传递"治教政令"。

从理论源流来看,王安石的文章致用思想与汉代王充和唐代白居易

---

① 吴林抒:《王安石的美学思想与实践》,《江西社会科学》,1987 年第 1 期。
② 熊宪光:《王安石的文学观及其实践》,《西南师范大学学报(人文社会科学版)》,1981 年第
   1 期。
③ 高克勤:《王安石与北宋文学研究》,第 8 页,上海:复旦大学出版社,2006 年。

有直接的类似和传承。王充说："夫贤圣之兴文也，起事不空为，因因不妄作，作有益于化，化有补于正。"(《论衡·对作》)白居易则说："文章合为时而著，歌诗合为事而作。"(《与元九书》)他们强调的都是文章要致用，在这一点上王安石与他们是一致的。但王安石比前人深刻之处在于，他还从人类社会发展进程的高度辩证地进行观察，从而为文以贯道、有补于世的思想找出了理论依据。在《夔说》一文中，王安石根据舜任命国家各部门官员的先后顺序，论证了构成国家社会生活的各个层次是有本末之分的。相(总理国家事务)、稷(管理农业)、司徒(管理教化)、士(管理刑律)，这些部门皆"治人之所先急也"，属于本。只有这些部门"备矣，则可以治末之时也"，所以舜先行任命此四官之后，才依次任命共工(管理工艺)、虞(管理鸟兽草木)、典礼(管理制礼)。到此为止，才标志着国家"政道成矣"，舜这才最后任命了"夔以为典乐"，"作乐，以乐其成也"。舜把文艺排在末尾，并规定必须在"政道成矣"之后，这说明他已经模糊意识到文艺是建立在一定的经济基础之上的。因此，王安石说："借使禹不能总百揆，稷不能富万民，契不能教，皋陶不能士，垂不能共工，伯夷不能典礼，然则天下乱矣。天下乱，而夔欲击石拊石、百兽率舞，其可得乎?"王安石从文艺在整个社会结构中所占的地位来解释文艺为什么必须"有补于世"，在朴素的唯物主义中却有着深刻的、与马克思主义"经济基础决定上层建筑"相通的道理。

二、王安石的创作论、鉴赏论

王安石的创作论贯彻了其"文章合用世""文贯乎道"和"惟道之在政事"的文用论思想，以适用与否来作为创作的主导原则和鉴赏标准，尤其看重文章是否有利于国家政事。可见，"经世致用思潮不仅改变了作家的创作态度和思维方式，亦影响到这个时期作家的心理状态和审美追求"[①]。

---

① 张毅：《宋代文学思想史》，第 71 页，北京：中华书局，2006 年。

1. 反对雕琢,适用为本

王安石在《金陵绝句》中做过这样一个形象的比喻:"山鸡照渌水,自爱一何愚!文采为世用,适足累形躯。"在他看来,山鸡过于漂亮的羽毛,恰恰成了它生命的沉重负担。同样,诗文过于注重形式,到了雕琢辞藻的程度,就损害了内容。在这里,王安石对那种以华而不实、矫揉造作为美的文学时尚表现出极端鄙薄,其战斗精神和执着态度也可谓表露得淋漓尽致。

因此,王安石推崇杜甫,说他尤爱杜甫诗作,将其置于《四家诗选》之首,原因是杜诗"丑妍巨细千万殊,竟莫见以何雕锼"(《杜甫画像》)。即是说,杜甫的诗歌气象万千,既反映现实,却又从不雕琢文辞。他深刻批判宋初以杨亿、刘筠等人为代表的"西昆体"这一股形式主义文学逆流带来的时弊,指出:"杨、刘以其文词染当世,学者迷其端原,靡靡然穷日力以摹之,粉墨青朱,颠错丛庞,无文章黼黻之序,其属情藉事,不可考据也。方此时,自守不污者少矣。"(《张刑部诗序》)他又对当时文坛那些重形式而轻内容的创作倾向发出抨击:"某尝患近世之文,辞弗顾于理,理弗顾于事,以襞积故实为有学,以雕绘语句为清新,譬之撷奇花之英,积而玩之,虽光华馨香,鲜缛可爱,求其根柢济用,则蔑如也。"(《上邵学士书》)植物光有花没有根不能生存,文章不能贯彻道理于事无补,就像无根的浮萍,有生存和发展的危机。这个比喻无非要揭示,文章创作是为适应社会的需要而产生的,而绝不在于自身形式如何美丽。

因此,在创作形式与内容的关系上,王安石提出文章"适用为本"的重要命题。他在《上人书》里打了个比方来说明:

> 所谓辞者,犹器之有刻镂绘画也。诚使巧且华,不必适用;诚使适用,亦不必巧且华。要之以适用为本,以刻镂绘画为之容而已。不适用,非所以为器也,不为之容,其亦若是乎?否也。然容亦未可已也。勿先之,其可也。

这就是说,形式必从属于内容。就像器物以适用为本、以刻镂绘画为辅一样,文章以有补于世的内容为本,以修辞等形式为辅助。器物在于实用,不实用不成其为器物;文章一定要有益于社会,不实用不成其为文章。说文章具有实用性,不是王安石的发明,但把实用性作为文章的根本性质,则是他文论的一个重要贡献。

　　本着这样的思路,王安石便对李白评价很低,说他"平生志业无高论"(《和王微之秋浦望齐山感李太白杜牧之》),即诗歌内容脱离现实社会,"适用"价值不高。因此,王安石在编《四家诗选》时置李白为四家之末,理由是"其识污下,诗词十句九句言妇人酒耳"(惠洪《冷斋夜话》卷五)。恰如程千帆所言,这种"对其审美价值认识不足的过激之谈,正证明了他对政治性的高度重视"①。

　　王安石还有一个不凡之论,就是认为王禹偁的《黄州新建小竹楼记》胜过欧阳修的名作《醉翁亭记》。究其原因,黄庭坚曾在《书王元之竹楼记后》一文中解释道:"或传王荆公称《竹楼记》胜欧阳公《醉翁亭记》。或曰,此非荆公之言也。某以为荆公此言未失也。荆公评文章,常先体制而后文之工拙。盖尝观苏子瞻《醉白堂记》,戏曰:'文词虽极工,然不是《醉白堂记》,乃是韩、白优劣论耳'。以此考之,优《竹楼记》而劣《醉翁亭记》,是荆公之言不疑也。""体制"就是文章的内容之实体。在"先体制而后文之工拙"的原则衡量下,王禹偁的《黄州新建小竹楼记》在描写了谪居生活闲适的同时,还批判了贵族生活的骄奢淫逸,体现了儒家甘于淡泊的坚定操守,这样此文便具有了切实的社会政治功用,所以胜过欧阳修单纯表达闲适情趣的《醉翁亭记》。

　　2. 道先文后,传达政事

　　王安石所说的"适用"就是"贯道""明道"之用。和文辞形式相比,"道"的内容总是第一位的和最重要的。他认为若"章句之文胜质",会使"妙道至言之所为隐"(《谢除左仆射表》)。所以从根本上来看,王安石所持的是道先文后论。因此,当吴子经向他求教时,他说:"子经诚欲以文

---

① 程千帆、吴新雷:《两宋文学史》,第75页,上海:上海古籍出版社,1991年。

辞高世,则无为见问矣;诚欲以明道,则所欲为子经道者,非可以一言而尽也。"(《答吴子经书》)这就更验证了他道先文后,力主以文贯道的创作主张。

王安石指出,唐宋古文家虽然夸谈文以明道,但实则重文而不重道。他对韩愈、柳宗元的态度尤其值得玩味。一方面,他赞赏韩愈的重道。《上人书》中说:"自孔子之死久,韩子作,望圣人于百千年中,卓然也。"又在《送孙正之序》里说:"时乎杨墨,已不然者,孟轲氏而已。时乎释老,已不然者,韩愈氏而已。"由此看来,似乎是非常推重韩愈。但另一方面,由于韩愈始终是以文名世而不是以道名世,故王安石对他又有批评。事实上,韩愈除了提出尊道统而外,的确没有更多的实际见解,他被尊为"文章巨公""百代文宗",却从未被视为思想家。他的散文创作,除了《原道》《师说》《论佛骨表》等少数有比较直接的论道而外,大多只能以文学性取胜。至于其诗歌,则反映社会重大生活和深刻见解的内容更少,显得比较肤浅。总之,理论上要求文以明道,而作品却有所偏离。所以王安石论韩、柳时说:"韩子尝语人文矣,曰云云,子厚亦曰云云,疑二子者,徒语人以其辞耳,作文之本意,不如是其已也。"(《上人书》)即是质疑他们的文学创作观点,指出他们有教人作文以辞的嫌疑。因此,王安石说:"纷纷易尽百年身,举世何人识道真?力去陈言夸末俗,可怜无补费精神。"(《韩子》)在这种近乎嘲讽的口吻里,他对韩愈是否领会"道"的本意,又是否真正做到了"文以明道",提出了强烈的质疑:人生短暂,韩愈奢谈治世正道、唯陈言之务去,却还是舍本逐末,片面追求形式,耗费了毕生精力却仍无补于用。他借孟子和韩愈的对比来表达自己的目标所在:

> 欲传道义心犹在,强学文章力已穷。他日若能窥孟子,终身何敢望韩公?(《奉酬永叔见赠》)

他称赞蒋乐安公与邵学士的诗文,就是因为其"词简而精,义深而明……非夫诚发乎文,文贯乎道,仁思义色,表里相济者,其孰能至于此哉"(《上邵学士书》)。王令对韩愈有"立言而不及德"(《说孟子序》)的批评,这和王安石"他日若能窥孟子,终身安敢望韩公"的用意也是完全一致的。

在"惟道之在政事"的文用论思想下,王安石所要明的"道"无疑乃是政事之道,对文学创作的评价便以政治致用性为标准。王安石不屑于徒尚文辞、章句声病的文学,明确提出文章应当"详评政体,缘饰治道,以古今参之,以经术断之"(《张刑部诗序》)。因此,他和范仲淹一样反对宋代科举以诗赋取士,原因就是诗赋无用。他批评当时的科举文风是"但以章句声病,苟尚文辞,类皆小能者为之"(《取材》)。即是说,取士大都只重作品形式,而不论贯彻儒道之大义和经济天下之大用。这样,就导致了通才之人遭到排斥,浮艳之风得到崇尚的不良现象,对国家政治非常有害。他对人才的基本看法就是,人才应是"经世致用"之才,故而极力主张以文章的政治功用来评价他们。为此,他提出诸生文章看经术的实用原则:"策进士者,若曰邦家之大计何先,治人之要务何急,政教之利害何大,安边之计策何出。"(《取材》)他赞美《诗经》,是因为它有高度的政治功用。他认为:

> 《诗》行于世先《春秋》,《国风》变衰始《柏舟》。文辞感激多所忧,律吕尚可谐鸣球。(《哭梅圣俞》)
>
> 《诗》上通乎道德,下止乎礼义。考其言之文,君子以兴焉。循其道之序,圣人以成焉。(《诗义序》)

以此为出发点,王安石还特地编撰了《诗经新义》,通过对《诗经》中有道之政的阐释来匡正现世的谬误,力图达到"变风俗、立法度"的政治目的。

此外,王安石还提出:"书之策,引而被之天下之民,一也。圣人之于道也,盖心得之,作而为治教政令也,则有本末先后,权势制义,而一之于极。其书之策也,则道其然而已矣。"(《与祖择之书》)这完全是站在政治家的角度,把创作论同政事紧密相联,既然文学就是政治教化,那么在强调"用世"的同时当然也追求创作上的统一。

3. 时过道穷,人所不与

王安石高于前代和同代人的地方还在于,他坚决摒弃了自董仲舒以来传统儒家所奉行的"天不变,道亦不变"的僵死信条,而认为客观世界是不断发展变化的:"世事纷纷洗更新。"(《寄朱昌叔》)因此必须注意时代性,做到与时俱进:"时过道穷,则人所不与也……其于进退之理,可以不观时乎?"(《上蒋侍郎书》)因此,他非常强调变通:"变通者所以趋时。"(《易解·卷四·大壮》)在《答孙长倩书》里,他进一步提出以下观点:不可食古不化,古代的经验在当世未必适用,"若行古之道于今之世,则往往困矣"。因此要真正做到文以贯道,就不能抱残守缺,而要懂得时变,文学创作要传达政事,尤其要"学治今时文章",而不能"执迷膺学古文"。可见,王安石主张的文以贯道,是应紧密联系现实生活,为现实政治服务,以适时地随着世事的变化发展而不断更新和充实"道"的内涵。

由于王安石的文学致用观重视时变,因此他尤其主张文学要切合当时所需。他反对一味追拟古文,指出"夫古文何伤? 直与世少合耳"(《答孙长倩书》)的缺陷,而倡导创作有益于时的文章。他反对杨亿、刘筠的西昆体,除了他们的词句雕琢繁杂之外,还有一个重要原因就是其思想内容不能适应时代的需求。因此他作诗说:"人各有是非,犯时为患害……事变故不同,杨刘可为戒。"(《杨刘》)即是说,事物的发展("事变")引起观念的变化("故不同"),因此诗歌的内容和形式也应该与之相适应。违反时代的要求("犯时"),诗歌创作就会误入邪路,造成祸害。

所以,王安石贬低李白,却赞赏杜甫"吟哦当此时,不废朝廷忧,常愿天子圣,大臣各伊周"(《杜甫画像》),有高度的现实意义。对当朝人士,他赞赏孙长倩的文章"欲行古人事于今世,发为词章,尤感切今世事"(《答孙长倩书》),称赞王珪文章"有补于时"(《翰林学士兼侍读学士礼部郎中知制诰充史馆修撰王珪改吏部郎中加食邑五百户实封二百户余如故》),说王常甫文章"应时之须"(《亡兄王常甫墓志铭》),王乙的文章"皆中世病"(《右领军卫将军致仕王君墓志铭》),苏轼的文章"深言当世之务"(《应才识兼茂明于体用科守河南府福昌县主簿苏轼大理评事制》)。

而他自己的作品,则也同样实践了自身的主张,与时政紧密相连,长于说理议论,被称赞为"指陈时事,剖析弊端,枝叶扶疏,往往切当"(陆九渊《荆国王文公祠堂记》)。此外,他还提出科举文章要"使之以时务之所宜言之,不直以章句声病累其心"(《取材》)。

三、王安石政治美学的时代意义

王安石的政治美学思想具有高度的时代意义和积极作用,主要表现在以下两个方面。从纵向关系来说,"应该认为,王安石是欧阳修倡导的古文运动的重要人物,他对宋代文风的转变,做出了不可磨灭的贡献"①。他的政治美学是站在唐代古文运动的立场上,对五代以来雕琢辞章、夸丽争巧之文风的有力反拨,也是对宋初以来西昆派浮靡诗风的摧枯拉朽。其"务为有补于世""求其根柢济用""文者,礼教治政"等美学命题,成为扫荡形式主义文风的重要力量。《宋史·文苑传序》说:"庐陵欧阳修出,以古文倡,临川王安石、眉山苏轼、南丰曾巩起而和之。宋文日趋古矣。"可见正是在王安石等一批志同道合的后起之秀的协力下,宋代散文才得以日益健康发展的。在王安石青年时代,西昆派文风还弥漫于世。他的讽喻诗《杨刘》、散文《张刑部诗序》等,直接针对西昆体弊端而发,点明了西昆体的要害在于缺乏政治讽谏功效和繁复雕琢的形式。可以说,"王安石在欧阳修的倡导下,掀起了一场扫荡西昆体文风的古文革新运动"②。无疑,王安石的政治美学对清除晚唐五代积习,扫荡西昆余风,促进整个宋代文学的健康发展,具有重要的历史作用。

此外,唐代以来,对杜甫的评价常常局限于其艺术技巧,但王安石却从杜诗的政治内容出发,指出杜甫关注民生、有补于政事的一面,发掘出杜甫之所以获得巨大成就的根本原因。这种评价,完全源于他的文学为

---

① 张祥浩、魏福明:《王安石评传》,第 322 页,南京:南京大学出版社,2006 年。
② 吴林抒:《王安石的美学思想与实践》,《江西社会科学》,1987 年第 1 期。

政治服务的美学标准。梁启超曾言:"其特提少陵而尊之,实自荆公始。"①这种对杜甫的推崇,无疑对美学史是具有重要意义的。

从横向关系来说,王安石的政治美学成功地引导了文学为当时的政治服务。这并非源于王安石作为大政治家的权力膨胀,而是有其必然的时代背景的。当时北宋社会内忧外患,矛盾重重。内有因日益土地兼并、赋税加重造成的农民与地主阶级的矛盾,导致农民起义不断,而统治者又面临着"三冗"(冗兵、冗官、冗费)尾大不掉的局面;外有对辽和西夏用兵的屡屡失败与委屈求和,担负着沉重的岁贡。在这样阶级矛盾和民族矛盾尖锐的历史背景下,每一个有所作为的政治家都不会不强调文学对社会的引导作用。而王安石作为当时执掌大权的宰辅,自然更要反对文学的形式主义,召唤文学为政治服务。因此,王安石这种高度致用的"治教政令说"是有其积极时代意义的。

而当时最大的政治就是变法革新。正如有学者所指出:"王安石要实现变法的政治,必定要求变法的文艺与之相结合,以实现政治与艺术的统一。这就是他美学思想的核心。"②鉴于骈体文风和"西昆体"诗风已渗入当时的科举考试之中,直接影响了政治改革的工作,作为置身于改革漩涡中心的关键人物,王安石痛陈这种现状对选拔人才的严重后果:"不肖者,苟能雕虫篆刻之学,以此进至乎公卿,才之可以为公卿者,困于无补之学,而以此绌死于岩野,盖十八九矣。"(《上仁宗皇帝言事书》)"使通才之人,或见赘于时,高世之士,或见排于俗……父兄勖其子弟,师长勖其门人,相为浮艳之作,以追时好而取世资。"(《取材》)针对不实用的科举诗赋,王安石顶住不少传统派的压力,力主改革:"今欲追复古制以革其弊……宜先除去声病偶对之文。"(《乞改科条制札子》)他的科举改革思想借助熙宁变法得到了实施。熙宁四年(1071年),宋神宗批准了王安石的建议,颁布了经义取士的科举新制,即用阐明政治见解的议论文

---

① 梁启超:《王安石传》,第288页,天津:百花文艺出版社,2006年。
② 吴林抒:《王安石的美学思想与实践》。

体取代浮艳的诗赋。王安石还亲自作经义式文体十篇,作为示范。钱基博这样描绘其历史意义:"王安石奋笔为之,存文十篇,或谨严峭劲,附题诠释,或震荡排奡,独抒己见;一则时文之祖也,一则古文之遗也。"①王安石遵循儒家实用主义的创作观,在当时形式主义文风和诗风相沿成习、积重难返的情况下,竭力把科举文学引上为现实政治服务的轨道,在当时就取得了良好的效果,得到了皇帝的肯定。1073 年,神宗上谕称:"今岁南省所取多知名举人,士皆趋义理之学,极为美事。"(《续资治通鉴长编》卷二四三)。无疑,王安石对科举文体制度的改革,有利于封建国家造就和选拔"通经致用"的人才,至今仍有参考意义。正如一些学者指出:"他坚决果断,对以诗赋取进士,以帖经、墨义取诸科这一从唐到宋长期议而未决的问题,断然加以解决,这种大胆革新的精神,在今天,对我们也是很有启发的。"②从这一点上说,王安石与历代法家功利审美观颇为一致。重务实、求实效是法家的政治性格。先秦韩非一直主张写文章应崇尚功用,反对空洞的虚饰之词。他的寓言《买椟还珠》《秦伯嫁女》等,也都是为其现实的政治变法目的服务的。三国时期的曹操也同样重视文章的实用性。他的政论文深受韩非等法家的影响,成为明确表达出其法家的路线的工具。邓广铭认为:"王安石正是一位杰出的法家","王安石变法是在法家思想指导下进行的"③。尽管此说犹可讨论,但王安石和上述法家无疑具有相似的政治地位和政治抱负,将法家功利审美观视为其政治美学思想的来源之一是并非勉强的。

鲁迅说过,当人们"享乐着美的时候,虽然几乎并不想到功用,但可由科学的分析而被发见。所以美底享乐的特殊性,即在那直接性,然而美底愉快的根抵里,倘不伏着功用,那事物也就不见得美了"(《普列汉诺夫艺术论·序言》)。因此,美善固然不容混淆,但美善也不能割裂。功用性永远是美学不可分割的合理内核。中国美学史上历来就有强调文艺

① 钱基博:《中国文学史》(下),第 742 页,上海:东方出版中心,2008 年。
② 罗传奇、吴云生:《王安石教育思想研究》,南昌:江西教育出版社,1991 年。
③ 邓广铭:《王安石——北宋时期杰出的法家》,《北京大学学报》,1974 年第 3 期。

"经世致用"的观念。历朝历代,各派思想家们从未把功用排斥在美学要求之外。而王安石提出文学应当为有益于国家的政治服务的主张,为的又是社会功利而非狭隘的一己私利,因此具有高度的时代意义。在他的政治美学影响下,文人的政治热情高涨,政治改革的趋势发展壮大,经世致用的美学思潮再度兴起,所以它必然要为政治改革服务。其结果,正如有人所概括的那样,在仁宗亲政之后,"经世致用思潮成为文学创作和文学理论的主旋律。它促使作家面向社会现实的重大问题,自觉地用文学创作为当时的政治改革服务,根据现实的需要变革文风……它的积极意义在于使宋代文学切近社会现实而获得新的动力。一批作家努力摆脱了晚唐五代文风的影响,在诗文创作方面开创了新的写法和新的格局,为宋代文学和文学思想的成熟奠定了基础"①。无疑,这一切王安石可谓功力最巨。并且,王安石的思想一直影响到近代,"近代政论家如梁启超、严复诸人,都受了他较深的影响"②。重视政治功利、讲究社会效果,显示了他赋予艺术家的崇高责任,是我们应当发扬的宝贵传统,这对我们今天正确处理文学与政治的关系仍不无裨益。

不过,客观地说,王安石对文艺对政治性的过度推崇,也导致了一些负面影响。历来有人认为,王安石过分强调了文学的经世致用,偏重实用而轻视文采。在强调了内容的重要性的同时,对形式的重要性则有所忽略。从他本人的创作来看,其作品尤其是早年之作,的确存在着议论过多的缺点。另外,他把文学看作达到一定政治目的的手段,过于狭隘和偏激,一定程度抹杀了文学与政治宣传的区别,容易造成文学创作的单一化、模式化,有碍于文学的正常发展,给后代文学造成不利的影响。如他的"书之策,引而被之天下之民,一也。圣人之于道也,盖心得之,作而为治教政令也,则有本末先后,权势制义,而一之于极"(《与祖择之书》)之论,应该说对文学本身产生了消极作用。苏轼就曾这样指责王安

---

① 张毅:《宋代文学思想史》,第 54 页。
② 程千帆、吴新雷:《两宋文学史》,第 79 页。

石:"文字之衰,未有如今日者,其源实出于王氏。王氏之文,未必不善也,而患在好使人同己。自孔子不能使人同,颜渊之仁,子路之勇,不能以相移,而王氏欲以其学同天下。地之美者,同于生物,不同于所生。惟荒瘠斥卤之地,弥望皆黄毛白苇,此则王氏之同也。"(《答张文潜县丞书》)苏轼认为,王安石"使人同己""欲以其学同天下"的结果,就是创作方法上的强求一律。这样一来,文学易成为政治的传声筒,导致文学自身的特性被忽视,发展规律被扭曲,不利于文学创作的丰富多元,只能使文坛凋敝荒芜。苏轼对当时文坛的悲观,虽有所夸大失实之处,然而他对王安石"同天下"的做法的指责却不能不说是比较客观的。

当然,从总体来说,王安石的政治美学对时代的积极意义还是主要的。正如有学者所指出的,他顶着杨、刘之辈专门嘲风月、弄花草,把国家和民族的命运置于脑后的颓靡诗风和只以讲求形式为能事的骈体文风,赋予文学紧密地为变法革新这一政治斗争服务的职能,这在当时的文坛上无疑是起了矫枉的良好作用。尽管在提法上有所过正,但在主流上却是符合那个时代的需要的。

第四节　陈亮、叶适的事功美学观

北宋经世致用的美学观念,在南宋事功学派(包括永康学派和永嘉学派)那里得到进一步发展。作为哲学流派,南宋事功学派的兴起,源于王安石"为天下国家之用"(《上仁宗皇帝言事书》)的哲学思想,故而其美学观也与王安石一脉相承,并在理论上有所创新。这种事功美学观的代表人物分别是永康学派的陈亮和永嘉学派的叶适。陈亮(1143—1194),字同甫,号龙川,南宋哲学家,浙江永康人,曾授签书建康军判官厅公事之职。著有《龙川文集》《龙川词》。叶适(1150—1223),字正则,号水心,南宋哲学家,浙江瑞安人,历仕南宋三朝,曾官至工部侍郎、吏部侍郎等。著有《水心文集》《习学记言序目》。他们的共同特点是注重务实,讲求事功,强调经世致用。

一、陈亮的事功哲学及其美学影响

1. 反对理学空谈性命

何忠礼指出:"南宋的弊病也很多……士大夫们不屑于实务而热衷于空谈。"①的确,当时士人受程朱理学影响,多空谈仁义、心性而耻言实用、功利。在以道德性命的自我标榜中,文章之用逐渐被忽略,导致士大夫们严重地脱离实际。这成为南宋时思想文化界的一大弊端。一向以政教事功和经济之才自诩的陈亮这样批判此种现状:

> 往三十年时,亮初有识知,犹记为士者必以文章行义自名,居官者必以政事书判自显,各务其实而极其所至,人各有能有不能,卒亦不敢强也。自道德性命之说一兴,而寻常烂熟无所能解之人自于其间,以端悫静深为体,以徐行缓语为用,务为不可穷测以盖其所无,一艺一能皆以为不足自通于圣人之道也。于是天下之士始丧其所有,而不知适从矣。为士者耻言文章、行义,而曰"尽心知性";居官者耻言政事、书判,而曰"学道爱人"。相蒙相欺以尽废天下之实,则亦终于百事不理而已。(《送吴允成运干序》)

陈亮承认客观规律之实在,强调道存在于实事实物之中,反对道学家空谈义理,认为道义不能脱离功利。对这种"相蒙相欺""百事不理"给治理国家带来的危害,陈亮深感忧虑。他在给皇帝的信中强调"用"的重要:"人才以用而见其能否,安坐而能者,不足恃也;兵食以用而见其盈虚,安坐而盈者,不足恃也。"(《上孝宗皇帝第一书》)

陈亮还力图通过自身的文学实践来扭转这种风气。从青年时代起,陈亮就以其见解卓越、行文犀利的政论文为时人所推重。除上孝宗皇帝之书外,其《中兴遗传序》《送徐自才赴富阳序》《酌古论·诸葛孔明》《北山普济院记》等篇,都贯穿了事功务实的议论,被清刘熙载称为"针砭时

---

① 何忠礼:《南宋政治史》,第12页,北京:人民出版社,2008年。

弊,指画形势,自非绌于用者之比"(《艺概》卷一)。此外,他的词作也多被赋予了经济致用性,有学者认为"他把词作为陈述自己经世济民策略的载体"①,也是符合实际的。

2. 对主体合理欲望的肯定

陈亮的思想在与朱熹的多层面辩论中展开。理学家朱熹将"天理"与"人欲"对立起来,认为夏商周三代之君循"天理",讲"仁义",而汉高祖、唐太宗的政治作为则是出于"人欲"。尽管他们的国运也昌盛长久,那也只能算是其"人欲"与"天理"部分有吻合之处,而其总体出于利欲的动机是不义的和邪恶的:"汉唐之君虽或不能无暗合,而其全体却只在利欲上"(《寄陈同甫书十五首》),"老兄视汉高帝唐太宗之所为而察其心,果出于义耶？出于利耶？出于邪耶,正耶？若高帝则私意分数犹未甚炽,然已不可谓之无。太宗之心责吾恐其无一念不出于人欲也"(同上)。

而陈亮认为,天理与人欲是不能分开的,人欲有其合理性,不应该被完全否定。三代虽然以天理行,也不排斥人欲。将二者对立起来,不能说明历史:

> 谓三代以道治天下,汉唐以智力把持天下,其说固已不能使人心服;而近世诸儒,遂谓三代专以天理行,汉唐专以人欲行,其间有与天理暗合者,是以亦能久长。信斯言也,千五百年间,天地亦是架漏过时,人心亦是索补度日,万物何以阜蕃,而道何以常存乎？故亮以为:汉唐之君本领非不洪大开廓,故能以其国与天地并立,而人物赖以生息。(《又甲辰秋书》)

故而,陈亮反对朱熹只高谈王道、仁义、天理的高论,而实事求是地肯定人欲的合理,倡导"义利双行、王霸并用之说"(《寄陈同甫书十五首》)。他的观点新颖而论证有力,朱熹虽不赞同,亦无可奈何。正如叶适所说的那样:"其说皆今人所未讲,朱公元晦意有不与而不能夺也。"

---

① 王运熙、顾易生主编:《中国文学批评通史(宋金元卷)》,第 648 页。

(《龙川文集·序》)

陈亮反对程朱理学将天理与人欲分割对立的思路,肯定人欲的合理性,这在美学史上有其重要意义。孟子就认为,追求感官享受和审美欲望是人的天性:"口之于味也,目之于色也,耳之于声也,鼻之于臭也,四肢之于安佚也,性也。"(《孟子·尽心下》)但长期以来,儒家片面强调对仁义道德等精神方面的追求,对人欲基本持压抑的态度,这种压抑到了宋代开始走向极端,产生了"灭私欲则天理明"(《二程遗书》卷二四),"存天理、灭人欲"(《朱子语类》卷四)的说法,甚至有"饿死事极小,失节事极大"(《二程遗书》卷二二)这样骇人听闻的理论,其结果是"以理杀人"(戴震《与某书》),造成大量社会悲剧。道家也崇尚清心寡欲,这当然有其积极的伦理意义,但老庄也从未辩证地看待人欲合理性的一面,老子片面主张"见素抱朴,少私寡欲"(《老子·十九章》),要"常使民无知无欲"(《老子·三章》);庄子也只主张"少私而寡欲"(《庄子·山木》),"洒心去欲,而游于无人之野"(《庄子·山木》),甚至反复赞叹"心若死灰"(《庄子·知北游》《庄子·庚桑楚》《庄子·徐无鬼》)的所谓高人,使人难以首肯。佛家对欲望同样持打压态度,不论欲望的正当、合理与否,一概称为"妄想""妄念",甚至认为人只有放弃一切欲望,才能脱离苦海。陈亮大胆肯定人欲,是对传统伦理观的挑战,开启了元明清审美思想的解放。

二、叶适的"为文关政"美学思想

叶适是永嘉学派的代表人物,而永嘉之学可溯源至北宋。他们最早提出了"事功"思想,主张利与义的一致性,反对道学家的空谈义理。传统儒家历来把"利"和"义"对立起来,例如,"子曰:'君子喻于义,小人喻于利'"(《论语·里仁》),"子罕言利"(《论语·子罕》),等等。南宋理学家如朱熹等更是推崇取义而贬低取利。而叶适大胆提出"既无功利,则道义者乃无用之虚语尔"(《习学记言序目》卷二三)以及"以利和义,不以义抑利"(《习学记言序目》卷二七)。和朱熹相反,叶适不但不认为唐太宗讲究利益有什么错,反而赞赏他的务实重功:"唐太之宗,少而为将帅,长而为帝王,英锐明达,驾驭贤俊,利在仁义则行仁义,利在兵革则用兵革,利在谏诤则听谏诤,惟所利而行之,而天下之人,欢然毕力愿为之用。"(《水心别集·君德》)因此,他主张一起都要根据是否有利而决定是否行动,而不是根据空泛的"天理"或"王道"。

叶适的事功思想在审美方面最凝练地表现在以下一段名言中:

> 读书不知接统绪,虽多无益也;为文不能关政事,虽工无益也;
> 笃行而不合于大义,虽高无益也;立志而不存于忧世,虽仁无益也。
> (《赠薛子长》)

因此,在诗歌美学上,叶适对《诗经》最为重视,说:"《诗》之道固大矣,虽以圣贤当之未为失。"(《习学记言序目》卷四七)这是因为,诗经的内容有广泛的政治教化之用:"《诗》大关于政化,下极于鄙俚,其言无不到也。"(《水心别集·诗》)他对诗经"立教"的历史作用尤为推崇:"自文字以来,《诗》最先立教,而文、武、周公用之尤详。以其治考之,人和之感,至于与天同德者。盖已教之《诗》,性情益明。而既明之性,诗歌不异故也。及教衰性蔽,而《雅》《颂》已先息,又甚则《风》、谣亦尽矣。"(《黄文叔诗说序》)对于当朝的诗人,他赞美刘克庄、刘克逊兄弟,就是因为他们继承了诗经以来的教化传统:

> 古今之体不同,其诗一也。孔子诲人:诗无庸自作,必取中于古。畏其志之流,不矩于教也。后人诗必自作,作必奇妙殊众,使忧其材之鄙,不矩于教也。水为沅湘,不专以清,必达于海;玉为圭璋,不专以好,必荐于郊庙。二君知此,则诗虽极工,而教自行,上规父祖,下率诸季,德艺兼成,而家益大矣。(《跋刘克逊诗》)

这即是说,诗的形式美是必要的,但必须像水必达于海、玉之必用于郊庙一样,诗歌也必须以有益于治教为旨归。这样的观点虽然并非创见,但在当时理学家凡事讲究以义理心性为根本的背景下,是具有积极意义的。正如刘明今所言:"这样的观点与儒家传统接近,并非新见。然也正因为与儒家传统接近,而与当时的理学家保持了一定的距离,因而能别具一种与众不同的眼光观察宋代的诗文,作出一些使人耳目一新的见解。"①

南宋中期,江西诗派逐步走向衰亡,模仿晚唐风格的"四灵"逐步崛起。对此如何评价是一个事关诗坛发展的迫切问题。叶适认为,四灵之作以工巧清奇救江西末流刻削苦涩之弊,的确是一个进步,但仍然多为流连光景,陶冶性情之作而已,并不就是理想的诗歌境界。他鼓励四灵的后学刘克庄要超越晚唐、四灵一路,以诗经有益于事功的精神为目标:"参雅颂,轶风骚可也,何必四灵哉!"(《题刘潜夫南岳诗稿》)

对于北宋的王安石变法中罢词赋,试经义,叶适予以高度赞赏。而面对南宋科举中又设立词学兼茂科,以精致华丽而空洞无用的文词取士。叶适认为,这是开历史的倒车,这样选拔的人才无实用之才,于国家事功无益,明确建议应当废除此科:

> 绍圣初,既尽罢词赋……其后又为词学兼茂,其为法尤不切事实……自词科之兴,其最贵者四六之文,然其文最为陋而无用。士大夫以对偶亲切用事精的相夸,至有以一联之工而遂擅终身之官爵者。此风炽而不可遏,七八十年矣,前后居卿相显人,祖父子孙相望于要地者,率词科之人也。其人未尝知义也,其学未尝知方也,其才未尝中器也,操纸援笔以为比偶之词,又未尝取成于心而本其源流于古人也,是何所取,而以卿相显人待之,相承而不能革哉!且又有甚悖戾者。自熙宁之以经术造士也,固患天下习为词赋之浮华而不适于实用。凡王安石之于神宗,往反极论,至于尽摈斥一时之文人,其意晓然矣。绍圣、崇宁,号为追述熙宁,既禁求仕者不为词赋,而反以美官诱其已仕者使为宏词,是始以经义开迪之而终以文词蔽淫之也,士何所折衷……且昔以罢词赋而置词科,今词赋、经义并行久矣,而词科迄未尝有所更易……宏词则直罢之而已矣!(《水心别集·宏词》)

---

① 王运熙、顾易生主编:《中国文学批评通史(宋金元卷)》,第811页。

　　总之，以陈亮、叶适为代表的"浙东实学"，重经济、重民生，肯定利欲的合理性，不奢谈天理王道，蕴含着尊重事实、尊重实际的哲学意义，与历来儒家完全否定利欲，抽象地去高谈伦理道德形成鲜明的反差，具有近世思想的特征。陈望衡指出："陈亮与叶适的思想，他们的理论体系完备，虽着眼于南宋的时局，而所论却具有超时代性，在今天看来，仍然觉得非常深刻，且有现实的针对性。"①由这种事功哲学衍生而出的事功美学观，有其独到的思想贡献，当在美学史占据一席之地。

---

① 陈望衡:《越中名士文化论》,第 84 页,北京:人民出版社,2010 年。

第三章　苏轼及其文人集团的美学思想

　　苏轼的美学思想是宋代美学的卓越代表。

　　苏轼的美学思想具有极为丰富的内涵。他一方面丰富了"平淡"美学观念的内涵，另一方面对很多重要的美学命题进行了深入的拓展。比如同样是"道"，苏轼理解为客观事物的自然规律，是"可致而不可求"的自然之道，同时通过"性命自得"的生命哲学观念，进一步引"情"入道，将道理解为人类最真实自然的情感。对于纠正当时平淡文风中出现的枯淡、为平淡而平淡的现象，他提出平淡乃"绚烂至极"，并从自然的原则出发，发展了对平淡美的认识。他虽然也偶尔提及"韵"，但更多的是从情感的自然、真实以及超俗的角度来切入的，苏轼艺术美学最核心的范畴即是"自然"。他的这一"自然"美学观已经不同于道家和陶渊明的"自然"美学观，而是在融合汇通了儒、道、禅三教之后，从自身生命体验中生发出来的，因此在美学史上具有重要的人文意义。

　　苏轼文人集团中饶有艺术天赋的黄庭坚在某些方面深化了苏轼的美学观念，他对于"韵"问题的美学见解，可以视为苏轼思想的一个补充。他的思想直接影响了学生范温。范温关于韵的论述更为集中、深入，这就是为何以往美学史凡谈及宋代之韵时必从范温开始的原因。

第一节　欧阳修、梅尧臣的审美追求

一、欧阳修"道胜文至"的审美观

欧阳修(1007—1072),字永叔,晚号醉翁,又号六一居士,庐陵(今江西吉安)人。天圣八年(1030年)进士,官至枢密副使、参知政事。有《欧阳文忠公集》。他主盟当时文坛,诗词散文创作都取得了很高的成就,并提出系统的文学审美理论。在书法、绘画、音乐等艺术审美领域,也有许多继往开来的独到思想。

经过几十年的发展,宋初诗文革新运动固然取得了一定的成绩,但效果甚微,并没有从根本上扭转宋初浮靡骀荡的审美形式主义之风,反而因过度地重视道轻视文,导致了一种新的"时弊"(太学体)出现。欧阳修针对"西昆体"浮华文风以及太学体的怪癖险涩文风提出了一系列独特而有力的观点,最终将北宋的文艺审美创作引向了正确的轨道。宋代诗文革新至欧阳修始集大成,确立了宋代文艺创作的基本面貌。①

1. "道胜文至"与"事信言文"

有很多证据表明,至少到欧阳修早年时候,也即天禧、天圣之间,文坛的创作仍然受西昆体的审美形式之风影响甚巨。② 欧阳修自述早年为学经历,曾受时俗盛行"浮薄"之文的影响:

> 是时,天下学者杨刘之作,号为时文,能者取科第,擅名声,以夸荣当世。(《记旧本韩文后》)

> 仆少孤贫,贪禄仕以养亲,不暇就师穷经,以学圣人之遗业。而

---

① 王小舒曾指出:"(文学)它固然具有多种内蕴,担负许多功能,但是缺少了整体的价值支撑,就如同一堆无序的存在,如果失去了方向和家园的迷途羔羊。宋初文学的概貌正是这样,它确有产品,却没有属于自己的精神。"王小舒《中国文学精神·宋元卷》,第5页,济南:山东教育出版社,2003年。

② 周源:《武溪集序》记述:"(余靖)初举进士,天禧、天圣之间文尚华侈,公以词章蔎行名场,取高第。"见曾枣庄、刘琳主编《全宋文》,第46册,第89页,上海:上海古籍出版社,2006年。

> 涉猎书史,姑随世俗作所谓时文者,皆穿蠹经传,移此俪彼,以为浮薄,惟恐不悦于时人,非有卓然自立之言如古人者。(《与荆南乐秀才书》)

但欧阳修承认自己并不喜欢时文,仅是为取禄仕而勉强学之。他幼年接触韩文,一见而倾心,认为韩文"浩然无涯若可爱"(《记旧韩文后》),并于中进士之后,"尽力于斯文以偿其素志"。但在他中进士前一年,宋仁宗其实就已经下发诏文,抨击时文之弊,鼓励"以理实为要",宗经兴儒的文章创作原则:

> 国家稽古御图,设科取士,务求时隽,以助化源。而襃博之流,习尚为弊,观其著撰,多涉浮华。或磔裂陈言,或荟萃小说。好奇者遂成于谲怪,矜巧者专事于雕镌。流宕若兹,雅正何在?属方开于贡部,宜申儆于词场。当念文章所宗,必以理实为要。探典经之旨趣,究作者之楷模,用复温纯,无陷媮薄。庶有裨于国教,期增阐于儒风。(《戒进士作文无陷于浮华诏》)

然而士风文风的转变并非赖于此诏文,欧阳修主盟文坛起了关键性的作用。一方面,欧阳修诗词散文创作取得了令人瞩目的成就,另一方面,欧阳修提出了一些富有新意的文艺理论思想。他的这些新思想,亦非凭空而来,是继承了中唐以来延续宋初的文道关系的讨论。他在《答吴充秀才书》中提到:

> 圣人之文虽不可及,然大抵道胜者,文不难而自至也。故孟子皇皇不暇著书,荀卿盖亦晚而有作。若子云、仲淹,方勉焉以模言语,此道未足而强言者也。后之惑者,徒见前世之文传,以为学者文而已,故愈力愈勤而愈不至。此足下所谓"终日不出于轩序,不能纵横高下皆如意"者也,道不足也。若道之充焉,虽行乎天地,入于渊泉,无不之也。

"道胜文至"是欧阳修文艺观的理论之基,表面看这似乎仍是对"道"

的重视,但却是对之前文道关系论的新发展。柳开、石介等人的文本于道论,是从道统的角度说的,此说容易流于空洞的说教。欧阳修虽然也没有轻视道统,但他对道的理解似乎更为灵活宽泛,比如他很多次指出"充于中"者之谓道:

> 闻古人之于学也,讲之深而信之笃,其充于中者足,而后发乎外者大以光,譬夫金玉之有英华,非由磨饰染濯之所为,而由于其质性坚实而光辉之法自然也。(《与乐秀才第一书》)

> 学者当师经,师经必求其意,意得则心定,心定则道纯,道纯则充于中者实,中充实则发为文者辉光,施于事者果毅。(《答祖择之书》)

这里强调师经讲读的重要性,是为了"求意",也就是得道。这里的道,并不空洞,而毋宁是人安身立命之道,立足于一种切身的生命体察,如"意得则心定"。如此,道"充于中",则又必然"大以光",如精金美玉英华散发于外。从这里就可以看出,欧阳修的"道"既不排斥"文",又自有根基,完全不同于一般重道轻文的审美文艺观。

针对当时石介所流弊的"太学体",欧阳修进一步提出"事信言文"论:

> 凡此所谓道者,乃圣人之道也,此履之于身、施之于事而可得也,岂如诞者之言者邪!尧、禹之《书》皆曰"若稽古"。传说曰"事不师古""匪说攸闻"。仲尼曰"吾好古,敏以求之者"。凡此所谓古者,其事乃君臣、上下、礼乐、刑法之事,又岂如诞者之言者邪!此君子之所学也。(《与张秀才第二书》)

> 某闻传曰:"言之无文,行而不远。"君子之所学也,言以载事,而文以饰言,事信言文乃能表见于后世。(《代人上王枢密求先集序书》)

此乃针对当时文士"务高远之为胜,以广诞者无用之说"的现象,欧阳修指出圣人之道并不玄虚高蹈不切实际,而是"履之于身、施之于事而可得者"。道依事而行,也因事而信。因此,欧阳修的"道"就已经不是道学家所谓的到"道统"层面的道了(不仅包括君臣、上下之道,还包括礼乐、刑法,甚为广泛),而是与"事"相连,表明了一种文学反映生活真实的审美创作倾向。欧阳修这种艺术真实论在一定程度上有助于纠正审美形式主义,他曾说:"诗人贪求好句而理有不通亦语病也。"(《六一诗话》)理不通,就是不真实,没有真实地描摹出事物的实际状况,徒有美的形式是不行的。

然而,"事信"如何能"言文"? 首先,欧阳修认为"大抵道胜者文不难自至",其所谓"道胜",一是靠讲习经典,从书上获得;另外很重要的就是关心"百事"。① 做到这两点才能说是"道胜",道胜也就会做到"文不难自至"。

其次,事信之所以能言文还在于"世人之甚易知而近者,盖切于事实而已"(《与张秀才第二书》),此切近之"事"发而为文,必定不是高远广诞怪涩之文,而应是"易知易晓"之文,此处可以看出王禹偁对欧阳修的影响。在欧阳修看来,切于事实之事"不过于亲九族,平百姓,忧水患,问臣下谁可任,以女妻舜,及祀山川,见诸侯,齐律度,谨权衡,使臣下诛放四罪而已",又如"树桑麻,畜鸡豚"(《与张秀才第二书》),诸如此类社会政治日常生活的切近务实之事。文士言此事,便是弘道,而文亦在焉。

最后,欧阳修指出事信则必须言文。文道相彰,才能传之后世。

> 甚矣言之难行也,事信矣须文,文至矣又系其所恃之大小,以见其行远不远也……故其言之所载者大且文,则其传也章,言之所载者不文而又小,则其传也不章。(《代人上王枢密求先集序书〈景祐元年〉》)

"事信矣须文",表明"文"(审美要素)对于"事"(道德致用要素)的必要

---

① 《答吴充秀才书》:"夫学者未始不为道,而至者鲜为,非道之于人远也,学者有所溺焉尔。盖文之为言,难工而可喜,易悦而自足,世之学者往往溺之,一有工焉,则曰吾学足矣,甚者至弃百事不关于心,曰吾文士也,职于文而已。"

性,暗含了欧阳修对"文"的重视。"言之无文,行而不远",这也与韩愈《答刘正夫书》中所说"圣人之道不用文则已,用则必尚其能者"之意略同。

欧阳修对"文"的重视是一贯的。文艺的审美特征在他看来应该是合理的必需的。反倒是那些文辞鄙恶、不堪卒读的诗文,他会极力地斥去。一般认为,欧阳修是纠正西昆体流弊最为有力的人,但他并不像石介等人那样对西昆体诗人一概否定,而是对西昆文风之佳处不遗余力进行了褒扬。如全祖望论宋诗时所说:

> 宋诗之始也,杨、刘诸公最著,所谓西昆体者也,说者多有贬辞。然一洗西昆之习者欧公,而欧公未尝不推服杨、刘,犹之草堂之推服王、骆,始知前辈之虚心也。(《宋诗纪事序》)

他认为西昆体诗人中像杨亿、刘筠等人的诗歌还是值得推崇的,其"语僻难晓"的流弊则是学者所致,不能一概而论。而对"其诗之精工律切者"(刘克庄《后村诗话》),欧阳修也会大加赞扬。并认为"偶俪之文苟合于理,未必为非"(《论尹师鲁墓志》)。文艺的审美价值是被充分肯定的,虽然这里的审美形式要符合"理",也就是道。但他所谓道又是极为宽泛切实生活真实的,因此看来,欧阳修的文道之间已经不是紧张冲突的关系,而是趋向于调谐。

2."诗穷而后工"

这个文艺命题显然是欧阳修"文道关系"论的必然延伸,所谓文章的"工""拙",就是强调了文艺的审美特性;"穷"则指诗人的生存处境。有什么样的生存处境,便会取得何样的艺术成就,这就强调了"道"的重要性。不过,"诗穷而后工"这一命题又有着它独特的理论指向,需要具体进行阐释。

就艺术家的生活状态、遭遇与艺术创作之间的关系而言,宋之前不乏其论。较早有影响的要算司马迁的"发愤著书"说,其次为韩愈的"穷苦之言易好"说。但与欧阳修"诗穷而后工"的观点最为相似的是柳宗元在《娄二十四秀才花下对酒唱和诗序》中提出来的：

> 君子遭世之理，则呻吟踊跃以求知于世，于是感激愤悱，思奋其志略以效于当世，故形于文章，伸于歌咏。是有其具而未得行其道者之为也。

我们再看欧阳修"诗穷而后工"的论述，与柳宗元做一对比：

> 君子之学，或施之事业，或见于文章，而常患于难兼也。盖遭时之士，功烈显于朝廷，名誉光于竹帛，故其常视文章为末事，而又有不暇与不能者焉；至于失志之人，穷居隐约，苦心危虑而极于精思，与其有所感激发愤惟无所施于世者，皆一寓于文辞，故曰穷者之言易工也。（《薛简肃公文集序》）

表明看来，柳欧都注意到了穷士为文的现象，且言辞非常相似，可见欧阳修的观点亦受到柳宗元的影响。但细观两文，旨趣亦有很大差异。柳宗元是在解释贬谪之士为何做诗文的问题，也就是"有其具而未得行其道"，以文章来传达其"志略"而已。而欧阳修则是着眼于"穷者之言"何以"易工"的问题，提出"穷约之人，穷居隐约，苦心危虑而极于精思……一寓于文辞"，这就比柳宗元的观点深入了一大步。

在欧阳修看来，写好文章（工）需要有三个条件，一是要重视诗文，不能"视文章为末事"，二是要有余暇时间来写作，三是要有写作的能力。"遭时之士"虽然功业显赫，但文章要想写得好，很不容易，因为文章写得好的这三个条件都会常常缺失。而遭贬谪流放的隐约失志之士，正是因为丧失了建功立业的机会，而只能一门心思扑在文章上以求发泄忧思愤懑之情，此"皆寓于文辞"的含义。空暇的条件，贬谪流放之人自然具备，而"苦于危虑而极于精思"则使其拥有了为文之"能"。正是因为有此三个条件，故欧阳修才说"穷者之言易工"，并说"愈穷愈工"。

另外，欧阳修认为，"穷"士常会拥有可以陶钧文思诗意的自然山水环境，这对艺术家审美心境的形成，创作灵感的激发非常有益，也当是其文易"工"的重要原因：

> 凡士之蕴其所有,而不得施于世者,多喜自放于山巅水涯之外,见虫鱼草木风云鸟兽之状类,往往探其奇怪,内有忧思感愤之郁积,其兴于怨刺,以道羁臣寡妇之所叹,而写人情之难言。(《梅圣俞诗集序》)

最后,有必要指出,欧阳修"穷而后工"审美观超越前人之处还在于文艺创作审美旨趣的变化。韩愈、柳宗元穷而为文,多发幽怨愤懑郁郁之声,悲哀之音,此最不为宋人所称道。欧阳修虽然也赞赏穷而为文,但其所谓"工",却包含了一种通达、乐观的文艺创作风格:

> 圣俞为人仁厚乐易,未尝忤于物,至其穷愁感愤,有所骂讥笑谑,一发于诗,然用以为欢,而不怨怼,可谓君子者也……余尝论其诗曰:"世谓诗人少达而多穷,盖非诗能穷人,殆穷者而后工也。"(《梅圣俞墓志铭并序》)

这其实就是说,身有所穷处,而心必有所放达,精神境界应该是快乐的。此符合儒家温柔敦厚的中庸诗学。由此可见,欧阳修"穷而后工"的诗文理论内涵是丰富的,并带有了宋人论文的辩证色彩。

3."文简而意深"

就审美风格而言,欧阳修最为重视的是"文简而意深":

> 修文字简略,止记大节,期于久远,恐难满孝子意,但自报知己,尽心于纪录则可耳……然能有意于传久,则须纪大而略小,此可与通识之士语,足下必深晓此。(《与杜欣论祁公墓志书》)

> 善言画者多云"鬼神易为工",以谓画以形似为难。鬼神,人不见也。至其阴威惨淡,变化超腾,而穷其极怪,使人见辄惊觉,及徐而定视,则千状万态,笔简而意足,是不亦为难哉?(《题薛公期画》)

> 述其文,则曰简而有法……其语愈缓,其意愈切,诗人之义也……故师鲁之志用意特深而语简,盖为师鲁文简而意深。(《论尹师鲁墓志》)

"文简而意深",即"纪大而略小",没有繁文缛节,却也用意深远;"质而俚",所谓质,就是质实简约,凝练厚重;所谓俚,就是通俗畅达,易于为人接受;"平淡典要",与碨裂怪僻的文风相对,平淡简要而有法度。

这些名异而实同的命题,伴随着欧阳修在文坛的崇高地位,奠定了北宋文坛的审美基调。欧阳修刚开始提倡古文运动之始,文坛确实混乱不堪。既有西昆诸家,雕章丽句,逞巧轻媚,华而不实;又有太学体横行,标举古道,艰涩僻怪;更有白体诗人的浅俗。这些所谓的"时文"共同之弊在于脱离鲜活的现实生活,而走向形式主义道路。西昆体的靡丽,太学体的艰涩,需要以"简"的风格来矫正。"简"并不意味简单浮浅,而是形式美的高度凝练,是一种千锤百炼后的简明扼要,用最简单明了的形式传达意蕴丰富深刻的内容,这表现了文艺作品所能达到高度。欧阳修与尹洙同作一篇《双桂楼记》,欧阳修写了一千字,尹洙却说只需五百字即可,于是"服其简古,自此始为古文"①。可见,"简"乃古文创作的应有之义。

"简易"在文艺创作的风格上,也多体现为"平淡",二者是相通的。平淡的风格,梅尧臣多力行之,其云"作诗无古今,唯造平淡难"。而欧阳修对平淡美的追求也是不遗余力的。他对梅尧臣的诗歌极为推崇,认为高于自己之上,而梅尧臣诗歌的主要特色即是"平淡":

> 圣俞覃思精微,以深远闲淡为意。圣俞平生苦于吟咏,以闲淡古远为意,故其构思极难。(《六一诗话》)
>
> 其初喜为清丽,闲肆平淡,久则涵养深远,间亦琢刻以出怪巧。(《梅圣俞墓志铭并序》)

由此可见,如果说"简易"侧重在形式的凝练通俗的话,那么"平淡"则更趋向于作者的心意旨趣,即"以深远闲淡为意""涵养深远"。上文所提到的"文简而意深",在平淡这里获得统一。也就是说意旨深远的内容必然

---

① [宋]邵伯温:《河南邵氏闻见录》,第81页,北京:中华书局,1983年。

会表现为平淡美的形式；相应地，平淡美的形式，也必须蕴含深远才能够避免浅俗。平淡美成了一种文艺创作的理想风格。

4."学书为乐"

学书为乐是书法艺术领域一个崭新的命题。不仅是书法艺术，其他的如诗文、金石收藏等，在欧阳修看来，莫不是他的人生乐趣所寄，在《六一居士传》中，他写道：

> 吾家藏书一万卷，集录三代已来金石遗文一千卷，有琴一张，有棋一局，而常置酒一壶，以吾老翁，老于此五物之间，是岂不为"六一"乎？

金石遗文也可看作是书法欣赏、研究的重要资料。醉心于此五物间，欧阳修展现了一种超越世俗观念的乐的精神。艺术纯为主体之乐，这在艺术的观念史上算是一种新的发展。就文学而言，汉魏时期认为文乃"经国之大业"，指向一种外在的功利性的目的。而作为书画，直到唐代还没有完全超越对功利的考量。孙过庭《书谱》曾言："书契之作，适以记言。"张环瓘《文字论》说："纪纲人伦，显明政体……成国家之盛业者，莫近乎书。"张彦远的《历代名画记·叙画之源流》中有："夫画者，成教化、助人伦。"到宋代，艺术的休闲化特征越来越明显，诗歌开始广泛关注日常生活的琐碎题材，词因娱情遣兴而备受关注，绘画领域"文人画""写意画""墨戏"出现；而在书法领域，欧阳修的"学书为乐"观正是适应了这一艺术休闲化的趋势。欧阳修《试笔》写道：

> 子美尝言：明窗净几，笔砚纸墨，皆极精良，亦自是人生一乐。然能得此乐者甚稀，其不为外物移其好者，又特稀也。余晚知此趣，恨字体不工，不能到古人佳处，若以为乐，则自是有余。（《学书为乐》）

> 自少所喜事多矣。中年以来，渐已废去，或厌而不为，或好之来厌，力有不能而止者。其愈久益深而尤不厌者，书也。至于学字，为于不倦时，往往可以消日。乃知昔贤留意于此，不为无意也。（《学

书消日》)

> 真书兼行，草书兼楷，十年不倦当得名。然虚名已得，而真气耗矣，万事莫不皆然。有以寓其意，不知身之为劳也。有以乐其心，不知物之为累也。然则自古无不累心之物，而有为物所乐之心。(《学真草书》)

> 作字要熟，熟则神气完实而有余，于静坐中，自是一乐事。然患少暇，岂其于乐处常不足邪。(《作字要熟》)

这一系列的论书观点意义非凡。首先，以"乐"论书，彻底摆脱了书法的他律论(即书法是为道德纲纪服务、记录言行的工具)，而开始倡导一种书法自律论(即书法的意义或目的不在书法之外的领域，而在自身)。这种审美自律论自有它的偏颇之处，然而对于艺术本身的独立价值而言，却不失为深刻之论。在欧阳修看来，书法既为人生之一乐，此乐并非道德伦理之乐，也非日用效果之乐，而是自由享受审美生命的快乐，是超越功利而审美的快乐。因此可以说，书法之乐是纯粹的私人之乐，它带有游戏的性质。

其次，学书并非为了功利的目的，而仅仅是"可以消日"。这种观点看似是降低了书法的意义，其实恰恰是回到书法艺术的本来面目上。欧阳修认为学书虽然常有劳苦，但"独不害情性"(《学书静中至乐说》)，是人在空闲时间内最好的消遣方式。不真正理解书法艺术者，似不能道此。

再次，学书惟"寓意""自适"，故能超越功利计较之心，远离烦恼。欧阳修认为，学书若是为了"求艺之精"而苦心操练，至虚名得到之日，"真气耗矣"。所谓的"取悦于人，垂名后世"，都不是练习书法的正确态度。练习书法首先要取法"乐之不厌"的态度，"当其挥翰若飞，手不能止，虽惊雷疾霆，雨雹交下，有不暇顾也"，乐的态度其实就是"忘我"的艺术心理。欧阳修认为，以这样的态度学书，书没有不工的。而学书以此而至于工的层次，则又可以"乐而不厌"。这样，人与书达到一种高度的统一协和的自由境界,所谓的工与不工也就没有了区别的价值,因为它们都要服务于学书的同一种目的,即"自适"。①

欧阳修的"学书为乐"观探索到了中国书法具有的独特的"娱乐"特征。书法的娱乐特征很早就有所体现,如自魏晋以来,有关书法的文献记录多有用"玩"字者,②玩书,或书为"玩好",此即把书法看作一种游戏。欧阳修在继承吸收的基础上,准确把握时代艺术风尚的变化,而予此命题以集中突出的发展。这一命题在宋代书法艺术界可谓一石激起千层浪,应和者众多。如苏轼曾言:"自言其中有至乐,适意无异逍遥游。近者作堂名醉墨,如饮美酒销百忧。"(《石苍舒醉墨堂》)另其在《题笔阵图》中也有:"笔墨之迹,托于有形,有形则有弊。苟不至于无,而自乐于一时,聊寓其心,忘忧晚岁,则犹贤于博弈也。"苏轼与欧阳修的书法美观可谓一脉相承。

宋代著名书法家米芾也曾写过这样的诗句:"要之皆一戏,不当问拙工。意足我自足,放笔一戏空。"(《书史》)他直接将书法艺术当作是一种游戏,此即"墨戏"之说。写书纯粹为了获得自我的满足陶醉,显然也与欧阳修的观点一致。

二、梅尧臣的审美追求:平淡

平淡作为一种审美风格,很早就已经出现,然而作为一种艺术的审美风格从理论上被加以推崇,则要到晚唐了。在魏晋以前,"淡"主要是涉及一种哲学的层面被谈及的。对"淡"最为推崇的莫过于道家。《老子》云:"道之出口,淡乎其无味。"(三十五章)"恬淡为上,胜而不美。"(三十一章)淡在这里被看作是道的一种属性,而且所谓的淡,就是无

---

① 《夏日学书说》:"夏日之长,饱食难过,不自知愧,但思所以寓心而销暑者,惟据案作字,殊不为劳。当其挥翰若飞,手不能止,虽惊雷疾霆,雨雹交下,有不暇顾也。古人流爱信有之矣。字未至于工,尚已如此,使其乐之不厌,未有不至于工者。使其遂至于工,可以乐而不厌,不必取悦于当时之人,垂名于后世,要于自适而已。"

② 见金学智:《中国书法美学》,第 960 页下小注,南京:江苏文艺出版社,1994 年。

味。虽无味,但作为道的属性,也是一种至味。"淡"超越了一般世俗的"美味",而上升为一种超越有限而入无限的至味。庄子更进一步表示了对淡的推崇:"虚静恬淡,寂寞无为,万物之本也。"(《庄子·天道》)"淡然无极而众美从之。"(《庄子·刻意》)淡在这里也就被表述为一种"至美",是万物生存的依据。按照老庄之逻辑,"淡"作为道的一种规定性,实际上就是"无"。而"无"并非什么都没有,也非不存在,而是一种真正的"存在"。宇宙的真理(大美)存在此中。老庄并非着意于艺术,而意在构建一种淡泊的人生观,然此人生观毫无疑问是非常契合于艺术精神的。宋代平淡审美风格的形成更多的是受老庄,尤其是庄子的影响。

魏晋时期审美风尚其实是很复杂的,一方面,如宗白华所言,"魏晋人则倾向简约玄淡、超然绝俗的哲学的美"[1],从魏晋开始"中国人的美感走到了一个新的方面,表现出一种新的美学理想,那就是认为'初发芙蓉'比之于'错彩镂金'是一种更高的审美的境界"[2]。从艺术审美的创作实践上,这一时期出现了诸如山水画、山水诗、玄言诗,皆以清虚玄淡为主要特色;在理想的审美人生境界上,当时名士无不以情感平淡、神闲意定、不动声色为风尚。然而,另一方面,我们又发现,在当时乃至一直到唐代的理论批评著作之中,竟然很少见类似"平淡"之语,可考者仅钟嵘《诗品序》中有对郭璞"始变永嘉平淡之体"的评论:

> 永嘉时,贵黄、老,稍尚虚谈。于时偏什,理过其辞,淡乎寡味。爰及江表,微波尚传。孙绰、许询、桓(温)、庾(亮)诸公诗歌,皆平典似道德论,建安风力尽矣。

永嘉体之"理过其辞,淡乎寡味"几乎就是宋诗的原型,然而钟嵘这里对此持否定态度的。从理论上对平淡进行认可为时尚早。而且当时也并非所有诗人艺术家都自觉地创作这种"淡乎寡味"的诗歌的,更多的还是

---

[1] 宗白华:《美学散步》,第357页,上海:上海人民出版社,2005年。
[2] 同上书,第60页。

遵从"诗缘情而绮靡"（陆机《文赋》）的创作原则，或"雅好慷慨"，或"结藻精英，流韵倚靡"（《文心雕龙·时序》），尤其是到了南朝，诗歌更是"情必极貌以写物，辞必穷力而追新"（《文心雕龙·明诗篇》）。就连被称作"开千古平淡之宗"的陶渊明，其"平淡"自然的诗文成就在中唐以前并未得到一致的认可。

仔细研究我们不难发现，平淡诗风的形成多与对陶渊明的推崇有关。中唐以后，对陶渊明最情有独钟的算是白居易了。从大量闲适诗的写作上，我们能看到一种体现出模仿陶渊明平淡风格的诗体。更重要的是，经过安史之乱的八年惨痛，士人们认识到热衷世务之害与淡泊世务之可贵，一种平淡闲适的人生观在中唐以后的士人中开始蔓延开来。这应该算是宋代平淡审美风格形成最为直接的源头。

晚唐司空图于雄浑之外，独标"冲淡"之风格，此差可看作宋代平淡审美风格之前奏：

> 素处以默，妙机其微。饮之太和，独鹤与飞。犹之惠风，苒苒在衣。阅音修篁，美曰载归。遇之匪深，即之愈希。脱有形似，握手已违。

此明显是受老庄哲学之影响。最后一句"脱有形似，握手已违"，更是强调了平淡美追求一种形式之外的精神意蕴的特征。

至宋代，梅尧臣（1002—1060）可谓是开"平淡"风气之先的。这倒不是因为其最先将平淡之风付诸创作实践的，而是因为他公开表白并旗帜鲜明地以"平淡"之诗风为诗文创作的理想风格：

> 作诗无古今，唯造平淡难。（《读邵不疑学士试卷……》）
> 微生守贱贫，文字出肝胆。一为清颍行，物象颇所览。泊舟寒潭阴，野兴入秋菼。因吟适情性，稍欲到平淡。（《依韵和晏相公》）
> 诗本道性情，不须大厥声。方闻理平淡，昏晓在渊明。（《答中道小疾见寄》）
> 中作渊明诗，平淡可比伦。（《寄宋次道中道》）

单从这些诗歌中我们看不到梅尧臣所谓的平淡究竟为何,然而他对平淡诗风的追慕是显而易见的。平淡之风格似乎已经跳出了宋初文与道关系的讨论框架,反映出诗文艺术向自身更深一层表现的趋势。梅尧臣在赞颂林通的一些平淡诗歌时说:

> 顺物玩情为之诗,则平淡邃美,读之令人忘百事也。其辞主于静正,不主乎刺讥,然后知趣尚博远,寄适于诗尔。(《林和靖先生诗集序》)

平淡之诗歌并非要去承载孔孟伦理之道("不主乎讥刺"),也非徒为玩弄辞藻之作,而是在平淡之诗风中透露出一种深切的人生存在之思。平淡诗风的确立,是北宋士人文化心态向内转型的重要体现("忘百事也"),其实也标志了北宋士人确立个体性价值的诉求("趣尚博远""寄适于诗")。

那么何为平淡?梅尧臣的诗文集中并未见有表述,我们能见到的是欧阳修在《六一诗话》中转述梅尧臣的话:

> 圣俞语予曰:诗家虽率意,而造语亦难,若意新语工,得前人所未道者,斯为善也。必能状难写之景如在目前,含不尽之意见于言外。

这里有两点需要注意者,一是"意新语工",此说明"平淡"不是浅而俗,是意境的开新以及语言的工巧。二是"状难写之景如在目前,含不尽之意见于言外",说明平淡而有味,比起后来苏轼所谓"诗中有画",黄庭坚所谓"平淡而山高水深",梅尧臣已然是开了风气之先。

第二节 苏轼尚"平淡"的美学观念

苏轼对传统美学"平淡"的思想有所推展,他的绚烂至极、归于平淡的表述,他的"外枯而中膏,似澹而实美"的观点,都是很有特色的思想。这一思想受到其父苏洵的影响。

一、苏洵的"风行水上"说

苏洵（1009—1066），字明允，眉州眉山（今四川眉山）人，我国北宋中期杰出的文学家，北宋古文革新强有力的推动者，著有《嘉祐集》二十卷。苏洵是唐宋八大家之一，欧阳修极为推崇之，认为苏洵"下笔顷刻数千言，其纵横上下出入驰骤，必造于深微而后止"（欧阳修《故霸州主簿苏君墓志铭》）。苏洵也自认为"文章议论，亦可以自足于一世"（《嘉祐集笺注》）。苏洵论文的观点自成一家之言，上继韩、欧，下启苏轼兄弟，我们且从"为文言文"的文道观以及"风水相遭"的文艺创作论两个方面择要而谈之。

首先，"为文言文"的文学本源观。朱东润曾说："自古论文者多矣，然其论皆有所为而发，而为文言文者绝少。古文家论文多爱言道，虽所称之道不必相同，而其言道则一，韩柳欧曾，罔不外此。王安石论文，归于礼教政治……至于苏氏父子，始摆脱羁勒，为文言文，此不可多得者也。"①此乃中肯之论。苏洵站在文学家的立场，所论文中并无意言道，也没有专篇论道者。他所言道，并非儒家之道，而是进一步丰富了道的内涵。有学者认为苏洵"对道的看法，并无固定之意义，或拘限于某一范畴。盖道之为义，即事物之原理原则……老泉于道之观念，可谓古老，较原始，较切合道之本来涵义"②。因此，实际上苏洵论文已经跳出了传统的文道关系的框架，而提出了"有为而作"的文学本源论思想。苏轼在《凫绎先生诗集序》中引述苏洵对颜太初作品的评论：

> 先生之诗文，皆有为而作，精悍确苦，言必中当世之过，凿凿乎如五谷必可以疗饥，断断乎如药石必可以伐病。

为文而文，不能仅理解为强调文章表面的形式，反而要从"有为而作"的角度去丰富它的内涵。当然，苏洵也非常重视文辞的重要性。实际上，

---

① 朱东润：《中国文学批评史》，第 129 页，上海：上海古籍出版社，2001 年。
② 谢武雄：《苏洵言论及其文学研究》，第 128 页，台北：台湾文史哲出版社，1981 年。

苏洵衡量文章的标准已经不复从文/道、内容/形式的简单的二元区分出发,而是重文章的风格。正如郭绍虞评论的:"他所重的,完全重在出言用意的方法。他只是论文的风格,不复论及文的内容。他从作品风格衡量文的价值,而不复拖泥带水牵及道的问题。"①以风格论文,最典型地体现在《上欧阳内翰第一书》中:

> 孟子之文,语约而意尽,不为巉刻斩绝之言,而其锋不可犯。韩子之文,如长江大河,浑浩流转,鱼鼋蛟龙,万怪惶惑,而抑遏蔽掩,不使自露,而人自见其渊然之光,苍然之色,亦自畏避,不敢迫视。执事之文,纡余委备,往复百折,而条达疏畅,无所间断。气尽语极,急言竭论,而容与闲易,无艰难劳苦之态。此三者,皆断然自为一家之文也。惟李翱之文,其味黯然而长,其光油然而幽,俯仰揖让,有执事之态。陆贽之文,遣言措意,切近的当,有执事之实。而执事之才,又自有过人者。盖执事之文,非孟子、韩子之文,而欧阳子之文也。

这种以风格论文的观点强调了文章的个性,同时也与欧阳修、苏轼的"文与道俱"观是相通的。风格从何而来?曾巩这样评价苏洵的文章:"指事析理,引物托喻,侈能尽之约,远能见之近,大能使之微,小能使之著,烦能不乱,肆能不流。其雄壮俊伟,若江河而下也;其辉光明白,若引星辰而上也。"(《苏明允哀辞》)这说明苏洵的创作实践与其论文的观点是一致的,既显示出了他独特风格(雄壮俊伟、辉光明白),又"指事析理",有为而作;而且他的独特风格就是从其能"指事析理,引物托喻"而来,体现了内容与形式、文与道的融合统一。

其次,"风水相遭"的自然创作论。从"为文言文"的角度,文艺的风格论突破了内容与形式、文与道的二元对立。那么,文艺的创作过程是怎样的?苏洵用风与水的关系非常形象且全面地阐述了他的文艺创作

---

① 郭绍虞:《中国文学批评史》,190 页。

论。在《仲兄字文甫说》中,他是这样说的:

> 既而曰:请以文甫易之,如何?且兄尝见夫水之与风乎?油然
> 而行,渊然而留,渟洄汪洋,满而上浮者,是水也,而风实起之。蓬蓬
> 然而发乎大空,不终日而行乎四方,荡乎其无形,飘乎其远来,既往
> 而不知其迹之所存者,是风也,而水实形之……故曰:“风行水上,
> 涣。”此亦天下之至文也。然而此二物者岂有求乎文哉?无意乎相
> 求,不期而相遭,而文生焉。是其为文也,非水之文也,非风之文也,
> 二物者非能为文,而不能不为文也。物之相使而文出于其间也,故
> 曰:此天下之至文也。今夫玉非不温然美矣,而不得以为文;刻镂组
> 绣,非不文矣,而不可以论乎自然。故夫天下之无营而文生之者,唯
> 水与风而已。

水,有形,但需风来起之;风,无形,需要水来实之。从文艺创作的角
度而言,水相当于文艺的审美形式,而风,则可喻为文艺的情感或内容。
在苏洵看来,所谓的“文”,并非仅仅是审美形式之文,也不是内容情感之
文,而是两者“相遇”之后,构成的一种审美意象:“物之相使而文出于其
间。”有情感(内容、道),不一定就能成文,需要这种情感找到合适的形式
表现出来;徒有形式,可以说是一种“文”,但不是“至文”。至文,也就是
审美意象,必须看作是由主观之情感与客观之形式“无意乎相求,不期而
相遭”而构成的。苏洵的这种文艺创作观即使放到现代美学看来,也是
非常富有启发性的。

二、苏轼的“辞达”论

苏轼文章中谈“道”的地方并不多,更多的是对“理”的阐述。可以
说,理与道是同一层次的概念,道就是自然万物之理。他认为:“物固有
是理,患不知,知之患不能达之于口与手。”(《答虔倅俞括奉议书》)“求物
之妙,如系风捕影,能使是物了然于心者,盖千万人而不一遇也。”(《答谢
民师书》)。“物之妙”也即“物之理”,苏轼诗文中屡屡提及“妙理”:

悬知不久别,妙理重细评。(《初别子由》)

失忧心于昨梦,信妙理之凝神。(《浊醪有妙理赋》)

出新意于法度之中,寄妙理于豪放之外。(《书吴道子画后》)

如果说理学家或道学家的理是靠理性的思考去"格物致知"的话,那么苏轼这里的"妙理"则是诗意的、艺术化的直觉。它是一种理,但更是一种趣,是趣中之理。它不是外在于人的事、物或道理,而是内在于人的价值层面上的审美化情感。这种对"道"的理解,充分尊重契合了个体生命的自由体验。在这里,我们不能简单地说"文"是"道"(理)的感性载体,这个适用于理学家的文道观尚可,苏轼的文道观已然超越了这一认识论的表述方式。在苏轼的文道观之下,我们只能说"文"是"道"(理)的"出场",或者是"道"的"呈现"。朱熹曾对苏轼文道观作出批评:

> 道者文之根本,文者道之枝叶,惟其根本乎道,所以发之于文皆道也。三代圣贤文章皆从此心写出,文便是道。今东坡之言曰:"吾所为文必与道俱",则是文自文而道自道,待作文时,旋去讨个道来入放里面,此是他大病处。只是他每常文字华妙,包笼将去,到此不觉漏逗。说出他根本病痛所以然处,缘他都是因作文却渐渐说上道理来,不是先理会得道理了方作文,所以大本都差。(语类卷一三九)

朱熹是持文道合一论的。他对苏轼的批评正好指出了欧苏这个"文与道俱"的价值所在。"文自文,道自道",其实就是说文(诗文艺术)具有独立的价值,它不再是载道的工具,也非明道的手段,而仅是诗文艺术必须存有的一个价值维度。这是一种立足于生命存在体验的文道观。因此,我们可以说,苏轼已经把诗文艺术看作了生命的本体,是生命自由的表现形式:

> 予尝有云:"言发于心而冲于口,吐之则逆人,茹之则逆予,以谓宁逆人也,故卒吐之。"(《录陶渊明诗》)

> 轼穷困,本坐文字,盖愿剟形去智而不可得者。然幼子过文益

奇,在海外孤寂无聊,过时出一篇见娱,则为数日喜,寝食有味。以此知文章如金玉珠贝,未易鄙弃也。(《答刘沔都曹书》)

在苏轼这里,艺术即生命,生命即艺术。在其最艰难困苦的人生低谷,艺术成了点燃他生命的明灯。把这种个体生命的自由体验以一定的形式充分地传达出来,这就是苏轼所谓的"辞达":

前后所示著述文字,皆有古风作者风力,大略能道意所欲言者。孔子曰:"辞达而已矣。"辞至于达,止矣,不可以有加矣。(《与王庠书三首》之一)

孔子曰:"辞达而已矣。"物固有是理,患不知,知之患不能达之于口与手。所谓文者,能达是而已。(《答虔倅俞括奉议书》)

孔子曰:"言之不文行之不远。"又曰:"辞达而已矣。"夫言止于达意,疑若不文,是大不然。求物之妙,如系风捕影,能使是物了然于心者,盖千万人而不一遇也。而况使了然于口与手者乎? 是之谓辞达。辞至于能达,则文不可胜用矣。(《答谢民师书》)

辞达的内容是意,而非道,这就与欧阳修的"道胜而文"观又有很大的不同,更与传统文道关系的"载道"传统不侔。苏轼曾言:"某平生无快意事,惟作文章,意之所到,则笔力曲折,无不尽意。"[1]可见他认为为文就是达意。意,是非常自由的,可以取之儒佛道,也可以取自贾陆,一任自然。因此,苏轼的"辞达"观,是指作者对客观事物不仅了然于心,尚且要了然于口。作品不仅要准确传达作者真实的感情,还要准确反映客观事物固有之理。因此,辞达之作不事雕琢,顺客观事物之理而行,故能"纹理自然,姿态横生",这本质上是一种自然观。这里的"达"就是能够自然而然地真实地再现。这是艺术创作的自由境界,也是最高境界。清人潘德舆曾云:"达则天地万物之性情可见矣……'杨柳依依',能达杨柳之性情者也;'蒹葭苍苍',能达蒹葭之性情者也;任举一境一物,皆能曲肖神

---

① [宋]何薳:《春渚纪闻》,第 84 页,北京:中华书局,1983 年。

理,托出豪素,百世之下,如在目前,此达物之妙也。"①因此,"辞达"也与"诗中有画"的艺术理论有相通之处。

三、苏轼关于平淡与自然的论述

虽然平淡的审美风格在根本上扭转了宋初审美形式主义风潮,并及时纠正了当时渐次流行开来的险怪奇涩的"太学体"诗文风气。但平淡美风格也面临着两大亟需解决的问题:一是平淡风格容易流于一种"平淡"的形式,而失去了平淡本身所应有的丰富性内涵,这其实就是苏轼所言"中边皆枯淡";二是平淡的审美风格普遍流行的同时,也容易造成千篇一律地盲同于此老境之美,审美风格的趋同性令人担心。这两个问题的实质也就是,平淡美在纠正审美形式主义风潮的同时也陷入了审美形式主义的危机中。

苏轼以天才之敏悟,一方面大力应和欧梅所提倡并实践之的平淡风格的创造,另一方面他也及时察觉到了问题之所在,并标举起"自然"审美风格之大旗以补救平淡美风格之流弊。其实在北宋中后期,伴随着平淡审美风格逐渐成为当时艺术审美主流风尚,"自然"的审美风格也得到了近乎同样的重视。如果说平淡美风格是"宋调"确立的主要标志,是宋代文学由摸索到最终成熟的关键一环,那么自然美风格的确立又是在这种渐为成熟的文艺观的背景中,对平淡美的进一步丰富与补充。有学者指出:"作为一种明确的诗学范畴,'自然'的产生恰恰标志着文学的发展已经走向成熟与自觉,并且已经出现了某种过于注意形式技巧、创作规则的倾向了。因此,'自然'范畴是作为对诗文创作中过于形式化、程式化、技巧化的反拨而出现的一种诗学观念,它只能是文学发展到十分成熟的阶段的产物。"②

北宋中后期,平淡与自然两种审美风格一般对举而生,比如张表臣

---

① [清]潘德舆:《养一斋诗话》,第 37 页,北京:中华书局,2010 年。
② 李春青:《论自然范畴的三层内涵——对一种诗学阐释视角的尝试》,《文学评论》,1997 年 1 期。

在《珊瑚钩诗话》中说：

> 篇章以含蓄天成为上，破碎雕锼为下。如杨大年西昆体，非不佳也，而弄斤操斧太甚，所谓七日而混沌死也。以平夷恬淡为上，怪险蹶趋为下。如李长吉锦囊句，非不奇也，而牛鬼蛇神太甚，所谓施诸廊庙则骇矣。①

这是将自然（含蓄天成）与平淡分开来说，却皆颇推崇之。但实际上，在艺术的欣赏与创造实践中，北宋士人已经由强调平淡的风格转而强调淡而自然的风格，两种风格趋于合流。这是北宋审美风格成熟之表现。自然不再是怪奇、险、丽，而是平淡之自然；平淡也非拙、浅、易，而是自然之平淡：

> 陶潜、谢朓诗皆平淡有思致，非后来诗人怵心刿目雕琢者所为业……大抵欲造平淡，当自组丽中来，落其华芬，然后可造平淡之境，如此则陶、谢不足进矣。今之人多出拙易语，而自以为平淡，识者未尝不绝倒也……平淡而天然处，则善矣。②

而此之审美风尚的形成，与苏轼的自然审美观不无关系。我们来看他如何论"枯澹"：

> 所贵乎枯澹者，谓其外枯而中膏，似澹而实美，渊明、子厚之流是也。若中边皆枯澹，亦何足道。佛云："如人食蜜，中边皆甜。"人食五味，知其甘苦者皆是，能分别其中边者，百无一二也。（《评韩柳诗》）

当时平淡（枯澹）的审美风潮中，确实有人对平淡美的实质不是很理解。正如上节我们所指出的，苏轼对于陶渊明及其诗歌的评价，在于渊明诗是最能平淡者，且渊明平淡之审美风格体现了一种"真"，也即"自然"。于是我们发现，在苏轼那里，平淡美与自然美并非两种截然不同的审美

---

① ［宋］张表臣：《珊瑚钩诗话》卷一，左氏百川学海本，第二十一册庚集二。
② ［宋］葛立方：《韵语阳秋》卷一，钦定四库全书本。

风格,而毋宁说苏轼所倡言之平淡美就是自然美,或言此平淡美一定要具备自然美的原则才能称其为平淡美。由此,我们才会理解苏轼这段话:

> 凡文字,少小时令气象峥嵘,彩色绚烂,渐老渐熟,乃造平淡;其实不是平淡,绚烂之极也。汝只见伯爷而今平淡,一向只学此样,何不取旧日应举时文字看,高下抑扬,若龙蛇捉不住,当且学此。(苏轼《与二郎侄书》)

此段仍是论平淡之美,但苏轼批评了当时在青年学子中非常普遍的为平淡而平淡现象,指出创作应该符合一种"自然"的进程,也即"渐老渐熟"。人尚处于青年、生气蓬勃的生命阶段,则宁可先令文艺作品"气象峥嵘,彩色绚烂"一些。由此我们可以判断,对于平淡的审美风格来说,"自然"之美显得更为根本。所以,苏轼会说:

> 凡人文字,务使平和;至足余,溢为怪奇,盖出于不得已也。
(《答黄鲁直五首》其二)

此即一方面强调平淡美的重要性,同时强调"自然"("不得已")的审美风格更为本体。这种以自然为至美的文艺审美观,实际上也是反映了苏轼艺术本体价值观,即将艺术审美放到与人之生命等同的地位。这样,生命本身丰富多彩的情调使得艺术的表现风格也必然是多种多样的,故不能对艺术的审美风格强同一致。如果有一致的审美风格的话,也许并非"平淡美",而应是"自然美"。正因艺术审美创作的"自然"原则,才能使艺术风格丰富多彩。

如此之言论甚多,如:

> 韦应物、柳宗元发纤秾于简古,寄至味于澹泊,非余子所及也。
(《书黄子思诗集后》)

> 吾于诗人无所甚好,独好渊明之诗。渊明作诗不多,然其诗质而实绮,癯而实腴。自曹、刘、鲍、谢、李、杜诸人皆莫及也。(《与子

由诗六首》)

> 永禅师书,骨气深稳,体兼众妙,精能之至,反造疏淡。如观陶彭泽诗,初若散缓不收,反覆不已,乃识其趣。(《书唐氏六家书后》)

很明显,苏轼论平淡之文,既有艺术家的天才敏悟,又有一种理论家的深度。在苏轼看来,平淡不能仅仅理解为一种形式上的简单(简古、散缓不收),更不是内容上的贫乏(癯),而是在看似简单、疏淡的形式之下,蕴含着深厚的情感力量(至味)与生命情趣(趣)。

苏轼的诗文艺术理论颇能把人引向一种形而上的领域。他对平淡美的追求,除了直接受到时代风气以及两位前辈欧梅的影响外,更重要的是受到了陶渊明的影响。凡是推崇平淡美者,大都推崇陶渊明,而苏轼对于陶渊明,很像一位隔代的知音。他曾明确表示"渊明吾所师"(《陶骥子骏佚老堂》),并尽和陶诗,以实际行动将陶渊明推上千古文人第一的位置。苏轼欣赏陶渊明诗歌的"质而实绮、癯而实腴"的平淡美;同时,他又说:"然吾于渊明,岂独好其诗也哉?如其为人,实有感焉。"[1]陶渊明之为人为何?苏轼云:"古今贤人,贵其真也。"(《书李简夫诗集后》)诗的风格即人格之体现。陶渊明诗歌所体现出来的平淡之风,也就是他的人格之体现。这种平淡即一"真"字,真即自然、真实,而又能享受一种个性化的生命体验。陶渊明的一生并没有什么轰轰烈烈的建功立业,相对来说是非常平淡的一生。然而其内在生命的深度却是演绎的如诗如画,用苏轼的话即是"高风绝尘""超然"。由此人格生发出来的诗风、文风才同时具备了一种超越性与自然色彩。"苏轼所推崇的陶渊明的'真',是一种不为世俗所累,不愿心为物役,剥除了矫情的自然的生命之情,而这种生命之情不是以绚烂峥嵘的方式表现出来的,而是'寓以平淡'的方式表现出来的。"[2]

---

[1] [宋]苏辙:《子瞻和陶渊明诗集引一首》,见《苏轼资料汇编》上册,第62页,北京:中华书局,1994年。
[2] 冷成金:《苏轼的哲学观与文艺观》,第591页,北京:学苑出版社,2003年。

　　至此,我们认为,自然美论是苏轼文艺审美思想的一个核心观念,正如有学者指出的:"现在读《苏东坡集》,不论其文、其诗、其词、其赋,亦不论是记叙、论说、书简、章奏,皆'有触于中',顺其自然,不得不发,'而非勉强所为'。这就成为苏轼的文学观点,成为苏轼的文学主要风格。……苏轼的文学观点当然不止于上述一条,但唯此为其最基本的原则,而其他都是由此产生或与之相联系的。"①

　　据统计,苏轼直接提到"自然"的部分就有近百次。自然在苏轼的文章中语义丰富,有自然事物的自然、物理的自然、道德情感的自然、艺术的自然。而且很明显,苏轼是将"自然"看作了文艺的本质属性。我们主要看一下苏轼论艺术自然的文字:

　　　　所示书教及诗赋杂文,观之熟矣。大略如行云流水,初无定质,但常行于所当行,常止于不可不止,文理自然,姿态横生。(《答谢民师书》)

　　　　此数十纸,皆文忠公冲口而出,纵手而成,初不加意者也。其文采字画,皆有自然绝人之姿,信天下之奇迹也。(《跋刘景文欧公帖》)

　　　　信手自然,动有姿态,乃知瓦注贤于黄金,自然萧散,无有疏密。(《书若逵所书经后》)

苏轼诸如此类提到文艺自然美属性的地方,给人很深刻的印象,这种对自然美风格的说法已经有些不同于之前刘勰、钟嵘、司空图对文艺自然的看法。在苏轼这里,"自然"的审美风格更是一种破除知性桎梏,融合主客,齐一物我的自由风格。自然即意味着不假思索、才情洋溢、真率不拘。所以,苏轼所认为的自然的文艺风格,其实就是自得与天成:

　　　　故夫天机之动,忽焉而成,而人真以为巧也。(《怪石供》)

---

① 姜书阁:《苏轼在宋代文学革新中的领袖地位》,选自《20世纪中国文学研究论文选·宋代卷》,第305页。

> 张长史草书，颓然天放，略有点画处，而意态自足，号称神逸。
> (《书唐氏六家书后》)

由此看出，苏轼正是籍由此对自然审美风格的强调来表达一种物我两忘、艺道合一的艺术境界。苏轼诸多的艺术审美命题皆缘此"自然"论为核心而展开，例如从艺术审美的创作上，苏轼主张艺术家应该具备"自然"的审美态度，即"身与竹化"：

> 与可画竹时，见竹不见人。岂独不见人，嗒然遗其身。其身与竹化，无穷出清新。庄周世无有，谁知此疑神。(《书晁补之所藏与可画竹》三首之一)

艺术创作过程中，如何自由真实地表达主体情感与对象自然？如有论者指出的："苏轼提出的创作态度是'天机'或'自然'。这个论点包括两个方面的含义：一是真率地表现自我审美意识；二是恰如其分地表达客体的审美特征。"①苏轼认为艺术家必须超越自身功利性生存（"嗒然遗其身"），而把自我融入自然对象之中。此与邵雍之"以物观物"之说异曲同工。这样，艺术的创作方能显示出冥同主客的审美自由——主体精神与对象生命的相互绽放与呈现。

第三节 苏轼的"随物赋形"说

苏轼"随物赋形"学说，具有重要美学价值，他说：

> 吾文如万斛泉源，不择地而出，在平地滔滔汩汩，虽一日千里无难。及其与山石曲折，随物赋形，而不可知也。所可知者，常行于所当行，常止于不可不止，如是而已矣。(《文说》)

苏轼在此将其为文的过程比喻成水的流经形态，"不择地而出"意味

---

① 周裕锴：《苏轼黄庭坚诗歌理论之比较》，见《黄庭坚研究论文选》，第63页，南昌：江西教育出版社，2005年。

着在艺术情感充沛的情况下,自然成文;"随物赋形"是艺术创作的过程,这一过程是"不可知"的,而可知者为"常行于所当行,常止于不可不止",这是艺术外在的风格特征。此风格特征其实就是苏轼曾经说过的"行云流水"。他在《答谢民师书》中提到:

> 所示书教及诗赋杂文,观之熟矣。大略如行云流水,初无定质,但常行于所当行,常止于不可不止,文理自然,姿态横生。

行云流水的行文风格,是自然论审美观的最好注脚。"初无定质"就是云与水的原初风貌,对于文学而言,初无定质指的是没有固定的模式框架,没有成见在胸。以一种最为本真纯然的状态自然行文,任意而行,没有法定格局的拘束。然而此看似是无法,实际上又是"行于所当行,止于不可不止"。它并不违背艺术创作的规律。它就是"随物赋形",是艺术创作过程所需要的客观规律与主体自由的高度融合。

那么究竟何为"随物赋形"? 这需要先理解苏轼的水的哲学观。在苏轼看来,水是喻指天地万物最为高深的"道",如《滟滪堆赋》云:

> 天下至信者,唯水而已。江河之大与海之深,而可以意揣。唯其不自为形,而因物以赋形,是故千变万化而有必然之理。

苏轼认为,水能够"千变万化而有必然之理"的原因是其能够"因物以赋形"。这是水最为重要也是最为奥妙的特点。我们可以测得水的深度,但是不可以限定水的形状。水含纳于物中,便是物的形状,它最能与物谐一。故苏轼认为水是"天下至信者",是"几于道":

> 阴阳一交而生物,其始为水。水者有无之际也,始离于无而入于有矣。老子识之,故其言曰:"上善若水",又曰"水几于道"。圣人之得,虽可以名言,而不可囿于一物,若水之无常形。此善之上者,几于道矣。(《东坡易传》)

水之无常形,故其能变化为万有之形,这是水最大的特点。以水喻道,就涉及了苏轼的人生哲学:

　　　　夫唯无心而一,一而信,则物莫不得尽其天理,以生以死。故生
　　者不德,死者不怨。无德无怨,则圣人者岂不备位于其中哉!吾一
　　有心于其间,则物有侥幸夭枉,不尽其天理者矣。侥幸者得之,夭枉
　　者怨之,德怨交至,则吾任重矣。(同上)

面对心物关系时,苏轼主张"无心而一"之论。无心,即是不要以一己之
喜好去干预物之存在,以此来把握事物本来之面目,"则物莫不得尽其天
理"。若以我之私意加之于物之上,以我之喜好看待物,则有"侥幸夭枉"
之纷扰。如云:"口必至于忘声而后能言,手笔至于忘笔而后能书……口
不能忘声,则寓言难于属文;手不能忘笔,则字难于雕刻;及其相忘之至,
则形容心术酬酢万物之变,忽然而不自知也。"(《虔州崇庆禅院新经藏
记》)这种观点与邵雍的"以物观物"说是异曲同工的。

　　苏轼的艺术观是其人生观之必然反映。因此这种"无心而一"的人
生哲学,也即水的哲学反映到文艺创作上来,就是"随物赋形"论。于此
相一致的还有"身与竹化"的思想。"身与竹化"就是创作主体与所描绘
的对象生动地结合在一起,与自然合一,要摒弃掉自身的功利性、知识性
的成见,泯灭掉物与我的界限,从生命的深处与自然融为一体(即"嗒然
遗其身"),这是"无"的过程。为什么要"身与竹化"呢?苏轼曾经批评了
与之恰相反的创作手法:"节节而为之,叶叶而累之,岂复有竹乎?"(《文
与可画筼筜谷偃竹记》)这是将竹子看作是与自身对立的外物,还没有真
正进入竹子本身原有的生命中去把握竹子的特征。画竹子就要"身与竹
化",相应地,画其他任何物,都要与物同化,这样便会"无穷出清新",达
到"文理自然,姿态横生"。这是由无入有的过程。由此可见,"身与竹
化"思想与"随物赋形"论是相通的。

　　随物能否赋形?这还涉及"道"与"艺"的关系,所以苏轼说:"有道有
艺。有道而不艺,则物虽形于心,不形于手。"(《书李伯时山庄图后》)
"道"与"艺"在真正自由的艺术创作中必然浑然一体,从心所欲不逾矩,
也就是他所说的"神与万物交,智与百工通"(同上)。苏轼非常欣赏文与

可画竹时那种得心应手的境界：

> 与可教予如此，予不能然也，而心识其所以然。夫既心识其所以然而不能然者，内外不一，心手不相应，不学之过也。故凡有见于中而操之不熟者，平居自视了然，而临时忽丧焉之，岂独竹乎？（《文与可画篔筜谷偃竹记》）

这就是陆机《文赋》所云："作文之道，非知之难，能之难也。"苏轼可谓对此心领神会。要心口、心手合一，"了然于口与手"（《答谢师民书》），就需要长期地实践，在艺术实践中到达"神与万物交，智与百工通"的艺术创造化境。

苏轼说"与山石曲折，随物赋形，不可知也"，又说"如行云流水，初无定质"，这说明"随物赋形"实际上是一种"无法"，它没有固定的模式可循，需要艺术主体调动内心的能量去体悟。而苏轼又说"行于所当行，止于不可不止"，这又指明无法之中也有定法，在艺术创作的具体过程中，还是有规律可遵循的。因此，"随物赋形"的艺术创作观，是有法与无法、道与艺的辩证结合。这种论调可以说是开了江西诗派"有定法而无定法，无定法而有定法""规矩备具，而能出于规矩之外，变化不测，而亦不背于规矩也"的"活法"[1]诗论的先河。

第四节　苏轼对日常审美生活的关注

作为宋代文人艺术家的代表，苏轼对日常生活审美化的问题有关注，并发表了不少重要的观点。秦观曾评价"苏轼之道，最深于性命自得之际"[2]。"性命自得"，这是对苏轼人生哲学的精炼概括，也是其审美与休闲人生的写照。苏轼的审美与休闲思想有它的哲学基础，这便是以情的本体、乐的工夫以及无心而一的境界构成的情本论哲学。苏轼休闲美

---

① 吕本中：《夏均父集序》。
② 秦观：《答傅彬老简》，《淮海集》卷三〇。

学思想的构成也从本体、工夫、境界三个层次展开。

1. 审美与休闲本体:"勾当自家事"

表面看来,苏轼一生有归隐之志却终未归隐,有人便评论说其仍然有眷恋仕宦之情,这其实是不能真正了解苏轼的。苏轼看似始终在公共的仕宦空间优游徘徊,但他的个体精神已经完全回归到更为自由超越的"私人领域"①。正如李泽厚所言:"苏轼一生并未退隐,也未真正归田,但他通过诗文所表达出来的那种人生空漠之感,却比前人任何口头上或事实上的'退隐'、'归田'、'遁世'要更深刻更沉重。因为,苏轼诗文中所表达出来的这种'退隐'心绪,已不只是对政治的退避,而是一种对社会的退避。"②对社会的退避并不等于对"公共空间"的退避,而是一种更为根本意义上人生的退避,也就是向"私人领域"的回归。苏轼认为,极为简单、微不足道的生活方式恰恰蕴含了巨大的价值,它能够实现主体在公共生活中失去的自由:

> 山有蕨薇可羹也,野有麋鹿可脯也,一丝可衣也,一瓦可居也,诗书可乐也,父子兄弟妻孥可游衍也,将谢世路而适吾所自适乎?(《送张道士序》)

衣食住行皆极为简单,所娱乐者也是简单,交游简单。"谢世路"的目的即是过一种简单的生活。生活越是简单,似乎越是能体现士人的自由人格。在他看来,微物属于自己能把握的私人领域,更能体现士人的自主自由的主体意识;而宏大之物不是人所能控制了的,且容易将人异化于其中。

苏轼把回到私人领域称为"勾当自家事"。这种"勾当自家事",即回到私人领域的思想,也许是受到了禅宗的影响。苏轼一生多与佛僧交

---

① 所谓的私人领域,"是指一系列物、经验以及活动,它们属于一个独立于社会天地的主体,无论那个社会天地是国家还是家庭"。参见[美]宇文所安:《中国中世纪的终结:中唐文学文化论集》,第71页,北京:生活·读书·新知三联书店,2006年。
② 李泽厚:《美学三书·美的历程》,第159—160页。

往,且交情不浅,其中杭州佛印和尚与之感情尤笃。苏轼遭贬惠州,佛印致书苏轼,劝其"寻取自家本来面目"①。此处"自家本来面目"即"性命所在",也就是上文苏轼所言"勾当自家事",是本真自我的呈现。相反的,"富贵功名",遇不遇知于主上,此乃公共领域之事,"是有命焉"(韩愈《送李愿归盘谷序》),受客观法则的支配,人并不能控制,反而容易"堕落"。佛印认为苏轼这次遭贬,不必介意于怀,而应借此"勾断"公事而回归自我。"性命所在",不在于公共空间的营构,而在于私人空间的体验。禅宗之精神指向在三教之中最为私人化,即最注重个体生命的体验。理学家常常批评佛者之流太自私。如果说理学家的性命所在最终指向的是修齐治平的经世之业,是外向空间的开拓与进取,那么禅释的性命所在则主要指向个体自我的生命体验,是内向空间的沉潜与收敛。外向空间构建出的是社会领域,内向空间构建的是私人领域。在社会领域中,人常常会殉身于名物之中;而在私人领域,人则倾向于寻求一己之自由享受与闲适之体验。苏轼常于性命自得之际寻求名教之乐地,则说明了对于个体生命之自我享受体验,在苏轼的生命旨趣中占有很重要的位置。

苏轼并不是没有外向空间的拓取,他"中甲科,登金门,上玉堂",官至翰林学士便是明证。然而外向空间的这种营构,在佛印看来,乃客观之命运,并不是其所求而得,也非其生命旨趣所在。而且,所谓的名位加身,因不在自己生命所控制范围内,便显得虚幻而不实。况且,名与位更是苏轼一生命运坎坷、人生飘离的罪魁祸首。因此,在宋代特有的政治文化环境下,传统士人对于外向空间的营构积极性已经大大降低,取而代之的是对自我生命领域的享受与体验。而休闲正是士人寄托这种个体性命情怀的最主要的实践活动("坐茂树以终日")。如果说在以前,休闲仅仅是士人在忙碌的生活之余得以休养生息的活动,或者是达官贵人挥霍金钱、炫耀名位的手段,那么在苏轼所生活的宋代,休闲则成了士人性命之所在,是个体生命的追求。能够得闲,能够休闲并能够享受这闲

---

① 《说郛》,钦定四库全书本,卷四五。

暇,常常被认为是通达的象征。

　　海德格尔曾说:"真正的栖居困境乃在于:终有一死的人总是重新去寻求栖居的本质,他们首先必须学会栖居。倘若人的无家可归状态就在于人还根本没有把真正的栖居困境当作这种困境来思考,那又会怎样呢? 而一旦人去思考无家可归状态,它就已然不再是什么不幸了。"①栖居并非仅仅指外在物质环境的居住,更为本根意义上的栖居当是心灵的栖居,即人生之归宿为何? 当人彷徨于人生的路口而不知所措时,当人生的意义被判为虚无时,人就面临失去家园的危险。苏轼其时是深刻意识到这虚无的存在:

> 寄蜉蝣于天地,渺沧海之一粟。哀吾生之须臾,羡长江之无穷。挟飞仙以遨游,抱明月而长终。知不可乎骤得,托遗响于悲风。(《赤壁赋》)

此处乃同于陈子昂登幽州台之歌,有"念天地之悠悠,独怆然而涕下"之哀怨。此乃对人生之有限、生命之渺小,而又无法超越之产生的情绪。虚无感往往由对宏大叙事的依恋所致。面对难以企及的功名事业、无穷宇宙时如何调适自己的心灵与之相对,这是古代士人必须解决的一个问题。苏轼给予的解答便是回归"闲情"之我:

> 盖将自其变者而观之,则天地曾不能以一瞬;自其不变者而观之,则物与我皆无尽也,而又何羡乎? 且夫天地之间,物各有主。苟非吾之所有,虽一毫而莫取。惟江上之清风,与山间之明月,耳得之而为声,目遇之而成色,取之无禁,用之不竭,是造物者之无尽藏也,而吾与子之所共适。(《赤壁赋》)

苏轼所言乃消解对宏大叙事之迷恋,有限与无限也是相对而言。自其变者观,则无限也是有限;自其不变者观,则有限是无限。所谓不变者,就是本然之世界,也即本真之物我。怎么样回到本真之世界? 苏轼认为是

---

① 孙周兴选编:《海德格尔选集》,第 1204 页,上海:三联书店,1996 年。

以审美态度看待世界,以审美之姿态相处于世界中,则当下有限之物我皆能获致无限,而闲者最能够拥有审美态度。

休闲能让人不朽,何必汲汲于名利事业之间呢?再说对于本真之自我来说,什么是真正的事业?"醉饱高眠真事业,此生有味在三余。"(《二月十九日,携白酒、鲈鱼过詹使君,食槐叶冷淘》)"士者,事也。"(《白虎通·爵》)此时苏轼认为士人之人生价值取向已经不再是为了功名事业之进取,而转向了休闲,即"醉饱高眠"。人生之真味并不在忙忙碌碌之中,而是在"三余"之时。苏轼认为"余事"乃人生之真味,是最值得人去追求去享受的。

晚年流放海南,是苏轼休闲人生观的成形期,此时他的生活更是充满了闲情。他能从日常生活的琐事上寻找到乐趣与美意。在一种闲情雅致之中,理发、午休、洗脚这样琐碎的日常生活之事都能成为其诗意生活的灵感来源。因闲情而能关注并享受这些生活之余事的快乐,这是休闲生活的重要特征。苏轼常能注诗意于生活之微观领域中,以闲者的姿态去观察生活、体验生活。正如李渔所说:"若能实具一段闲情、一双慧眼,则过目之物尽是画图,入耳之声无非诗料。"(《闲情偶寄·颐养》)因"闲情"而赋予"闲物""闲事"以诗情画意,这种平常之物所呈现出的"画图""诗料",以及在微观之物上所体会出的浓浓意趣,是苏轼所代表的士大夫阶层生活文化的重要表征。

从公共领域回到私人领域,从外在时空的束缚制约中解放出来,世界向苏轼呈现出本真的面目,闲之本体由此呈现,苏轼的心灵也是一片澄明之境。于是,由于闲情的获得,苏轼开始了其"诗意的栖居"。

2. 审美与休闲工夫:"我适物自闲"

从休闲学的角度来看,适乃休闲之工夫。适作为一种自我满足之意,从生理的层次言,是解放了身体,而获致身闲;从心理的层次而言,是精神上的自得,此乃心闲。适首先意味着人的身心放松,是从内外环境的压力中解脱出来。不适则意味着紧张、烦神、劳顿。因此,适之为适,更多的是表示从参与公共事务的活动中退身而出,回到私人领域寻求一种自由的生活。

由于适与自由人格的这种关系,重视适的价值已经成为士人普遍的人生诉求,苏轼只不过是最典型的代表。苏辙曾这样评价苏轼:

> 盖天下之乐无穷,而以适意为悦。方其得意,万物无以易之;及其既厌、未有洒然自笑者也。譬之饮食,杂陈于前,要之一饱而同委于臭腐,夫孰知得失之所;惟其无愧于中,无责于外,而姑寓焉。此子瞻之所以有乐于是也。(《武昌九曲亭记》)

苏轼之所以乐于"休闲"于山水自然之中,就是因为他能"以适意为悦"。在这里,适意也是乐的一种。在苏轼的哲学体系中,乐乃情本哲学之工夫,适意便是情本哲学的工夫;就休闲而言,适意便是休闲之工夫。以适意为悦,苏轼便不会再去计较得失、优劣。适意,就是既要有节制、又要做到"无愧于中,无责于外",内心澄然清净,不沾染那些得失、优劣的念头。这样,苏轼之放情山水的休闲活动才能够纯粹地展开。

苏轼最终提出适与闲的关系,是在其贬落儋州之时,其诗《和陶归园田居》有句道:"禽鱼岂知道,我适物自闲。悠悠未必尔,聊乐我所然。"这首诗的重要性在于以形象的方式道出了闲与适的关系。诗中暗用了庄子"鱼之乐"的典故,以说明鱼鸟的悠然之乐,实际上是来源于人的"适"。人能适则物也显现出闲暇之貌,物的闲暇即是人的闲暇。而这一切的前提便是"我适"。

然而,苏轼一生并不总是能够适意,对于不适的生活苏轼很敏感。作为士人来说,苏轼认为最大的问题是对人生出处的选择。士的社会责任意识要求"学而优则仕",且外出做官成为士阶层谋生的主要出路,然而在苏轼看来,做官恰恰又是士人最大的不适。而不做官,就意味着归隐不出,则经济来源便没有了保障。虽然能够获得更多的自由,但又要忍受贫困,并有违亲绝俗之讥:

> 古之君子,不必仕,不必不仕。必仕则忘其身,必不仕则忘其君。譬之饮食,适饥饱而已。然士罕能蹈其义、赴其节。处者安于

故而难出,出者狃于利而忘返。于是有违亲绝俗之讥,怀禄苟安之弊。(《灵璧张氏园亭记》)

在苏轼看来,仕与不仕,都是不适。包弼德曾别有见地地指出"道德和政治是不同的——同时既合乎道德,又要适应政治是自毁"[①]。政治与道德、政治与人格的完整与独立向来就是一对矛盾,仕与不仕都会激化这一矛盾。因此如何找到一个折中之点,既能在政治的公共空间实现士人的社会历史使命,又能保持人格的相对自由与独立以实现个体生命的价值,这是苏轼不断进行思考之处。

宋代私人园林的发达,是士大夫文化向内转型的集中体现。士人钟情于园林之中,可进可退、可出可处。园林这一壶中天地,是士人适意人生的重要组成部分,也是士人休闲生活的主要场所与方式。苏轼一生没有退隐,也没有真正的归田,然他所遭际的外在的艰苦环境,以及其内在精神的巨大空漠之感,他是如何消解的? 也许首先只有从这种山水园林之"游"中得以解释。苏轼在《灵璧张氏园亭记》中以欣赏的语气描述张氏之先君"开门而仕""闭门归隐",这显然是士人颇为欣赏的"中隐"境地。这种士人生存模式追求的首先是身心皆适,且能保证士人完整人格的实现。从生理层面讲,它能"养生治性";从精神层面上讲,它又能"行义求志"。苏轼此文虽然是记别人之园林,盖此亦仕亦隐也是当时士林之风尚。苏轼在其仕宦的途中,也是眷恋山水园林之中的。从生活的艺术化角度而言,山水游玩之适对于消解苏轼官场不得意的郁闷与单调乏味的生活有着很重要的作用,且正是由此而获得休闲自适的生命体验。

游对于苏轼来说,既是一种生命运行的方式,同时也是人生的境界。从方式来看,这种游的美学形成了苏轼审美与休闲的人生。游之原始意象是"水"(水之流谓游),而苏轼对水可谓是情有独钟。水承载着苏轼的人生智慧,它周流无滞,变动不居。在苏轼眼中,水是道的象征:

---

① [美]包弼德:《斯文:唐宋思想的转型》,第 272 页,南京:江苏人民出版社,2000 年。

万物皆有常形,惟水不然,因物以为形而已……今夫水虽无常形,而因物以为形者,可以前定也。是故工取平焉,君子取法焉。惟无常形,是以遇物而无伤。惟莫之伤,故行险而不失信。①

游动的过程即随物赋形的过程,就人的行为来说,是"不囿于一物",是"与物皆入于吉凶之域而不乱"。可见,游对于苏轼来说,自始至终处理的便是人与物的关系,或心与物的关系。凡有行迹、对待的都可以看作是物。对于士大夫阶层来说,诸如出处、仕隐、得失、富贵贫贱这些就是物。如何处理这些矛盾,既能在这些物中获得自由的心境,又能在现实经验中自在的生存,这是历来士大夫困惑之处。而苏轼由此给予的人生策略是"游"。像陶渊明志不得则隐遁丘樊,这不是游;白居易做到了游,但并不彻底,他尚纠缠于得失之间。苏轼继承了白居易"中隐"的处世方式,借山水自然、园林而"游动"于仕与不仕之间,既有忠君报国之志,又不乏优游闲适之情。而苏轼之超越于白居易之处在于,其能于人生得失、富贵贫贱皆淡然处之,真正做到了随"物"赋形,洒然无累。如果说"中隐"之游还是一种"游于物之内"的话,那么超越人生得失、富贵贫贱,超越现实世界的痛苦与烦恼就是一种"物外之游"。通过游于物之初,苏轼做到了无往而不适,无适而不可,从而达到了一种"与物皆入于吉凶之域而不乱"的境界。

"游戏三昧"本是佛家语。游戏,指自在无碍;三昧,指"正定",即不失定意。综合起来就是指自在无碍,而常不失定意。禅指游化众生,神通自在之禅心;无碍无缚之禅定。用游戏之心,放下一切名数束缚,超然自在地游化世间。苏轼"居闲,不免时时弄笔",此其言书法亦为游戏之事。苏曾言"游以适意"(《雪堂记》),又在一首诗中说道:"自言其中有至乐,适意无异逍遥游。"(《石苍舒醉墨堂》)可见出游、舞墨都是为了达到适意,获得快乐。苏轼无论为文、为诗词、为书法、绘画,无不是以"游戏"的态度为之。如其所尝言:

---

① 苏轼:《东坡易传》,龙吟注评,第128页,长春:吉林文史出版社,2002年。

> 夫昔之为文者,非能为之为工,乃不能不为之为工也……凡一百篇,谓之《南行集》将以识一时之事,为他日之所寻绎,且以为得于谈笑之间,而非勉强所为之文也。(《南行前集序》)

苏氏父子由"作文"到"有所不能自己而作者",并"得于谈笑间",此即明显以"游戏"的态度为文。赫伊津哈在《游戏的人》中指出游戏的非功利性质:"它不作为'平常'生活,而是立于欲望和要求的当下满足之外。实际上它打断了欲望的进程。它作为一个暂时活动添加进来,自娱自乐。"[1]而这一"游戏"的作文方式,无疑是为了达到适意而休闲的目的,这正是"遣怀"之意。苏轼的"适意无异逍遥游"可谓与之异曲同工。

可以说,苏轼的休闲人生是通过"适意"而达到的,而适意生活的具体实现形式则是"游"。无论是游于自然山水,还是园林建筑,无论是游于物内,还是游于物之初,苏轼总是以此"游动"的人生哲学来化解人生的诸种不适与矛盾纠葛,从而完成一种独立自由的士大夫人格,进入审美与休闲的境界。

3. 审美与休闲境界:超然物外

苏轼不仅文艺审美领域提出了一系列的审美命题,取得了令人之瞩目的成就,而且在审美与休闲的人生境界方面也熔铸成古代士大夫文化人格的典范。在苏轼那里,"'文'不只是文艺,而更是人生的艺术,即审美的生活态度、人生境界和韵味"[2]。可见,苏轼的文艺审美成就的取得,有着更为根本的人生哲学依据,这就是"性命自得之际"。由此生发而出以自然为核心的艺术审美创作与思想;相应地,这种人生哲学必然导向一种超然物外的审美人生境界。

苏轼的超然物外观有两层含义:一是"无往而不乐";二是"即世所乐而超然"。苏轼休闲审美境界的思想集中体现在《超然台记》一文中:

> 凡物皆有可观。苟有可观,皆有可乐,非必怪奇伟丽者也。餔

---

① [荷兰]约翰·赫伊津哈:《游戏的人》,第10页,杭州:中国美术学院出版社,1996年。
② 李泽厚:《美学三书》,第395页。

糟啜醨，皆可以醉，果蔬草木，皆可以饱。推此类也，吾安往而不乐？

此以"乐"始。按照苏轼这里的逻辑可以推出：一切世间之物，皆可以为乐。只是需注意的是，这里的"物"并不一定就是"物体"之物，还应当包括"事物"之物，即所谓的"贫富""贵贱""出处""祸福"等等人的际遇，都可以称之为物。"无物不乐"的思想是将本来与个体生命对立的物给予"情感化"（乐），是完全回到主体内心。如果说一切物都可以令人"乐"的话，那么物的殊异性就可以被超越。只有从情感上润化、超越"物"的殊异性，人才会无往而不乐。

> 夫所谓求福而辞祸者，以福可喜而祸可悲也。人之所欲无穷，而物之可以足吾欲者有尽。美恶之辨战乎中，而去取之择交乎前，则可乐者常少，而可悲者常多，是谓求祸而辞福。夫求祸而辞福，岂人之情也哉！物有以盖之矣。（《超然台记》）

此乃言常人如何"不乐"。"物有以盖之"即被物所蒙蔽之意。现实经验中的人们惯常以美恶为辨，以祸福为别。求福辞祸，求美辞恶，看似人之常情，却恰恰是以此诸种人为的区别而常常陷自己于可悲、可痛之境。因为，"物之可以足吾欲者有尽"。故对于物，本非我之所有，便不要想着去占有，而是释之以审美的方式去欣赏它，这也就是要去"游"于物之外：

> 彼游于物之内，而不游于物之外；物非有大小也，自其内而观之，未有不高且大者也。彼其高大以临我，则我常眩乱反复，如隙中之观斗，又焉知胜负之所在？是以美恶横生，而忧乐出焉；可不大哀乎！（《超然台记》）

此处又提游与乐的关系。游，即是一种生活方式，也会导向一种人生境界。"游于物外"显然是庄子的话头。庄子所追求的"心闲而无事"的境界即是在游于物外的方式下获得的，反之，物之内，乃大小、美恶之别充焉，此心难闲。

113

就苏轼现实的经历来说，从钱塘繁华之地，忽然迁至密州如此僻陋之所，说是天上人间的差别，从"物内"的角度说并不为过。然而这种由富到贫，由安到劳，由美到恶的现实转变，苏轼认为此皆为"物"之变，而作为人生之乐之心并没有改变。他取消了物之间的差别，以游于物之外的方式达到一种超然的审美与休闲境界。

> 方是时，余弟子由适在济南，闻而赋之，且名其台曰"超然"，以见余之无所往而不乐者，盖游于物之外也。（《超然台记》）

最后，又以"乐"为终。并点明之所以为超然，乃是"游于物之外也"。

那么，"游于物之外"是不是会导致离群绝俗，彻底地逃避物呢？因为，至少从形式上看，既然游于物之外的超然境界是人生最高之境界，那么干脆逃脱物的纷扰，即离形去知，同时遁入荒山野林，不与物处。超然是这样的决绝吗？

东坡之超然并非远离世间超远玄妙，而是"即世而乐"，是对现实人生的肯定；所谓超然境界是"逃世之机"而非"逃世之事"（《雪堂记》）。然而现在的问题是，这种对世俗的过分接近，以及对物的不疏离，将如何做到"超然"？在哲学观上，苏轼曾提出"无心而一"的境界哲学，相对应地在人生审美领域，苏轼倡导一种"超然"的美学境界。不同于以往对超然的理解，将心超脱于物之上，苏轼主张"寓意于物"，即情感寄托于物并超越之。这种观点既不疏离于物，也不胶着固执于物，而毋宁是对"物"采取一种审美与休闲的态度：

> 君子可以寓意于物，而不可以留意于物。寓意于物，虽微物足以为乐，虽尤物不足以为病。留意于物，虽微物足以为病，虽尤物不足以为乐。老子曰："五色令人目盲，五音令人耳聋，五味令人口爽，驰骋畋猎令人心发狂。"然圣人未尝废此四者，亦聊以寓意焉耳。刘备之雄才也，而好结髦。嵇康之达也，而好锻炼。阮孚之放也，而好蜡屐。此岂有声色臭味也哉，而乐之终身不厌。（《宝绘堂记》）

道家通过对"人为"的否定进而否定了人的情欲。虽然道家的无情无欲观是让人回到一种自然的情感上来,但老子所谓的"五色令人目盲……"也绝不是危言耸听。其流波所及,便是对人生审美与休闲领域的否定。五色、五音、五味、驰骋畋猎,其实就是人生审美与休闲领域的内容。苏轼认为"圣人未尝废此四者",享受生命—生活体验乃人之本性的需求,这里的关键不是要不要享乐的问题,而是如何享乐,享乐应该达到一个什么样的境界的问题。在这里,苏轼提出人生审美与休闲的两种方式,也是两种境界,即"寓意于物"和"留意于物"。

对物的寓与留,都是人生持存的不同方式。与对物的疏离不同,"寓意于物"和"留意于物"都是将个体生命置身于物之中,保持对物的关注。然而,就寓与留二者来说,又自不同。《说文解字》中说:"寓,寄也""寄,托也"。而托与寄可以互训。托还有暂时寄放的意思。《说文解字》"留,止也",本义有停留、留下,含有不动的意思。《广韵》"止,停也,息也"。寓意于物即将情感寄托在物之上,既然是寄托,便意味着短暂的停留、居住,也即逗留。人是逗留于这世上,正如陶渊明所吟唱的"寓形宇内复几时"(《归去来兮》)。人在天地间的生存是"寓形",而人之情感投向于"物"则是"寓意"或"寓心"。宇宙的演化是"大化流行",而人生的存在则为"纵浪大化中""乘化而往""委任运化"。然而这看似通达的顺化而往,在苏轼看来则极容易"被化所缠"。因此,当如何应对外界的变化?苏轼指出"物"就是变化得失之际,那么"如何应对"便是"心""意"如何应对"物"。庄子认为"物"是使心灵役化的外在因素,故应"外物";孟子亦认为物是陷溺人心的力量,故要"寡欲"。苏轼则指出:

> 天地与人,一理也。而人常不能与天地相似者,物有以蔽之也:变化乱之,祸福劫之,所不可知者惑之……夫苟无蔽,则人固与天地相似也。(《东坡易传》)

那么如何解蔽?是如庄子一样"外物",继而外天下、生死吗?苏轼认为物既然存在,就不能对之视而不见,而要"使物各安其所""万物自生自成,故天地设位而已"(同上),这明显是受郭象自然独化论之影响。苏轼认为"物"虽变化无常,但只要心能"通之,则不为变化所乱"(同上)。以心"通之"其实就是"寓意于物"。物只能是心所投射、寄寓的东西。物与人本是各安其所,人不是去占有物,而物也不会伤害、奴役人。苏轼自言:

> 吾薄富贵而厚于书,轻死生而重于画,岂不颠倒错缪失其本心也哉?自是不复好。见可喜者虽时复蓄之,然为人取去,亦不复惜也。譬之烟云之过眼,百鸟之感耳,岂不欣然接之,然去而不复念也。于是乎二物者常为吾乐而不能为吾病。(《宝绘堂记》)

对于书画来说,"蓄之"和"为人取去",此皆物之变化也。而吾心"一不化",此心即"无往不乐"之心。以此心寄寓任何物中,都可以乐。此时,我的心是自由的,因为我的主体性得到了保护;物也是自由的,物并没有被占有、侵凌。正如马尔库塞所说,人一旦成为真正的主体后,便成功地征服了物质。否则,若是留意于物,则人的主体性就会丧失,人会不知不觉役化于物,即物化。

由上之分析,我们认为,苏轼超然的人生审美与休闲境界实际上包涵了"无往而不乐""游于物外""寓意于物"等内容。他通过自己的丰富而坎坷的生命实践提炼出人生美学命题,使他成为超越陶渊明、白居易等古代先贤成为宋代以及后代士人审美人格典范。他的随缘任适、穷达如一的人生审美境界,使他成功应对了来自外界的多重打击与不顺,更是从这样的人生经历中表现了一种洒脱自如、啸傲旷放的超然境界,实现了他的人生价值。

4. 苏轼美学的人文意义

宋孝宗曾对苏轼的文艺成就以及人格魅力做出了如此的评价:

> 故赠太师谥文忠公苏轼,忠言谠论,立朝大节,一时廷臣,无出其右。负其豪气,志在行其所学,放浪岭海,文不少衰,力幹造化,元气淋漓,穷理尽性,贯通天人。山川风云,草木华实,千汇万状,可喜可愕,有感于中,一寓之于文,雄视百代,自作一家,浑涵光芒,至是

而大成矣。(宋孝宗《御制苏文忠公集序》)

这与秦观对苏轼的评价几乎一致,都看到了苏轼在哲学、器识、文学艺术等多方面的成就。苏轼是中国美学史上少有的通才式的人物,他不仅在诗、词、绘画、书法等艺术领域都取得了凌跨百代的突出成就,而且在形而上的人生哲学领域(也即性命之学)有着独到的贡献,另外在日常的生活情趣方面也是一位令人称道的生活美学家。他被林语堂看作是一个十足的"乐天派"。因此,在苏轼那里,我们看到了一个超越前代的新的士大夫审美人格典范的形成。他的人生经历成就了他的艺术高度,而他的艺术又是他人生的体现。"随物赋形、行云流水"是其对艺术创作与风格的追求,同时不也是其生命哲学的生动描述吗?因此,长期以来审美与道德的分离与矛盾都在苏轼那里获得很好的统一。

首先从其文道观来看,"辞达"的文艺观完全跳出了传统的文道关系论,也不同于孔子对辞达的理解。他并不把文艺作品当作是"载道"的工具,也不认为这个道就是儒家的仁义之道。他一方面肯定文艺的实践性价值,认为文艺一定要抒情达意,表现作者真实的生活情感;另一方面,他也强调了文艺自身独立的价值,主张求"物之妙",突破了道统文学的局限于儒家之道的狭隘性。

其次从其自然观来看,苏轼具有形而上本体意义的自然观,破除了性情抒发与艺术技艺之间的对立,并强调了人的情感的重要性。他既反对刻意雕饰之作,也反对过分平淡而显枯槁的作品。自然与平淡融合为一。与此相应的是其著名的"随物赋形"的自然艺术论。他的这种自然论不仅对当时的美学产生了影响,且对金、元、明清的后世美学也泽被深远。王若虚、李贽、叶燮、刘熙载等人对此都有极高的评价。另外,如明代公安三袁的"性灵"说、"趣"的思想,以及李贽的"童心"说都能在苏轼的自然文艺观中找到些影子。

再次从其休闲观来看,"我适物自闲"的见解达到了中国古代休闲理论的最高度,他那种在"性命自得"基础上形成的适意人生观,是宋代士人通悟儒道释后的生存智慧的精辟表达,对后代文人安身立命的精神调节产生了极大的影响。

李泽厚曾深刻指出苏轼人生美学的意义:

> 苏轼一生并未退隐,也从未真正"归田",但他通过诗文所表达出来的那种人生空漠之感,却比前人任何口头上或事实上的"退隐"、"归田"、"遁世"要更深刻更沉重。因为,苏轼诗文中所表达出来的这种"退隐"心绪,已不只是对政治的退避,而是一种对社会的退避……而是对整个人生、世上的纷纷扰扰究竟有何目的和意义这个根本问题的怀疑、厌倦和企求解脱与舍弃。①

只是李泽厚并未指出苏轼的这种退隐心绪其实是源自于"性命自得"的人生哲学。有学者更进一步地总结道:"苏轼之'深于性命自得'的意义,就在于由对外在的社会功业的追求转化为对内在心灵世界的挖掘,把禅宗的生死、万物无所住心与儒家、道家执着于现实人生及个体人格理想的实现联系起来,使个体生命价值最终实现作为人生的最高境界,成为后世追求个体人格美的典范。"②苏轼的人文审美精神无疑是丰满而深刻的,这是其熔铸道禅而归儒"自作一家"的结果。同时他代表了宋代艺术家美学的最高境界。而后来明清之际的文人,对于苏轼艺术审美境界及人格风范很是推崇。然而,明清的文人受着封建社会晚期商品经济及世俗文化的浸润,已经没有了苏轼所代表的宋代艺术家的超迈的人生厚度。以李渔、袁宏道为代表的晚明士子,尽管在艺术与人生领域也表现出潇洒无羁、自然性灵的一面,但充其量他们达到的也只能算作是世俗风流的境界,他们已经减弱了宋代士人那种对形而上的人生意义的建构与追求。这也是中国古代审美文化演进的大势所然。

---

① 李泽厚:《美学三书》,第159—160页。
② 邹志勇:《苏轼人格的文化内涵与美学特征》,《山西大学学报(哲学社会科学版)》,1996年1期。

第五节　黄庭坚、范温的"韵"论

北宋的艺术审美理论的发展有一个清晰进展的过程。如果说宋初的"文道关系"讨论主要是受中唐古文运动及新儒学兴起的影响,平淡审美理论主要是受老庄思想的影响,自然审美理论主要受道禅思想的影响,那么由黄庭坚大力倡导并由范温确立起来的"韵"的审美理想则明显是辩证综合了文道关系论、平淡自然审美风格论之后的又一审美范畴,其深层的文化基础便是儒道禅在北宋的融汇合一。

文道关系的讨论涉及的是艺术本体的讨论,平淡和自然则皆是艺术审美风格的理论,而韵综合了前面所取得的艺术审美理论成就,而又返回到艺术自身,是一种审美的理想、审美的境界。韵是与意境、境界处于同一层次的审美范畴。所以,黄庭坚关于韵的思想,非常重要。而历来的中国美学史于黄庭坚的美学思想都很少提其韵的美学观,不能说不是一种遗憾。

钱锺书曾指出:"吾国首拈'韵'以通论书画诗文者,北宋范温其人也。"[1]范温确实有一大段文字近千百言以论及韵,但综合范温其人之家学渊源及思想背景,我们可以认为,范温有关韵的思想基本上来源自其师黄庭坚。范温曾指出:"盖古人之学,各有所得,如禅宗之悟入也。山谷之悟入在韵,故开辟此妙,成一家之学,宜乎取捷径而径造也。"(《潜溪诗眼》)此明显将"韵"看作黄庭坚"一家之学",范温不过是深受此影响并做出了较为深入阐发而已。事实证明,黄庭坚即以韵这一审美理想为核心,建构了一个相对完整而又深刻的"韵"理论体系。[2]

---

[1] 钱锺书:《管锥编》第四册,第 1361 页。

[2] 叶朗《中国美学史大纲》中已经指出过:"黄庭坚……把韵作为对于艺术作品最高的审美要求。"第 307 页。张法也曾提到宋代谈韵者主要是黄庭坚与范温两人,见张法《中国美学史》,第 173 页,成都:四川人民出版社,2006 年。敏泽也指出:"在范温《潜溪诗眼》那篇全面论韵的文章之前,黄庭坚实早已将韵的审美观念运用到鉴赏的各种艺术范畴中,——虽然他不曾作出全面的论述与阐释。"敏泽《中国美学思想史》,第 433 页,济南:齐鲁书社,1989 年。

1. 韵的历史渊源

范温在其《潜溪诗眼》中对韵的历史演变有比较精炼的概括:"自三代秦汉,非声不言韵,舍声而言韵,自晋人始;唐人言韵者亦不多见,惟论书画者颇及之。至近代先达(黄庭坚),始推尊之以为极致。"①这是大体可信的。

徐复观认为"韵"字大概广泛用于汉魏年间,最初是与声音有关,汉蔡邕《琴赋》"繁弦既抑,雅韵复扬"、南朝宋谢庄《月赋》"若乃凉夜自凄,风篁成韵",均指一种和美的声音。到了魏晋,随着玄学的兴起,韵范畴被用于人伦鉴赏之中,意指一种超凡不俗的精神气度,如《世说新语》中"阮浑长成,风气韵度似父,亦欲作达"(《任诞篇》),"澄风韵迈达,志气不群"(《赏誉篇》);《晋书·庾凯传》"雅有远韵";《宋书·王敬弘传》"敬弘神韵冲简",又《谢方明传》"自然有雅韵";《齐书·陆果传》"果风韵举动,颇类于融"。徐复观曾对人伦鉴识中的"韵"的概念作了精辟界定:"它指的是一个人的情调、个性有清远、通达、放旷之美,而这种美是流注于人的形相之间,从形相中可以看得出来的,把这种形相相融的韵,在绘画上表现出来,这即是气韵的韵。"②

"韵"从人伦品鉴很自然地便被运用到了当时的人物画的赏鉴之中,谢赫《古画品录》所提"六法"中第一法即为"气韵"。但仔细观察即会发现,谢赫的气韵仍偏向于"气"范畴,故其以生动释气韵,于韵则实未有直接阐述。正如范温所言:"夫生动者,是得其神,曰神则尽之,不必谓之韵也。"(《潜溪诗眼》)钱锺书亦指出:"谢赫以'生动'诠'气韵',尚未达意尽蕴,仅道'气'而未申'韵'也。"③大概在中唐之前的艺术审美领域中,艺术批评的视角还主要放在艺术审美的对象之上,因此"气、传神、生动、境"等审美范畴才被注意到,而审美主体艺术家自身精神生命的深度与广度则一定程度上被忽视了。

---

① 转引自钱锺书:《管锥编》第四册,第 1362—1363 页。
② 徐复观:《中国艺术精神》,第 152 页。
③ 钱锺书:《管锥编》第四册,第 1365 页。

这种内在精神生命是隐而不露的,对它的充分重视需要一种文化的向内转型。中唐之后,随着士人文化逐渐从外面世界的积极进取转向内在生命的价值体验上来,这种对精神生命的独特价值的关注也在文艺审美领域中出现了。李泽厚曾指出:"与从中唐经晚唐到北宋的这种艺术发展相吻合,在美学理论上突出来的就是对艺术风格、韵味的追求。所以,不是白居易的诗论,而恰好是司空图的《诗品》,倒成为后期封建社会真正优秀的艺术作品所体现的美学观。"①唐末司空图的"韵外之致"论,实际上成了北宋韵论的先驱:

> 噫!近而不浮,远而不尽,然后可以言韵外之致耳。倘复以全美为工,即知味外之旨矣。(《与李生论诗书》)

五代时荆浩开始以"气、韵"品评山水画。他在《笔法记》中云:"夫画有六要,一曰气,二曰韵,三曰思,四曰景,五曰笔,六曰墨。"荆浩的画之"六要"将"气"与"韵"分而论之,"韵"作为单一语词开始有了特定明确的含义。荆浩界定"韵"为"隐迹立形,备遗不俗"。韩拙也有"韵者,隐露立形"之说。钱锺书对此作了进一步阐释:"盖谓'露'于笔墨之中者与'隐'在笔墨之外者,参互而成画境。"②以钱锺书的解读,这里的韵实则是一种"不在场",而且钱锺书以之为"参互而成画境",强调了"不在场"与"在场"的相互涵容,而非相互排斥。这种艺术审美观相比起文以载道观来说,确实是别具一格的,可以认为,这是中国古代审美理论的一次悄然转型。荆浩以"不俗"论"韵",也开了宋代论韵尚雅的先河。

到了北宋,韵这一审美范畴终于推广向更多的艺术领域,并趋向于成熟,成为艺术审美批评的最高标准。然而,韵理论演进的过程中,文道关系的争论、平淡与自然的审美风格的确立,都对韵的审美理想的形成有着密切的关联。

首先,文道关系的讨论由重道轻文,到文道并重,以及对"道"的理解

---

① 李泽厚:《美学三书》,第 157 页,合肥:安徽文艺出版社,1999 年。
② 钱锺书:《管锥编》第五册,管锥编增订之二,第 245 页。

由单纯的孔孟伦理之道到广泛的社会政治领域再到以情释"道"。这里显示了两种共同演进的路线,一是从过于重视艺术的伦理价值到艺术的伦理价值与美学价值并重;二是由对士人的群体价值的重视转向对士人个体内在价值的强调。韵,通常被认为决定于艺术家的人品、胸次,这与艺术家对"道"的理解息息相关。因此,这种艺术内容与形式的平衡以及对艺术主体内在精神属性重视,是"韵"范畴最终得以确立的前提基础。

其次,平淡与自然作为审美风格,奠定了"韵"范畴的基本格调。正因为有北宋前期对道的不断强调与加深理解,以及对平淡自然艺术审美风格的强调,才致使韵的审美内涵在北宋后期获得极为丰富的发展。韵作为一种审美批评范畴,从人物审美、书画审美,进而扩展到了诗歌、音乐、工艺等艺术审美领域的各个方面。并且,"'韵'这个范畴乃是把握梅尧臣、欧阳修、苏轼、黄庭坚等人的美学思想的关键。离开这个范畴,就不可能把握宋代美学"[1]。可见韵范畴在宋代艺术美学中的地位。

2. 黄庭坚的韵论

祝允明云:"双井之学,大抵韵胜,文章诗学书画皆然。"[2]现代也有学者指出:"什么是黄庭坚的审美理想? 有人说是'绝俗',有人说是'自然成文',这些都有道理,不过似嫌片面。笔者以为不若从山谷文字中拈出'韵胜'两个字来,把'韵胜'看作山谷审美理想的核心或总纲。"[3]根据先前所论,如果黄庭坚以韵作为其审美理想的话,那么我们完全有理由相信,黄庭坚是北宋艺术美学的重要的殿军,也是北宋诗文革新运动中有理由令人瞩目的高峰。

黄庭坚韵论体现在人物审美上:

> 陈元达,千载人也。惜乎创业作画者,胸中无千载韵耳。(《题摩锁谏图》)

---

[1] 叶朗:《中国美学史大纲》,第 312 页。

[2] [明]汪珂玉:《珊瑚网书录》引祝允明跋《黄太史草书李太参军》,适园丛书本。

[3] 凌左义:《山谷韵胜刍论》,选自《黄庭坚研究论文选》,第 1774 页,南昌:江西教育出版社,2005 年。

"千载人",意为名垂不朽之人。"千载韵",即指绘画艺术之主体内在的审美精神人格。无此深刻之人格者,即无韵,无韵之人即难有高水平之作。另外如:

> 观魏晋间人论事,皆语少而意密,大都犹有古人风泽,略可想见,论人物,要是韵胜为尤难得。(《题绛本法帖》)

此处"语少而意密"颇可注意。论人物之韵,在黄庭坚那里似乎也有了新的规定,即不仅仅是一种宽泛的人格精神魅力,且其具体内涵是少与多、简单与深远的辩证关系。"语少而意密"与后来黄庭坚提到的"平淡而山高水深"异曲同工,只是一论人,一谈诗。

黄庭坚韵论还体现在书画诗文的艺术审美上,且言论最多,其精要者如下:

> 凡书画当观韵……余因此深悟画格,此与文章同一关纽,但难得人入神会也。(《题摹燕郭尚父图》)

> 翰林苏子瞻书法娟秀,虽用墨太丰,而韵有余。(《跋自所书与宗室景道》)

> 虽然笔墨各系其人工拙,要须韵胜耳。病在此处,笔墨虽工不近也。(《论书》)

> 王著临《兰亭序》《乐毅论》,补永禅师、周散骑千字,皆妙绝,同时极善用笔。若使胸中有书数千卷,不随世碌碌,则书不病韵,自胜李西台、林和靖矣。盖美而病韵者王著,劲而病韵者周越,皆渠侬胸次之罪,非学者不进功也。(《跋周子发帖》)

> 若论工不论韵,则王著优于季海,季海不下子敬;若论韵胜,则右军大令之门,谁不服膺?(《书徐浩题经后》)

不惟理论上重视韵,黄庭坚在艺术的实践中,也是韵味十足。欧阳修的学生晁美叔曾评鲁直书:"唯有韵耳,至于右军波戈点画,一笔也无。"[1]此

---

[1] 《墨迹大观·黄庭坚卷》,第173页,上海:上海人民美术出版社,1991年。

虽明为批评黄庭坚书法，但我们可以此而知晓黄庭坚对于韵的钟情。

仅此几条足以见出韵在黄庭坚的文艺批评理论中的地位了。那么，黄庭坚之韵有何内在的规定性？有四点：一曰自然；二曰平淡；三曰不俗；四曰学养。

首先是自然。刘熙载于《艺概》中就指出："西江名家好处，在锻炼而归于自然。""锻炼"是说其诗文讲究法度、诗法，但其最终旨趣则归于自然。确实，"自然"作为一种审美风格，已经成为黄庭坚韵论美学体系中非常重要的一个因素，在黄庭坚看来，韵胜者必出于"自然"：

> 东坡简札，字形温润……天然自工，笔圆而韵胜。（《题东坡字后》）

很显然，苏东坡的自然审美风格论，已被黄庭坚容纳进韵理论之中了。这种自然天成的审美风格，也是受老庄及禅宗思想的影响，如：

> 余初未尝识画，然参禅而知无功之功，学道而知至道不烦。于是观图画，悉知其巧拙功俗，造微入妙。然此岂可为单见寡闻者道哉！（《题赵公祐画》）

"无功之功"是任运自然之意，而"至道不烦"则是自然平和之意。因此，绘画中的韵，就必然是最自然的、不流露人为加工痕迹的表现。由于这种自然的美学观，黄庭坚追求一种拙而放的诗文风格，比如他说：

> 虽然笔墨各系其人工拙，要须韵胜耳。病在此处，笔墨虽工不近也。（《论书》）

此处虽未明显说韵即守拙，但明显是对"工"的不屑。

> 凡书要拙多于巧，近世少年作字，如新归子妆梳，百种点缀，终无烈妇态也。宁律不谐而不使句弱；用字不工，不使语俗。此庾开府之所长也。然有意于诗也。至于渊明，则所谓不烦绳削而自合。虽然，巧于斧斤者多疑其拙，窘于检括者辄病其放。……渊明之拙与放，岂可为不知者道哉？（《题意可诗后》）

这里就已经看出，自然（"不烦绳削而自合"）即"拙与放"。黄庭坚认为，自然还体现为"无意"：

> 子美妙处乃在无意于文，夫无意而意已至。（《大雅堂记》）

这种不刻意求工而自臻妙境思想，与苏轼"不能不为之为工"的说法类似。有意地去"雕琢、斧凿"，也即"工"，虽然也会有"佳处"，但黄庭坚认为这样恰会破坏艺术的本体——韵：

> 虽有佳处，而行布无韵，此画之沉疴也。（《题明皇真妃图》）

其次是平淡。在前面一节我们谈到梅欧苏的平淡观时，已经知道平淡美最大的审美特征就是"含不尽之意见于言外"以及"外枯中膏"之美。黄庭坚评李龙眠的画时说，"韵"者即有余不尽。范温在《潜溪诗眼》中也说："有余意之谓韵。"山谷评诗："盖诗之言近而旨远者，乃得诗之妙。"（《论作诗文》）又说："端知尝橄榄，苦过味方永。"（《次韵子由绩溪病起被召寄王定国》）因此，平淡应该也是韵基本的内在规定性。

首先我们看"有余意之谓韵"。有余意，体现了一种含蓄美，是一种隐而不显的特征。他在《题摹燕郭尚父图》云：

> 凡书画当观韵。往时，李伯时为余作李广夺胡儿马，挟儿南驰，取胡儿弓，引满以拟追骑，观箭锋所直，发之。人马皆应弦也。伯时笑曰："使俗子为之，当作中箭追骑矣。"余因此深悟画格，此与文章同一关纽。但难得人入神会耳。

很显然，这种有余意之含蓄美，黄庭坚是从画格悟来。"箭锋所直"，所体现的是通过一个动作过程中最为蓄势待发的那一刻去暗示接下来的动作，从而给欣赏者营造出丰富的想象空间。让识者体悟"余意"之深远。反之，则限制了想象的展开，画必俗。山谷评画，最重画外之意，"风斜兼雨重，意出笔墨外"（《谢子舟为予作风雨竹》）。德国美学家莱辛在《拉奥孔》一书中曾说道："艺术家的作品只能选用某一顷刻，特别是画家还只能从某一角度来运用这一顷刻。"因为"艺术家的作品之所以被创作出来,并不是让人一看了事,还要让人玩索,而且长期地反复玩索","所以,就要选择最富有孕育性的那一刻"。朱光潜解释"最富有孕育性的那一刻"为"最富有暗示性的"①。李伯时此画,在黄庭坚看来就是这种富有暗示性的韵,其实也就是一种象外之象、景外之景,是平淡美的应有内涵。

山谷的学生范温曾对此平淡之韵有过总结:

> 必也备众善而自韬晦,行于简易闲澹之中,而有深远无穷之味,观于世俗,若出寻常。(《潜溪诗眼》)

黄庭坚早年作诗追求一种求新求奇的意象,晚年越来越体认到平淡的价值。他去戎州时曾说:"语气平而意深,理盛其文,不加藻饰意。"他还这样评价杜甫的诗歌:

> 熟观杜子美夔州后古律诗,便得句法简易,而大巧出焉。平淡而山高水深,似欲不可企及。(《与王观复书》)

"平淡而山高水深",强调的是一种艺术的辩证法,这与苏轼所提出来的绚烂至极归于平淡说,以及"外枯中膏"说,并未有太多的进步。但那在简易、枯澹的外表下所反映出来的"山高水深""中膏",实际上是诗人艺术家丰富而又深刻的人生体验与宇宙至理的呈现。这种看似平淡,实则对丰富多彩精神内核的强调,正是黄庭坚所倡导的"韵"的精神实质。也就是说,韵作为一种审美理想范畴,它的价值就在于摆脱了外在形式的限制,而引人深入到了存在的时空境遇之中。

再次是脱俗。虽然,范温对于"不俗之谓韵"的说法表示否定,并指出"不俗之去韵也远矣"。但此并非否定韵的"不俗"品格。韵是一个内涵丰富的审美范畴,仅仅不俗确实难以称作韵。但反过来可以说,韵一定是不俗。

黄庭坚论韵常以俗与之相对,在其审美追求中,常常对"俗"之品格深恶痛疾。正如刘熙载指出的:"山谷论书,最重一韵字。盖俗气未脱

---

① 朱光潜:《西方美学史》,第 303 页,北京:人民文学出版社,2002 年。

者,皆不足以言韵。"(《艺概》卷五)比如,黄庭坚论苏轼书时说:

> 东坡简札,字形温润,无一点俗气。今世号称能书者数家,虽规
> 模古人,自有长处。至于天然自工,笔圆而韵胜,所谓兼四子之有以
> 易之,不与也。(《题东坡字后》)

在论王著书法时说:

> 《乐毅论》,旧石刻断轶其半者,字瘦劲无俗气。后有人复刻此
> 断石文,摹传失真多矣。完书者,是国初翰林侍书王著写。用笔圆
> 熟,亦不易得。如富贵人家子,非无福气,但病在韵耳。(《跋翟公巽
> 所藏石刻》)

两相对照,东坡的字"笔圆",却"无一点俗气";而王著"用笔圆熟",却并
没有"脱俗",因而"病在韵"。在黄庭坚看来,瘦劲的风格容易脱俗,是一
种强健生命力的体现,圆熟之风格则气格卑弱。然而苏轼之所以笔圆而
韵胜,在于其能"天然自工"。所以,我们可以判断,自然个性是脱俗的最
基本要求。

黄庭坚一方面认为学习古人是脱俗的重要途径,比如他说:

> 诚有意书字,当远法王氏父子,近法颜杨,乃能超俗出群。正使
> 未能造微入妙,已不为俗书,如苏才翁兄弟、王荆公是也。(《答王云
> 子飞》)

但学习古人很容易泥古不化,被古人所束缚,同样会落入"俗套"。因此,
黄庭坚又十分重视在学习古人的同时要形成自己独特的艺术风格,也就
是保持一种艺术的个性:

> 《兰亭》虽是真行书之宗,然不必一笔一画以为准。譬如周公孔
> 子不能无小过,过而不害其聪明睿圣,所以为圣人。不善学者,即圣
> 人之过处而学之,故蔽于一曲,今世学《兰亭》者多此。鲁之闭门者
> 曰:"吾将以吾之不可,学柳下惠之可。"可以学书矣。(《跋〈兰亭〉二
> 则》之一)

> 晁美叔尝背议予书"唯有韵耳"。至于右军,波戈点画一笔无也。有附予者传若言于陈留。予笑之曰:"若美叔书即与右军合者,优孟抵掌谈说,乃是孙叔敖耶?"(《论作字》)

> 今时学《兰亭》者,不师其笔意便作行势,正如美西子捧心而不自癫其丑也。(《评书》)

黄庭坚主张"随人作计终后人,自成一家始逼真",学习古人贵在以古人之长处补自己之不足,贵在学习古人之精神,而非东施效颦之谓。例如他论书时常说:

> 笔势往来如用铁丝纠缠,诚得古人用笔意。(《跋翟公巽所藏石刻》)

> 然学书之法乃不然。但观古人行笔意耳。(《跋为王圣予作字》)

"不俗"不仅意味着一种高品位的艺术境界,更是一种艺术人格的体现。而且不俗之人格决定了不俗之艺术:

> 余尝言,士大夫可以百为,唯不可俗,俗便不可医也。或问不俗之状,老夫曰难言也。视其平居,无以异于常人,临大节而不可夺,此不俗人也。平居终日,如舍瓦石,临事一筹不画,此俗人也。(《书缯卷后》)

"临大节而不可夺也"是指一种坚贞的操守与高尚的气节,黄庭坚曾以此论苏轼。因此,他评价苏轼的词为"语意高妙,似非吃烟火食人语"。俗的另一面,就是"旨远""高胜""高妙""雅丽精绝""奔轶绝尘",总之是一种高远生动的人生境界与艺术品位。

既然免俗、脱俗是韵的先决条件,那么如何才能做到不俗呢? 那就是要靠"学养"。韵的形成,并非空穴来风,也不是不可言说的神秘主义。黄庭坚从来都不是一个天才艺术论者,此与苏轼论艺术颇为不同。黄庭坚认为一种很高艺术境界的形成,得益于饱读诗书,也得益于艺术的"法度"。

在赞赏苏轼之诗文"语意高妙"时,他认为这种高水平的艺术作品是苏轼勤奋读书、胸藏万卷的结果:"非胸中有万卷书,笔下无一点尘俗气,孰能至此?"(《跋东坡乐府》)这种学养的丰富与充实,也可以使笔下免俗:"景文胸中有万卷书,笔下无一点尘俗气。"(《书刘景文诗后》)

黄庭坚把饱读诗书与诗文书画艺术的关系比作根深叶茂的关系:

> 但须勤读书,令精博,极养心,使纯静,根本若深,不患枝叶不茂也。(《与济川侄》)

可见在他看来,胸藏万卷书可令人超凡脱俗,这是艺术家创作之根本,由此才可以产生有韵不俗之艺术。而勤读书则是一种达到不俗之韵的途径。

总的来看,黄庭坚的艺术审美逻辑是这样的:勤读书可以提升一个人的人生境界,由此可以不随世碌碌,临大节不可夺。此人生境界落实到艺术创作中,则自有高韵。然而,有韵之人是否一定能创作出韵胜之作呢? 黄庭坚也表示出谨慎的态度。他认为这其间还须有一定的"法度"。黄庭坚在《与王观复书》中认为王观复的诗"气格已超俗,但未能从容中玉佩之音,左准绳,右规矩耳",因此读起来没有韵味。他还说"百工之技亦无有不法而成者"。他的"点铁成金""夺胎换骨"的诗学理论,无疑也是作为一种"法度"而去成就诗歌艺术之韵的。

3. 范温的韵论及美学内涵

黄庭坚的韵论思想奠定了韵范畴在宋代艺术美学中的地位。虽然他关于韵的思想都散见于其对诗歌、绘画、书法等各类艺术形式的评论,并没有对韵进行集中的专门阐释,但他以韵论艺的做法还是深刻地影响了后来的学者。范温即是其中最为突出引人注意的一位。

范温(生卒年不详),大概是北宋末南宋初人,北宋名臣范祖禹之子,自称秦观婿,曾跟随黄庭坚学诗,受黄庭坚影响很深。他的诗论著作《潜溪诗眼》本已亡佚,据今人郭绍虞、罗根泽辑其轶文,编入《宋诗话辑轶》。钱锺书是新中国成立以来首先认识到《潜溪诗眼》韵论的价值并进行研究的学者。钱先生在对韵的流变史进行研究的基础上，提出："吾国首拈'韵'以通论书画诗文者，北宋范温其人也……因书画之韵推及诗文之韵，洋洋千数百言，匪特为'神韵'说之弘纲要领，亦且为由画韵及诗韵之转捩进阶。"①不知钱先生是以何据推知范温为首先以"韵"通论书画诗文者。就前文看来，最迟至黄庭坚，"韵"便作为了艺术众多门类的最高理想。但无可否认的是，范温以"洋洋千数百言"专门讨论了韵这一范畴，且内容包罗宏富，对有关韵的内在本质、外在特征及其发展演变等都做了突出的论述。其在韵范畴发展史上的重要地位是不容置疑的。

首先，范温认为韵乃一种审美理想。"韵者，美之极"（《潜溪诗眼》，以下引范温文字皆出于此书，不再标注）。美的极致是韵。同时范温认为韵也可以作为评价美的标准，"凡事既尽其美，必有其韵，韵苟不胜，亦亡其美"。无韵之作，其审美的层次也必然会下降。作为审美的理想，韵是"夫立一言于千载之下，考诸载籍而不缪，出于百善而不愧，发明古人郁塞之长，度越世间闻见之陋，其为有〔? 能〕包括众妙、经纬万善者矣"。范温对韵的推崇可谓是无以复加了。作为审美标准，范温以此评价了古往今来不同艺术品格成就之高低，如以韵为标准，诗词文章中论语、六经、左丘明、司马迁、班固、陶渊明、苏东坡等的诗文皆为韵胜之作，故堪称一流，而其他诸大家之所以落为第二等，都是乏韵的缘故；而书法中，二王、颜真卿、苏轼、黄庭坚的作品也都体现出韵胜的特点，而米元章、苏子美皆由于乏韵落为二等。在这里，韵作为审美理想也成了评判诗文书画的审美标准。

那么韵范畴的内在规定性是什么？范温对此有着清晰的说明。他首先对仅以"不俗""潇洒""生动"规定为韵进行了否定，原因仅仅是这几种性质都可以算作是韵范畴的"一长"，也就是其中一种性质，但仅此一长，不够称作韵。范温认为韵就是"有余意"。而有余意可谓内涵丰富，

① 钱锺书：《管锥编》第四册，第1361页。

并不像王定观所理解的那样是"余音复来",或谓"声外之音"。在范温看来,"有余意"有两层含义,一是"有余"意味着"包括众妙,经纬万善"。他以文章举例:

> 且以文章言之,有巧丽,有雄伟,有奇,有巧,有典,有富,有深,有稳,有清,有古。有此一者,则可以立于世而成名矣;然而一不备焉,不足以为韵,众善皆备而露才用长,亦不足以为韵。

"有余"即要"众善皆备",但并非"露才用长"。所以,他又接着说道:

> 必也备众善而自韬晦,行于简易闲澹之中,而有深远无穷之味,观于世俗,若出寻常。

当然,要做到这层意义上的有余,既要全面周到,又要有节有度,还要有意义的深度,常人若想做到众善皆备已经很不易了,在此基础上达到韵,则甚为难得。也许这仅仅是一种理想化的审美风格。另外一层意义的"有余意"则相对具有普遍的意义:

> 其次一长有余,亦足以为韵;故巧丽者发之于平澹,奇伟有余者行之于简易,如此之类是也。

这种"有余"不求备善,而是仅就一种单独的审美风格而言。某一种审美风格如"巧丽""奇伟"要做到"有余"就必须有其辩证的一面,即"巧丽者发之于平澹,奇伟有余者行之于简易",这就可以称得上是有韵。假若徒有巧丽、奇伟而无有其余(即相对应的"平澹""简易"),则不能称之为有韵。对大多数人而言这都有普遍的指导意义。

然而无论哪一种风格发为有余而成韵致,都会表现出"平淡""自然"的审美内涵,范温的这种观点很显然是吸收了欧苏黄梅等人的审美思想。而其在将平淡自然的审美风格融入韵的审美理想中时,特别指出,韵的获得不在能力技巧之高低,而在于能否"悟入":

> 至于山谷书,气骨法度皆有可议,惟偏得兰亭之韵。或曰:"子前所论韵,皆生于有余,今不足而韵,又有说乎?"盖古人之学,各有

所得,如禅宗之悟入也。山谷之悟入在韵,故关(? 开)辟此妙,成一
家之学,宜乎取捷径而径造也。如释氏所谓一超直入如来地者,考
其戒、定、神通,容有未至,而知见高妙,自有超然神会,冥然吻合者
矣。是以识有余者,无往而不韵也。

对于有余之韵,贵在能识(知见高妙),然后能“悟”,其他如“气骨法度”等
可以“容有未至”。范温认为能够悟入有余之韵者,则无论是备众善于一
身,还是专于一长,都可以做到“无往而不韵”。这种以“悟”论艺术之创
作的观点与后来的严羽所谓“诗道在妙悟”的诗论有相似之处。

最后,范温将艺术领域里的审美理想范畴“韵”挪用到人生美学中
去,认为不独诗文艺术中存在“有余之韵”,在人生实践领域“有余之韵”
同样适用。他将其具体分为“圣有余之韵”“学有余之韵”“功业有余之
韵”“智策有余之韵”“器度有余之韵”,这些人生领域中的韵,虽各不相
同,但都表现出与艺术之韵的相同特质,即“平淡”与“自然”。可见,范温
韵论的一贯性。

由黄庭坚、范温所确立起来的“韵”范畴是北宋中后期艺术审美领域
收获的重要成果。它不仅明确规定了宋代美学不同于往代的独特气质,
同时也对元明清的艺术美学产生了深远的影响。宋代韵的审美理想不
同于唐代对于“境”的审美追求,它与宋代内向的文化心理转型有深刻的
关联。宋人的人生价值不是在马上取,而是在书斋、园林或闺房中取得。
借用李泽厚对苏轼的评论,宋代美学的审美触角已经由外在的政治、社
会领域延伸向了“对整个人生、世上的纷纷扰扰究竟有何目的和意义这
个根本问题的怀疑、厌倦和企求解脱与舍弃”[1]。这是北宋中后期以来韵
范畴得以形成的文化背景。后来明代的陆时庸、清代的王渔洋等人对韵
的审美理想追求都是在宋代韵论基础上得以发展起来的。

同时,我们也应注意,韵论的形成并非孤立,它与“平淡”“逸”“闲”等
审美范畴具有天然的承继关联。就平淡而言,范温的韵论强调“备众善

---

① 李泽厚:《美学三书》,第159—160页。

而自韬晦,行于简易闲澹之中,而有深远无穷之味,观于世俗,若出寻常",这种对韵的内涵规定与之前的梅尧臣、苏轼、黄庭坚等人的平淡观实有相通之处。而逸与韵之关联,《中国美学史大纲》也曾指出:"宋代美学中的'韵'的突出,和书画领域中对于'逸品'的推重,显然是有联系的……所谓'逸品'就是在书画艺术中表现艺术家本人的超脱世俗的生活态度和精神境界。这样的作品,它的审美意象应该有什么特点？就是要有'韵'。"[①]关于逸范畴的探讨将放到后面绘画美学部分。这里需要指出的是,逸与韵都是表现艺术家主体独特的内在精神、情性,但韵比逸的内涵要更为宽广,范温所谓"众美之极"正是看到了韵范畴综括众美而又意蕴深远无穷的特点。

最后,韵与闲之间也有着深刻的内在关联。范温指出,无论从哪种审美风格进入韵的艺术境界,都要表现出"行于简易闲澹之中",这其实就是对"有余之谓韵"的最为切实的理解。韵是宋代美学中重要的审美理想范畴,是平淡、自然、逸的综合体现。而宋代美学的这些诸多特征,包括韵范畴的最终确立,无不是于宋代繁盛的休闲享乐的文化之风有很大的关系。有学者指出:"宋代审美文化的勃兴,主要归因于宋代社会普遍形成的文化享乐氛围。宋代在军事上积贫积弱、屡遭挫折,遂由外向进取转为内防变乱……这林林总总的一切,在客观上导致了对道统理想'内圣外王'中'外王'部分的阉割,从而使人们的操作欲望,由唐代雄浑大气的金戈铁马转变到宋代绵软细腻的舞文弄墨之类的文化享乐上来。宋代词文、书法、绘画、园林、说话及舞蹈等文艺样式的兴盛,正是宋人逃避'外王'挫折,沉迷于文化享乐的结果。"[②]

从字义上,闲有"余暇"之意,既可指空间的空余,也多指时间的空余。由于宋代外向型的文化心理渐趋衰落,积极进取以图建功立业的人生模式,已经对宋代士人失去了吸引力。他们更乐意将自己称为"闲

① 叶朗:《中国美学史大纲》,第 313 页。
② 徐清泉:《文化享乐:宋代审美文化的社会动因》,《上海大学学报(社会科学版)》,1997
年第 5 期。

人"。他们往往在富裕的闲暇之中,积极投身文艺的创作。更以一种闲淡的心境造就了宋代艺术平淡、闲逸、韵胜的时代审美风格。

刘勰曾有"入兴贵闲"(《文心雕龙·物色》),"境玄思淡,而独得乎优闲"(《文心雕龙·隐秀》)之说。闲在宋人看来也是一种审美的心胸,是进行艺术创作的前提与心理基础。宋代苏轼说过:"心闲手自适。"由此进行艺术创作而至一种至高审美品格,它主要表现为一种平和淡远、超然脱俗的特征。今人钱锺书曾有所谓"优游痛快,各有神韵"①之说,就是指出了闲与韵之间的关联。

---

① 钱锺书:《谈艺录》,第 129 页,北京:三联书店,2001 年。

第四章 朱熹、陆九渊暨理学家的美学思想

　　理学的形成对宋代文化和学术产生了重大影响,美学领域也不例外。宋代美学注重理性探究、注重主体心胸、注重人格境界理论的形成,与理学有直接或间接的关系。理学不仅仅是纯粹的道德伦理学,它有着比纯伦理学更为广泛的外延,它是一种在特定时代形成而又跨时代的综合性、主导性社会思潮、理论形态和文化思维模式,包含着对自然、社会和人生各方面以及各种文化形态的思索与解释,因此其中也包含着对艺术与审美领域的见解,在理学的系统构架中除了自然哲学、人生哲学、宗教哲学、伦理哲学、教育哲学等外,也包含着艺术哲学和审美哲学。理学美学是宋代美学领域不可忽视的重要组成部分,也是中国传统美学发展中的重要环节。

　　宋代理学(包括心学)于美学贡献最大者,当推朱熹和陆九渊。他们的思想与北宋五子有密切关系。作为理学的奠基者,北宋五子直接谈论审美和艺术的言论不多,但他们的思想中有一些与美学相关。尤其是"圣贤气象"作为人格境界的崇尚,以及"寻乐顺化""学以至乐""尽心知命""穷神知化""变化气质"等涉及个体人格主体修养的命题,对宋代美学产生了重要的影响。周敦颐"主静"的修养功夫,对宋人的审美心胸有所影响,他主张的"立人极"的人格境界及其对"孔颜之乐"的追求,更是

开启了宋代崇尚"圣贤气象"的伦理美学风范。邵雍在主张"学际天人"的同时强调"学以致乐",以安乐逍遥为人生的基本旨趣,对宋代闲适的美学境界不无影响。而周敦颐的"文以载道",邵雍的"诗画""诗史"之论,均是宋代有影响的文艺观念。张载以"民胞物与""性帅天地"的天人境界和宇宙意识为时人敬重,为后人追奉,由此形成的"天人合一"的人格美学境界及"穷神知化""变化气质"的修养功夫,均有深远的影响。二程的主要贡献是直接标举"天理"的概念,完成性理本体的建构。二程虽然并称,但在美学上的影响不一,程颢"诚敬和乐""浑然与物同体"的境界,与美学更为接近,程颐则以"作文害道""玩物丧志"的极端言论,被后人诟病。

朱熹不但是宋代理学的集大成者,也可谓是中国传统文化的集大成者。朱熹的思想有不少与美学相关,并对后代美学产生影响。朱熹在"理本气具"的本体论基础上,对艺术哲学、山水美学、人格美学及审美教育等发表过有价值的思想。朱熹理学的核心不在自然哲学或宇宙本体论,而在人生哲学或人生本体论,自然哲学或宇宙本体论的探讨其目的仍在于为人生的合理生存、人生的伦理规范寻找宇宙本体论的依据;归根结底,仍是为了解决人生问题,尤其是人的精神生活问题,也就是人生境界问题。与此相应,朱熹理学美学的核心,不在于纯粹的艺术哲学或山水美学,而在于人格境界的创造,艺术哲学和山水美学的精神旨归仍是为理想人格的塑造提供有效的手段和途径,即审美教育。所以,朱熹理学美学的核心与旨归正在于通过培养人格美来实现社会的和谐,艺术美和山水美都是通过审美教育的途径而服务于这一最终目的。

陆象山在南宋与朱熹并峙,开启心学之路。其"本心"的本体性、直觉性、情感性及当下呈现性,与美学思维甚为接近,他的心学中包含着深刻的美学智慧,对后人也产生了深刻的影响,尤其是"发明本心"的工夫和"自得"超越的境界,既是道德的,又是通向审美的。道德境界,由于直觉情感的中介,在理学家那里有了审美的可能。

第一节　北宋五子的伦理美学

一、周敦颐与邵雍的美学思想

1. 周敦颐"主静,立人极"的美学观

周敦颐(1017—1073),字茂叔,湖南道县人。晚年在濂溪书堂讲学,世称"濂溪先生",其学又称为"濂学"。著有《太极图说》《通书》。周敦颐是宋代理学的奠基人,二程曾奉父命从之问学。朱熹《伊洛渊源录》称其"上届洙泗之统,下启河洛百世之传",将其尊之为"宋儒之首"。周敦颐在理学上的最大贡献是打通了宇宙论与伦理学,为人的道德伦理建立了宇宙论本体。故王夫之说:"宋自周子出而始发明圣道之所由,一出于太极阴阳人道生化之始终。"(《张子正蒙注·序论》)

《太极图说》以"无极"为宇宙的本源,"无极而太极",太极动而生阳,静而生阴,二气交感,化生万物。万物中"惟人也得其秀而最灵。形既生矣,五性感动而善恶分,万事出矣",这样就清晰地勾画了从无极到太极(一说"无极"为太极之本性,非太极之本源,太极即为本源。兹不展开)、到阴阳、到万物的化生过程,人则是万物之灵秀,人之贵者,正是缘于禀太极之道。《通书》云:"君子以道充为贵,身安为富,故常泰而无不足,而铢视轩冕,尘视金玉。"(《师友上》)儒家追求的正是这种体认天道、外万物而尊一心的人格精神,周敦颐则首次予这种人格追求以宇宙本体(太极)的依据。《太极图说》提出"圣人定之中正仁义而主静,立人极焉",是为周敦颐人学的总纲,其伦理美学思想也据此展开。

周敦颐为学的宗旨是"立人极",具体修养目标上,他提出"圣希天,贤希圣,士希贤"(《通书·志学》)。在这个有层次的境界中,"天"是理想的状态,终极的境界,"圣"是"贤"追求的目标,然而亘古以往可以称得上圣人的寥寥无几,即使被后人称道如此的颜渊也只能称为"大贤"或"亚

圣","贤"是普通学道习艺的士人可以学习的榜样。因此,周敦颐对贤的境界的描述最为具体可行,尤其是对被他称为"大贤""亚圣"的颜渊,更加津津乐道。在周敦颐的《通书》中,提到颜渊的有三处,其中《颜子》章说到:

> 颜子一箪食,一瓢饮,在陋巷,人不堪其忧,而不改其乐。夫富贵,人之所爱也,颜子不爱不求,而乐乎贫贱,独何心哉? 天地间有至贵至爱可求,而异乎彼者,见其大而忘其小焉尔。见其大则心泰,心泰则无不足,无不足则富贵贫贱处之一也。处之一则能化而齐,故颜子曰亚圣。

心泰而无不足,自然是一种极大的满足与快乐,"孔颜乐处"成为儒家道德审美境界的形象表述。宋代及后来的儒家士人经常与弟子探究"学颜子何所学""乐颜子何所乐"。程明道曾回忆说,"昔受学于周茂叔,每令寻仲尼、颜子乐处,所乐何事"(《遗书》卷二),又说,"某自再见茂叔后,吟风弄月以归,有'吾与点也'之意"(同上)。这表明作为理学开山祖的周敦颐已开始从心性本体和情感体验的合一角度提到具有审美因素的理想境界说,并引导后学反复体味这种精神境界。

颜子所学自然是道,这点无大疑义。但颜子所乐究竟是什么,对此有不同的回答。或以所乐为"理"、为"道",甚或为"贫",朱熹认为这样的解释过于肤浅,不够精切。他如是解释:"颜子胸中自有乐地,虽贫穷不足以累其心,不是将那不以贫窭累心底作乐。"又云:"颜子私欲克尽,故乐,却不是专乐个贫。""颜子见得既尽,行之又顺,便有乐底滋味。"(语类卷三一)也就是说,颜渊并不是因为贫穷而感到快乐,只是对待贫穷富贵都能"处之一","处之一则能化",无论身处富贵或贫贱,都能自乐其乐。朱熹这种解释,应该符合周敦颐的本意。在我们现在看来,"处之一""化而齐"的状态,已经去除了社会功利的考量,超脱了具体生存状态的束缚,因而"心泰而无不足","胸中自有乐地",进入到大而化之的道德审美状态。周敦颐本人就有这种"圣贤气象",被黄庭坚喻之为"人品甚高,胸中洒落,如光风霁月"(朱熹《周敦颐事状》)。

周敦颐有篇广为人知的哲理小品《爱莲说》,其全文是:

> 水陆草木之花,可爱者甚蕃。晋陶渊明爱菊。自李唐以来,世人甚爱牡丹。予独爱莲之出于淤泥而不染,濯清涟而不妖,中通外直,不蔓不枝,香远益清,亭亭净植,可远观而不可亵玩也焉。予谓:菊,花之隐逸者也;牡丹,花之富贵者也;莲,花之君子者也。噫!菊之爱,陶后鲜有闻;莲之爱,同予者何人?牡丹之爱,宜乎众矣。

本文可谓是周敦颐夫子自道,是其自身人格志趣和崇尚境界的形象写照。文中描写了三种不同的人格态度:隐逸者、富贵者、君子者,周敦颐对三者做了不同的评价。牡丹之富贵,固然为周敦颐所不屑;而菊之隐,"陶后鲜有闻",说明真隐之不易,这恰好表白了宋代士人包括周敦颐自身徘徊与仕隐之间的复杂心态。可见,道家的隐逸和世俗的富贵都不是他的人生理想,他最推崇的是"中通外直""亭亭净植""出淤泥而不染"的莲花般的君子境界,这也正是"富贵贫贱处之一"的儒家的人格境界。

如何进入"希圣""希天"的境界?周敦颐提出了"主静"的工夫。他在《太极图说》中为"主静"做注说"无欲故静",在《通书·圣学》中说:"无欲则静虚动直。静虚则名,明则通。"当然"无欲故静"首先是个道德修养的命题,人排斥了各种欲念,方能进入与天地合其德,与日月合其明的境界。但这种修养方式对于审美思维也具有重要的意义,审美的要义就在于排斥各种欲念或意念,进入到忘我、无欲的境地。苏轼所谓"欲令诗语妙,无厌空且静。静故了群动,空故纳万境"(《送参廖师》),应该说与"无欲故静"的思想相通。

周敦颐的伦理美学观,也是以"立人极"作为宗旨的,将艺术和审美作为"立人极"的手段。在《通书》中,涉及艺术和审美的思想主要表现在对"文辞"和"乐"的见解。

在中国古代美学史,周敦颐是最早明确提出"文以载道"说的,以下这段文字常为人们引用:

> 文所以载道也,轮辕饰而人勿用,徒饰也,况虚车乎? 文辞,艺
> 也;道德,实业。笃其实而艺者书之,美则爱,爱则传焉。……不知
> 务道德而第以文辞为能者,艺焉而已。(《通书·文辞》)

周敦颐主张的"文以载道"看起来似乎与古文家提倡的"文以明道"
"文以贯道"相似,实质上有着原则的分歧。古文家所谓"道"在内涵上驳
杂不齐,周敦颐的"道"则是明确的"太极"之道、性命之道、圣人之道;古
文家在"文道"关系上,重在强调文的充实内容,强调文质的协调,最终目
的还是为文,周敦颐的"文道"关系,则是要求文辞能有助于"圣人之道,
入乎耳,存乎心,蕴之为德行,行之为事业"(《通书·陋》)。周敦颐的文
道观总的倾向是偏重于道德的,所以在道德与文辞相比较的前提下,总
免不了露出重道轻文的态势,这对二程及后来理学家总体重道轻文的取
向产生了重要影响。但他能强调"文辞,艺也",并公然主张"别以文辞为
一事"(朱熹注),还是难能可贵。周敦颐轻文不废文,肯定了文辞能创造
美,美则更受人喜爱,因而则能流传,正如孔子所说"言之不文,行之不
远",同样肯定了文的独特的审美魅力。而且,周敦颐将专攻文辞的人被
称为"艺者",客观地肯定了"文辞"作为"艺"的专业特性。

乐论是周敦颐美学思想的重要组成部分,《通书》在第十三章通论礼
乐的基础上,自第十七章起,接连三章论乐。其《礼乐》章云:"礼,理也;
乐,和也……万物各得其理,然后和,故礼先而乐后。"在他看来,乐的本
质特征在于和,而其本体渊源在于理,事物各得其理就是和,和的表现就
是乐。因此,从本体上说,乐以礼为本。然而乐一经产生,则具有"入耳
感心""移风易俗"的特殊功能,可以"平心""宣化",使百姓万物在乐的感
化中和心达礼,终至"天地和""万物顺",因此,从功能上说,礼以乐为用。

《乐中》章云:

> 乐者,本乎政也。政善民安,则天下之心和。故圣人作乐,以宣
> 畅其和心,达于天地,天地之气感而太和焉。天地和则万物顺,故神
> 祇格,鸟兽驯。

《乐下》章云：

> 乐声淡则听心平，乐辞善则歌者慕，故风移而俗易矣。妖声艳辞之化亦然。

这里涉及音乐与自然、人情及政治等音乐美学上的重要问题。音乐之和，对应于天地气感之"太和"，来源于大自然的和谐及政善民安，反过来，作乐可以"宣八风之气，平天下之情"，乃至使"天地和""万物顺"，也就是说，音乐有助于自然气氛的调和，利于人类社会的和谐。音乐对于人情的作用在于"平心""平天下之情"，要做到这点，周敦颐提出音乐艺术的两个美学要求："淡"与"和"。他在《乐上》章说："故乐声淡而不伤，和而不淫。入其耳，感其心，莫不淡且和焉。"在周敦颐看来，"淡"与"和"互为条件，淡的目的是和，和的前提必须是淡。这是周敦颐"无欲主静"修养论的反映。[①] 朱熹曾说："《通书》论乐意，极可观，首尾有条理。只是淡与不淡，和与不和，前辈所见各异。"（语类卷九四）与前辈所见各异，恰恰是周敦颐音乐美学风格的创造。宋代美学普遍崇尚平淡之风，也许与周敦颐的影响不无关系。

2. 邵雍"安乐""观物"的美学观

邵雍（1011—1077），字尧夫，号安乐先生，河南辉县人。死后赐康节，后人称康节先生。著有《皇极经世》《伊川击壤集》等。道学家中他以《易》学和像数之学见长，对生命哲学有着独特的理解与体验。"学不际天人，不足以谓之学"和"学不至于乐，不可谓之学"（《观物外篇》），表达了邵雍独特的为学与为人旨趣。在宋儒中，邵雍是略显另类的人物。与一般人们印象中道学家的道貌岸然不同，他自号"安乐先生"，将自己的住宅命名为"安乐窝"，自称"已把乐作心事业，更把安作道枢机。"（《首尾吟》）"安乐窝中快活人，闲来四物幸相亲。"（《四长吟》）他诗酒居游，处处寻乐，乐天安命、悠游闲适，乃至形成了自己的"快乐哲学"，"乐"在邵雍

---

① 参梁绍辉《周敦颐评传》，第347页，南京：南京大学出版社，1994年。

的精神自我和美学思想中具有极为重要的意义。

邵雍曾如此自明心志:"予自壮岁业于儒术,谓人世之乐何尝有万之一二,而谓名教之乐固有万万焉,况观物之乐复有万万者焉。"(《伊川击壤集序》)这就是邵雍"乐"的三重境界,即"人世之乐""名教之乐"与"观物之乐"。

所谓"人世之乐"主要是一种顺从人的生物性与世俗需求带来的满足与愉悦,邵雍并不拒绝,而且逍遥体验。例如:(一)酒之乐。中国文人历来就将酒与诗奇妙地结合起来,使之成为他们自身的一种象征,一种人生追求。邵雍于此也不例外。"每逢花开与月圆,一般情态还何如。当此之际无诗酒,情与愿死不愿苏"。(《花月长吟》)邵雍的喝酒,正如他的为人处世,澹泊为怀,酒是微醉,诗是醇真,显出其儒道兼综的人格风范,将道家的坦夷旷达与儒家的中庸仁和合为一体的生命情趣真切地融进酒里,化入诗中。儒家的中和使他虽钟情于酒,但并不放浪于酒。其自称"纵然时饮酒,未肯学刘伶"(《知非吟》),并劝人"饮酒莫教成酩酊,赏花慎勿至离批"(《安乐窝中吟》)。道家的旷达与潇洒使其在酒中寻得了人生的真性情、真趣味。"安乐窝中酒一樽,非唯养气又颐真。"(《安乐窝中酒一樽》)在微醉状态中,人不再以认知的方式去看待外物,从而使外界事物的功利意象模糊朦胧,忘怀了人生的得失,进而进入了物与我浑化为一,人与自然合为一体的生命境界。(二)游之乐。邵雍与当时的达官显贵如司马光、富弼、吕公等都有深厚的交情,邵雍身上那种洒脱、乐观、豁达、逍遥的生命境界,常常使正处于失意状态的官宦好友得到精神慰藉。"春看洛城花,秋玩天津月;夏披嵩岑风,冬赏龙山雪。"(《闲适吟》)"雨后静观山意思,风前闲看月精神。"(《安乐窝中酒一樽》)邵雍就这样徜徉在这秋月春风中,涵泳着生命的快乐,将其快乐哲学和现实生活融为一体。邵雍提出了"会有四不赴,时有四不出"(《四事吟》)的交游原则,所谓四不出,就是在大热、大冷、大风、大雨的天气不出门;所谓四不赴,是指不参加公会、葬会、生会、醵会。可见,安乐窝中的邵雍不仅注重身体的保养,也注重性情的自适,乐得有自我,乐得有原则,不会为了迎合外在而放弃自我,能够做到听从心的召唤自适安乐。(三)诗之乐。诗集《击壤集序》开篇即自言"击壤集,伊川翁自乐之诗也。非唯自乐,又能乐时,与万物之自得也"。从先秦的"诗言志"、魏晋的"诗缘情",到邵雍的"诗自乐",中国的"快乐诗学"才真正形成。诗的本体意义,也从社会志向的表达,到人生情感的抒发,转向了人生乐境的生成。邵雍的诗之乐中,固然也有表达名教之乐的伦理诗,如《仁者吟》《君子与人交》《仁圣吟》《为善吟》《求信吟》等,但《伊川击壤集》收诗三千多首,大多数则是"只管说""人世之乐"的诗篇,主要抒写他乐天安命、优游闲适的生活情趣和境界。如《闲适吟》《逍遥吟》《欢喜吟》《安乐吟》《安乐窝中自讼吟》《懒起吟》《喜乐吟》《静乐吟》……一部《击壤集》就是其"为快活人"的闲适享乐生活的全幅写照。诗的境界是快乐的,作诗的功夫也不例外。其言:"平生无苦吟,书翰不求深"(《无苦吟》),"句会飘然得,诗因偶然成"(《闲吟》)。"苦吟"是"诗囚"所为,"飘然"则是性情所致。在邵雍笔下,人生所见所遇、所感所触,莫不妙然成使成诗,功夫与境界浑然一体。特别是在晚期《皇极经世》完成之后,更是无物不成理,无处不是诗,诗已经成为他生活的状态,生命的一部分。诗歌中之"乐"是邵雍人格审美境界的自然流露与表达,是其自觉于人间的"情累"纤芥无存而达到的与道合一之境界,是"乐天四时好,乐地百物备"(《乐乐吟》)的与物为一境界中的自得的快乐。从诗歌艺术的角度评价,邵雍也许并不是最优秀的诗人,但从生命哲学的意义上说,他却堪称诗意的乐者,真正做到了"诗意地栖居","以欣然之态做所爱之事"。

邵雍同样追求"名教之乐"。据《宋史·邵雍传》记载,"雍少时,自雄其才,慷慨欲树功名"。邵雍自小受到父亲邵古的学术与人格熏染,"于书无所不读,始为学,即艰苦刻历,寒不炉,暑不扇,夜不就席者数年"。邵雍在《代书寄友人》诗中曾回忆道:"当年有志高天下,尝读前书笑谢安。"自小就站在儒家的立场,坚持修身、齐家、治国、平天下的抱负,以潜心名教为乐,饱读群书,慨然有"为往圣继绝学"的志向。邵雍的成名作《皇极经世书》体大精深,邵伯温解释其"至大之谓皇,至中之谓极,至正之谓经,至变之谓世"(《皇极经世系述》)。然而,邵雍在"名教"中自有乐趣,与他的"学不际天人,不足以谓之学"(《观物外篇》)对应的是"学不至于乐,不可谓之学"(同上)。邵雍的读书生涯,是从为入仕而读书到为乐而读书,正如孔子言"知之者不如好之者,好之者不如乐之者"。

然而,"名教之乐"还是如冯友兰所说的耽于现实、未能彻底觉解的"功利境界"或"道德境界"[1],在邵雍乐的人生境界中还不是最终的追求,并没有让他感受到终极的快乐。在"观物之乐"中,邵雍才感受到了真正的天人一体的快乐,达到了人生的"天地境界"。"观物之乐"邵雍又把它称之为"天理真乐",是指一种以"勿我""勿必"的心态和目光,超脱一己的功利成见,以"天下之心"去观察万物之理,从而在达到与道合一的境界中所体验到的快乐。借用现象学的说法,是"让事物自己呈现",去除尘世的遮蔽,让世界真如地显现。当然,邵雍在那个时候不可能有这样的自觉意思,而且他的"以物观物",侧重点仍在解蔽他所谓的私意,以进入他追求的圣域。然而我们确实可以从中解读出类似的洞彻性意趣。

《观物篇》表达了邵雍对自然、人生的观照哲学,体现了其对整个世界的态度和觉解。其《内篇》云:"人之所以能灵于万物者,谓其目能收万物之色,耳能收万物之声,鼻能收万物之气,口能收万物之味。"然而人的耳目感官只能观万物之形,未能体察万物之情,所以"夫所以谓之观物者,非以目观之也,非观之以目而观之以心也";进而,有我之心容易被我的情感及偏见所迷惑,所以需要"非观之以心而观之以理也"。他的结论是:

> 以目观物,见物之形;以心观物,见物之情;以理观物,见物之性。

就观照的对象而言,有"形""情""性"的层次,就观照的主体而言,有"目""心""理"的层次;照物不能仅观照其外在之形,也不能仅着眼其实

---

[1] 参冯友兰《贞元六书》之《新原人·境界》,华东师范大学出版社,1996年。

用之情，而是要透入其本然、本质之性。感官（目）和一般的心智（心）只能把握事物的外部形状和实用功能，无法把握事物的本性和本然状态。所以，邵雍提出"不以物观物"，而要"以物观物"。其《外篇》云：

> 以物观物，性也；以我观物，情也。性公而明，情偏而暗。
>
> 不我物则能物物，圣人利物而无我；任我则情，情则蔽，蔽则昏矣。因物则性，性则神，神则明矣。

"以物观物"就是要让事物按其本来面貌呈现，不要以我"预设"的好恶偏见渗透在对待事物的态度中，排斥一己的私念和情感，以一种清朗的性境观照外物，所谓"虽生死荣辱转战于前，曾未入与胸中"，如此才能"心一而不分，则能应万物"。这其实也就是要彻底地以儒家"诚"（不诚无物）的态度和道家"虚静"的方式对观照事物，如此方能得到与物为一、天人合一的"观物之乐"，"既能以物观物，又安有我于其间哉！是知我亦人也，人亦我也，我与人皆物也"。因而，邵雍的"观物之乐"是通过人的性理直觉"穷理、尽性、至命"之后排除人的主体障蔽而达到与物合一的境界，这是一种在穷尽物理、窥尽天机后获得的一种游刃有余、无往而不适的主客合一、万物一体的乐境。这种"以物观物"的见解，撇去其道学的偏见，在美学上可以给人许多启发。审美观照很大程度上正需要"以物观物"的态度，让日常的理智和功利性的知见"垂直中断"或"悬置"，让观照对象在审美的视角中一如其然地呈现。

看似矛盾的地方是，邵雍既然提倡"以物观物""情累都忘"，为什么自己还要写那么多"安乐"逍遥诗，并尽享"人世之乐"呢？

首先，"人世之乐"并非邵雍的至乐，他无非是顺其本性逍遥自适。他虽然顺同"人世之乐"，然而要求以"观物之乐"的心态去对待"人世之乐"，因此喝酒顺其自然，交游只在"静观""闲看"，作诗不求"苦吟"而要"自得"，为学不求刻意，只在"适意""至于乐"。这其实就是一种"以物观物""情累都忘"的人生态度，追求的还是"观物之乐"。

其次，诗为何要作？邵雍在《伊川击壤集序》中开篇明志："非惟自

145

乐,又能乐时与万物之自得也。"又云:

> 所未忘者,独有诗在焉。然而虽曰未忘,其实亦若忘之矣。何者? 谓其所作异乎人之所作也。所作不限声律,不沿爱恶,不立固必,不希名誉。如鉴之应形,如钟之应声……虽曰吟咏性情,曾何累于性情哉!

这样在他的观物哲学里,就把作诗与"观物"的矛盾化解了。写诗无非是"因闲观时,因静照物"的自然抒发,不去刻意,也不必刻意,既没有刻意的创作目的,也不讲究刻意的创作格律,体现的还是"以物观物""情累都忘"的人生态度,并从适性自然的道学家立场追求"平淡自然"诗歌趣味。

值得注意的是,他肯定的是闲适平静、本性合理之情,这与一般文学艺术家"身之休戚,发于喜怒;时之否泰,出于爱恶"的普通情感是有区别的,对后者他甚至是反对的,认为这都是缘于"溺于情好",乃至强调"情之溺人也甚于水"。这样,实际上排斥了诗歌表达喜怒悲乐的普通情感的功能。他提出诗歌"虽曰吟咏情性,曾何累与性情哉",其所谓"情"是无喜怒哀乐之情,实质是道德性命之"性",这样实质上就以理学的"明心见性"代替了文学的言志抒情。诗歌的作用也大抵限于"因闲观时,因静照物"。从美学上说,提倡审美观照的"无我",强调不受主体先入之见或爱恶偏向的影响,这并没有错,从庄子的"坐忘"到苏轼的"身与竹化"的见解都与此相似。邵雍的偏执在于排斥了其中的自然情感体验及其抒发。

宋人"以议论为诗",以致形成大量的语录体诗,邵雍可谓在道学家的层面开启先河。不过,在《伊川击壤集》中,邵雍通过"以议论为诗"的方式,表达了许多艺术和美学的见解。

在《论诗吟》《读古诗》《观诗吟》《谈诗吟》等诗篇中,他较为集中地表达了诗歌美学思想,如论诗的性质和社会功能:"诗者言其志""无《雅》岂明王教化,有《风》方识国兴衰",这仍是儒家传统的诗学观念,不过他的

"志"已是较为超越闲适的道学家志趣；论诗的创作风格："兴来如宿构，未始用雕镌"，推崇自然清新的诗风；诗歌的欣赏态度："闲读古人句，因看古人意"，读诗如作诗一样，也要抱悠闲的态度，而且要设身处地，自得古人之意。在《史画吟》《史诗吟》和《诗画吟》等诗篇中，可谓在中国美学史上较早地涉及了门类艺术的比较，阐述了史、诗、画各自特殊的美学功能。《史画吟》认为"史笔善记事，画笔善状物"，这已经初步揭示了语言艺术和造型艺术的区别：历史记述等语言艺术是时间性的，以记事之变迁为主，绘画等造型艺术是表现空间的，因此以描绘事物形状为特点。至于"诗史"（记事述理类）和"诗画"（状物抒情类）的区别："诗史善记事，长于造其真"（《史诗吟》），"诗画善状物，长于运丹诚"（《诗画吟》），一在求真记事，一在抒情状物，这其实又初步揭示了叙事诗和抒情诗的区别。邵雍还强调"体用自此分，鬼神无敢异"，这在中国艺术体裁学上，具有开拓性的意义，实在难能可贵。

宋代艺术发展的一个重要特征是各类艺术的成熟，乃至互相交融，如苏轼就提出"诗中有画、画中有诗"，在美学上对不同艺术样式的认识也开始自觉，邵雍在这些诗中表达的史、诗、画的美学特征的比较，正反映了这种进展，对后代也产生了一定影响。

二、张载的气本论美学思想

张载（1020—1077），字子厚，因久居陕西横渠讲学，学者多称他为横渠先生，其学又称为"关学"。他在理学上的最重要贡献是在"太虚即气"的立场上建立了儒家本体哲学，在人性论上首次明确"天地之性"与"气质之性"，主张通过"穷理尽心"来"变化气质"，实现"天人合一"，达到"民胞物与"的宇宙人生境界。

张载作为一个潜心于性命义理之学、专志考究天人之际的理学家，他直接表述的美学和艺术见解并不多见，但他的哲学思想中包含着深刻的美学意蕴，而且对当时及后代的美学思想产生了深远的影响。

1. 张载的自然哲学与美学本体论

在张载哲学本体论中，直接具有美学本体论意义的是"凡象皆气"这个命题。美的最基本载体是形象，是一种"气聚则离明得施而有形"的状态。"凡象皆气"告诉我们，美不是在虚无中或心念中凭空产生的，而是有"气"这个本体性基础的；美的本体既不是空虚的"无"或观念性的意识存在，也不是某种具体的、实体性的物质存在（"客形"），而是一种既具有形象性又非某一具体形象、既属物物性存在又非属某一具体物质的"气"及其微妙的表现。

然而，"气"并不直接等同于审美客体，在张载哲学里最富有美学本体论和生成论意味的是"神"与"神化"的概念。根据他的逻辑体系，"气"创化为美，需要经过"神化"的中介。"神"是气之精华，又是气之微妙能动的作用，它是太虚产生万物的功能，宇宙运行推移，事物发展变化的根本动力："惟神为能变化，以其一天下之动也"（《横渠易说·系辞上》），"神则主乎动，故天下之动，皆神为之也"（同上）。"神"是无所不在的，"无远近幽深，利用出入，神之充塞无间也"（《正蒙·太和篇》）；"神"又是微妙不测的，"神者，太虚妙应之用"（同上），"天之不测谓神"（《正蒙·天道篇》）。"化"则是"神"作用下的微妙变化。"神化者，天之良能"（《正蒙·神化篇》），它具有"天性"而不等同于"天性"，是"气之天性"的能动表现。"天性"内涵的能动本性还是"气"的潜在本能，而"神化"则是"太虚之气"潜在本能在气化万物过程的奇妙应用（"妙万物而谓之神"），其显著特点是：神而"不测"，化而"难知"，"鼓舞万物"，"虚明照鉴"，"无心之数，非有心所及也"。作为气化的精妙形式，"神化"及其显现正具备审美本体和现象所体现的微妙变幻，不可捉摸，且能予人以感染鼓舞；不着一字，尽得风流，无心领会而又意味无穷的特点与品格，因此，"神化"之"神"可谓是美之直接本体，"神化"过程（无论是自然的造化，还是艺术的创造）正是美之现实发生。

"神"本来是无方无体、无形无迹的，如何显现为"象"？这就要借助语言或物质的媒介，张载说："形而上者，得辞斯得象矣。"（《正蒙·神化篇》)王夫之这样解释:"神化,形而上者也,迹不显;而由辞以想其象,则得其实。"(《张子正蒙注·神化篇》)这里的"辞"就其狭义而言是解《易》之辞,就其广义言则可包括一切语言形式乃至具体物质材料;从美学的角度来看,它不但揭示了最广义的审美对象的形成,是由"气"的微妙能动变化通过语言形式或其他的物质形式显现为可以由耳目聪明感知的"形"和"象",更说明了最典型的审美对象——艺术的最终本源及其具体形成。在中国封建社会里,礼乐是主要的审美活动和审美对象之一,也是艺术的主要表现之一,张载指出:"不闻性与天道而能制礼乐者,未矣!"(《正蒙·神化篇》)这就指出了礼乐的本体是"性与天道",在张载哲学范畴里,"性"乃"气"之天性,"道"是"气"的妙用,"道即气化",因此礼乐的本体及其发生乃是"气"之本然及运行。王夫之解释说:"礼乐所自生,一顺乎阴阳不容已之序而导其和,得其精意于进反屈伸之间而显著无声无息之中,和于形声,乃以立万事之节而动人心之豫。不知而作者,玉帛钟鼓而已。"(《张子正蒙注·神化篇》)这种解释是符合张载原意的,说明"气"乃礼乐之本,礼乐本气而生。

张载哲学本体论中所包含的审美客体论思想对宋代以来的美学尤其是宋明理学的美学思想产生了深远的影响。如朱熹从理本论的角度吸取了张载的本体论思路,建立了以"道"("理")为本体的美学本体论,而他的审美对象发生论则也受张载的"气化"说影响;陆象山及后来的王阳明从心本论的角度吸取了张载的本体论思路,建立了以"心"为本体的美学本体论;明清之际的王夫之则继承了张载的本体论思路,建立了以"气"为本体的美学本体论。从统一性和终极性的角度建构美学本体论,这在中国古典美学发展史上是种重大的理论深化,张载在这方面起了很大的作用。

2. 张载的人生哲学与审美主体论

中国古代哲学总体上有这么一个特征,就是研究自然哲学、构建宇宙本体论的最终目的往往乃在于确立"天人合一"、"极高明而道中庸"的人生哲学,张载人生哲学更是如此。诚如陈俊民指出:

谈"天"论"气",穷究"本体",绝非张载的根本用意。张载同周、程、朱诸子大旨相同:推本于天道,而实之以心性,是要为后期封建社会精心制作一种'心性义理'之学,用以调节现实社会与个人理想之间的矛盾,以达到如《西铭》《诚明》所标帜的那种所谓"极高明而道中庸"的最高精神境界——"孔颜乐处"。这才是张载关学主题乃至整个宋明理学主题之真谛。①

这也是张载理学思想的美学内涵,乃至整个宋明理学的审美哲学的基本旨趣。张载在人生哲学上的建树,突出地表现在提出了"天人一气""性帅天地"的社会主体论和"民胞物与""乐天安土"的人生境界论,以及"穷神知化""穷理尽心"的道德认识论和修养论,在这些人生哲学观念中,也包含着丰富而深刻的审美主体论思想。

在作为张载理学逻辑起点的《易说》中,他努力论证了"性与天道合一"的主题,得出"天道即性"的结论。到作为张载理学理想论的《西铭》则进而提出了"性帅天地"的观点:"天地之塞吾其体,天地之帅吾其性。"这就将"天人合一"的观念及人的社会主体性提到了空前的哲学高度。它表明人不但从本体上说是与天地同体的,而且从性质上说是天地间的主导和主体,从而极大地高扬了人的社会主体性。这也就为审美主体意识的形成与自觉作了哲学的先导,启发后人从主体能动性的角度把握审美主客体关系。与人的社会主体性空前的高扬相应的是人生的理想境界空前的宏大。"民胞物与""与天为一"的人生观念将人格理想从人间大同的道德境界上升到了与天地浑然一体的超道德的"宇宙意识"和"宇宙境界",从而赋予人更高、更超越的人格自由与意志自由,并由此包含着导向审美自由的契机。因此,张载所推崇的这种人格理想和人生境界既是道德的,又是超道德的;既是有所规范的,又是顺其自然的;它正在某种角度与审美境界相通,是以审美心胸和审美态度,或者说类似审美的心胸和态度作为这种理想的人生境界的必要内在品格与外在标志。

---

① 陈俊民:《张载哲学思想及其关学学派》,第 77 页,北京:人民出版社,1986 年。

　　例如,这种人生境界首先要求"无物我之私""无意、必、固、我之凿"(《正蒙·中正篇》),"虚明""澄静"为胸,宽平"弘大"为怀,"心之要只是欲平旷,熟后无心如天,简易不已"(《经学理窟·气质》),"惟是心弘放得如天地易简,易简然后能应物皆平正"(《经学理窟·学大原下》),"心既弘大则自然舒泰而乐也"(《经学理窟·气质》)。这种人生境界实际上便包含着审美心胸。再如,这种人生境界要求人们在待物处世时,一方面尽心尽性,奋发有为;另一方面则随遇而安,知命乐天。当进则进,当退则退,"当生则生,当死则死""存,吾顺事;没,吾宁也"(《西铭》)。不为物役,不为己忧,保持一种"自然舒泰""乐且不忧"的人生态度。这种人生境界其实也包含着审美态度。从张载这种把审美心胸和审美态度,或者说类似审美的心胸和态度作为内在要素的人生境界理论里,我们不难透视张载对审美心胸和审美态度的见解。

　　根据张载的人生哲学,这种理想的人生境界既是极崇高的,又是极普通的,是人人在日常合理生存中都可能达到的,因为它正是天地自然精神的自由体现,它"易简"而"至善","极高明而道中庸"。人们只要"尽心"于日常生活中的认识与修养,"合体与用","近譬诸身,推以及人",就可能"大达于天","达顺而乐亦至焉"(《正蒙·至当篇》)。在个体的合理生存中体悟到天道之本然,在日常的语默动静中获得人格之自由,在人生的道德实践中获得审美快感。这样便把至高的天道落实到普通的人生,给每位个体都提供了进入这种生理想境界的可能。

　　在张载的人生哲学中,与人生境界论密切相应的是道德认识论和修养论。在他看来,要将理想与可能化为现实,达到"与天为一"的最高的人生境界,需要通过"大心""尽心"的途径,进行"穷神知化""穷理尽心"的认识和修养。这种过于夸张主观内省作用的认识论在哲学上或有神秘主义的色彩,然而在美学上却歪打正着地涉及了审美认识的一些特殊规律,从而在审美主体论方面给我们许多启发。例如,张载将主体的认识能力与其道德心理状态紧密结合起来,认为主体首先需要保持"虚明""澄静"的状态。"成心忘,然后可与进于道。"(《正蒙·大心篇》)所谓"成心"就是"意、必、固、我"等主观杂念习俗,"成心"不化就可能"徇象丧心",而"成心"去尽,内心"虚明澄静",认识对象就"无所隐",审美认识更是如此。"虚明澄静"是必要的审美心理准备,若沉湎于外在声色,或拘囿于内心成见,都无法深入体察领悟美之奥秘。再如,张载在认识中十分强调直觉的作用,认为"虚明照鉴,神之明"(《正蒙·神化篇》),所谓"照鉴"即"不假审察而自知之谓"(同上),也就是直觉,有些认识对象"虚而善应,其应非思虑聪明可求",因此需要凭直觉来把握领悟。审美对象往往正是一些神秘莫测、微妙虚灵的现象,更难以仅凭一般的感性或理性认识所把握,往往需要更为微妙而深层的直觉,因此,"虚明照鉴""存神过化"正是一种绝妙的审美观照和审美认识方法,"无我然后得正己之尽,存神然后妙应物之感"(同上),这既适用于道德认识和道德修养,也适用于审美认识与审美修养。

张载对"天人合一""孔颜乐处"的人生境界和审美理想的追求,对知命乐天、大心无我的人生态度和审美态度的提倡,对"虚明照鉴""知合内外"的主体直觉及审美直觉的强调,以及对"民胞物与""性帅天地"的社会和审美主体精神的高扬,在宋代乃至后代产生了很大的影响。

3. 张载的教育哲学与审美功能论

张载的理学宗旨以气为本,以礼为教,在宋代理学中以注重躬行为其突出特色,他的学说中所包含的美学思想也带有这种特色,特别注重与强调审美方式与审美活动在修身养性、培养理想人格方面的实践意义。他的教育哲学是沟通其自然哲学与人生哲学的中间环节,"天理"在"人性"中的落实,"天人合一"境界的到达,都离不开教育的功夫,而富于情感色彩的审美教育则在其中有着特殊的功用。

张载教育哲学的要点是"学以变化气质"(《张子语录》中),通过教育扬弃"气质之性"而恢复"天地之性"。张载把人性分为"天地之性"与"气质之性",前者是人人都先天具有的至善至明的本性,故"于人无不善",后者则是人在实际生存中因气禀不同而具有的善恶昏明相间的"气质","形而后有气质之性"。"天地之性"是人的潜在本性,"气质之性"则是人的实存状态。"气质"是可以变化的,"善反之则天地之性存焉"(《正蒙·诚明篇》),人们只要"尽心"地学习与修养,就可能恢复、保存或发扬至善至明的"天地之性"。在教育的途径与手段中,具有情感色彩的"礼乐"操练陶冶有其特殊的功能。

儒家历来重视诗书礼乐的伦理教化功能和审美教育功能,作为理学家的张载则将这种伦理与审美的功能进一步强化与融合,并为之寻找本体论的根据。他不赞成传统儒学"专以礼出于人"的观点,而认为"礼本天之自然""礼即天地之德也",因为"天之生物便有尊卑大小之象,人顺之而已,此所以为礼也"(《经学理窟·礼乐》)。这样就把封建社会的等级制度和伦理规范上升到了天地本体的高度,其政治用意显然在于维护这种等级秩序和伦理规范的合理性与永恒性,而在教育中审美因素的加入,则能使这种秩序和规范能以较为宜人的方式为人们所接受,这在审美教育理论上具有重要的意义。"礼"的功能在于"培养人德性"(《经学理窟·学大原上》),"使动作皆中礼,则气质自然好",这叫作"知礼以成性"(《经学理窟·气质》)。如果把"礼"看作是人为的,外在强加的,人们在接受时就可能迫于勉强而不情愿、不自觉;现在他把"礼"归结为天地和人性之本然,认为"礼所以持性,盖本出于性,持性反本也……如天地自然,从容中礼者盛德之至也"(《经学理窟·礼乐》),就可能加强人们受"礼"养性的自觉性。而更富于情感因素和审美价值的"乐"与之相辅,就使人们修身养性,接受伦理规范的过程变得更加自觉并伴有乐趣。

张载认为"乐所以养人德性中和之气"(《经学理窟·礼乐》),其根本功能与"礼"相似,也在变化人之气质而恢复"天地之性",然而由于"乐"更富于审美情感的感染力,"学至于乐则自不已,故进也"(同上),因此"乐"在修身养性、变化气质过程中就具有更为有效的审美教育功能。在张载看来,"声音之道,与天地同和"(《经学理窟·学大原上》),"和乐"作为"乐"的表现与特征,正是引"道"入身的极好途径。王夫之对此深有体会,他阐释本义说:"和者于物不逆,乐者于心不厌;端,所自出之始也。道本人物之同得而得我心之悦者,故君子学以致道,必平其气,而欣于有得,乃可与适道;若操一求胜于物之心而视为苦难,早与道离矣……非和乐,则诚敬局隘而易于厌倦。故能和能乐,为诚敬所自出之端。"(《张子正蒙注·诚明篇》)因此,张载又说"和则可大,乐则可久;天地之性,久大而已矣"(《经学理窟·礼乐》),"和乐"作为一种具有审美特征的主体状态,正是引人自由自觉地返归"天性之性"的最好途径。"乐者乐也","和乐"心态的形成,离不开"乐"(艺术方式)感染;于此可见审美方式、审美活动在人格培养中的特殊意义。张载教育哲学中包含的对审美教育及其功能的认识,在宋代及对后代产生了重大而深远的影响。

三、程颢、程颐的理本论美学思想

程颢(1032—1085),字伯淳,世称"明道先生"。程颐(1033—1107),字正叔,世称"伊川先生"。两人并称"二程",由于长期在洛阳讲学,其学术思想被称为"洛学"。程颢平生没有著书,其讲学语录与程颐的语录合为《河南程氏遗书》,程颐另有《程氏易传》。二程著述合成新印本有《二程集》。

二程是北宋理学的最终奠基者,他们通过理本体的确立,标示宋代理学的成熟。程颢曾说:"吾学虽有授受,天理二字却是自家体贴出来。"(《外书》卷一二)"理"(或"天理""道")是二程思想的核心,它是贯通宇宙自然与社会人生的普遍原理与本体,"所以为万物一体者,皆有此理"(《遗书》卷二),"道之外无物,物之外无道,是天地之间无适而非道也"(《遗书》卷四)。由此建立了理本体哲学,南宋朱熹正是在二程基础上,集理学之大成。后世并称"程朱理学"。

1. 性理本体的美学境界

二程承继《周易·系辞》"形而上者谓之道,形而下者谓之器"的说法,十分重视"道器"作为形而上与形而下的区分,器为具体存在,道为存在本体。又把"道器"关系转化为"理气"关系:"所以阴阳者是道也。阴阳,气也。气是形而下者,道是形而上者。"(《遗书》卷一五)阴阳之实然为气,阴阳之所以然为道,也就是理。两者的关系,在哲理上,"器"(气)

为具体,"道"(理)为本体:在存在上,两者一体两面,不可分离。程颢说"器亦道,道亦器"(《遗书》卷一),程颐则进一步说"至微者,理也;至著者,象也。体用一源,显微无间"(《易传序》),这样就系统而精致地解释了宇宙自然和社会人生的一切存在的现象与本体的关系,也为美学本体论奠定了哲学基础:审美现象("象""至著者")是"理"的显现,两者"体用一源,显微无间"。

程颢、程颐虽然并称"二程",然而两人的思想并不完全相同,因此后人认为程颢是"心学"的源头,程颐是"理学"的源头。在个性人格风范上,程颢温然和平,饶有风趣,令人面之"如沐春风";程颐则严毅庄重,"直是谨严"。

程颢"浑然与物同体""诚敬和乐"的道学境界,对宋代美学的境界追求产生了深刻的影响。他说:

> 仁者以天地万物为一体,莫非己也。
>
> 学者须先识仁。仁者浑然与物同体,义、礼、智、信皆仁也……此道与物无对,大不足以明之,天地之用皆我之用,孟子言"万物皆备与我",须反身而诚,乃为大乐。(《遗书》卷二)

"仁"在根本(体)上是一种最高的精神境界,这种境界的特征是把自己和宇宙万物看成息息相关的一个整体,即"与万物为一体""浑然与万物同体"。这也就是周敦颐说的"处之一""化而齐",张载说的"民胞物与""视天下无一物非我",是儒家对宇宙人生的最高觉解,因识得"仁之体"而能够得到最大的快乐。这种境界的获得,需要通过"诚敬和乐""内外两忘"(《定性书》)的修养。程颢非常强调个人的感受体认,认为仁者不是仅仅把自己"看成"与万物一体,而是必须切实地感受到自己真与万物一体,这就是所谓"实有诸己"。程颢在《定性书》①中说:

> 夫天地之常,以其心普万物而无心;圣人之常,以其情顺万物而

---

① 张载曾以书问"性"于程颢,程颢作《答横渠张子厚书》,后人称其答书为《定性书》。

无情。故君子之学，莫若廓然而大公，物来而顺应……与其非外而事内，不若内外之两忘也。两忘则澄然无事矣。无事则定，定则明，明则尚何应物之为累哉？圣人之喜，以物之当喜；圣人之怒，以物之当怒。

所谓定者，动亦定，静亦定，无将迎，无内外。

这就是程颢"定"的人生境界和"定"的修养功夫。要进入这种境界，需要"诚敬"的涵养，而程颢理解的"敬"，不是着力把持的"敬畏"，而是"勿忘勿助"的自然诚敬，是敬乐合一的境界和功夫，"谓敬为和乐则不可，然敬须和乐"（《遗书》卷二）。这种"诚敬"，也就是"从心所欲不逾矩"实诚体验，自然、自由、活泼、安乐是其中重要的规定。这种境界和功夫，带着"活泼泼"的审美体验的特征，正如他说："鸢飞戾天，鱼跃于源，言其上下察也。……会得时，活泼泼地。不会得时，只是弄精神。"（《遗书》卷三）鸢飞鱼跃是表征天理流行的自由活泼境界的意象，也是充满美学情趣的意象。只有与物同体，情顺性定，和乐而无把捉的人才能真正体验到《中庸》借鸢鱼所表达的境界。①

程颢自身对此境界的体验甚深，张九成《横浦心传录》记云：

程明道窗前有茂草覆物，或劝之芟，曰："不可，欲常见造物生意。"又置盆池，蓄小鱼数尾，时时观之。或问其故，曰："欲观万物自得意。"

作为周敦颐的学生，他们旨趣相仿，提倡静观万物，将一己的生命与宇宙万物生生不息的生机化成一片。程颢在"春日"和"秋日"各写过"偶成"诗，前者曰："云淡风轻近午天，傍花依柳过前川。时人不识余心乐，将谓偷闲学少年。"后者其二云："闲来无事不从容，睡觉东窗日已红。万物静观皆自得，四时佳兴与人同。道通有无天地外，思入风云变态中。富贵不淫贫贱乐，男儿到此是豪雄。"这正是一种"情顺万物""物来顺应"的活

---

① 陈来：《宋明理学》，第89页，沈阳：辽宁教育出版社，1991年。

泼泼的人生境界,这种境界的内涵,已不仅仅是单纯的道德规定,而是融入了审美与休闲的意趣,其精神旨趣在于通过"静观",即审美式的直觉思维和超神体验,感受到人与天地万物的"浑然一体",达到闲适自得、超神入化的人生境界。在这里,人的道德精神与自然界的化者之道合而为一。

2. "作文害道"的文艺观

程颐在美学上的最大影响是著名的"有德者必有言"和"作文害道"说。前者如是云:

> 有德者必有言,何也? 和顺积于中,英华发于外也。故言之成文,动则成章。(《遗书》卷二五)

这其实是儒家一贯的观点,只是二程(程颢也持此说)强化了道学立场,一定程度轻视了"言"或"文"的独立性和独特性。古文家也重道,重德,但他们只是将"道"或"德"作为文的表现的必要条件,而不是充分条件,他们还肯定了"文"的自身规律,无道之文,必不是好文,然而有道无文之文,也不是好文。因此,古文家的宗旨是为了文章之好,还需在文上下功夫。二程的偏颇在于将"德"或"道"作为文的充分条件,认为有道必有文,无须在文上专门下功夫。甚至更极端地将文道对立,认为学文是"倒学""学者先学文,鲜有能至道"(程颢语)。程颐更是提出"作文害道""玩物丧志":

> 或问:诗可学否? 曰:既学时,须是用功方合诗人格。既用功,甚妨事。古人诗云:"吟成一个字,用破一生心。"又谓:"可惜一生心,用在五字上。"

> 问:作文害道否? 曰:害也。凡为文不专意则不工,若专意则志局于此,又安能与天地同其大也?《书》云:"玩物丧志",为文亦玩物也……古之学者,惟务养性情,其它则不学。今之文者,专务章句,悦人耳目。既务悦人,非优而何?(《遗书》卷一八)

可见程颐对文道关系采取了最为极端的立场,对文者的轻视也到了最极端的程度,由此引起了后人的反感与诟病。然而,这种极端的言论,除了其固执的道学立场外,也许有着特定的所指背景。元祐间洛蜀党争甚剧,三苏以文章名一世,程颐这类言语或系有所指而发。① 事实上,二程在一定角度也是看到文辞的必要和特殊作用的,道总要通过文辞来表达,文辞表达的成功与否必然影响到传道的效果。而且,涵养德性也离不开诗文,程颐也承认"古人有歌诗以养其性情,声音以养其耳,舞蹈以养其血脉,今皆无之,是不得成于乐也。古之成材也易,今之成材也难"(《遗书》卷一八)。他也看到了诗歌的特殊功能:"诗者,言之述也。言之不足而长言之,咏歌之,所由兴也。其发于诚,感之深,至于不知手之舞、足之蹈,故其入于人亦深。至可以动天地,感鬼神。"(同上)不过,他推崇的是"思无邪"的符合儒家道德标准的诗,也不是一般的闲情之诗。

第二节　朱熹理学中的美学思考

朱熹(1130—1200),字元晦,号晦庵。因长期在福建居住、讲学,其学派被称为"闽学"。朱熹是宋代理学的集大成者,也是中国学术史上最著名的思想家之一。

集大成与体系化是朱熹理论的主要品格与特色,日本学者三浦藤说:

> 中国太古以来所传之思想,朱熹尽网罗而融合调合之,以建设自己,极似欧洲近世代表的哲学者康德。中国思想包容于其学说中,其显著者在古代为孔之仁、子思之诚、孟子之仁义,在近世为周子之太极图说、程伊川之理气二元论及居敬穷理学、张横渠之心性说、邵康节之先天学……朱熹不仅研究儒学,且研究佛老之书。因发挥儒教精神之必要上,以佛老书中之术语,自由活用之。②

① 参王运熙、顾易生主编:《中国文学批评通史(宋金元卷)》,第760页。
② [日]三浦藤作:《中国伦理学史》,张宗元、林科棠译,第249—250页,北京:商务印书馆,1926年。

就理学的范围而言，朱熹以二程思想为主干，综罗各家，对宋代理学作了系统的总结与发挥，建立了"至广大，尽精微"，极其严整，空前完备的理学体系。这个体系以理本论的理气观为轴心，以"理"和"气"即精神和物质这两个最基本的范畴及其互相关系统括了对自然、社会和人生中的一切事物、一切现象、一切问题的哲学思考。他以"理"为最高的本体范畴，将太极之理当作整个社会和宇宙的终极的精神本体，并以"理一分殊"的格式构架了一个层次分明的理世界模式；以"气"为最基本的实存范畴，将"五行阴阳七者滚合"作为"生物底材料"（语类卷九四），由"气"的运行变化构成林林总总、千差万别的现实世界，这样就以"理本气具"的本体论构架解释了世界的形上与形下的"两在合一"①的世界的二重性存在。与这种"理本气具""两在合一"的理本体相应，朱熹提出了"心统性情"的人性论、"格物致知"的认识论和"居敬践实""知行相须"的修养论，从宇宙到人生，从本体到工夫，由此构成了一个空前完整、空前精致的理学体系。朱熹的理学美学正是在其哲学基础上构建。

一、理学体系中的美学

朱熹的美学思想是其整个理学构架的一个有机组成部分。作为具有深刻理论思辨和精致理论体系的理学大师，朱熹的理学美学思想也自成内在体系，从现代学科角度审视，其美学思想体系主要有五大部分组成：（一）美本论；（二）艺术哲学；（三）山水美学；（四）人格美学；（五）审美教育。美本论是有关审美对象的哲学总论，艺术哲学和山水美学是审美对象的两种主要审美形态，即艺术美和自然美分论，人格美学则是审美主客体合一形态，即社会人格美分论，审美教育是艺术和审美的功能论。朱熹理学美学的核心与指归正在于通过培养人格美来实现

---

① "两在合一"说，见钱穆《朱熹新学案·论鬼神》。钱氏曰："两在者，分为两而存在，乃至于无所在而不见为其为两……但所谓两在，乃指其若可分为两言。实则只是一，故又当合一而观。此两者本属合一，非谓有此两在而将之合一也。朱熹本体形而上学之最要精义，所见为圆宏而细密者，其主要结构在此。"台北：台湾三民书局，1972年。

社会的和谐,艺术美和山水美都是通过审美教育的途径而服务于这一最终目的。这就是朱熹理学美学的基本结构体系。

各部分的关系可以用这样一个图式表示:

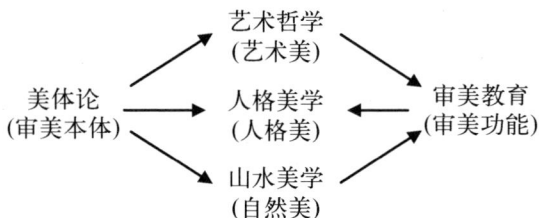

```
                    艺术哲学
                    (艺术美)
                   ↗          ↘
    美体论    →    人格美学    ←    审美教育
   (审美本体)       (人格美)         (审美功能)
                   ↘          ↗
                    山水美学
                    (自然美)
```

朱熹理学美学美本论建立在其理气"理本气具""两在合一"的逻辑构架上。"理(道)"为美之本体,"气(阴阳)"为美之实性,"文(象)"为美之显状。最为核心的命题是"文从道出""文道合一"。美表现为各种各样的"文","文"由"气"构成,"气"有阴阳、动静、善恶,"文"及美的不同呈现即由此决定。而这一切,均由"理"先在地决定。

艺术哲学是朱熹理学美学体系中的主导部分。朱熹艺术哲学建立在他的"理本气具"的哲学本体论基础上,主要由"文从道出"的艺术本体论、"感物道情"的艺术发生论、"托物兴辞"的艺术特征论、"气象浑成"的艺术理想论、"涵泳自得"的艺术鉴赏论及"远游精思"的主体修养论等几部分构成。理论的系统性、矛盾性和伦理性是其主要特色。

朱熹的山水美学思想也立足于理学体系。"鸢飞鱼跃,道体随处发见""那个满山青黄碧绿,无非天地之化流行发见",山水美无非是道体的自然呈现。山水审美取向,朱熹更为崇尚阳刚、动态之美。他也深刻地揭示了山水美和艺术美的互动关系,一方面,"景要与人共",景对人而呈现,因人而生动;另一方面,"自然触目成佳句",自然美为创作主体提供了丰富的源泉。他还认为在山水审美过程中能"观造化之理",从而体现"天地之教"、山水美育的功能。

人格美是朱熹理学美学的关注中心。人格美体现为"性"—"情"—"行"三重结构,"性"为道体赋予人的品格,"情"为人的实际体验,"行"为人的现实表现。人格美的境界是"心与理一""天人一体",这也就是"浑然天成"的"圣贤气象"。人格美的造就,离不开审美教育,朱熹对艺术美、山水美的考察,都从人格美育的角度着眼,认为"外观巨美,不如内入真有",要求审美观照化为身心践履。他认为"艺虽末节,皆至理所寓",由此肯定了"游于艺"的重要性,认为"游"的特点是"玩物适情",能在不知不觉中引人入圣贤境界。

二、朱熹的艺术哲学思想

1. "文从道出"的艺术本体论

朱熹艺术哲学的全部思想都是由一个中心命题发出的,这就是"文皆从道中流出"(语类卷一三九)。这就是朱熹艺术哲学的本体论,这个命题不但决定了朱熹对艺术本原的根本看法,而且也规范着他对艺术的地位和作用、艺术的内容和形式、境界和理想,以及艺术家的主体修养等方面的基本见解。

"文皆从道中流出"告诉我们,艺术的终极根源是"道",艺术本质上是"道"的"流行发见",艺术美的最深层的意蕴也就是"道",以致他用"气象近道"来形容艺术理想境界的极致。在他看来,艺术的形式美也是从理中流出,为理所决定的,如云"文字自有一个天生成腔子"(语类卷一三九),所谓"天生成腔子"就是由理决定的形式美模式。值得注意的是朱熹的"道"既是伦理之道,又是宇宙之道,因此"文从道出"说既包含强调艺术的道德功用的伦理企图(类似"文以载道"),又包含着探究艺术的逻辑本原的思辨追求(超越"文以载道")。另外,他所谓"流出"意指本体的显现,而不是具体的发生,表述艺术的具体发生论的命题是"感物道情"。

在朱熹看来,从根本上说"文便是道":

> 道者文之根本,文者道之枝叶。惟其根本乎道,所以发之于文皆道也。(语类卷三九)

> 道之显者谓之文。(《论语集注》卷五)

"文皆从道中流出"还意味着,不仅艺术的内容、本质是由"道"决定的,而且艺术的形式美也是从"道"里流出,为"理"所决定的。他这样说:

> 文字自有一个天生成腔子。
>
> 作文自有稳字。
>
> 前辈做文字,只依定格,依本份,所以做得甚好。(语类卷一三九)
>
> 天下万事皆有一定之法……学诗则且当以此等为法。(《跋病翁先生诗》)

所谓"天生成腔子""稳字""一定之法""定格""本份"等等都是由"道"决定的艺术的至善模式,人们之所以做不好,只是由于"下不着""思量不着"(语类卷一三九)这种先验的理想模式。

对于这个命题,我们有必要注意以下三点。

第一,在艺术哲学上,朱熹说的"文从道出",主要是指本体论而不是发生论,他说的"流出"的主要含义是类似黑格尔的"显现"(schein),而不是指"产生";"文从道出"主要不是说"文"直接产生于"道",而是说"文"的显现必然有"道"的依据,"道之显者谓之文"(《论语集注》卷七)。朱熹喜欢用"流"字,比如说仓颉造字也是从"理中流出":

> 或问:仓颉作字,亦非细人。曰:此亦非自撰出,自是理如此。
>
> 如心、性等字,未有时如何撰得,只是有此理自流出。(语类卷一四〇)

这里"文"或"字"跟"理"是"体用"的关系,按朱熹的说法,"盖用即是体中流出也"(语类卷四二),"不是本体中原来有此,如何处发得此用出来"(《答林德久》)。"体"是本体、依据,"用"是现象、功能;"用"从"体"中"流出",即"用"是"体"的显现、运用。"文从道出",也即"文"是"道"的显现,这是究其形上的本体论,至于艺术的创作发生论,朱熹进一步有"感物道情"的观点。

其次,由于朱熹的"道"有宇宙原理和道德准则两种含义,因此这个命题交杂着"玄学论"(metaphysical)和"实用论"(pragmatic)的矛盾。按美籍华裔学者刘若愚教授的说法,"玄学论"指表现宇宙原理的文学理论,"实用论"则植基于把文学看作实现政治目的、社会目的、道德目的以及教育目的的手段;前者认为文学是"道"之显示,后者认为文学是"道"的工具,其区别源于前者把"道"看作"宇宙原理",后者把"道"看作"道德"。① 当朱熹把"道"看作"宇宙原理"的时候,这个"道"相当于柏拉图的"理式"和黑格尔的"理念",它是世间万物的原型和逻辑本原,既包括伦理之道,也包括事物的规律,宇宙之中莫不潜在,莫不流行。这个"道"是周延的,根据"道器合一"的原理,则凡"文"皆"道","文道合一",因此朱熹这样说:"道外有物,固不足以为道,且文而无理,又安足以为文乎? 盖道无适而不存者也。"(《与汪尚书》)当朱熹把"道"看作"伦理之道"的时候,这个"道"就只是精神本体的一部分,尽管朱熹哲学企图以伦理学涵盖一切,将伦理本体上升为物质之超越本体,但在实际上很难说圆。这个"道"是不周延的,因此,既有"载道之文",又有"不载道之文",甚至还有"害道之文"(《通书解》),而且"文道合一"和"文以载道"这两种说法本身就是矛盾的。当朱熹持"玄学论"的时候,他的着重点在于说明艺术的逻辑本原;当他持"实用论"的时候,则侧重于强调艺术的道德功用。

第三,我们还得注意朱熹在谈艺术本质时还存在着"文道"说和"文气"说的矛盾。分析朱熹的哲学思想可以看出,在他看来,"理"或"道"只是"存"而非"有"的超越的形上根据,实存的材料和状态都是"气";"理"凭借"气""流行发见",艺术也是如此,"文从道出"实际上有"气"中介,这种中介表现在:(一)艺术的实际构成是"气",比如说"音乐只是气",说书画"本之精神"(《跋东方朔画赞》),此所谓"精神"正是"气之精彩发越""气之精英为神""凝在里面为精,发出光彩为神"(语类卷八七),论诗文则更常用"气象""气脉""气韵""气运""气感""气骨""气力""养气""文气""正气""衰气"②等艺术实体范畴;(二)艺术的审美形态也是"气"之

---

① 刘若愚:《中国的文学理论》,第 27—28 页,台北:台湾联经出版公司,1981 年。
② 散见语类卷一三九——四〇。

体现,如他所推崇的"英风逸韵"(《跋东坡》)两种风格,前者指峻健飞动的格力,属于"气"的阳刚形态,如"笔力雄壮""势若飞动""才雄气刚""有气骨,故其文壮浪"①等等都是,后者指平淡含蓄的韵趣,属于"气"的阴柔形态,如"萧散淡然""平淡简远,萧然有出尘之趣"(《楚辞后语》卷六)等等都是。因此,朱熹在谈艺术本原时,推论逻辑根源多言"文道",分析实际元素则多言"文气",后者往往突破其先验格局而表现出合理见解。

2."感物道情"的艺术发生论

如果说"文从道出"还表现出朱熹较多的理学家的面目,那么"感物道情"说则透露出更多的诗人气质和美学见解。朱熹的"感物道情"理论,主要出自他的《诗集传》及有关诗经作品的评论。朱熹提出这个命题有个特殊的针对性,那就是破除汉儒《诗序》对《诗》三百篇创作动机的穿凿,对其实际内容的歪曲和对其艺术特征的抹杀。

朱熹指出《诗序》的主要过失在于两点。其一,在于"篇篇要作美刺说,将诗人意思尽穿凿坏了",这是对《诗》的创作动机的"妄意推想"。朱熹认为:

> 古人作诗与今人作诗一般,其间亦有感物道情,吟咏性情,几时尽是讥刺他人? 只缘《序》立此例,篇篇要作美刺,将诗人的意思尽穿凿坏了。(语类卷八〇)

朱熹完整地使用"感物道情"一词,即出于此。之所以用了"亦有"这样一个具有保留性的词汇,这是针对作为儒家经典的《诗经》而言的。因为按毛、郑之类的传统说法,《诗经》三百篇中篇篇都是为"美刺"而作,而朱熹的"亦有感物道情"说在这样的背景下便具有拨乱反正的意义。朱熹承认诗的美刺作用,也承认确有美刺的诗存在,然而篇篇作美刺说,则不仅与《诗经》作品的具体事实不符,而且从根本上来说是违反诗歌创作发生的基本规律与特征的。其二,《诗序》的过失在于主张《诗》皆"止乎礼

---

① 散见语类卷一三九——四〇。

义",这是对《诗》实际内容的随意歪曲。朱熹反讥道:"《桑中》之诗礼义在何处?"(语类卷八〇)"夫变风郑卫之诗发乎情则有矣,而其不止乎礼义者亦岂少哉?"(《论语或问》)。"圣人之言在《春秋》《易》《书》无一字虚,至于诗则发乎情不同。"(语类卷八一)这样,朱熹通过对《诗序》过失的批判,主张"去《序》观诗",得出了诗歌艺术创作的发生是起于"感物道情"的结论。这在经学上的意义是恢复了《诗经》的本来面目,在美学上的意义则是揭示了艺术发生论的特征。

朱熹认为艺术创作的具体发生,一则缘于客观外物的触动("感物"),一则缘于主观情感表达的欲望("道情"),前者又往往是后者的原因。他如是说:

> 人生而静,天之性也,感于物而动,性之欲也。夫之既有欲矣,则不能无思;夫既有思矣,则不能无言;既有言矣,则言之不能尽,而发于咨嗟咏叹之余者,必有自然之音响节奏,而不能已焉;此诗之所以作也。(《诗集传》序)

因此"诗者,人心之感物而形于言辞之余也"。所感之物,既指自然之物,也指社会事物,尤指不常的社会事件和遭遇;所道之情,既有忘情自然之趣,尤有对社会不平之感愤。前者如云"不堪景物撩人句,倒尽诗意未许惺"(《次秀野极目亭韵》),后者如云屈原作《九章》是"随事感触,辄形于声"(《楚辞集注》卷三),作《天问》则是"以渫愤懑"(同上卷四),因而"盖屈子者,穷而呼天,疾痛而呼称父母之词也"(《楚辞后语目录序》)。

3."托物兴辞"的艺术特征论

朱熹也已经认识到,艺术创作的"感物道情"的发生,不是赤裸裸地发抒或抽象地议论,而是要"取物为比""托物兴辞",借助生动具体的物象来表达抽象微妙的情感。这表现在诗歌中主要就是"比兴"手法,"比是以一物比一物而所指事常在言外,兴是借彼一物以引起此事,而其事常在下句"(《楚辞集注》卷一)。朱自清在《诗言志辨》里归纳了诸家的说法,把比兴的性质与特点总结为感物起兴、引譬连类的一种联想。可见"比兴"作为诗歌的主要表现手法,其共同点就是借物象来表现感情,以构成既生动形象又予人联想余地的意象,而避免赤裸裸地发抒或抽象地议论,以增强艺术感染力。朱熹对此已有很深刻的体会,也有很出色的论述,他曾举《诗经·大雅·朴》诗句为例:

> "倬彼云汉"则"为章于天"矣,"周王寿考",则"何不作人"乎。此等言语自有个血脉流通处……周王既是寿考,岂不作成人材,此事已自分明,更著个"倬彼云汉,为章于天",唤起来,便愈见活泼泼地。(《答何叔京》,《文集》卷四〇)

诗中用广阔的银河、辉光满天这个物象来唤起读者对周文王百年长寿、培养造就无数人才的想象和体会,就显得更加活泼生动,富有艺术魅力。可见朱熹对诗歌艺术的形象性特征已有了相当深入的揭示。值得注意的是,朱熹在这里将诗歌的比兴手法与易象的"立象以尽意"联系了起来,这就深刻地揭示了中国古典艺术拟容取象的人文传统。朱熹有这样的看法:

> 尝谓伏羲画八卦,只此数画该尽天下万物之理……所谓"书不尽言,言不尽意"者非,盖他不曾看"立象以尽意"一句。惟其言不尽意,固立象以尽之。学者于言上曾得者浅,于象上曾得者深。(语类卷六六)

朱熹从中国古代"观物取象"的美学原则来联系分析诗歌艺术比兴手法的特征,可谓别具只眼。而"于言上曾得者浅,于象上曾得者深"更是深刻地揭示了艺术的形象性、象征性表达的特点及其优越性:"于言上曾得者浅"之"言",按我们现在的理解,指的是概念化、知性化的语言,这种语言是有限的,因而谓之"得者浅";"于象上曾得者深"之象,既指易象,也可泛指艺术意象,这种形象化的艺术语言是象征性的,它具有能给人以形象,又能使人透过形象体味其象外的象征性意味的功能,这种语言的意味性往往是无限的,因而谓之"得者深"。

"取物为比""托物兴词"强调的是诗歌艺术的感发性、形象性特征，侧重于艺术的外现特征。朱熹已认识到，艺术作品的完整存在，不但要有形象的表现，而且构成的各种元素应组成一个有机的整体；各种形象要素也只有通过有机的融合，成为整体的意象，方是一个活的艺术生命，是谓"血脉通贯"，它强调的是艺术作品结构上的特征。

前面所引朱熹评论《诗经·大雅·朴》时，曾谈到该诗之言语"自有个血脉流通处"，强调诗的意象是个活的整体，它的内部有"血脉流通"。他曾指出作品构成的四个要素：意思、句法、血脉、势向。何谓"血脉"，揣测朱熹的意思，似乎是指艺术作品的内在结构理脉，它应该是个完整的统一体，而且是活的（"流通"）。在谈到文章作法时，朱熹也强调：

> 作文之法，首尾照应，血脉通贯，语意反复，明白峻洁，无一字闲。人能若此做文，便是一等好文章。（语类卷一九）

前引"血脉流通"强调艺术结构整体之活，此引"血脉通贯"则强调艺术结构整体之一贯，从头到尾，要相互照应，"全无欠阙"；其构成因素应件件有用，充分有机，"无一字闲"。

诗文艺术结构表现为"血脉通贯"，书画艺术作品的结构则表现为"一在其中，点点画画"：

> 握笔濡毫，伸纸行墨；一在其中，点点画画。放意则荒，取妍则惑；必有事焉，神明厥德。（《书画铭》）

揣测这首《书字铭》的原意，似乎是强调在"握笔濡毫，伸纸行墨"时需有神明性理在胸，要胸有精神主宰，求其放心，归根结底还是强调艺术创作中的道德持守；然而我们也可对其作有关艺术作品结构特征论的理解，或者说，这首《书字铭》也包含着书画艺术作品结构把握的思想。所谓"点点画画"是指书画艺术的构成元素，如线条、色彩、团块、明暗等等，这些元素需"一在其中"，即构成一个有机的整体，充分地融入艺术体内，方能表现出活的艺术形象。若不然，"点点画画"的元素缺乏"一在其中"，则这些"点点画画"并非艺术的有机成分，而只是外在的材料因素，就不可能构成完整的审美意象。

艺术作品的外现特征是形象性,它往往借物象来传达;艺术作品的结构特征是有机性,它需内在的血脉来贯通;艺术作品还有一个重要的特征,那就是超越有限的形表所体现的传神的意蕴。对于后一点,朱熹用的是这样一个命题:"存神内照"。这个命题出自朱熹给赵昌甫的信:

> 李白诗多说此事,惜不能尽晓。粗窥端绪,亦不暇入神行持。但玩其言,犹是汉末文字,可爱其言存神内照者,亦随时随处可下工夫,未必无益于养病也。

朱熹对李白的诗向来是比较欣赏的,认为李白的诗"自然"、"从容于法度"、"豪放"与"雍容"兼具(语类卷一四○)。此处又说他具有汉末风格,并冠以"存神内照"的评价。朱熹所说"存神内照"既包括审美对象的内在精神的本质属性和特征在作品中的生动表现("传神写照"),也包括美学创作主体的精神气质、情感理念在作品中的融会贯通("存神内照")。也即他在评价画家郭拱辰时所说的"能并其精神意趣而尽得之。"

4."气象浑成"的艺术境界论

在朱熹看来,"托物兴辞"还只揭示了文学艺术区别于其他意识形态的主要特征,"气象浑成"才是艺术的成功表现,即艺术美的理想境界。"气象"原是道学家们用来形容人物精神品格风貌的范畴,后用来指艺术作品的审美意象和规模气度等各种因素综合所呈现的整体美学风貌,"浑成"则是这种整体美学风貌的自然和谐的理想境界。

朱熹的艺术审美理想论或艺术境界论主要是通过对历代作家、作品的批评表现出来的。朱熹在与友人和门生的来往信件中,经常谈到对历代诗人、画家、书法家及其文风、艺风、作品境界的评价,朱子语类第一三九、一四○卷更是集中了他的文论和诗论。

朱熹评价较多的对象集中在三类。第一类是孔门以下历代诸儒其人及其作品,如孔子、颜回、曾点、孟子、荀子、董仲舒、刘向、贾谊、扬雄、王通、韩愈、李觏,及宋代理学前辈周敦颐、张载、邵雍、程颢、程颐、朱熹的父亲朱松、老师李延平等,附论及老庄等。在诸儒中对刘向、贾谊、扬雄、李觏等颇多非议,余则多为其所推崇,尤其是孔子、颜回、周敦颐、程颢以及朱熹的恩师李延平诸人更成为朱熹所推崇的理想风范,其主要的特点就是"天人合一""元气天成""浑然无迹""光风霁月"的"有道者象"。对老庄则非其思想,而部分地欣赏其为文风格(如"开口见心""信口流出")。第二类是历代文学名家,如屈原、司马迁、班固、曹氏父子、刘桢、沈约、谢灵运、鲍照、陶渊明、陈子昂、王维、孟浩然、韦庄、储光羲、李白、杜甫、韩愈、柳宗元、唐明皇、李贺、白居易、欧阳修、梅尧臣、石曼卿、王安石、范祖禹、曾巩、三苏、秦观、张耒、黄庭坚、陈师道、陈与义、陆游、杨万里等。其中对陶渊明、陈子昂、李白、韦应物、欧阳修、曾巩、陆游等诸人特别推崇,陶渊明的"超然自得""平淡出于自然",陈子昂的"词旨幽邃,音节豪宕",李白的"豪放"兼"雍容"、"从容于法度",韦应物的"高洁""自在""气象近道",欧阳修的"一唱三叹""敷腴温润",曾巩的"简严静重""气脉浑厚",陆游的"气格高远,旨趣幽深"都正是朱熹所崇尚的艺术境界和审美理想;对苏轼等人则是既喜且厌,既欣赏其"英风逸韵",又不满其呈才弄巧,"英气害人";对苏门弟子黄庭坚为首的江西诗派的一味求巧,则更是大为不满。第三类是朱熹的同门师友,如刘子翚、张巨山、尤袤、黄子厚、南上人、张轼、许翰、林用中、王力行、程允中、赵昌父、巩仲至、傅子安、朱弁、刘文勉等,朱熹常在为他们的作品写序跋时,既表达对他们的作品的评价,同时又推崇一种审美理想或艺术境界。综观朱熹对同门诸人之作的评价,可见他着重推崇的是"闲淡高远""雄健高古""浑厚庄栗""格力闲暇""超然自在"的艺术风格和艺术境界。综合朱熹对三类文人和文品的评价,我们可以把朱熹所崇尚的艺术境界或审美理想概括为两个命题,即"气象浑成"和"气象近道"。

朱熹特别喜欢用形象的语言来形容"有道者气象",如《六先生画像赞》形容濂溪"风月无边,庭草交翠",明道"元气之会,浑然无成",康节"闲中古今,醉里乾坤"等等,这其实是用形象风貌来规范人格美。

朱熹在美学上的突出贡献在于把"气象"引入艺术领域,使之成为品评艺术风格和境界的一个直接的、重要的、普遍的美学范畴。其论诗云：

> 诗须是平易不费力，句法混成，如唐人玉川子辈句语虽险怪，意思亦自有混成气象。

> （韦应物）其诗无一字做作，直是自在。其气象近道。（语类一四〇）

"气象"作为一个美学范畴，它本身是中性的，也就是说既有好的气象，也有不好的气象，如"超然""自在""深厚久长""方严遒劲"等是好的气象，而"浅近""浅迫促"之类则是不好的气象。那么，究竟什么样的气象才是朱熹心目中的艺术境界或审美理想呢？纵观其所崇，我们以为朱熹的"气象"是以"浑成"（浑然天成）为最高境界。"道"的本然状态是自然浑成的，"气象近道"则必然表现浑成境界。"气象"作为朱熹用来品评艺术作品整体美学风貌的审美范畴，它包含哪些主要的组合因素呢？统观朱熹的艺术品评和美学见解，我们认为主要应包括意蕴、趣味、格调、骨力、法度、血脉等因素。而"浑成"作为"气象"的理想境界，主要又有三层内涵，一是意蕴的"浑厚深沉"，二是表现的"自然天成"，三是整体的"浑然一体"。据笔者探索，朱熹艺术哲学中"气象浑成"的审美理想，主要包含七个方面的内涵：1. 自然之趣；2. 平淡之味；3. 含蓄之意；4. 拙实之格；5. 雄浑之力；6. 从容之法；7. 通贯之脉。[1] 要之，趣味平淡而意蕴深沉，格力雄浑而法度从容，格调拙实而表现自然，全篇又有血脉通贯，这就是朱熹心目中的艺术理想境界；这种理想境界又正是道体本然的体现，故称之"气象近道"。

5. "涵泳自得"的艺术鉴赏论

在艺术鉴赏论方面，朱熹也有独到的见解。他首先要求"涤肠宽胸"，使艺术鉴赏主体洗涤尽心中杂念和成见，进入一种虚明从容的审美准备状态。其次，他主张"玩味本文"，就是把审美视点集中于艺术本体，

---

[1] 参见潘立勇《朱子理学美学》第二章第五节"朱子的艺术境界论"，北京：东方出版社，1999 年。

"但涵泳久之,自然见得条畅浃洽,不必多引外来道理言语,却壅滞诗人活底意思"(《答何叔京》)。再次,他提倡"熟读涵泳",在反复诵读中深入体验艺术的情感内容,乃至达到"通身下水"的程度。朱熹常常说:

> 读诗之法只是熟读涵味,自然和气从胸中流出,其妙处不可而言。不待安排措置,务立自说。须是打叠得这心光荡荡地不立一字,只管虚心读他,少间推来推去,自然推出那个道理。所以说以此洗心便是以这道理尽洗出那心里物事,浑然都是道理。(语类卷八〇)

"熟读涵泳",主要强调"熟",强调鉴赏的反复专注,这是一种审美体验的强度和频度,朱熹进而提出"通身下水"的命题,意在审美体验还需要感受的全面性和深度。这其实是全身心、全感觉、全方位的体验,并且是深入其内的体验。朱子语类云:"解诗,如抱柱浴水一般。"又云:"须是踏翻了船,通身都在那水中方看得出。"(语类卷一一四)"抱柱浴水",说的是一人抱着桥柱没头没脑在水中,这在审美鉴赏中,比喻进入全身心、全感觉、全方位审美体验。朱熹在接受论中喜欢用"浃洽"一词,那么何谓"浃洽"? 他如是说:

> 浃洽二字宜子细看。凡圣贤言语,思量透彻乃有所得,譬之浸物于水,水若未入,只是外面稍湿,里面依前干燥;必浸久之,则透内皆湿。(语类卷二〇)

可见"浃洽"就是对鉴赏对象感知与体验的透熟、透彻,如此方有真得;而要做到透熟、透彻,必须"通身下水"。

最后,他强调艺术鉴赏应"通悟""自得",所谓"通悟"是指"看诗不要死杀看了……如此便诗眼不活"(语类卷八一),而应该把作品看作有机的活的整体,"将意思想象去看"(同上)。所谓"自得"一是指自得作品之真意,而不是"承虚接响"(语类卷一一六),人云亦云;二是指"自得言外之意"(语类卷一〇四),发掘作品的言外之深意;三是指"自然得之",而不是强索力取,牵强附会。这在当时应该说是相当难能可贵的艺术鉴赏论。朱子语类卷一一四有一段话,生动地表述了朱熹审美鉴赏中的"自得"说：

> 大凡事物须要说得有滋味，方见其功，而今随文解义，谁人不解？须要见古人好处，如昔人赋梅云："疏影横斜水清浅，暗香浮动月黄昏。"这十四个字，谁人不晓得，而前辈恁地称叹说他形容得好，是如何？这个便是难说，须要自得言外之意始得，须是看得那物事有精神方好，若看得有精神，自是活动有意思，跳踯叫唤，自然不知手之舞、足之蹈。这个有两重，晓得文义是一重，识得意思好处是一重。若是只晓得外面一重，不识得他好的意思，此是一件大病。

他在这儿强调必须得其"滋味""精神"，才算是成功的鉴赏；而要得其"滋味""精神"，必须具"眼目"，必须有所"自得"：一是自得"文义"，主要属于理解层，二是自得文外之意，即"意思好处"，这是妙悟层，"滋味""精神"大都得自后一层。只有得其文外之意味，悟其"意思好处"，方能"跳踯叫唤，自然不知手之舞，足之蹈"，得到极大的审美愉悦。

6．"远游精思"的艺术修养论

集中地表达朱熹关于艺术创作主体修养论的，是这样一个命题："远游以广其见闻，精思以开其胸臆"。朱熹《文集》卷七六《赠画者张黄二生》云：

> 乡人新作聚星亭，欲画荀陈遗事于屏间，而穷乡僻陋，无从得本。友人周元兴吴和中共称张黄二生之能，因俾为之。果能考究车服制度，想象人物风采，观者皆叹其工，二先生因请为记事。予以为二生更能远游以广其见闻，精思以开其胸臆，则其所就当不止于此。

据钱穆《朱子新学案·朱子格物游艺之学》载："此文成于庆元庚申正月二十四日，下至三月初九日易箦，适半月，此乃朱子终生最后一篇文字也。"可知这是朱熹终其一生的经验之谈。这里，朱熹提出了一个非常值得重视的命题："远游以广其见闻，精思以开其胸臆"。虽然文中直接所指的是画家的修养，其实对于一切艺术创作主体的修养都具有普遍的意义。

这个命题通出了艺术创造主体自我修养的两面工夫：一方面是外在的生活阅历，一方面是内在的意识修养；前者重在"格物""游历""践实"，向外用心；后者重在"致知""尽性""居敬"，向内用心。这与朱熹的内省外观、兼而赅之的整个人生修养论和为学方法论相一致，这也是中国传统文化和古典美学中有关人生修养论和艺术创造主体修养论的一个集中概括。不过，朱熹已把前人所谓的"养气"和"积学"，改造为"格物致知"和"居敬践实"，并将本末内外之间的关系论述的更为细致周密。唐人张璪有著名的"外师造化，中得心源"之说，被后人奉为艺术创造主体修养论之圭臬，朱熹则把这种说法哲理化。朱熹的友人陆游曾提出"汝果欲学诗，工夫在诗外"，朱熹则把"诗外"的两面工夫精致化。

三、朱熹的山水美学思想

山水美学思想在朱熹理学美学的体系中占着十分重要的地位，一如山水游历活动在朱熹的生命体验中占有非常重要的分量。朱熹有关山水审美客体论的思想，也是由他的哲学本体论决定的。要言之，其本体归之为理或道，其实性归之为气，其形态则归结为阴阳与刚柔。朱熹还明确地揭示了山水审美客体与山水审美主体之间的对应性或对象性关系。

根据朱熹的哲学本体论，山水审美客体从本体上讲，仍是道体的流行发见："鸢飞鱼跃，道体随处发见，谓道体发见者，犹是人见得如此。若鸢鱼初不自知察，只是天地明察，亦是察也。"又曰："恰似禅家云：'青青绿竹，莫非真如；灿灿黄花，无非般若'之语……'活泼泼地'，所谓活者，只是不滞于一隅。"（语类卷六三）"鸢飞鱼跃""绿竹黄花"都是自然美的现象，上述语录引申到山水审美客体论上则可作这样的理解：山水审美客体在本体上仍是道体的流行发见，只是这种"发见"是"人见得如此""若鸢鱼初不知察"，也就是说，这种自然美的体现是需要由人这个审美主体来感知或体察的，这里已初步揭示了山水审美客体与审美主体的对象性关系。所谓"活泼泼地""不滞于一隅"则又进一步揭示了山水审美客体的灵动性特征,并不是任何自然存在物都是美的,山水和自然之现象显现为美首先需要具备"活泼泼"的特征。

山水审美客体虽然从本体上讲是由道体派生,而从实性上言,仍是由阴阳二气构成。朱熹在有关自然万物的发生和构成方面,其实是更重视气实体论的。他对自然物体及物象的分析也处处是从实体着眼,例如,他认为:"天地始初,混沌未分时,想只有水火二者。水之滓脚便成地。今登高而望,群山皆为波浪状,便是水泛如此。只不知因甚么时凝了。初间极软,后来方凝得硬。"(语类卷一)"天地之初,只是阴阳之气。这一个气运行,磨来磨去,磨得急了,便拶出许多渣滓。里面无处出,便结成个地在中央。气之清者,便为天,为日月,为星辰,只在外。"(同上)对山水审美客体的形成,朱熹取自然天成的观点,如有诗云:"南岩兜率境,形胜自天成。"(《咏南岩》)"更怜湾头石,一一神所剜。"(《袁州道中》)"空山龙卧处,苍峭神所凿。"(《庐山杂咏十四首·卧龙庵武侯祠》)所谓"形胜自天成""一一神所剜",指的是山水自然美的形成是天地自然的造化之功,此处之"神",并非人格化的神,而是自然造化的妙用和功能之神,是阴阳二气的运行规律。

朱熹有关山水审美主体的见解主要集中在两点,一是审美主体的审美态度,或曰审美心境、心态,二是审美主体的审美方式,两者紧紧联系在一起,后者是由前者决定的。用朱熹自己的语言来说,山水审美主体所需保持的基本审美态度是"不作尘中思""不见尘中事"(《云谷二十六咏》)就意味着山水审美主体在进入山水胜地之前,先应保持一种脱俗绝尘的审美心态,摆脱种种世俗名利杂念,真正拥有一种返归自然的审美情怀。在山水审美环境里的审美方式,应该是:"幽听一以会,悠然与神谋。"(《题吴公济风泉亭》)"赏惬虑方融,理会心自闲。"(《忆斋中二首》)唯有"悠然",方能与"神"相谋;也唯有与神相谋,方算是不虚山水之行。按朱熹及中国许多传统哲人的观念,山水自然中蕴涵着"生生不息"的生命之机和宇宙之理,人可以通过观赏山水自然来心领神会。朱熹有脍炙人口的诗句云:"等闲识得东风面,万紫千红总是春。"(《春日》)又云:"千葩万蕊争红紫,谁识乾坤造化心。"(《春日偶作》)这都是指大自然中蕴涵着天理生机、造化之心。"境空乘化往,理妙触目存。"(《寄题咸清精舍清晖堂》)去领略它的方法是从容等闲地观照,使主体观赏之心悠然地融入山水审美客体,由此来把握其中的精神意趣。"大化本无言,此心谁与晤?"(《题林择之欣木诗》)朱熹的答案是:"洗心泳太素,泛景窥灵诠。"(《王嘉叟所藏画二首》)也就是说,唯有洗尽自我的繁杂世俗之心,使自己从容地融入自然之道,方能窥得真谛。

朱熹在登山临水中每每"流连题咏",其山水观赏与文字创作交融相伴,于是,山水艺术相关论便也成了朱熹山水美学的一个重要内容。朱熹山水艺术相关论的见解可用他自己的两句诗来概括,这就是"自然触目成佳句"(《新喻西境》)和"物华始信如诗好"(《又和秀野二首》)。前者表述的是山水对艺术创作的影响,即山水为艺术创作之源;后者表述的是艺术对山水欣赏的影响,即艺术为山水审美之兴。

朱熹如此酷爱山水自然,如此倾心于山水审美,有其深刻的心理背景和思想基础。从心理背景的角度说,这是对他的抽象而枯燥的理学学术生活的一种必要的心理调节和补充。从本体论上说,中国传统哲人"体用一元"及理学家"理一分殊"的观念,为朱熹的山水美学思想确立了基本的立足点。既然体用一元,显微无间,则万事万物莫非与道同体;既然理一分殊,月印万川,则万事万物莫非是道体的分享;一个本体而散见于宇宙万物;而且宇宙万物之理又与人间社会伦理相通;那么,山水自然也就与道同体,也是道体的分享,并且也与人伦道理相通,游山玩水并不与道相碍。与此相应,从认识论上说,朱熹"格物致知"的思想也为其山水美学理论找到了更充足的理由。根据"格物致知"的认识论,则有以天下之物所体现的天理来印证"吾心所固有的"天理,内外相证,从而"致吾之知"的说法。在优游林泉、登山临水的过程中,接触各种自然事物与景象,从而能体察"万物皆有"之"一理",知造化之机,与造化同游。从境界论上说,中国传统的"天人合一"理想境界也为朱熹的山水美学思想提供了合理性精神支柱。"天地之塞吾其体,天地之帅吾其性",人与自然在本体上是一体的,人的理想境界也就是"与物无际""与天地浑然一体"。儒家崇尚的吟风弄月、浴沂以归的曾点之乐,按朱熹的解释正是一种"直与天地万物上下同流"的理想境界。因此,吟风弄月、登山临水并非玩物丧志,而也是进入"直与天地上下同流"的理想境界的一种必要途径。

四、朱熹的人格美学思想

朱熹理学美学的核心与指归正在于通过培养人格美来实现社会的和谐,艺术美和山水美都是通过审美教育的途径而服务于这一最终目的。这就是朱熹理学美学的基本结构体系,在这个逻辑结构中,人格美学具有核心的地位和指归性的意义。朱熹理学的核心不在自然哲学或宇宙本体论,而在人生哲学或人生本体论,自然哲学或宇宙本体论的探讨其目的仍在于为人生的合理生存、人生的伦理规范寻找宇宙本体论的依据;归根结底,仍是为了解决人生问题,尤其是人的精神生活问题,也就是人生境界问题。与此相应,朱熹理学美学的核心,也不在于纯粹的艺术哲学或山水美学,而在于人生美学或人格美学,艺术哲学和山水美学的精神旨归仍是为理想人格的塑造提供有效的手段和途径,即审美教育;所以,他的艺术哲学是人格化的艺术哲学,他的山水美学也是人格化的山水美学。这样朱熹人格美学就在其理学美学体系中占有特殊重要的地位和意义,这也是理学美学重要的特点之一。

人格美学与审美教育是朱熹理学美学体系中相辅相成的两个核心组成成分,人格美是朱熹理学美学追求的最高的美,是朱熹理学美学所追求的理想的人生境界;审美教育则是实现这种理想的人生境界的重要的和必要的手段与途径。前者是对人生完美的理想境界本身的形象化规范,后者则是对实现这种完美的理想境界的手段与途径的动态化探讨。理学家喜欢用"本体和工夫"这对术语,那么,人格美就属于本体,而审美教育则属于工夫。

在朱熹的人格美学中,人格美是由"性—情—行"三层面构成的一个系统结构,其中性为本然之体,是人格之美的本体依据;情为实然之性,是人格自身的组合及体验；行为显示之状（象），是人格外现的人的品性行为上的表现。与艺术美和自然美不同，人格美是人自身之美的直接体现，这个审美对象既是客体，又是主体，它的结构就是一个动态的结构，是个由人心自我能动主宰的结构。因此，在人格美的结构系统中，还得加上一个能动因素，这就是"心"。在人性论中，朱熹主张"心统性情"说，就性情关系而言，性为体，情为用；性为未发，情为已发；性为至善，情有善恶。然而"性情皆出于心"（语类卷九八），无论"天地之性"还是"气质之性"，或者说，无论"性"还是"情"，都必须在心中寄托，受心制约，因此"心统性情者也"（《孟子集注》卷三）。心以性为体，以情为用，性作为本体存在于心中，情作为本体的作用通过心之动表现出来，两者都离不开心，这就是心兼性情，也即心兼体用。同时，人的本性和情感还需要作为意识活动总体的心来把握和控制，性存于心时，要以心来存养，以使其不受干扰而丧失本性；性表现为情时，亦要心来主宰，使之符合性善原则。在人格结构中，性是人格应有的本然，情是人格已有的实然，行则是人格实然的表现。由性至情再至行，尽管有逻辑的必然，而这种必然的实现要通过心的作用。本然之性是至善的，情作为气质之性则有可能善，有可能恶。所以天理人欲，几微之间；道心人心，一心体用，其关键还在于心的把握与主宰。这个理论引申到人格美的结构理论中，我们可以作这样的理解：尽管人都具有人格美的潜能，但这种潜能是否能实现，则取决于人之心灵的作用；理想的人格境界的真正实现，还要靠心灵的自觉。一情一意，是否为善，一言一行，是否为美，关键就在于其心对情意言行的自觉把握，如果情意言行举止都能发而中节，恰如其分，与性相当，就是本然之性的完满显现，也就能表现为完美和粹的人格境界。

朱熹的人格境界大体可以分为这么几个层次或等级：1. 才人境界——功力境界，即外在的为功的境界；2. 贤人境界——道德境界，即内在的为善的境界；3. 君子境界——全德境界，即功德兼备的境界；4. 圣人境界——天地境界，即天人合一、"心与理一"的境界。从人格美学的角度说，才人境界体现的是能力之美，贤人境界体现的是德行之美，君子境界体现的是德才兼备的和谐之美,圣人境界体现的则是极高明而道中庸,天人合一的浑成之美。若与孟子的"善、信、美、大、圣、神"六种人格美相比较,则才人境界接近于"可欲之"之善,贤人境界接近于"实有之"之信和"充实之"之美,君子境界接近于"充实而有光辉之"之大,圣人境界则接近于"大而化之"之圣和"圣而不可知之"之神。在这四类人格境界中,才人境界在朱熹心目中是有所保留的,他对才人境界有赞许的成分,但很少崇尚;他所欣赏和崇尚的是后面三类境界,然这三类境界又有高低之分。朱熹认为"贤人不及君子,君子不及圣人"(语类卷二四),可见在朱熹心目中,贤人、君子、圣人三类人格境界是历级而上,圣人境界则是至高无上的最理想境界。

在中国人的文化传统中,圣人是道德与智慧的最完美的典范;在朱子人学境界中,圣人是"继天立极"的最高人格理想,圣人人格的天地境界成了人格美的最高理想境界,它是人生的伦理境界和审美境界的完美融合,最具有美学品味。在朱熹看来诸儒与圣人的距离究竟在哪里呢?且看被朱熹收录于《近思录》的程明道语:

> 仲尼,元气也;颜子,春生也;孟子并秋杀尽见。仲尼无所不包,颜子示不违如愚之学于后世,有自然之和气,不言而化者也。孟子则露其材,盖亦时然而已。仲尼,天地也;颜子,和风庆云也;孟子,泰山岩岩之气象也,观其言皆可以见之矣。仲尼无迹,颜子微有迹,孟子其迹著。孔子尽是明快人,颜子尽岂弟,孟子尽雄辩。[1]

作为圣人境界的孔子人格是元气天成,无所不包而又浑然无迹;颜子微有迹,所以虽离圣人境界最近,然还是微有距离;孟子则痕迹毕露,其气象就离圣人境界更远。程明道的见解是朱熹所赞同的,且经常被其所引用。从上述程明道对孔、颜、孟三人人格气象的比较,可以看出,颜子和孟子都仍只可称为贤人或君子,还不能称为圣人,只有孔子才称得上圣人。

---

[1] 朱熹编、张伯行集解:《近思录》"圣贤"卷,台北:台湾商务印书馆,1986年。

他们的人格境界与圣人孔子人格境界的差别,主要就在于自然与勉强之间,所谓"无迹""微有迹"和"迹著"的区分,也正在自然与勉强之间:

> 圣人只是做到极至处,自然安行,不待勉强,故谓之圣。(语类卷五八)

> 学者与圣人争,只是这些个自然与勉强耳……程子说:孟子为孔子事业尽得,只是难得似圣。如剪彩为花固相似,只是无造化功。

> 圣人只是事事做到恰到好处。(语类卷二四)

相比较而言,颜子与圣人境界更为接近,而孟子则更远些,其区别就在于孟子比颜子更粗,更有勉强的气象,更有着力使才的痕迹,正如剪彩为花,虽与真花相似而缺少造化之功。圣人人格境界的最大特点就是自然浑成:"天地只是自然,圣人法天。"(语类卷七三)

因此,圣人境界又可以称为天地境界。这正是圣人"心与理一",从而达到"天人一体"的结果。朱熹认为圣人与天同德,与理为一,故能"生知安行"(《读苏氏纪年》),"其心与理一,安而行之,非有利勉之意也"(《孟子或问》上卷三),"安安,无所勉强之貌,言其德性之美出于自然而非勉强,所谓性之者也"(《杂著·尚书》)。性之者就是本然之性的自然显现。再按冯友兰的说法,在天地境界中的人,是有为而无为底。如程明道说:"天地无心而成化,圣人有心而无为。"又说:"君子之学,莫若廓然而大公,物来而顺应。"(《定性书》)朱熹把这种境界称为"天地之常,圣人之常",并作如是之解释:

> 所谓天地之常,以其心普万物而无心;圣人之常,以其情顺万事而无情。所谓普万物、顺万事者,即廓然大公之谓;无心无情,即物来顺应之谓。自私则不能廓然而大公,所以不能有为为名迹;用智则不能物来顺应,所以不能以明觉为自然。(语类卷九五)

天地境界的人,能顺理应事,无心成化,似乎无须着力,无须明觉,而能处处动容中伦,按现代哲学的语汇来说,这正是主体的合目的性与客体的合规律性浑然统一的结果。主体已充分地把握了客体之规律,并将之化为自己的目的;主体无须刻意人为而只需顺物之理。然而惟有达到"心与理一"境地的人方能进入这个境界。"心与理一"即能"万物皆备于我",我自能在天地间无心而成化,无意而顺理。这种人格境界表现在道德行为上,其德性之行也是无须着力而浑成。朱熹说:"所以着力不得,象圣人不勉而中,不思而得了。贤者若着力,要不思不勉,便是勉了。"在道德境界中的贤人常会经历"理欲交战"的体验,所谓"人心惟危,道心惟微;惟精惟一,允执厥中",尽管总能"存天理,灭人欲",然其过程往往勉力为之,一个"灭"字,其迹毕露。而天地境界中的圣人则能"从心所欲不逾矩",不思而得,不勉而中,正因为他已"心与理一""与天地万物浑然同体"。也正因为圣人的天地境界是"心与理一"的结果,因此这天地境界就不同于原始的自然境界,天地境界中的"自然"是"心与理一"的浑成,原始的自然境界中的"自然"则是"顺才顺习"的混沌。浑成是觉解以后的自然,混沌则是尚未觉解的自然。

曾点虽然还称不上圣人,但理学家们经常提倡从"曾点之乐"中体味圣人气象,那么,何谓曾点之乐呢? 朱熹这样解释:

> 曾点之学,盖有以见夫人欲尽处,天理流行,随处充满,无少欠缺。故其动静之际,从容如此。而其言志,则又不过即其所居之位,乐其日用之常。初无舍己为人之意,而其胸次悠然,直与天地万物,上下同流,各得其所之妙,隐然自见于言外。视三子规规于事为之末者,其气象自是不侔矣。(《论语集注》卷六)

可见所谓"孔颜乐处"或"曾点之乐",都是一种"不离日用常行"而"与天地同和"的"极高明而道中庸"的人格境界。所以天地境界既是至高无上的,又是极其普通的。绝对的道德律令与日常的人伦情感在这里得到了极度的统一。可以说,曾点之乐是圣人气象的形象化注释,是朱熹及宋明理学家的人格理想境界中最具有美学品味者。

对同时代士人,朱熹有《六先生画像赞》,其中"濂溪先生"和"明道先生"云:

道丧千载,圣远言湮;不有先觉,孰开我人。书不尽言,图不尽意;风月无边,庭草交翠。(濂溪先生)

扬休山立,玉色金声;元气之会,浑然天成。瑞日祥云,和风甘雨;龙德正中,厥施斯普。(明道先生)

在明道和伊川的人格境界之间,朱熹似乎更推崇明道,他认为虽然"伊川工夫造极,可夺天巧",但不如"明道浑然天成,不犯人力"的境界不露痕迹,后者更高一筹,更近圣人境界,也更具有人格美的风范。在朱熹和吕祖谦合编的《近思录》第十四卷,这种人格风貌的形象形容与推崇更是得到了集中的、淋漓尽致的体现:

周茂叔胸中洒落,如光风霁月。

(明道)先生资禀既异,而充养有道,纯粹如精金,温润如良玉,宽而有制,和而不流,忠诚贯于金石,孝悌通于神明。视其色,其接物也如春风之温;听其言,其入人也如时雨之润,胸怀洞然,彻视无间。测其蕴,则浩乎若沧溟之无际;极其德,美言盖不足以形容。

明道先生德性冲完,粹和之气,盎于面背。乐易多恕,终日怡悦。

(横渠)先生气质刚毅,德盛貌严。然与人居久而日亲。

这就是《近思录》中对北宋道学君子"圣贤气象"的形容与描绘。这种形容充满了美学色彩,使道学君子的人格精神境界通过形象的语言描绘跃然纸上,能予人以非常深刻而又生动的印象。这些语言出自同道人,然而朱熹的编撰使之集中突出,成为后世模仿品味的人格风范。

朱熹理学美学的最终目的,是为了实现"心与理一"(语类卷五)的人格境界,这种境界就是"心体浑然""浑然一理"(《论语集注》卷二)的圣人境界。在他看来,实现了"心与理一"的人生境界,就会有一种乐的情感体验,这是一种最高的人生体验。理学家所谓"孔颜乐处"或"曾点之乐",都是指人生达到"心与理一"以后的一种自我体验和自我快乐,这种体验与快乐虽然不纯粹是美感体验,但是具有美学意义,亦可以说是人生的某种审美境界。在我们看来,不仅在外表形式上,而且在深层的精神内涵上,这种理想的人格境界也是与人生的审美境界相通或相似的。审美最根本的精神在于通过以令人愉悦为主的情感体验,消融主客体之间的矛盾而达到人的精神自由,从而进入无入而不自得的人生境界。朱熹和理学家们追求的最高人生境界,以及实现这种理想人生境界的工夫,都体现了深刻的美学精神。因此,朱熹的这种人格理想不仅属于人格伦理学,而且属于人格美学。

五、朱熹的审美教育思想

朱熹理学美学的审美教育指的是:借助他所认为的美的形式或手段所进行的形象化、情感性教育,用于培养理想的人格。我们应当注意,中华人文精神"人文化成"的传统决定了中国传统的审美教育具有不同于西方传统审美教育的特点,也不完全相同于我们现在所理解的审美教育;它主要是方法论、功能性的美育,即不以美自身为目的,而是以美为方式或桥梁;其主旨不在于"以美立美",而在于"以美引善",即不在于仅仅培养人的审美能力,而在于使人借助美的感染、融化,自由自觉地进入善的领域。朱熹理学美学的审美教育就是这种性质的美育,并且是其集中而典型的体现。

朱熹审美教育的化育之道具体可概括为"兴于诗、立于礼、成于乐"与"天地之教"(自然美育),统之则为"游于艺"。"游于艺"之"艺",应该是"六艺"。关于"六艺",主要有两种说法,一是指"六经",即"诗、书、礼、乐、易、春秋",二是指六种技艺,即"礼、乐、射、御、书、数"。朱熹称"艺是小学工夫",应主要指"六艺"而非"六经",然"六经"中的"诗、礼、乐"则应包括在内。如此,则"游于艺"的分解恰恰是"兴于诗、立于礼、成于乐"。邢昺在《论语注疏》中疏曰"此章记人立身成德之法也",即人格修养的全过程。如果说在"志于道、据于德、依于仁、游于艺"之间,"游于艺"具有时间或操作上的先行性,那么,在"兴于诗、立于礼、成于乐"之间,则不是简单的时间次序之先后,而是存在着化育层次的不断深入性。这些思想主要体现在朱熹对论语的注解中。

朱熹审美教育的方式可概括为三个字，即"学"—"践"—"养"，其审美教育情态则概括为一个字，即"化"。"学"即"学文"，侧重于知；"践"即"践履"，侧重于行；"养"即"涵养"，"内外交养""涵育熏陶"，是身心俱用，知行合一。"化"则是"习与智长，化与心成"，是内外融通，自然流成之谓。

1. "学"——"博学于文"

在知行观上，朱熹主张"知先行后"，人格美育的化育之方也是如此，故先强调"学"。他认为"惟学为能变化气质"（《答王子合》），"以不美之质，求变而为美"（《朱子学的》上），如果"力行而不学文，则无以考圣贤之成法，识事理之当然，而所行或出于私意，非但失于野而已"（《论语集注》卷一）。孔子在《论语》中有"君子博学于文"的见解，朱熹在人格美育化育之方中所谓"学"，也正是"博学于文"："熹闻之学者，博学乎先王六艺之文，诵焉以识其辞，讲焉以通其意。"（语类卷二一）在朱熹看来，学是行的指导，如不学而一味去行，则是蛮行："若不学文则无以知事理之当否。""若不学文，任意去做，安得不错？"（同上）朱熹自己就十分博学，他晚年回忆自己成长经历时曾说："某旧时，亦是无所不学，禅、道、文章、楚辞、诗、兵法，事事要学。"（语类卷一〇四）从人格美育的角度来说，"文，谓诗书六艺之文"（诗经集传序），尤其是诗文艺术作品，这是形象化、情感化的道德教材。朱熹一生花了很大的精力来研究和注释《诗经》、《楚辞》，考订《韩文》，并撰写了《琴律说》《声律辨》等音乐专文，还准备选编古诗，为人格美育提供范本，可惜后来没精力完成。朱熹对人格美育的这种范本要求是很严格的，除了道德标准以外，还要充分考虑形象性和情感性特征，使其易于感动人心，这是非常有见地的。显然，在这方面，《诗经》是最理想的读本，因为它"发乎情"，能"感发人之善心""导性情之正"。因此，他提出："章句以纲之，训诂以纪之，讽咏以昌之，涵濡以体之，察之性情隐微之间，审之言行枢机之始，则修身及家，平均天下之道，亦不待他求而得之矣。"（诗经集传序）既学且修，身心俱养。

2. "践"——"笃实践履"

在知行观上,朱熹虽然强调"知先行后",但同时又强调"知行相须"且"行为重":"知行常相须,如目无足不行,足无目不见。论先后,知为先;论轻重,行为重。"(语类卷九)与此相应,朱熹在人格美育化育之方上也强调"笃实践履",因此,不仅"寓教于乐",而且"寓教于践"。朱熹说:"盖古人之教,自其孩幼而教之以孝、悌、诚、敬之实,及其少长而博之以诗、书、礼、乐之文,皆所以使之即。夫一事一物之间,各有以知其义理之所在,而致涵养践履之功也。"(《答吴晦叔》)所谓"使之即",在笔者看来就是"使之践",通过践履来使之即为我真有。朱熹所谓"盖观于外者,虽足以识其崇高钜丽之为美,孰若入于其中者,能使真为我有,而又可以深察其层累结架之所由哉?"(《答林正夫》)也是意在强调人格美育重在践履。在他看来,若人格美育只停留于徒为"观听之美"的地步,则于修身养性何所益哉!

3. "养"——"居敬涵养"

"学"以用心,重在感与知;"践"以用身,重在行与能;而"养"则身心俱用,内外交养。而且"养"是一种"常惺惺"的心态和恒久的工夫,贯穿在"学"和"践"的全过程中。

朱熹论修身为学用到"养"字处极多,这是修心性的基本姿态和基本工夫,人格美育之方也是如此:"古人只从幼子常视无诳以上,洒扫应对进退之间,便是养底工夫了,此岂待先识倪端而后养哉? 但从此涵养中,渐渐体出这倪端来,则一一便为己物。又只如平常地涵养将去自然纯熟。"(《答林择之》)他在自己的《紫阳琴铭》中则如此云:"养君中和之正性,禁尔忿欲之邪气;乾坤无言物有则,我独与子钩其深。"(《紫阳琴铭》)这个"养"其实也即所谓"居敬","敬一字,万善根本,涵养审察,格物致知,种种工夫,皆从此出,方有依据"(《答潘恭叔》)。他又认为"涵养不熟则其出辞气也必至鄙倍,惟涵养有素则出辞气斯能远鄙倍矣"(语类卷八〇)。惟居敬涵养方能使身心收敛,内外合一,在一事一物中处处留心,一言一行中时时在意,以终至熏育出美好的品行。即所谓"追琢其章,金玉其相,是那工夫到后,文章真个是盛美,资质真个是坚实"(同上)。

4."化"——"习与智长,化与心成"

人格美育是一种情感愉悦中的化育工夫,这是它与其他教育方式的最大的不同之处,也是其化育之方的根本精神。朱熹在《题小学》中指出:"必使其讲习之于幼稚之时,欲其习与智长,化与新成,而无扞格不胜之患也。"这种"化"也可以称为"融":"说个融字最好,如消融相似……须是融化,渣滓便下去,精英便充于体肤,故能肥润。"(语类卷二四)朱熹在其诗作中更这样形容"化":"春冰融尽绝澌微,彻底冰壶烛万几。静对春风感形化,圣心体段盖如斯。"(《朱熹学归》)这些都表明人格美育的化育过程是一种自由愉悦,不经意间自然完成的过程,"其可谓不言之教矣"(《孟子集注》卷四)。任启运《礼记章句》中称"盖其为教,优游和顺,使人默化而不知",朱熹将这种过程归结为"涵育熏陶,俟其自化"。

当代新儒学家牟宗三称中国传统文化所追求的人生最高境界为"圆善","圆善"的达到必须通过"圆教","圆教"的特点就是浑然融化,他说:"此'化'字最好,一切圆实皆化境也。不至于化,便不能圆,不能实,不能一切平平,无为无作。故'化'字实圆之所以为圆之最高亦是最后之判准。凡冰解冻释皆化也,是融化之化。不融化,则不免有局限,有情执,皆权教也。"[①]这番话有助于我们加深对朱熹理学美学人格美育化育之道和化育之方的理解。

六、朱熹理学美学的二重性影响及其意义

由于朱熹理学及其理学美学具有深刻的二重性矛盾,所以,它在中国古典美学和文学艺术领域中的影响也就带上了极为突出的二重性特征。所谓朱熹理学美学影响的二重性,我们把它归为两个方面,一是其方向的二重性,即顺承影响和逆反影响两个方面;二是其功过的二重性,

---

[①] 牟宗三:《圆教与圆善》,载郑家栋《道德理想主义的重建》,第 605 页,北京:中国广播电视出版社,1992 年。

着重表现在伦理功利的局限和理论思维的贡献这相辅相成的两个方面。

1. 顺承影响与逆反影响

所谓顺承影响是指对朱熹理学美学思想的正面继承,也即朱熹理学美学对后代的直接的顺面的影响。这种影响既表现在朱熹的一些具体的理论观念为后来者所接受和援引,也着重表现为朱熹理学美学两重性的理论旨趣,即艺术和美学理论的伦理功能的强调和理性思辨的追求在后代产生的巨大影响,其中某些理念习惯几乎成为影响中国传统乃至现代社会意识形态的文化心理模式。所谓逆反影响指的是,似乎是对朱熹理学美学思想的一种反叛、反拨或反动,然而就其指向上仍是受着朱熹理学美学思想的影响,只不过这种影响是逆反的。

顺承影响首先突出地表现在对朱熹理学美学伦理本体精神宗旨的继承。朱熹以一代理学宗师的身份,其理学美学的影响自然首先表现在义理心性之学对美学的融合浸润方面。朱熹的两位再传弟子真德秀和魏了翁可谓是继承朱熹理学美学伦理本体精神宗旨的突出代表。真德秀生平年代理学已长期被禁为"伪学",而他"慨然以斯文自任",独力彰明理学,弘扬朱熹的理学精神。在主张文学和美学理论的伦理本色上,真德秀甚至比其祖师早走的更加极端,朱熹的"文道合一"观尚主张文道两得,主道而不忽视文的特点和规律,真德秀则似乎惟道是举。他力图以义理之学作为唯一的标准来评选文学作品,解释一切文学现象,作了著名的《文章正宗》,全书分辞命、议论、叙事、诗赋四类,录《左传》《国语》以下至唐末之作。其中诗赋一类"约以世教民彝为主,如仙释、闺情、宫怨之类,皆弗取"(见刘克庄《后村诗话》),以致成为纯粹是伦理学的教本。后《四库总目提要》都称其"持论甚严,大意主于论理而不论文",可见真德秀是试图继承朱熹理学美学伦理宗旨而实际走向了偏执,流于迂腐。相比之下,同为朱熹再传弟子的魏了翁美学态度较为通融,能本朱熹理学美学之伦理宗旨而又兼取古文家的文学精神,他曾提出"辞虽末伎,然根于性,命于气,发于情,止于道,非无本者能之"(《杨逸少不欺集序》),即指文辞是一个人的品性、气质、情感、学识等因素的综合体现,不是积养深厚者难以为之。他对有道者人格精神的着力推崇，充分地体现了朱熹的人格美学精神。朱熹的三传弟子吴泳所提出的"文以理为主"（《答唐伯玉书》），三传弟子王柏所提出的"古人为学，本以躬行讲论义理融会贯通，文章从胸中流出，自然典实光明是之谓正气"（《发遣三昧序》），均是朱熹理学美学伦理精神的发挥。

朱熹理学美学"文道合一"的伦理本体精神在后代影响极深，如明代正统复古派的代表宋濂称："其文之明由其德之立；其德之立宏深而正大，则其见于言自然光明而俊伟，此上焉者之事也。"（《赠梁建中序》）"古之为文者……郁积于中，摅之于外，而自然成文，其道明也，其事覈也，引而申之，浩然有余，岂必窃取辞语以为工哉！"（《苏平仲文集序》）其宗旨与语气，均本自朱熹。明末大思想家黄宗羲、清初大思想家魏禧等均主张文与道合，主张弘扬文学的伦理精神。可以说，这种人文精神模式和理脉一直延续到现代中国社会。即使批判宋明理学激烈和深刻者如鲁迅，其骨子里仍然深入地浸润着理学美学那种伦理精神。他对革命的人与革命的文的关系的论述，使人能深切地感受到朱熹"文道合一""人品与文品"合一观念的影子，而他对埋头苦干的"民族脊梁"人格品质和人文精神的崇尚与提倡，也与朱熹的人格美学精神有着未必相左的旨趣。鲁迅对陶渊明的评价，也直接受朱熹陶渊明论的影响，都是从人品气质着眼，连语气都相似。朱熹理学美学的这种"文化影响"极为深远，可以说至今仍然在起着作用。最明显的是其审美哲学中的伦理化倾向，作为一种"思想先行"①的传统意识模式，在朱熹之后历代相沿。这主要又表现为艺术的政治化和人格化，以及审美的伦理功能化。

朱熹理学美学有关具体的艺术和美学见解的顺承影响更是十分广泛而深远，尤以对严羽和王夫之两位大家的影响为著。严羽与朱熹同时代而稍晚，这两位宋人的形象通常在人的心目中悬若冰炭，其实，正是朱熹给了严羽极大影响。朱熹对严羽最重要的影响有三个方面：首先是朱

---

① 参林毓生《中国意识的危机》，贵阳：贵州人民出版社，1986 年。

熹诗论的重点和审美理想。《沧浪诗话·诗辨》所列"体制""格力""气象""兴趣""音节"诸项正是朱熹诗论的重点;严羽言"兴趣"要求"吟咏情性",感物起兴,并达到"羚羊挂角,无迹可求"的境界,言"气象"推崇"气象混沌,难以句摘""似粗而非粗""似拙而非拙""浑然天成",这正符合朱熹所推崇的"感物道情"说和"气象浑成"的审美理想。其次是朱熹的"熟读精思"的美学方法论。朱熹的"熟读精思",一指熟读以"穷理",严羽亦云"非多读书,多穷理,则不能极其至";二指熟读以"识得古今体制雅俗向背",识得前人诗人"优劣",严羽亦云"作诗正须辨尽诸家体制,然后不旁门所惑",并提出"参诗"说;三指熟读以仿古,严羽亦云熟读模仿"做到真古人"。最后是朱熹对具体人物的美学品评,严羽也与之相近。朱熹推崇李杜,严羽同声和之;朱熹对苏黄诗风的非议可谓开严羽抨"江西诗派"之先声。尽管尚无确证说明严羽曾自觉地接受朱熹见解,但据其总体观念考察其间的影响十分显然。[①] 至于朱熹对王夫之的美学影响,且不论其理论思辨的批判继承,就审美意象论,朱熹的"气象浑成"之于王夫之的"二十字如一片云""无端无委,如全匹成熟锦,首尾一色"(《古诗评选》);就审美鉴赏论,朱熹的"熟读涵泳""通悟自得"之于王夫之的"此种诗直不可以思路求佳"(同上),"从容涵咏,自然生其气象""读者各以其情自得"(《姜斋诗话》卷一);就审美修养论,朱熹的"远游以广其见闻""不是胸中饱丘壑,谁能笔下吐云烟"(《奉题李彦中所藏俞侯墨戏》)之于王夫之的"身之所历,目之所见,是铁门限"(《姜斋诗话》卷二),其间脉络,一目了然。

具有近代叛逆精神的明清浪漫思潮的兴起,表面上看来似乎是与朱熹理学美学针锋相对,水火不相容的,其实两者之间亦有内在的否定之否定脉络。这股以个性解放、主情纵欲为主要特征的思潮,其思想源渊可溯之于阳明心学对于朱熹理学构架中"心""理"矛盾的突破而高扬了"心"的主体地位,进而又由后来者突破"性""情"矛盾而肯定了"情"的合

---

① 朱熹语均见语类卷一四〇,严羽语均见《沧浪诗话》。

理性,并由主情趋向纵欲,走向感性的解放。"主情"派如李贽、徐渭、公安三袁、汤显祖等莫不把抨击的矛头指向朱熹的"天理",这可以算是朱熹理学美学的"逆反影响"。阳明心学在历史上起于朱学弊端泛滥之际,在逻辑上正是朱熹理学内在矛盾的必然发展与突破,阳明后学更是把这种突破推向了极致,走向了对朱熹理学的彻底反叛。在美学和艺术实践上,这种突破及其后来者的更极端的反叛,直接导致了明清之际以高扬主体、解放个性、畅发情感为主要特征的近代浪漫主义思潮。

阳明心学从朱熹理学的固有缺陷和内在矛盾入手,在本体论、人性论、境界论、认识论和知行观等各个方面对朱学实行了全面的突破,从而完成了明代心学对宋代理学的系统改造。他对朱熹理学的同室操戈,虽然其初衷是缘于纠朱学之弊而发展理学,其结果却是歪打正着地瓦解了理学体系,使宋明理学在其行程中走到了它的尽头,也促使中国传统文学与美学的主导思潮在明中后叶产生了由朱熹古典理性主义的客观性、绝对性、伦理决定性朝更具近代主体浪漫精神的主观性、此在性、内在情感性的转向。王学左派的异端倾向,更是加速了理学的瓦解及中国近代异端美学精神的生产。而此种反叛、反拨或反动的动力与指向,正是来自朱熹的理学与美学。

这里不妨借用钱穆的一句话:"孔子朱熹蠹立中道,乃成为其他百家众流是共同批评之对象与共抨击之目标,实不仅为入学传统之中心,乃亦为中国学术史上正反两面共同集向之中心。"(《朱熹新学案·朱熹学提纲》)惟其如此,朱熹理学美学方能在中国美学史和文化史上产生如此巨大深远之双向影响。

2. 伦理的强化与思辨的超越

审美功能的伦理化取向在中国古典美学和艺术领域的影响之功过,犹如一个硬币的两面,也具有双重的特点。首先这种取向对审美和艺术自身的特点和规律是有严重的压抑和束缚之过的,尤其是当这种伦理取向被当朝的统治者所利用,成为审美意识形态的一统天下的钦定规范和模式的时候,更容易变成审美和艺术自身发展的桎梏。审美和艺术就其本质上讲人的生命意志和情感的自由表达,它们必须以人的丰富生动的生命内容和情感体验作为观照和表达的对象。"文道合一"的理念在其道是作为现存的社会伦理规范,尤其是统治者的伦理意识尺度来绝对地定义的时候,人的真实自由的生命体验和表达必然受到严格的限制和束缚,艺术就可能沦落为片面的伦理宣传工具,承受单一的明道功能。这样,审美和艺术自身的特殊规律就不可能得到重视,审美的形式和艺术的技巧就可能被绝对地排斥而得不到基本的关注,文坛和艺坛就可能被枯燥僵死的伦理说教所充斥。尽管朱熹自身的情感体验十分强烈、丰富、深刻,他自身的文学创作也颇能掌握艺术自身的技巧并得到很好的发挥,然而他的理学美学的这种伦理取向所造成的上述消极后果客观上是严重地存在的。这是朱熹理学美学消极作用的主导方面。值得指出的是庸俗社会学的艺术观在中国之所以易于走红,跟这种"模式影响"有着内在的关系,后者为前者的流行提供了适宜的文化模式土壤和精神氛围。

然而,理学美学的伦理本体追求也体现了中华民族自我人格认识的自觉和深化,审美和艺术作为人的精神世界的自我观照和自我实现的重要方式,有意识地在其中弘扬作为人文导向的人格精神或伦理精神,也是有其一定的积极意义的。这种伦理精神取向对于审美和艺术领域的无病呻吟的颓态和唯形式主义的绮靡之风,有着一定的纠偏作用。

如果说,在审美和艺术领域过分强化的伦理本体取向所造成的负面影响更为主导,因为审美活动和艺术创作本身是情感化、形象化的领域;那么,在美学思维领域本体化、哲理化的追求所带来的正面影响就更为主导了。因为美学就其本质规定是一种精神哲学,需要对情感化、形象化的对象作理性的反思,它不拒绝形而上的追求。朱熹理学美学在零碎、片断、诠注式的外在形态下,呈现了深刻的理性精神和内在的逻辑体系,体现了在中国古典形态的理论遗产中极为难能可贵的哲理和思辨水平。以前儒家的美学理论大都还是停留在以仁学为基础,对审美或艺术的本质、功能或技巧所作的经验式的描述,朱熹理学美学则把理论透视直切入美学本体的层面，并努力以统一的理论基点来表达对一切审美和艺术现象的解释，由此构建起一个具有内在逻辑的理论体系，这是对中国传统美学理论尤其是儒家的美学理论的重要超越。朱熹理学美学的哲理思辨精神推动了宋明以来美学理论领域对理论思维和理论体系更积极和更自觉的追求，由此在中国古典美学史上产生的积极影响应引起我们充分的重视。他的理学美学的哲理性、思辨性，启发促进了当时整个时代的美学思维。中国古典美学的主体是诗学，这种诗学主要又表现在"诗话"一类的著述里，"诗话"正是在宋代兴起并大量涌现的，而其中最出色的正是受朱熹影响很深的《沧浪诗话》。纵观中国古典美学史，至宋代有个明显特色，那就是美学思辨性的加强，理论著作的丰富，朱熹在其中起了很大作用。

就美学理论而言，在朱熹前后美学理论似乎有个明显的分界，朱熹之前的美学理论无论是理论教化说还是审美自由说，其理论形态均较为外在和散碎，而朱熹之后的美学理论则明显表现出了追求理性本体和思辨体系的取向。这一取向至中国古典美学的集大成者和宋明理学美学的批判性殿军王夫之，到达了顶点。而王夫之的思辨成就，正是直接受益于朱熹，朱熹哲学在王夫之哲学形成过程中起了重要的历史作用，这已成为中国哲学界的公识。正是朱熹对张载气本体学说未臻圆密处的改造，启迪了王夫之对张载气本体学说缺陷的认识，也正是朱熹哲学中的合理因素推动了王夫之对张载哲学的发展，从而形成了比张载更为严密精致的气本体理论体系。可以说，尽管王夫之在理气体用关系上对朱熹作了批判性颠倒，然而其思辨构架内核深处实仍受承于朱熹，仍没有脱离理气心性"两在合一"的思辨格局。这一点也直接影响了王夫之的美学理论，使其在中国封建社会晚期构建了最为体大精深的美学体系。其后美学思辨体系谨严周密者如桐城派的文论、叶燮的诗论均得益于朱熹理学美学的思辨资源。

总之，朱熹美学作为理学美学的最典型、最充分代表，它在中国古典美学乃至近现代美学领域所产生的"顺承影响""逆反影响"和"伦理影

响""思辨影响"都相当地巨大深远。《中国诗史》的作者陆侃如、冯沅君
说过:"我们认为在中国古代哲学家中,只有三个人是真能懂得文学的,
一是孔丘,一是朱熹,一是王夫之,他们说话不多,句句中肯。"这是知者
之言,这话更适用于指美学,我们也可以说这三个人是中国古代哲学家
(儒家)中最懂美学的,他们深厚的哲学思辨根底和艺术文化修养为其在
美学上的建树提供了良好的前提。朱熹是以哲学家的见地来谈美学和
艺术,因此比一般美学家、文论家和艺术家看得更加宏深高远,在方法论
上比后者更胜一筹。他具有诗人的气质和情趣,有相当的文学艺术修养
和实践的功夫,因而比一般的哲学家和思想家更知艺术与审美之三昧。
如果说,孔子、朱熹、王夫之三人在中国思想文化史和古典美学史上都具
有"集大成"的地位,那么,可以说朱熹上承孔子,下启王夫之,正是承上
启下的关键人物。他的美学思想融哲学、伦理、心理、教育、文艺思想为
一有机渗透的整体,其对思辨性和伦理性双重追求所造成的体系内的二
重性矛盾,极为充分地体现了理学美学的基本特征,而他对儒、道、佛诸
家的文化意识和审美思维的汇通,则又相当典型地显示了中国传统文化
意识和审美意识的缩影。因此我们不仅可以说,要认识中国传统文化不
得不认识朱熹;而且可以说,要完整地认识中国古典美学史也决不能忽
视朱熹。

第三节　象山心学中的美学智慧

陆九渊(1139—1193),字子静,号存斋,江西省金溪县人,晚年因率
弟子在邻县贵溪象山讲学世称象山先生,与其兄陆九龄并称"江西二
陆"。他开创了宋明理学的心学一派,提出"心即理"说,与明代王阳明集
大成的心学思想并称"陆王心学"。由此,"陆王心学"同二程和朱熹的
"程朱理学"共同构筑了宋明理学思想的主体部分。

象山的性理思想主要源于孟氏之学并有发展,在对孟学做了哲学整
合的基础上,从"心"处承接孟学向下说,提出"心即理"的命题,其理论贡

献是将"理"这一本体概念范畴置于孟子的"心"论,并通过"心即理"这一命题的转换,将自己哲学体系的基点确立于"心"而非"理"上,进而建立了其本体概念即"本心"。"本心"这一超验本体的建立,就直接包含、规定了道德实践的途径和方法,象山的工夫论是环绕"发明本心"展开的,即在"心"上做工夫。这就是"心"包摄"物"、以"本心"为本,以"发明本心"为旨的本体论和工夫论。"本心"作为吾心先验的道德本体,"发明本心"是后天证成之工夫,它表现着本体与工夫的同一性、结构的和合性,此种本体和工夫皆在具体的境界里活泼呈现。象山心学的这种理论宗旨本身就具有生机勃勃的美学精神。

一、"本心"与美学本体

"本心"是象山哲学最重要的观念。陆氏门人傅季鲁说:"先生之道,精一匪二,揭本心以示人,此学门之大致。"(《年谱》)象山审美哲学也建立在"本心"基础上。"本心"是美之本体,"本心"的流行发用即为美;通过审美来体认"本心"之美,并使之澄湛,这也就是"发明本心";这一切皆落实在生命活动中,从而进入"自在自得"、与天地浑然不二的至乐人生境界。

1. "吾心即是宇宙":本心的本体性

象山曾自叙:

> 后十余岁,因读古书至宇宙二字,解者曰:"四方上下曰宇,往古来今曰宙。"忽大省曰:"宇宙内事乃己分内事,己分内事乃宇宙内事。"(《年谱》)

可见他很早就悟到我的宇宙不在心外,"吾心即是宇宙"(文集卷三六)。并说:"万物森然于方寸之间,满心而发,充塞宇宙,无非此理。"(语录上)"方寸"指"本心","本心"具众理,众理充塞宇宙,构成天地万物。因此,"本心"是宇宙整体之"发窍处",是宇宙万物的灵魂与本体。基于对"本心"的内在超越性的体悟,象山挖掘出了心体与天理之间的关系,

"心即理",心即天,天人合一。象山体悟到"本心"固有的四端万善,是天理本身,他说:"道者,天下万世之公理,而斯人之所共由者也。"(《杂著》)由此可见,"道"与"理"同涵于"心"。由此解决了天人、物我、人己之间的对立,天、道、理、心、性一脉贯通,"天人合一"。象山以"吾心即是宇宙"和"心即理"的命题,开始将"心"或"本心"赋予本体的意义,从而有别于程朱理学,开启了心学的路子。在美学上的意义是,对美的本体的探究,不再是先天的"理",而是"本心"的"分内事"。

2. "不虑而知":本心的直觉性

"不虑而知"说的是"本心"的直觉性。由于受到佛教禅宗的影响,象山"本心"具有"悟"的特性。用现代心理学术语讲,"悟"是一种跨越了逻辑思维阶段的心理直觉,象山之"本心"具有直觉性的特点。这种观点,直接承续孟子:"所不虑而知者,其良知也;所不学而能者,其良能也。此天之所与我者,我固有之,非由外铄我也。"本心直觉思维是先天的,是"不虑而知,不学而能"的,如"恻隐之心""羞恶之心""恭敬之心""是非之心"是人所本有的,非由外所得。"本心"没有欠缺,临事即随"本心"而发。这种"悟"的形式是生命本身的直觉呈现。

《语录上》记载,象山指教徐仲诚思《孟子》"万物皆备于我"一章云:

> 仲诚处槐堂一月,一日问之云:"仲诚思得《孟子》如何?"仲诚答曰:"如镜中观花。"答云:"见得仲诚也是如此。"顾左右曰:"仲诚真善自述者。"因说与云:"此事不在他求,只在仲诚身上。"

徐仲诚用"镜中观花"作比,表达了对"本心"的领悟,得到象山的赞赏,象山以为,人对"本心"的领悟就像镜中观花,人心不但是镜,而且是镜中花,因此镜中花是"本心"的自我认识,不借助其他的物质的或观念的手段,而直达对"本心"的自明性的悟解,这是一种洞察式的觉察和观照。"就是深入到对象的内部,达到主体与客体的合一,在这合一中去体验对象的流变,追随对象的流变,达到一种与物为一,与物共变的体验。"①象山强调直观的感受和领悟,把"本心"当作领悟对象,让人通过"本心"的自我意识,使世界在"本心"的"悟"中真体豁然朗现。

象山常教人定心明"理",一日詹子南方侍坐,先生遽起,子南亦起,先生曰:"还用安排否?"象山以起立的动作代替语言来启发詹子南明理体"道"。"王遇子合问学问之道何先? 曰:'亲师友,去己之不美者也。人资质有美恶,得师友琢磨,知己之不美而改之。'子合曰:'是,请益。'不答。先生曰:'子合要某说性善性恶,伊洛释老,此等话不副其求,故曰是而已。吾欲其理会此说,所以不答。'"(语录下)

以上公案表明先生教授弟子体"道""理"的方法是用超语言、超逻辑的直觉方法,直接契入对象。因为"理""道"是"视之不见""听之不闻"的。只有通过直觉才能悟道。象山用不同寻常的授徒方法,引导弟子领悟"本心",是为了造成一种陌生化的效果,使弟子们的思维跳出惯常使用的逻辑思维方法,用新的眼光和角度去认识这个世界,使之恢复本真的生命体验。实质上,"本心"是一种自我意识的心理状态,是无法用语言概念来传达的,要靠每个人的直觉体验。象山说:"无思无为,寂然不动,感而遂通天下之故。"(语录下)"本心"的直觉,只专注事物本身,无须对外界事物进行支离的解析,通过"直观取象",直接把握认识对象的内在性质和特点,进行精神内敛,当下消解主观与客观、能指与所指、物与我的界限。主体还须挣脱世俗的羁绊,澄怀味象,乘物游心,始终保持无私无欲的心境。所以,"本心"的直觉特点是"感而遂通"、"一念即觉"、"不虑而知"、刹那间的,是一种不假外求的意志自觉,从而在整体上以直觉的方式直接而快捷地意会事物之本质,领略其中蕴涵的精神,通过对生命本身的领悟,发现"本心",从而悟到心中固有之理,以此支配自己的行为。达到"内无所累,外无所累,自然自在,才有一些子意便沉重了。彻骨彻髓,见得超然,于一身自然轻清,自然灵"(语录下)的境界,直接切

① 贺麟:《现代西方哲学讲演集》,第14—15页,上海:上海人民出版社,1984年。

入浑然与道合一的境界。象山"本心"的直觉性具有感性、超逻辑的特征，消解了对象性思维，是趋于整体性的理性直觉感知。

3."反身而诚,乐莫大焉":本心的情感性

在象山的心学体系中，"情、性、心、才，都只是一般物事，言偶不同耳"(语录下)。因此，象山之"本心"富有更多的情感色彩和人情味。依照象山心学的伦理主旨，这种情感侧重的是道德体验，然也蕴含着普通心理情感，并渗透着超越而自得的审美体验。他"在其'自作主宰'的'本心'说中，包含着对审美情感之认同"[①]。他在主张道德本体的主体自觉性的同时，却又强调情感活动的自发性："以道制欲则乐而不厌，以欲忘道则惑而不乐。"(《杂著》)整合了伦理与审美，从道德情感高度体验"美"的境界，这就是所谓的"乐"。

象山言说的"本心"是一个"诚""仁"兼备的情感本体。从本体论角度来看，"本心"进行情感性体悟时获得的体验是在人与世界的原初关联中获得的体验，是一种人生在世的根源性的体验，是审美体验。象山继承了孟、荀、《中庸》关于"诚"的思想：

> 万物皆备于我矣，反身而诚，乐莫大焉。此吾之本心也……古人自得之，故有其实。言理则是实理，言事则是实事，德则实德，行则实行。(《与曾宅之》)

象山将孟子所言的"反身而诚"之"诚"视作"吾之本心"。通过"吾之本心"规定"诚"，确立了"诚"的道德本体地位，"诚"就具备了道德形上的本体意蕴。本体之"心"也就与本体之"诚"相合为一。"心之体甚大，若能尽我之心，便与天同"(语录下)，把"本心"视为通万物同天地的本体。因此，"诚"无须外索，只要"顺乎心之自然"，也就实现了"诚"，就可到达"天人合一"的境界。象山的"乐莫大焉"的体验正是在人与世界的原初关联中得以发生，就象山对"诚"的体验来看，既是对"本心"的原初体验，

---

① 王振复：《中国美学的文脉历程》，第 687 页，成都：四川人民出版社，2002 年。

也是对"理"(世界万物)的原初体验,而且此二者在根源上是合一的。是对人生在世的根源性的体验,象山的这种体验是审美体验。置身于审美体验之中,主体体验到吾之"本心"与万物原是一体,感受到由生命之"诚"带来的美好与完善。这种将万物由感官内化为心灵体验的能力,是"乐"的真正源泉。象山之"乐"的审美体验的其价值指向是"诚"。"诚"即是美,美即是"诚"。

4. 当即显现:本心的当下呈现性

象山心学之"本心"不是一个脱离实际的抽象的理念,也不是一个超越性的实体。"本心"的发用是不拘于时空的,亦不囿于个体的年龄、修养等外在的条件,拥有在具体的机缘境域中当即显现的特点。

在象山思想里,"本心"就是存在。按照海德格尔的基础存在论,存在即在呈现中才能得以澄明。任何"存在"都是"有待去是"的,从根本上都与具体境域中的"生成""体验"或"构成"不可分离。在象山,这个隐蔽的、无穷尽性的"本心"是要通过爱人、立人、达人等个体道德实践活动得以敞开,"及事至,方出来",这就是时机化的自然显现。"本心"发用,是随缘而发,体现出一种广大、精微的韵力,不限时空,随处发见,当下俱足,是"本心"在感应之机中的神妙之用,万物在感应明觉中显露。"本心"如明镜,纯净光洁,随机感应,照临万物。

但是,"本心"并非随时都是发用的,通常情况下处于隐藏状态。在这种状态下,"本心"不能呈现。象山说:"心不可泪一事,只自立心,人心本来无事,胡乱被事物牵将去。若是有精神,即时便出便好。若一向去,便坏了。"(语录下)在这些状态下,"本心"是被遮蔽的,不能呈现。但是,此时不能认为人之"本心"是不存在的,只是由于"本心"受到蒙蔽,不得彰显。而此时的个体是以一种潜在的方式来领会"本心"的,在这种状态下,个体的存在仍然指向"本心"的发明。象山说:"义理所在,人心同然,纵有蒙蔽移夺,岂能终泯,患人之不能反求深思耳。"(《邓文范求言往中都》)通过"发明本心",反观内求,使本心灵觉而澄明。

总之,"本心"在当下的境域中与生命一同显现,"本心"敞开自身,并完全投入到当下的生存境域中,"当恻隐时自然恻隐,当羞恶时自然羞恶,当宽裕温柔时自然宽裕温柔,当发强刚毅时自然发强刚毅"(语录下)。从而领会那种当下化,构成化的天地、鬼神、生死、仁智等事物,才能达到人的终极识度,才能达到对事物的最终认识,体现出与该境域相和谐的状态,这也正是人生的最高的与本然的审美状态,即心理相融的审美境界,而这种审美境界处在不停的消逝与生成的变化状态下,"本心"是绵延不断地生成的,"本心"之美是在当下的审美关系中使世界得以澄明。这就是象山"本心"的当下呈现的美学意义。

二、"发明本心"与审美工夫论

象山从"心即理"至"此心即我心",完成了本体论的建构。这就为其心学美学工夫论确立了起点。象山提出"发明本心"的目的是把吾之"本心"落实在精神世界和现实世界中,与此相应,"发明本心"的工夫便具有两种功能:"存养本心"与"践履"。"本心"通过"存养"得以在精神世界中澄明,通过"践履"使得"本心"在现实世界中落实。审美即是一种身心体验,一种践履,同时也是一种境界化育,终极指向"成物",达到审美境界的圆成。

1. "存养本心"与审美体验

审美活动是一种体验,而且是"根本地体现了体验的本质的类型"①。审美体验是主体与审美意象的一种融入,是一种任运自适、去妄存真的生命活动,其本质在于超越,是主体对生命束缚的超越。从工夫论角度看象山的审美体验,就是通过"存养"的工夫,达到对"本心"的体悟,是"存养本心"的体验。"本心"得以"存养",形成审美态度,建构虚静的审美心胸,获得审美体验,从而抵达审美境界。人心之湛然虚静的审美心胸,是审美体验的先决条件。这正如刘小枫所言:"在心学,审美的中介

---

① 伽达默尔:《真理与方法》,洪汉鼎译,第 99 页,上海:上海译文出版社,2004 年。

就是尽心去除私欲,使良知向天地敞开,由此达到审美之境。"①

　　基于象山的哲学思想体系。"人心"原本是清明的,不必对主体进行修养,"人心至灵,惟受蔽者失其灵耳"(《与佺孙浚》)。因受蔽,"人心"失灵,妨碍对天理的认知和体验。故主体应在"存养本心"上下工夫。象山的"存养本心"工夫主要通过"剥落"和"自省"。他将人心之蔽归结为二:一是物欲之蔽,二是意见之蔽。"愚不肖者之蔽在于物欲,贤者智者之蔽在于意见,高下汙洁虽不同,其为蔽理溺心而不得其正,则一也。"(《与邓文范》)前者因贪念物欲而蔽其"本心",导致"本心"的丧失。象山提出用"不逐物"的"剥落"工夫来格除、消解"物欲",超越功利。这种无功利的人生态度与现代美学强调的审美主体在审美活动中的无功利性是相通的。"事实湮没于意见,典训芜于辨说,揣量模写之工,依仿假借之似,其条画足以自信,其习熟足以自安。"(《与曾宅之》)象山提出用不为"邪说"所惑的"剥落"工夫来扫除成见,消解成见对于精神的束缚,从而使心灵解脱出来,得到自由解放。这点也和现代美学相契合,在审美观照中,对美的对象的把握不是建立在概念之上的,而是依靠个体感性的体悟,凭借的是整个心灵。针对"物欲之蔽"和"意见之蔽",象山通过"剥落"工夫存养"本心",来体认天理。这是一种"日损"的"为道"方法,与现代西方现象学的思想主张相似。象山的"剥落"工夫有似于现象学的"悬置"或"加括号"等"现象学的还原"方法。通过"剥落"工夫,"本心"澄莹,从而获得本真体验。

　　客观事物一般都具有非审美属性和审美属性两个方面。经过"存养"后的主体摆脱了功利的诱惑,不以实用的眼光注视对象,满足私欲,那么,事物的审美属性就会引起大脑皮层的优势兴奋中心,来自功利方面的刺激就会受到抑制或淡化,从而形成优势的审美兴奋中心,对事物作美的审视。此时,"本心"达到内在空无,"本心"虚怀以纳万物,就具备了"虚"的特点。达到空明的"本心",指向了"静",静虑以明事理。虚静

---

① 刘小枫:《个人信仰与文化理论》,第 58 页,成都:四川人民出版社,1997 年。

之心胸是审美的心胸。

象山有诗云:"此理于人无间然,昏明何事与天渊? 自从断却闲牵引,俯仰周旋只事天。"(《与朱济道》)强调主体通过"存养"等工夫、具备"虚静"之心,忘掉对红尘的功名利禄、祸福寿夭的考虑,忘掉自我本身,达到齐万物、泯物我的境界。这样就能断"却了闲牵引",能够做到"俯仰周旋只事天",达到了如日本美学家今道友信所说的"日常意识的垂直切断。"①培养了一种超脱的心态,于是"此理于人无间然",物象之美才能自我呈现,从而达到审美心境、艺术创作的临界点,从现实的物质世界跃入艺术人生境界。

经过"剥落""自省",人超越物质世界的束缚,摆脱理障,跳出功利性和目的性的锢识,恢复"本心"的澄莹、自立自主、适意灵活的性状,成为一种活生生人的最高存在状态。"人精神在外,至死也劳攘,须收拾作主宰。收得精神在内。当恻隐即恻隐,当羞恶即羞恶。谁欺得你? 谁瞒得你? 见得端的后,常涵养,是甚次第。"(语录下)人以知、意、情统一的心灵去感知和体验,对万物完整地从关联中进行体味,这就是真正的审美体验,从而达到"心之体甚大,若能尽我之心,便与天同"(语录下)。其实,这体现了一种十字打开的人文精神。打破了自我中心,抵制了"心量限隔",人性得以解放,人消弭在万物之中,与此同时,万物也消弭于人中。"宇宙不曾限隔人,人自限隔宇宙""满心而发,充塞宇宙,无非此理",把天人关系合得毫无间隙,达到人与自然的自由相通。于是,人进到了"主宰之心",体验到万有相通的本源状态,在体验中人物合二为一,与宇宙同体,体验到了超越,比其他任何时候都整合,获得完整圆满的存在,从而获得一种精神上的自由感,达到了无我、至乐境界。

2. 躬行践履与审美实践

象山十分重视躬行践履,认为道德践履的过程实际上就是用道德知识指导道德行为的过程。通过身心磨练,使心体常明;藉磨练之过程,达

---

① [日]今道友信:《关于爱和美的哲学思考》,王永丽、周浙平译,第 157 页,上海:三联书店,2003 年。

到"明物理""端事情"和论事势。其伦理涵义是指通过"践履"封建的伦理纲常,来积养"德行","修身""正心",即通过实践可以将潜在的道德性变为现实道德性,进而达到圣贤境界。

在美学上也是如此,通过知行工夫将潜在德性化为现实德性,"本心"之美才得以显现。这是由于美既不是一种所谓"格物致知""读书穷理"的智力活动的产物,也不是自然与社会客观事物的一种固有的价值,而是人的"本心"发用流行,在德行过程中主客观交互作用的结果①。道德审美实践可将内在的审美自觉化为外在的审美行为,将审美品格落在实处。因此,象山强调个体自身的道德审美实践,使个体在审美实践中成就审美人格的构建,通过道德审美实践来成贤成圣,发展完满人性。

象山强调磨练工夫,既体现在技艺之类,也落实于日用常行过程之中。象山说:"圣人教人,只是就人日用处开端。"(语录下)他还说:"起居饮食,酬酢接对,辞气、容貌、颜色之间,当有日明日用之功。"(语录下)就是说道德践履可在现实生活中随时随地进行,理想人格的完成来自人伦日用的道德践履。用象山自己的话来归纳他对于理想人格完成的思想,就是,"心不可汩一事",才"自然轻清,自然灵",达到"会其有极,归其有极""内外合,体用备"的境界。这便是"物各付物"的境界。因而,就能达到自作主宰,外物不能移,邪说不能惑的自由境界。这种境界正是审美实践要达到的自在自得、和乐境界。总之,通过如此入微的知行工夫磨练,"道外无事,事外无道","过化存神",使"本心"发用得以流行,"本心"之美得以呈现。

象山之知行工夫也体现在技艺上,如:"棋所以长吾之精神,瑟所以养吾之德行。艺即是道,道即是艺,岂为二物,于此可见矣。"(语录下)下棋、弹瑟等礼乐活动不仅是为了调养"本心",而且是为了"志于道",通过从事这些礼乐活动,使"本心"在技艺磨练过程中得以涵养,人性品德在具有审美实践性质的技艺磨练中获得落实,弹瑟这些技艺不仅能给人以

---

① 毕诚:《儒学的转折》,第 216 页,北京:教育科学出版社,1992 年。

审美的感受,而且也能实现德行之美,即达到"一致于道"的道德审美人格。

象山有诗云:"文章继述千年道,礼乐开明万古心。"(《题云林宗祠》)又说:"至于谈仁义,述礼乐,既古人之文不既古人之实,大言侈说而不适于用。此则不知尧舜孔孟之学。"(《刘晏知取予论》)谈仁义,述礼乐,要以尧舜孔孟之学为本,更主要的是学以致用。所以,在象山,作礼乐的目的绝不仅仅是为了美学意义上的欣赏,而是有着强烈的审美实践的意义,即通过践履礼乐,来达到实现审美人格和审美修养的目的。

3. 审美教育与境界化育

中国古人认为,审美教育不是强制性的教育,而是潜移默化的"化育",通过直觉、感性等审美方式使教育得以深入"人心",从而陶冶精神,完善自我人格。中国古典美学侧重人生问题,特别重视通过审美、艺术等活动来陶冶人格,易风化俗。这也符合象山心学美学的基本用心和总体特征,审美教育是象山教育思想的突出特点。

象山建构了以"心即理"为哲学基础的人本主义教育学说,就是基于"心即理"的个体身心内在和谐,通过"存心、养心、求放心"的修养工夫,达到人与社会、人与自然的和谐,"拯救时弊",重振孔孟之道。象山的教育方法,以"发明本心"为主,通过学生"辨志""存养""求放心""切己自反"的工夫,以达到"明理""立心""做人"的目的。正如叶适所说:"陆子静晚出,号称径要简捷,或立语已感动悟入,为其学者,澄坐内观。"(《象山学案》)象山这种"令人求放心"的教学方法注重在心性上用工夫,远离了枯燥的说教,通过创造理想性格的空间,来激荡人的情感、荡涤人的灵魂,在无意间解放了心灵,美化了人的品格,具有审美教育的特点。象山鼓励学生轩昂奋发,自己探索,使学生"如鱼龙游于江湖之中,沛然无碍"(语录下)。杨简说:"先生既受徒,即去今世所谓学规者,而诸生善心自兴,容体自庄,雍雍于于,后至者相观而化。"(《慈湖学案》)象山采用灵活多样的教学方法,如教学准备阶段,要求学生"收敛精神",开讲时以"启发人之本心"为主,讲课过程中穿插着随问随答,运用自如,使得学生心悦诚服。这种教育方法极具鼓动性、号召力和感染力,正如他自己所言:"吾与人言,多就血脉上感移他,故人之听之者易。"(语录上)象山强调情感教学、艺术教育,从不把弟子束之在书本,局限于课堂,而是经常带领他们登山游览,吟诗作赋,通过感同身受来体味大自然的玄妙之境。正如禅宗所言:"青青翠竹,尽是法身;郁郁黄花,无非般若。"(《景德传灯录》卷六)在寓教于乐中开阔人的眼界,陶冶人的情操,从中体现了象山热爱自然、热爱生命的情愫。"舞云咏归,千载同乐"是其审美教育的表现形式。象山的审美教育向内表现为个体通过内在的、身心俱用的践履以成就个体人格和审美境界;向外则通过主体间的潜移默化来移风易俗。

象山十分重视通过教育来正心立心,移风易俗,将"发明本心"的工夫落实在当下现实生活中。在荆门执政时,以"化民"为己任,身体力行,主张"先立乎其大",把"正人心"放在荆门之政的首要地位,他修建了郡学、贡院等,"朔望及暇日,诣学讲诲诸生"。因此,"郡县礼乐之士,时相谒访,喜闻其化",五年来前去向象山请益者"逾数千人"。言教身传是中国古代教育的优良传统,象山对此尤为重视。史载象山对待学生"和气可掬,随其人有所开发,或教以涵养,或晓以读书之方"。每当"揖升讲座",即是盛暑时节,也是"衣冠必整,容色粹然,精神炯然"(《年谱》)。象山这种身体力行、潜移默化的教育方法远离了令人乏味的说教,对心灵的陶冶,如春风化雨,润物细无声,无意间美化了人的品格。

象山重视歌诗礼乐等艺术形式在移风化俗方面的特殊功能。象山说:"三百篇之诗《周南》为首,《周南》之诗《关雎》为首。《关雎》之诗好善而已。"(语录上)孔子删定诗三百,以《关雎》为首篇的标准是《韶》乐的美与善的音乐教化性能,象山对孔子的做法十分赞同。象山早年创作的诗《少时作》云:"连山以为琴,长河为之弦。万古不传音,吾当为君宣。"诗中以山为琴、以河为弦,是为了把"万古不传音"演奏给今人听。其中的"万古不传之音"指周礼乐的教化思想,这体现了通过雅乐宣扬德化的思想。

象山更重视乐教对于生命本身潜移默化的培养。在《陆九渊集》中，对乐教的生命涵养作用，有以下描述："黄钟大吕施宣于内，能生之物莫不萌芽。奏以太簇，助以夹钟，则虽瓦石所压，重屋所蔽，犹将必达。是心之存，苟得其养，势岂能遏之哉？""心之所为，犹之能生之物得黄钟大吕之气，能养之至于必达，使瓦石有所不能压，重屋有所不能蔽。"（《敬斋记》）象山肯定了"黄钟大吕"对于"心"的影响，"乐"对于生命本身潜移默化的培养。"乐"宣于内，其感化万物之力是潜在和强大的，通过"乐"来养"心"，从而达到浑然与万物一体的生命的最高境界，这是乐教的生命涵养的作用。"乐"在象山那里实际上已演化为一种道德或政治的艺术符号，承载的不仅仅是艺术，而更多的是社会政治道德，"乐"的氛围里，以耳目器官的闻见通达心灵的反思，进而达到修养自己、教化他人和教化社会的效果。

二、"自得"与审美境界

由于中国古代哲学没有对自由的直接讨论，自由观多借助于境界观体现，美的境界实际上就是自由的境界。象山心学集儒释道于一身，以"本心"为形上依据，它所体现出的境界交织着道德自由与精神自由的双重维度。故象山的境界观融道德自由与精神自由于一体。其境界是从儒之实有，经道之虚静而入释之空幻的人生与审美境界。

象山学中道德自由的体现以"本心"为依据，只有在"本心存养"的前提下，才能不受物欲的支配，从感性欲望中获得独立，进行自我选择，自觉、自愿地实践道德，真正做到"从心所欲不逾矩"。受禅宗境界观的影响，象山的境界追求不再局限"有"，其中也含有"无"的成分。"无"是超越一切执着的无累无碍境界。在象山心学中具体显示为对"自得""无滞碍""无累"的追求。只有"本心"清明，才能达到"心即理"，进入精神自由境界。如何进入精神自由境界，象山主张"自然""勿助""切近""优游"。通过"自然""勿助""切近""优游"工夫，摆脱人为的精神束缚，找到自由。

象山主张人心应不陷于"事"、不粘于"物"，随事而发，物各付物："心不可泪一事,只自立心。人心本来无事,胡乱被事物牵将去。若是有精神,即时便出便好。若一向去,便坏了。"(语录下)人心本来是"至明""至灵"的,执着于事、物,则易丧失其澄明的本性。在观物的方式上,象山主张"物各付物",即"以物观物"。用现代语言来讲,也就是要摆脱认识事物时的主客二元对立的架构,让物自体呈现出来。用钱穆的话来讲就是"以我融入物中,我亦一物,而物亦一我"①。进而才能达至"其见至广,其闻至远,其论至高,其乐至大"(《观物篇》)的"至神至圣"之境界,就进入了精神自由境界,开启了"活泼洒落"心学的人生境界。

象山"和乐洒落"的心学的人生境界,表现为对"事""物"的超越的"凝然不动"的气象,即"曾点气象",超然物外,"本心"澄莹中立,从而进入精神自由的境界,体验到"自得""和乐"。象山格外推许"曾点气象",他本人就曾坦言"脉(即咏字)归舞雩,自是吾子家风",而且对"曾点气象"的赞许已融进了他的"自做主宰"的内在精神中。

虽然象山学中的精神自由表现了释道哲学向儒学的渗透,但其精神自由仍是以至善的"本心"为本体,以道德自由为主轴,涵养"本心"是精神自由必不可少的基础:"此心苟存,则修身、齐家、治国、平天下一也;处贫贱、富贵、死生、祸福亦一也。故君子素其位而行,不愿乎其外。"(《序赠·邓义范求言往中都》)由此可见,象山学的自由境界仍以道德自由为前提,但又在超越中体现出悠然自适、无所滞碍精神自由境界。

四、象山的文学思想

象山的文学思想以其心学思想为主导,以"先立乎其大者"(《与邵叔谊》)为立足点,主张"文以理为主"(语录下),认为"文"源于"本心","本心"为"文"之本。形成了道德然后文章的思想。《年谱》曰:

> 近到陆宅,先生所以诲人者,深切著明,大概是令人求放心,其

---

① 钱穆:《中国学术思想史论丛》(五),第 58 页,合肥:安徽教育出版社,2004 年。

有志于学者,数人相与讲切,无非此事,不复以言语文字为意,令人叹仰无已。其有意作文者,令收拾精神,涵养德性,根本既正,不患不能作文。

他继承儒家"文以明道"的传统,凸显出心本文末的倾向。对待文学的态度基本上也是"文以载道",反对在形式上多下工夫。在创作上,多写义理文章和言志诗歌,崇实去浮、直抒胸臆,很少涉及以抒情为主的词;对作家作品进行评论时,也是以其心学思想为旨归,将人品与文品、道德与艺术挂钩,把文的伦理价值和审美价值密切联系,体现了重人品的审美取向。

象山主张道与艺为一体:"棋所以长吾之精神,瑟所以养吾之德性。艺即是道,道即是艺,岂惟二物,与此可见矣。"(语录下)在此基础上强调以道领艺,以道制欲:"主于道则欲消,而艺亦可进。主于艺则欲炽而道亡,艺亦不进。""以道制欲则乐而不厌,以欲忘道则惑而不乐。"(《杂说》)认为:"苟志于道,便当与俗趣燕越矣。"(《与赵然道》)

象山十分注意文学和艺术作品感发人心善性的作用,认为:"《关雎》之诗好善而已。"(语录上)"凡文辞之学,与夫礼乐射御书数之艺,此皆古之圣贤所以居敬养和,周事致用,备其道全其美者。"(文集卷三六)诗书礼乐皆是为了涵养德性,把美学价值取向引向主体心性修养。象山把文学形式看作道德的外化,其美学实践体现了他的社会意识和政治主张,象山大都以作品能够倡扬儒家之"道(理)"为审美理想,力求美与善的高度统一,审美意旨上致力于自我修养和注重美刺讽谕,在文艺的美学功能上,重视自身人格的养成和政治教化功能。

象山将人品与文品直接挂钩,主张"有德者必有言,诚有其实,必有其文"(《与吴子嗣》)。他曾说:"人之文章,多似其气质。杜子美诗乃其气质如此。"(语录上)也就是说,创作者必须先涵养道德精神,使人品完善,人格高尚,气质完美,这样才可能创作出具有崇高品格的好作品。"人须是闲时大纲思量:宇宙之间,如此广阔,吾身立于其中,须大做一个人。"象山把"大做一个人"视为写作的前提,它要求人们"不求声名,不较胜负,不恃才智,不矜功能"(语录下)。具备"俯仰浩然,进退有裕"(《与杨守》)的胸襟,并且要"高着眼看破流俗"(语录下),人具备了这样的精神气质,创作作品时,其精神自然会渗透到作品中去,从而写出超凡脱俗、具有崇高境界的文章。也正是从这一点出发,象山把"大做一个人"摆在了最为重要的位置上。"仰首攀南斗,翻身倚北辰,举头天外望,无我这般人。"(语录下)这就是象山塑造的大人形象。象山追求的"雅",是有"大志",讲"大节"的君子"大雅"。它以高尚的人格为核心,以"浩然之气"为目标,展现了崇高的人格美,是这一时代追求的壮美人格的表现。

象山主张不立文字,留给后世的作品不多,但这些有限的作品展现出了一个学养深厚、人品高尚的心学奠基者的美学智慧。他基于心学美学的心本立场,作为审美对象的感性物象之呈现,无一不是"本心"灵觉在境域中的时机化凸显与妙用。他的诗以"平夷闲雅,无营求,无造作"为前提,其意境由情景交融而构成,然相对而言,情居主导地位,它往往由景触发而起,同时又令诗中的景色带有了强烈的主观感情色彩。

解读象山诗,能够体悟到心学美学的心本意韵。在"本心"的灵觉妙用上,如《疏山道中》:"村静蛙声幽,林芳鸟语警。山樊纷皓葩,陇麦摇青颖。离怀付西江,归心薄东岭。忽念饥歉忧,翻令发深省。"这首诗势必伴随了诗人情感的愉悦,在诗人缓行的静观中,体悟到了宇宙万物的生机,并在瞬间的醒悟中情系万民的"饥歉忧"涌上心头,"归心薄东岭"的急切心情,溢于言表。这充分显示诗人的"救世情怀"伟大人格美。如《子规》一诗:"柳院竹斋茅店,云芜风树湮溪,听彻残阳晓月,不论巴蜀东西。"这是一首写无人的境界。这里的院、斋、店、云、树、溪、阳、月等等,就其本身而言,皆是感性直觉中的一些零星对象。这首诗的诗意在于通过审美直觉的感性直接性表达了超越认识对象(非离开或弃之)之外的思致,即诗人的惆怅之情。诗中所描绘的并不是认识对象或事物性质的简单罗列,而是一幅萧瑟悲凉的情境。诗中描绘的对象或事物不是独立于诗人之外的对象性质,而是与诗人志抱不能或无法实现的凄苦融合了一个审美意识的整体,这整体也是一种直接的东西,是一种"超越原始感性直接性和超越认识对象的直觉和直接性"①。再如《蝉》一首:"风露枯肠里,宫商两翼头,壮号森木晚,清啸茂林秋。"这首诗写一个秋天茂林"风露枯肠仍壮号森木"的无人境界,表达了诗人毛遂自荐而报国无门、怀才不遇的悲凉情思。

此外,象山的诗作充满了"禅意""蝉境"。如《晚春出剑溪》一首:"晴云冉冉薄斜辉,春静衡门半掩扉。风入墙头丹杏晚,高枝频毡乱花飞。"这是一首写晚春宁静的黄昏景象。一所宅院的门半开半掩,春风爬墙而入,打破了宅院的静谧,使杏树高枝频繁摇曳,乱花飞舞。此处有四静:春静、黄昏静、宅院静、杏树静。风一入,就是一个顿悟,一个此在顷刻的顿悟。于短暂的时间内,撕裂世俗的时间之网,步入绝对的无时间的永恒之中。这一入中的惊悟,是生动自然而随风荡漾的,将时下的鲜活浸入到往昔的深而幽静之中去了。那半掩扉门的宅院,即千年万代的辽阔的天空,那清新而细的风声,乃一朝之月。从中显见,时下与永恒融为一体,"一朝之月"与"千年万代的辽阔天空"融为一体。这就是"悟"的一种瞬间永恒的形而上的体验。这些诗均可以说是平淡至极,真可说只是"辞达"而已,由此可以看出象山的创作风格,即用平淡质实的语言来表达自己心目中的"道",表现了平淡的审美追求。

五、象山心学美学思想的影响

象山心学思想对后世特别是其弟子杨简和明代王阳明的思想产生了重要影响。

1. 象山对杨简的影响

象山自觉不自觉地保留了"理"本体,认为"理"超越天地人"三极",天地人赖其所生,这意味着"心"外有"理"。"心"为人的道德理性,不能超越于人,而"理"具有超验性、客观性的特点,有此特点的"理"就可以外

---

① 张世英:《哲学导论》,第 125 页,北京:北京大学出版社,2002 年。

于心而存在。故心外之理使得"心即理"失去纯然性:象山没有把道德本体完全建立在人的心灵世界,确立起彻底的心本体,而出现了象山学对朱学"理""道"等范畴的沿用,即人们说的"沿袭之累"的弊病。

杨简以心、道、性合一论对象山学"沿袭之累"进行了修正,以一己之心为内核,发展象山心学,使象山心学在哲学理论上能够独立于朱熹理学,而后才经王阳明学说的续接、发展,完善了心学的理论体系,形成引导一代学术的思想潮流。基于此,全谢山说"文元(杨简)为陆氏功臣"(《慈湖学案》),不无道理。杨简曰:"天地之道,为物不二,人、天地、心,三才一致。"(《奠定康郡太夫人辞》)又说:"曰天曰人,非知天者,亦非知人者也。""吾未见夫天与地与人有三也。三者形也,一者性也,亦曰道也,又曰《易》也,名言之不同而其实一体也。"(《己易》)天地人合为一性,此性就是道、心、我。由此,用"吾心"来统摄宇宙,心之外不再有天,不再有理,不再有道,以"心"为本体。这样就摆脱了象山对朱学"理"的"沿袭之累",使心学理论得到充分的发展。而此处之心是指个人之心。他将宇宙万物归于一"己",又把所说的"我"视为即在个体之身,而又具有超离血肉之躯和感觉认识的清明之性。他云:"夫所以我者,毋曰血气形貌而已也;吾性澄然清明而非物,吾性洞然无际而非量……吾未见夫天与地与人之有三也。三者形也,一者性也……"(《己易》)杨简这种"吾性澄然清明而非物,吾性洞然无际而非量"的自性观,与审美思维具有相通之处,进而言之,其实质是要人通过直觉的反观来体悟天人合一、万物浑然一体、超越感、无差别的境界,即"物我一体的美学境界"①。宇宙中的一切现象都是由"吾心"所发出的现象,这就不同于象山所认为的"心""理"关系,杨简以"吾心即物"代替了象山的"心即理"②。以个体之心为本体,暴露出其哲学的唯我论倾向,在美学上较象山更为重视或高扬人的主体作用。

---

① 蒙培元:《理学范畴系统》,第 435 页,北京:人民出版社,1988 年。
② 崔大华:《南宋陆学》,第 143 页,北京:中国社会科学出版社,1984 年。

杨简发展了象山的文、道观。他把文学与人心直接联系起来,认为文学作品,在其内容上,应是"本心"之所发。杨简曰:"三百篇或出于贱夫妇人所为,圣人取焉,取其良心之所发也,至于今千载之下取而诵之,犹足以兴起也。"(《家记二》)良心之所发,应当成为作者写作的依归和准则,只有这样才能引导读者进入"无所不通,无所不妙"(《学者请书》)的境界。在文学作品的表现上,应以人的质素为本。他提出了"辞尚体要,不惟好异",也就是"质素为本"的自然天真之美的标准;在文学作品风格上,应当庄敬中正,"放逸之习不可纵也,庄敬之学不可废也,浮薄之务不可亲也,朴古之事不可厌也"(《家记九》)。他将人心作为衡量文学作品审美价值的尺度,他站在"本心"的立场上高扬了审美领域中心本体的地位和作用,从一定程度上来讲,启发着近代审美主体或心本意识的自觉。

杨简心学与佛教禅宗有着不解之缘,对象山的评价是"杂于禅",而杨简之学被评价为"全入于禅"(《杨子折衷》六卷提要),从杨简心学思想形成过程来看,比较注重和强调悟性、直觉和体验。而且其心学思想在本质上更具"悟性"的色彩。这是对象山直觉方法的继承。

从本体论上说,杨简对心体作了如下规定:"心皆虚明无体,无体则无际畔,天地万物尽在吾虚明无体之中。变化万状与吾虚明无体者常一也。此虚明无体者,动如此静如此,昼如此夜如此,生如此死如此。"(《永堂记》)"虚明无体"是杨简对心体的基本规定。"虚表示自然静定的状态,明表示区分辨察的功能,无体表示思维与意识的范围是无限制的,人既可以思维其小无内的东西,又可以思维其大无外的东西。"①他又曰:"人心即道,是谓道心,无体无方,清明静一……世名之曰心而非实有可执可指之物也;言其无所不通而托喻于道,谓如道路之四通,人所共由而非有可执可指之物也。"(《家记五》)"心"是一种意识活动,这种活动无所不通,所以是"道",由此心与道、体与用不加区别。基于此,他提出

---

① 陈来:《宋明理学》,第 167 页,上海:华东师范大学出版社,2004 年。

"休心无作,即心自是妙"(同上)。把本体心看作一种机悟。人只要把握住"心机",即直觉的方法,本体就在了。他还作了一些近似禅悟的诗,如:"此道原来即是心,人人抛却去求深。不知求却翻成外,若是吾心底用寻。"(《偶作》)由这些诗可以看出,杨简用佛教顿悟方法来论证其心学本体的思想。

从工夫论而言,杨简心学思想是通过体悟的方式形成的,杨简对本体"心"的悟认方式是直觉式的体悟。他提出:"直心直用,不识不知,变化云为""直心直意,匪合匪离;诚实无他,道心独妙"(《绝四记》)。并认为要达到对"本心"的认识,就不能凭已有的知识,只能凭"忠信之心",顺着人所本有的伦理本能,才能做到"不勉而中,不思而得"。这里的"直心直意"就是"本心朗照"、本心直觉;"匪合匪离"就是不离物象而不限制物象,不离形下而又超越之,是"本心"的灵觉妙用。他的"直心直意,匪合匪离"的直觉论与审美思维有相同之处。

杨简曾有居太学循礼之悟[1],这次悟是通过内省的直觉体验方式,"反观"体验出"万物一体"。他的心学思想就是建立在这种体验之上的,这一悟为杨简成学奠定了基础。在象山的启迪下,杨简对"本心"豁然顿解,解悟出"本心"是一种无思无为、寂然不动,而又无时不在、感而遂通的道德本体。通过这次体悟,杨简将第一次在循礼斋内省中悟到的"万物一体"之境从主观精神境界升华到道德境界,真正接受了心学思想。杨简读《孔丛子》一书至"心之精神是谓圣"时,豁然顿解,彻底悟出万物唯"心"的结论。[2]

杨简的直觉式的体认方式,是对象山的继承。杨简悟"本心"的方式是直觉体验方式,需要体悟主体摆脱外在的束缚,用生命的智性来洞察世界,人心被提升到同宇宙合一的本体存在,这是一个内在的自我超越过程,这种直觉体验方式是一种自我超越的形上思维,是一种整体合一

---

[1] 见《炳师讲求训》,《慈湖先生遗书续编》卷一。
[2] 杨简:《慈湖先生遗书》,第762页,济南:山东友谊出版社,1991年。

式的思维方式,与审美思维相通。

2. 象山对王阳明的影响

阳明继承象山的心本论,依照心学的逻辑要求彻底确立了一个"心"本体,构建了良知本体论,把道德本体完全建诸于人的心灵世界。容象山的"先立其大"、易简和静坐等工夫;纳心量广大、廓然大公和无累无滞等象山的心学境界,构成了更加缜密的心学体系,从而成为心学的集大成者,心学至阳明趋于成熟。

阳明继续使用"心即理"的命题,但其内涵异于象山。更为重要的是阳明提出了"心外无理""心外无物"的思想。"心外无理",把"理"看作"心之条理",把"理"完全安置于"心"中,视"心"为唯一的道德本体的存在。阳明之心体具有个体性与普遍性双重品格。"心"与"理"的融合意味着由形上的超验之域向个体存在的回归,从而化解了象山未能完全克服的心体与性体的矛盾。也瓦解了朱熹的"天理"的绝对性,以"心"的世界来反抗"理"的世界,从而形成了心学对理学的最具本质意义的突破,其革命性意义在于极大地肯定并高扬了人的主体性和自主精神,在美学上,高扬了审美心体的地位。象山提出了著名的"六经注我,我注六经"(《程文》),"学苟知本,六经皆我注脚"(语录上),认为"圣人之言自明白……何须得《传注》"(语录下);但他又要求人"精名古注":"或问读'六经'当先看何人解注? 先生云:'须先精看古注,如读《左传》则杜预注不可不精看。'"(语录上)这些混乱和矛盾,根于象山心学思想中还保留着一个"理"本体,未能彻底地确立一个"心"本体,未能彻底地贯彻"心即理"。在美学上,虽然也提高了审美主体的地位,但是不彻底。阳明曰:"诗、书、六艺,皆是天理之发见。"(传习录上)"天理"就是"良知",是"本体之心"。圣贤经典是吾心之常道,因此,《六经》注我,《六经》成了吾心活动的载体,吾心成了《六经》之本体,这种观点在美学上则高扬了审美心体的地位,从而获得审美自由。

在境界观上。象山集儒释道于一身,以"本心"为形上依据,构建了融道德自由与精神自由于一体的境界观。阳明受象山思想的影响,立足儒门,涵摄释道的境界和工夫,他的境界观,融有"大我"的天地之境与超越"大我"的"无我"之境于一体,气象更为恢弘。尽管阳明学与象山学在本体论、工夫论上存在彻底与不彻底的差别,但理论取向的接近使得阳明学与象山学的境界观呈现出相似性:阳明哲学中的"以天地万物为一体"表现了他追求道德自由的境界,即有"大我"的天地境界;"无善无恶"则表现了对超越"大我"的"无我"之境的精神自由追求。因此,阳明心学也流露出对自由境界的追求,自由境界的追求也是以"良知"本心为依据的。

象山心学经"甬上四学者",到明代的王阳明形成了完整的心学体系。阳明心学经泰州学派的继承和偏离,发展成心学异端。从"心"到"身",从"理"到"欲",完全背离了阳明光复道德心灵的内圣之学要旨,走向自然人性论。这种心学的自然人性论影响到了明人审美趣味的从情到欲。从情到欲,不仅体现在"俗"文艺中,也是艺术家所热衷表现的主题,这种审美趣味在社会风尚和艺术追求上表现为奢靡成风与性的袒露。争奇斗艳,追求炫人耳目的新鲜刺激,渴望感性欲求的强烈满足,是当时的社会风尚;与奢靡之风相联,性的袒露、玩味、欣赏形成了明人审美趣味的突出特征,表现了对封建正统审美准则的抗衡。心学异端从自然人性论出发,必然展露出了它的另一种思想,即平民意识。"百姓日用是道"是其平民意识的最鲜明的表述。在审美形态上表现为"从雅到俗"。以小说、戏剧的空前繁荣与巨大成就为突出特征,"俗"文艺第一次以压倒优势占据了中国文艺史特别是中国文学史的有明一页。文体流变上,"俗"文艺占据了文坛中心;文人自觉倡导从雅到俗的审美流变,从事"俗"文体的创作和研究,对"雅"文体进行"俗"的追求;民歌创作空前繁荣,影响空前广泛,地位也空前上升。"从情到欲"之肯认人类基本生存权利,"从雅到俗"之高扬平民社会伦理地位,都是指向近代审美文化信息。① 在美学和艺术实践上,陆王心学及其心学

① 赵士林:《心学与美学》,第91—203页,北京:中国社会科学出版社,1992年。

异端直接导致了"明清之际以高扬主体、解放个性、畅发情感为主要特征的近代浪漫主义思潮"①。弄清心学美学问题有助于更深入地把握中国古典美学史的流变。

---

① 潘立勇：《朱子理学美学》，第 564 页。

第五章　宋元画论中的美学思想

　　北宋古文运动所展开的一系列美学命题或范畴,如重道轻文、平淡、自然以及韵,在一定程度上影响了北宋绘画美学。或者说在当时的时代审美文化风气的背景下,绘画美学与其他门类的美学精神是一脉相承的。与诗文革新运动相同的是,北宋画家运用水墨的目标不在于去再现绚丽的效果,也不在于通过绘画来宣示一种教化的目的。此时的画家将目光转向了内心世界,因为在经过漫长的对外在对象的描绘之后,他们所欲借绘画来表达的,已经是灵魂内部色调的微妙变化。

　　北宋的绘画美学处于一个非常关键的时期。宋代画风的树立是在北宋中晚期形成的。具体表现就是:绘画的主题从人物转为山水、花鸟,色彩从浓艳趋于水墨,境界从缛丽转为空灵,技法从晕染转为流动的线条。郭若虚在《图画见闻志》中说:"若论佛道、人物、仕女、牛马,则近不及古,若论山水、林石、花竹、禽鱼,则古不及今。"即便是人物画,宋之前多为宗教题材,而至宋世俗生活也可以入画,从壁画移至卷幅,人物画的"宣教"功能大大淡化,突出的是人物画如山水、花鸟一样的"赏悦"性质。然而,北宋绘画最大的变化应该说是山水花鸟画取代人物画成为绘画的主流。

　　从北宋宫廷绘画来看,两宋是中国绘画史上宫廷绘画的鼎盛时期,这与北宋重兴画院之后，皇帝身体力行地参与宫廷绘画的建设有关。北宋前期，画院作品以设色精丽、用笔工致的花鸟画为主，董源、巨然、李成、范宽等山水画巨匠都没有进入画院，熙宁以后，宫廷绘画一改宋初旧规，开始借鉴当时士大夫的审美情趣：

> 山水画到了熙宁、元丰年间，有了重大的发展和改革。首先是山水画，自郭熙一出，改变了北宋初期画院不重视山水画的现象……宋神宗不仅喜欢李成的山水画，也喜欢郭熙的山水画……邓椿在《画继》里也叙述了："昔神宗好熙笔，以殿专备熙作。"在一所大殿里挂的都是郭熙的画，在画史上还是不多见的。①

宋代最重要的一部官方编撰的绘画著作《宣和画谱》则诞生于北宋晚期。在这部绘画著作中，虽然道释人物画仍置于卷首，但主要的部分则被大量赏心悦目的花鸟画、飘然远引的山水画所取代。在北宋，绘画的主流一直都是宫廷绘画，但宫廷画家所具备的文化素养越来越高。到徽宗时期，建立"画学"，凡想进入宫廷绘画的画家都需经过考试，考试内容除了画艺，还有诗、词、经、史等。加上宋徽宗本人审美趣味的引导，宫廷绘画的创作指向也从传统的政治教化内容转向了以玩赏性山水、花鸟画为主的创作活动。

士人山水画则由淡雅水墨取代了青绿山水，主要是因为当时的一般文人普遍地爱好山水画。尤其以欧阳修为中心的诗文革新运动，与当时的山水画内在精神一致，因此，文人无形中就把他们各自的文学观点运用到绘画上面，影响了山水画发展的方向。如葛立方《韵语阳秋》卷十四里记载：

> 欧阳文忠公诗云："古画画意不画形，梅诗写物无隐情。忘形得意知者寡，不若见诗如见画。"东坡诗云："论画以形似，见与儿童邻。赋诗必此诗，定知非诗人。"或谓："二公所论，不以形似，当画何物？"

---

① 张光福：《中国美术史》，第328页，北京：知识出版社，1982年。

曰:"非谓画牛作马也,但以气韵为主尔。"谢赫云:"卫协之画,虽不
该备形妙,而有气韵,凌跨雄杰。"此之谓乎? 陈去非《墨梅诗》云:
"含章檐下春风面,造化功成秋兔毫。意得不求颜色似,前身相马九
方皋。"后之鉴画者,如得九方皋相马法,则善矣。

绘画与文学本有相联之关系。欧苏两大文豪论画皆不主形似,而尚"画
意",认为外在之形乃"意""气韵"之显现。如果一味追求外在之形式(如
颜色、位置、似与不似等),而忽略了内在人文精神的表达,则毋宁说是儿
童之画(也就是一种最为初级的画的形式)。

北宋中后期绘画美学的主要目标就是,将这种尽可能逼真再现外界
对象的艺术实践与批评,向注重内在精神意味方面去转化,也就是把绘
画升格为哲学。绘画也应该如诗歌一样具有暗示性,以此来使存在变成
一种理念。

为这种绘画奠定基础的,则是一种更根本的士人文化哲学。它对于
宇宙、人类的命运以及人和宇宙之间的关系都提出了与前代文化不同的
明确观念。作为这一哲学的具体实践,绘画的目标就不是只去再现一个
世界,而更在于去创造一个主客融合、情景合一的场所。尤其是北宋山
水画的发展,让我们感受到:绘画所表现的是一种生活,而非仅仅是艺
术。在这里,艺术与生活已经渐趋合一了。

第一节　黄休复论"逸"品的美学意义

逸作为审美范畴,始现于书画艺术中以"品"评骘高下的审美传统。
逸一开始用于品评人物的一种生活形态和精神境界,这在先秦儒道文献
中已有所见,在魏晋南北朝时期更是被广泛地运用到人物赏鉴以及艺术
批评中。但此时对逸的理解更多还是超越凡俗,远离世俗,越出法度,不
同流俗的含义。逸虽然常常作为一种新奇的被赞赏的风格,却并未被推
至极致。

最早把逸作为最高品格的是唐代的李嗣真。他在《书品后》中列出

了书中逸品:"秦相刻铭,烂若舒锦;钟张羲献,超然逸品。"李嗣真之所谓逸,其实还是就艺术本身的技巧而言,且尚局限于书法,并未及绘画。但根据他的"今之学者,但任胸怀,无自然之逸气,有师心之独往",我们可以看出,他所谓逸,亦与"自然"有关。

按张彦远《历代名画记》卷二《论画体工用拓写》条:"夫失于自然而后神;失于神而后妙;失于妙而后精;精之为病也,而成谨细。自然者上品之上。神品为上品之中。妙者为上品之下。精者为中品之上,谨而细者为中品之中。余今立此五等,以包六法。"徐复观认为,张彦远以"自然"为上,实际上就是逸,是绘画美学逸范畴的最早提倡者。我们认为,逸虽然与自然有很大的关联,但不能说这里的"自然"就是逸,特别是后来黄休复所言之逸,与张彦远的"自然"还是有很大差别。唐代从绘画角度论到逸的是朱景玄,他在神妙能三品之后,又标一逸品。而真正将逸作为绘画艺术最高品格的是北宋黄休复。[①] 他在《益州名画录》中提到:

> 逸格:画之逸格,最难其俦。拙规矩于方圆,鄙精研于彩绘。笔简形具,得之自然。莫可楷模,出于意表。故目之曰逸格尔。

> 神格:大凡画艺,应物象形。其天机迥高,思与神合。创体立意,妙合化权,非谓开厨已走,拔壁而飞,故目之曰神格尔。

其他几格是能、妙,独独将逸放在最高的位置,这是《益州品画录》最大的特点。苏辙曾在《汝州龙兴寺修吴画殿记》中有这样一段话:"先蜀之老有能评画之者曰:画格有四,曰能妙神逸。盖能不及妙,妙不及神,神不及逸。"宋人邓椿《画继》卷九亦有云:"景真虽云逸格不拘常法,用表贤愚,然逸之高,岂得附于三品之末? 未若休复首推之为当也。"由此可证,黄休复标逸格为最高,在当时也颇有影响。

徐复观认为神与逸"其间相去不能以寸",难于分辨。其实两者有着根本的区别。正如徐复观对"神"的分析称:"神格的究竟意义,亦只是能

---

① 黄休复:北宋蜀(今四川)人,字归本,一作端本。约活动于北宋咸平之前。曾校《左传》《公羊传》《穀梁传》。潜心画艺,收集唐乾元至宋乾德间与蜀地有关画史资料,著《益州名画记》。

传神之格",所传之神,乃物之神,也就是对象之神。而逸则尽量省简对象的形式,而传达的是主体之精神。如果想在作品中体现逸,画家本身的生活形态也必须逸。[1] 从能到妙到神,还都是侧重客体对象由形到神的再现,神格只不过再现的技巧达于一种化境,所谓游刃有余、得心应手。而逸则是为了借外在客体对象表现艺术家个体超然之精神。

对于神格而言,尚须"妙合化权",即它的妙处是与自然界的规律相合;而逸格在黄休复看来则是"得之自然""莫可楷模、出于意表",已经完全超出了自然形式的束缚,而惟主体独特个性之表达。黄休复所称逸格者唯一人,即孙遇。他在描述孙遇之绘画成就时就特别指出其"性情疏野,襟抱超然",以为若无此内在精神人格与境界者,似绝不能达此逸格成就:"非天纵其能,情高格逸,其孰能与于此邪?"(《益州名画录》)这种逸的审美风格,明显是将绘画从重"再现"(再现造化自然)转向重"表现"(表现主观的生活态度和生活情趣)。

在宋之前艺术审美领域对逸的理解,大概仍是不拘常法、超越规矩的"壮逸",即一种偏重形式的理解;而北宋之逸则由于时代文化环境的影响,则表现为"尚意"。也就是说,逸之所以超越形似与一般性的程式,是画家以自己的主体意向为创作旨归。正如苏轼所言:"观士人画,如阅天下马,取其意气所到。"(《又跋汉杰画山二首》)"文以达吾心,画以适吾意而已。"(《书朱象先画后》)。逸更进一步地内在化了,成为主体意趣品格的呈现。此亦是北宋文人画兴起的必然趋势。

因此,我们也可以这样说,逸的地位的提升,标志着中国绘画艺术追求的一个重要转折,即从"传神写照""以形媚道"的美学追求转向艺术家在作品中表现自我。逸成为一种创作主体的态度与情怀的自我需要。若从画风笔法而言,逸是脱略了一般画法的畦径、超越形似的画格;而从创作主体方面而言,逸是一种迥异流俗、解衣磅礴的自由心态。

我们也可以说,黄休复所推崇的绘画之逸,就是韵的同义语,都是通

---

[1] 徐复观:《中国艺术精神》,第 275—276 页。

过"自然"、超越流俗而来呈现出主体在世的独特自由体验,以引领欣赏者进入到艺术家所建构的理想境遇之中。

第二节 郭熙以"远"为中心的绘画美学

北宋艺术美学的最高范畴"韵",具有一种"平淡而山高水深""萧散简远"的性质。"大概山谷对人物画则称韵,对自然画则称远。韵即能远,远即会韵。两者在精神上,是一而非二的。"①而这种性质在山水画的理论发展中,就被郭熙总结概括成"远"。在北宋艺术史的发展历程中,怎么样突破形式的束缚,而在极为有限的空间内呈现出士人文化心理的日益丰富、内在、复杂、深刻的一面,这其实是山水画家要解决的一个美学问题。在郭熙之前宗炳《画山水序》中谈到:"竖划三寸,当千仞之高,横墨数尺,体百里之远。"但彼时之所谓远,仍是一种通过一定的山水画技法来实现的外界空间景象。包括展子虔的《游春图》也是如此。但从李成、范宽、董源、巨然的山水画中,我们却已经能看到一种心灵的远,一种远离凡俗而超逸远遁的精神弥漫画面。自此,"山水画已经达到巅峰,对山水画的体验亦因而酝酿成熟"②,郭熙提出了远的理论,也是有其理论发展的历史必然性的。

另外,从郭熙的思想背景来看,据郭思记述:"先子少从道家之学,吐故纳新,本游方外。"(《林泉高致》序)老庄道家思想对郭熙影响很大。《道德经》有云:"大曰逝,逝曰远,远曰反。"在老子看来,远即道之别名,意指一种远离世俗、人为,而亲近自然之性的规律法则。庄子把精神的自由解放,称为逍遥游。对于逍遥游的比喻的说法是"乘云气,御飞龙,而游乎四海之外"(《逍遥游》),是彷徨、逍遥于"无何有之乡,广莫之野"(《逍遥游》)。这些意象都是"远"的意象,是飞离世俗、超越物质功利的束缚。"在道家,老子把远当作道的别名,远乃是由有限走入无限宇宙的

---

① 徐复观:《中国艺术精神》,第 332 页。
② 同上书,第 285 页。

门槛。"①

再次,郭熙对山水绘画的理解也与当时文人士大夫对诗画的理解趋于一致。欧阳修评梅圣俞的诗"覃思精微,以深远闲淡为意"(《六一诗话》),评画"萧条淡泊,此难画之意……飞走迟速,意浅之物易见,而闲和严静趣远之心难形"(《鉴画》)。欧阳修认为作诗要"含不尽之意,见于言外"(《六一诗话》)。他的词如"行人更在春山外,迢迢不断如春水"(欧阳修《踏莎行》),以及秦观的词"寒鸦数点、流水绕孤村"(秦观《满庭芳》),都是从理论到艺术实践上"远"的审美风格的体现,反映出此一时代文人士大夫文化心理结构的微妙变化。

"三远"的绘画美学境界,郭熙在其名作《林泉高致》中提出。"三远"论的提出,是郭熙山水绘画美学的最大贡献。他如是说(以下郭熙引文均见《林泉高致》):

> 山有三远:自山下而仰山颠,谓之高远;自山前而窥山后,谓之深远;自近山而望远山,谓之平远。高远之色清明,深远之色重晦;平远之色有明有晦;高远之势突兀,深远之意重叠,平远之意冲融而缥缥缈缈。其人物之在三远也,高远者明了,深远者细碎,平远者冲淡。明了者不短,细碎者不长,冲淡者不大,此三远也。

这段话是三远论的集中描述,大概可以分作三个层次。

第一个层次,三远之构图法。即高远是自山下而仰山巅;深远是自山前而窥山后;平远则是自近山而望远山。具体来说,高远要采取一种向上的视角,深远则是纵深的目力,而平远则是一种平视,由近前至远方,引起视觉的延伸感。此高与远的构图又当如何实现呢?他说:

> 山欲高,尽出之则不高,烟霞锁其腰则高矣。水欲远,尽出之则不远,掩映断其脉则远矣。

刘熙载论诗歌创作时曾说:"山之精神写不出,以烟霞写之;春之精

---

① 朱良志:《中国艺术的生命精神》,第370页。

神写不出,以草树写之。"①这似乎是受到了郭熙论画的启迪。无论哪一种远,其实都是一种想象空间的延伸,它通向的是太虚和无限。在有形的二维绘画艺术中,如何造成这种"远"的审美感知,这是艺术家必须解决的问题。张彦远《历代名画记》卷七记载有梁萧贲"曾于扇上画山水,咫尺内万里可知",卷八载展子虔"山川咫尺万里";卷九载唐卢棱伽"咫尺间山水寥廓"等,类似的以狭小简洁的画面呈现廖远之势的例子很多。但到底如何实现这种中国山水画的特有意象,郭熙的《林泉高致》确实是功不可没。"烟霞锁其腰""掩映断其脉",能充分调动起欣赏者的想象力,在朦胧、模糊、缥缈、似断还连的意象中,将思维的视线引向画面之外。

第二个层次,审美观照论。对于山水的观照,郭熙指出:"真山水之川谷,远望之以取其势,近看之以取其质。""山水,大物也。人之看者,须远而观之,方见得一障山川之形势气象。"从前面两句我们可以看出,像"清明、重晦、有明有晦",此皆可看作是山水之质,也就是山水之本质、特性。而势则是一种整体上的览观,是山水的总体精神气势,如"突兀、重叠、冲融而缥缥缈缈"。从其他部分的论述可以看出,郭熙是重在山水之势的,如后面这一句是也。而作为山水这样的大物,郭熙认为必须远望之才能撷取其势。为什么呢? 郭熙说:"真山水之风雨,远望可得;而近者玩习,不能纠错综起止之势。真山水之阴晴,远望可尽,而近者拘狭,不能得明晦隐见之迹。"这真如苏轼所言:"不识庐山真面目,只缘身在此山中。"只有远望才能得山水之大气象,才能从整体上观照山水之形式,也才能以一种审美的无功利的态度把握山水的形质。

在观照自然山水时,不仅物理空间的距离是必要的,心理的距离也尤为重要:

> 看山水亦有体,以林泉之心临之则价高,以骄侈之目临之则价低。

---

① 刘熙载:《艺概·诗概》,第 82 页,上海:上海古籍出版社,1978 年。

"林泉之心临之",这便是要艺术地去观临山水,要"远离"、摒弃掉世俗功利的心理。徐复观深刻地指出:"此指出山水及山水画之价值,并非一种存在,而系一种发现。对于对象的艺术性的发现,全系于人能具有与某对象相适应之心灵。并且鉴赏者之心灵,和创造者的心灵,应该是一致的。"①主体在观照自然山水时,自我向山水敞开一种自然之本性,而自然山水也向主体呈现出本真的面貌;在审美的临照之中,主体即山水,山水即主体,两者这种亲密无间、相融无碍的生命状态,其实是通过"远"(即距离)来实现的。

人在观照山水时,山水本身的自然形态变化万千,阴雨晴晦,四时朝暮都有其独特的一面,以人一己之心如何能观照到最为真切繁复的自然山水呢? 郭熙认为人应该"身即山川而取之"。"郭熙认为,为了发现审美的自然,创造审美意象,画家必须对自然山水作多角度的观照。这是因为,自然山水的审美形象不是单一的平面,也不是固定不变的东西。自然山水的审美形象是多侧面的,而且是变化多端的。只有采取与之相适应的多角度的观照,才能对自然美有无穷的发现,才能把握无限生动和丰富的审美的自然。"②

第三个层次,境界论。高远、深远、平远,表面看来是由于人的视线的变化而产生的对山的空间形态的不同感知,但实际上这是将物态的山给意态化、精神化了。不同的远,也就成了人的三种不同的精神境界。此时的山,乃是人之精神融化于其中的山,是山,也是人。山与人的共同融合,将自然界那种生机盎然之情趣呈现出来。山水本来就是远离世俗社会的一种寄托意象,以远的构图形之于绢素之上,就是要显现出山水画之独特价值——"远"的精神,一种最大限度超越现实功利的自由精神。苏轼《跋宋汉节画山》:"唐人王摩诘、李思训之流,画山川平陆,自成变态,虽萧然有出尘之姿,然颇以云物间之,作浮云杳霭与孤鸿落照,灭

---

① 徐复观:《中国艺术精神》,第 286 页。
② 叶朗:《中国美学史大纲》,第 280 页。

没于江天之外。"此论山水之远有令人出尘之念想。然真正的山水画在郭熙看来,不在于领人进入一种隐逸的境界或情怀中之中,而毋宁传达了一种安静、愉悦、自适的人生态度:

> 君子之所以爱夫山水者,其旨安在? 丘园,养素所常处也;泉石,啸傲所常乐也;渔樵,隐逸所常适也;猿、鹤,飞鸣所常亲也。尘嚣缰锁,此人情所常厌也……烟霞仙圣,此人情所常愿而不得见也。然则林泉之志,烟霞之侣,梦寐在焉,耳目断绝,今得妙手郁然出之,不下堂筵,坐穷泉壑,猿声鸟啼依约在耳,山光水色晃漾夺目,此岂不快人意,实获我心哉,此世之所以贵夫画山之本意也。

郭熙还认为可行可望之山,不如可居可游之为得。这都说明了"远"不再指远遁山林,而是更为深刻的"社会性退避"(李泽厚语),是将山水作为自己日常生活的一部分,所谓"心远地自偏",心远比行迹之远更为重要。而山水画所能带给人的境界升华也在于此。

第三节 董迫的"生意"与"生理"说

董迫(生卒年不详),字彦远,东平(今属山东)人。大约是北宋末年宋徽宗、钦宗时期的鉴赏家、收藏家,但似乎其本人并不善画。他流传下来的代表作是《广川画跋》《广川书跋》《广川诗故》,其中《广川画跋》是中国画论史上比较重要的一部著作。这部著作重考据,但又不乏精彩的艺术评论。我们认为,在北宋绘画美学的发展历程中,董迫最重要的绘画审美理论为"生意"论与"生理"论。

绘画发展到北宋,无论是山水画、人物画,还是花鸟画,都一致地走向了重神韵而轻形似的阶段。尤其是自苏轼大力提倡文人画以来,"不求形似""取其意气所到"几乎成了画家的共识。然此"意气"究竟为何?在黄庭坚看来是韵,郭熙看来是远,黄休复看来是逸,而董迫则以"生意"释之:

乐天言画无常工,以似为工,画之贵似,岂其形似之贵邪?要不期于所以似者贵也。今画师券墨设色,萃取形类,见其似者,跟躜其处而喜矣。则色以红白青紫,华房茎蕊,叶以尖圆斜直,虽寻常者犹不失。曰此为日精,此为木芍药,至于百华异英,皆按形得之,岂徒曰似之为贵。则知无心于画者,求于造化之先,凡赋形出象,发于生意,得之自然,待其见于胸中者,若华若叶,分布而出矣。然后发之于外,假之手而寄色焉,未尝求其似者而托意也。元本学画于徐熙,而微觉用意求似者,既遁天机,不若熙之进乎技。(《广川画跋·书李元本华木图》)

这里所讨论的有些像传统的形神之辨。在《淮南子》中,神即君形者,即精神。而董逌认为与形相对的是"所以似者"。这个所以似者,我们不能简单地等同于"精神",而应是一种活泼泼的生命力,即"生意"。精神是内在的、抽象的东西,而董逌所谓的生意则仍然是发散于外的,是人能以直觉感知把握到的。董逌认为画师若只贵形似,即"以红白青紫,华房茎蕊,叶以尖圆斜直,虽寻常者犹不失",那么对象本身就显得僵硬而没有生命(遁天机),顶多只能算是一种技艺,而不能达到中国绘画所重视的道的境界。董逌认为绘画所展现的这些形与象,皆从"生意"发散出,也要呈现出生机活力。但需要注意的是,这种形、象所呈现出的生意,并非人为所造而是来源于"自然",也就是要由人工达于天工。在董逌看来,自然的东西往往就是充满生意的,因此,他也非常重视绘画艺术的自然原则:

余评燕仲穆之画,盖天然第一,其得胜解者,非积学所致也。(《广川画跋·书王氏所藏燕仲穆画》)

唯不失自然,使气象全得,无笔墨辙迹,然后尽其妙。(《广川画跋·书燕龙图写蜀图》)

那么何为自然呢?自然可以是自然界,也可以是自然而然的性质,强调一种绝少人为的干预状态。董逌认为自然就是"真":

世之评画者曰："妙于生意,能不失真如此矣,是为能尽其技。"
尝问:"如何是当处生意?"曰:"殆谓自然。"其问:"自然",则曰:"能
不异真者,斯得之矣。"(《广川画跋·书徐熙画牡丹图》)

做到"自然"就可以"能不异真",也就是可以保持对象的本真面貌。对象
的本真面貌不是指对象的外在形象,而是对象的"生意"。因此,体现出
"生意"的作品,我们就可以认为它是"不失真"的作品。

以"生意"论画,可谓是北宋一时的风气,且看:

董源平淡天真多,唐无此品,在毕宏上,近世神品,格高无与伦
比也。峰峦出没,云雾显晦,不装巧趣,皆得天真。岚色郁苍,枝干
劲挺,咸有生意。(米芾《画史》)

本乎自然气韵,以全其生意,得于此备矣,失于此疾矣。(韩拙
《山水纯全集》)

熙志趣高远,画草木虫鱼,妙夺造化,非世之画工所可及也。熙
画花落笔颇重,中略施丹粉,生意勃然。(邓椿《画鉴》)

有无生意,已经成了评判画家作品水平高低、真伪的重要标准。"生意"
之说,意在说明韵是一充满生命活力,生机勃勃的意象,虽然平淡、远逸,
但并非如禅佛之死寂。不是生命的远遁、干枯、消失,而是生命的饱满与
充盈。因此,正如刘墨所指出的:"中国艺术与美学不鼓励艺术家陷入主
观的感性快乐中,也不曾使艺术仅仅局限于单纯的描绘之中,而是以人
类精神的活跃创造为目的,将有限的体质点化为无穷之妙用,透过空灵
的神思而令人顿感真力弥满、万象在旁,一花一鸟、一点一线、一弦一音,
皆充满了生香活意。"[1]

生意得之于自然,同时也是对"道"的体认,对造化之妙、山川之美的
感悟。在董逌看来,这需要艺术家把握自然之"生理"。如果说董逌对于
自然的追求多少有道家思想影响的痕迹,那么其对生理的重视,则更多

---

[1] 刘墨:《中国画论与中国美学》,第 200 页,北京:人民美术出版社,2003 年。

地受到当时新儒家思想的影响。理学家们都喜欢观自然之生意。周茂叔窗前草不除，说与自家意思一般，张载喜驴鸣，程颢喜鸡雏初生意思可爱，程颐说观游鱼欣然自得，体验生意。谷种、桃仁、杏仁之类之所以称为仁，盖因其中洋溢着生命。"种得便生，不是死物，所以名之曰'仁'，见得都是生意。"（语类卷六）人与万物一体，又高于贵于万物，人得其秀而最灵，能够自觉体认到万物生生之理，"心，生道也。""心譬如谷种，生之性便是仁。"中医"切脉搏最可体仁"，脉络之仁岂不就是人的生命律动。程颐说"生之谓性""生生之理，自然不息"，把生生之仁提升为本体。受此理学家生命哲学之影响，董逌亦提出绘画要遵循"全其生理"之原则：

> 寓物赋形，随意以得。笔趋造化，发于毫端，万物各得全其生理，是随所遇而见。（《广川画跋·书御画翎毛后》）

正如理学家的口吻那样，董逌也认为造化中蕴含着生理，绘画光表现出生意似乎还不够，更深一层的，还要"全其生理"，得此生理，即得造化之真。就生意与生理间的关系，董逌亦有精彩的阐述：

> 且观天地生物，特一气运化尔，其功用妙移，与物相宜，莫知为之者，故能成于自然，令画者信妙矣。方其晕形布色，求物比之，似而效之。□序以成者，皆人力之后先也，岂能以合于自然者哉？徐熙作花，则与常工异矣。其谓可乱本失真者，非也。若叶有低昂，氤氲相成，发为余润，而花光艳逸，烨烨灼灼，使人目识眩耀，以此仅若生意可也。赵昌作花，妙于设色，比熙画更无生理，殆若女工绣障者。（《广川画跋·书徐熙牡丹图》）

最能与天地自然相宜的绘画是体现"生理"之画，当时绘画名流徐熙的画亦仅能体现"生意"，而于生理，董逌则未许可之。至于赵昌之画，则离生理更远矣。朱良志指出董逌所谓生理，其实就是"天地生物一气运化所藏之妙，是物中之宜，正如理学家所说的'天理流行发见之妙'"①。董逌

---

① 朱良志：《理学的生命哲学观及对中国画学的影响》，《安徽师大学报》，1994 年第 4 期。

亦说过:"观物者莫先穷理,理有在者可以尽察,不必求于形似之间也。"(《御府吴淮龙秘阁评定因书》)绘画中穷理,从艺术的角度其实也就是追寻画中之韵,由穷理到寻韵,这也反映出北宋理学的发展对绘画艺术之影响。不过,从艺术的角度穷理,并非表现一种抽象的道德概念,而是将自然对象变化万千的"本真"面目如实地呈现出来,此即"生理":

> 其绝人处不在得真形,山水木石、烟霞风雾间,其天机之动,阳开阴阖,迅发警绝,世不得而知也。(《广川画跋·书李营邱山水图》)

物象"天机之动,阳开阴阖",毕竟空灵飘渺,无常规之形,而有百千万种姿态,"迅发警绝",我们该如何把握并进而表现它呢? 董逌提出了著名的"以牛观牛"说:

> 一牛百形,形不重出,非形生有异,所以使形者异也。画者于此,殆劳于知矣。岂不知以人相见者,知牛为一形。若以牛相观者,其形状差别更为异相,亦如人面,岂止百邪? 且谓观者,亦尝求其所谓天者乎? 本其所出,则百牛盖一性耳……知牛者……于动静二界中观种种相,随见得形……要知画者之见,殆随畜牧而求其后也,果知有真牛者哉! (《广川画跋·书百牛图后》)

"以牛相观"的命题让我们很容易想起邵雍的"以物观物"说,这是以纯直观的态度观照世界的思想。如果以我观牛(物),就会以我一己之"见"遮蔽甚至代替物性,这样就无法整体、本真地发现对象生动的面貌、丰富的个性(知牛为一形)。"以牛相观",即将自身融入对象之中,这样对象和我都是活泼泼的生命,共处一生命的场域之中。牛(物)不再是知识的对象,也非功利的对象,而是审美的对象。"于动静二界中观种种相",即是把牛看成是有"生意"的,要与牛的一动一静中观察,"不仅要看到牛养息安神的神态,而且要在牛的运动、活动中体察,要将主体观察的视域扩展道牛的奔跑、发怒、踢跳、饮食等众多场合,如此一来,牛所表现出的'仰鼻垂胡、掉尾弭耳'等众色相,就易为我们所把握,这样创作出来的牛,就会千姿百态,饶然有趣了。"①这就要求画者"知牛",这里的知不是求知的知,毋宁说即是"观"——一种理智的直觉。何谓"观"?"且谓观者,亦尝求其所谓天者。"这里的"天",据学者考证,应就是"理"②。由此,我们可以下结论了。董逌认为如果绘画生意具备的话,则必须要寻其"生理"。从生理出发者,生意也会自然散发出来。如果不遵对象之生理,则正如董逌《书王摩诘山水后》论及的:

> 世言摩诘笔踪措思,参于造化,而创意经图,即有所缺,如山水平远,云峰石色,绝迹天机,非绘者所及。观此图,便知古人之论为得,正使后之评者,不得加此。余见或以画名者,无复生动气象,不过聚石为山,分画写水,又岂可与论"人家在仙掌,云气欲生衣"者耶?

"参与造化",即是从"生理"出发,故其绘画显现出"绝迹天机,非绘者所及"的生意气象。反之,若只从形似上着手,"聚石为山,分画写水",则必然会"无复生动气象"。

总之,由上所述,我们认为董逌的绘画美学是以"全其生理"为核心观点,以"发于生意"为美学追求,而以"得之自然"为美学原则。这种绘画美学观,既顺应了北宋艺术美学发展的潮流,鲜明地体现了绘画美学的时代特点,同时也契合了北宋新儒学的生命哲学精神。

第四节　元代文人画的美学旨趣

一、"逸笔草草":文人画的审美追求

文人画通常以唐代王维为始祖。文人画家一般被目为志趣不俗的"逸者"。唐代张彦远早就说:"自古善画者,莫非衣冠贵胄,逸士高人,非

---

① 高岭:《脱形类之辙迹,得造化之本然——广川画跋艺术创作思想初探》,《美术》,1988 年第 12 期。
② 张自然、孙利敏:《从〈书百牛图后〉看董逌的画论思想》,《开封大学学报》,2008 年第 3 期。

闾阎之所能为也。"(《历代名画记》)文人们多取材于山水、花鸟,借以寄寓抱负,表达情趣。元代是文人画典范风格的确立期,形成了"逸笔"的创作手法,也造就了审美范畴"逸"的成熟。

"逸"字作为一个美学术语,自先秦即已有之,并主要是用来品评人格气质、外表风貌、生活态度等。魏晋南北朝以来,"逸"字逐渐步入诗学领域,涉及艺术创作论、风格论的内容。例如刘勰在《文心雕龙》里就大量采用"逸"字来评价前代文人的艺术特点。而"逸"字成为一种流行的书画美学品格和美学范畴,始于唐代。在宋代,"逸"范畴奠定了不可动摇的崇高地位,成为标志文人士大夫审美倾向的重要概念。到了元代,"逸"范畴得到完全的成熟,内涵得到了充分的展示,"逸笔"日渐成为文人画的创作思潮。那么,元代"逸笔"在创作论上有哪些具体内涵呢? 虽然明代唐志契说"唯逸之一字,最难分解"(《绘事微言》),但我们还是可以大致归纳出其语义要素:

(一)超脱尘俗的主体修养。"逸"首先是一种超然独立、卓尔不群的人格美,又是一种脱略凡庸、高远淡泊、不拘泥于外物的风度。它的对立面是俗。要以"逸笔"作画,创作主体首先必须具备一种超脱尘俗、清高淡泊的精神修养。赵孟頫(1254—1322)曾问钱选什么是士气,钱回答:"要无求于世,无以毁赞扰怀。"(董其昌《容台集》)而元代画家也普遍具有出世拔俗的境界。以"元四家"诸人来看,吴镇(1280—1354)被当朝人孙作称为"为人抗简孤洁,高自标表"(《沧螺集》卷三),倪瓒(1301—1374)自称"白眼视俗物"(《述怀》),明董其昌称赞他"古淡天然",清张庚称他"一味绝俗"(《浦山论画·论性情》),近人郑午昌称他"有晋人风气,性狷介,好洁"(《中国画学全史》)。即是说,他们都有冷眼看世、清正耿直的个性,超越寻常的高节气质。这样的主体人格,才使元代的"逸"逐渐成为一种美学性的追求。

(二)不守成法的创作态度。胡祗遹(1227—1295)指出,文人画胜过画工之画就在于不循规蹈矩:"士大夫之画如写草字,元气淋漓,求浑全而遗细密;画工则不然,守规导矩,拳拳如三日新妇,专事细密,而无浑全之气。"(《跋贺真画》)吴镇说："墨戏之作,盖士大夫词翰之余,适一时之兴趣,与夫评画者流,大有寥廓。"(《论画》)吴镇的"墨戏",正是对"逸"的绝好注解。事实上,孙作记载他作画,必须"欣然就几,随所欲为"(《沧螺集》卷三),否则不画。倪瓒提出的"仆之所谓画者,不过逸笔草草,不求形似,聊以自娱耳!"(《答张仲藻书》)是更著名的论述,也最能代表元代"逸"范畴的精神实质。这样的美学创作论指导思想,是宋代主流画坛所没有的。因此,"逸笔"不尚法度,即唐人李嗣真所说的"倏忽变化,莫知所自"(《书后品》),也即宋人黄休复所说的"莫可楷模,出于意表"(《益州名画录》)。元四家之一王蒙(1301—1385)的画作就被清人认为是"纵横离奇,莫辨端倪"(王原祁《麓台题画稿》),这很好地说明了"逸笔"变化多端、无可仪范的情状。

（三）轻形重意的创作路数。和宋画相比,元画在创作上不讲形似,也很少讲神似,而突出的是浓厚意趣。倪瓒的著名论述明确表示了对形似爱好者的鄙薄:"余之竹聊以写胸中逸气耳,岂复较其似与非,叶之繁与疏,枝之斜与直哉? 或涂抹久之,他人视以为麻为芦,仆亦不能强辩为竹,真没奈览者何!"(《跋画竹》)据明人记载,倪瓒"晚年随意抹扫,如狮子独行,脱落侪侣。一日灯下作竹树,傲然自得,晓起展视,全不似竹。笑曰:'全不似处,不容易到耳。'"(沈灏《画麈》)可见,倪瓒已经完全忽视形似,不以"离形得似"而以"离形得意"作为最高境界。与他同时代的画论家汤垕(约1291—1293年在世)在(《画鉴·杂论》)中多次论及形、意关系。他这样告诫画家:"画者当以意写之。"并且这样告诫欣赏者:"观画之法,先观气韵,次观笔意、骨法、位置、付染,然后形似。此六法也。""高人胜士,寄兴写意者,慎不可以形似求之。先观天真,次观意趣,相对忘笔墨之迹,方为得之。"他把形似作为鉴赏绘画的最末一个环节,而不是首要环节,这和魏晋"得意忘象"的美学命题有着高度的一致性。所以明人董其昌评论得好:"东坡有诗云曰:'论画以形似,见与儿童邻。作诗必此诗,定是非诗人。'余曰,此元画也。"(《画旨》)而元人逸笔所追求的"意"是什么呢? 乃是一种孤高淡泊之意趣。亦列元四家的黄公望

(1269—1354),提出文人作画应该"去邪、甜、俗、赖"(《论山水树石》),实际上从反面指出了"逸笔"的创作要求,即在意趣上反对媚俗、崇尚孤高。当代陈传席评价倪瓒的画"表现出一种极其清幽、洁净、静谧和恬淡的美,给人一种凄苦、悲凉、索寞的感觉。在倪之前,山水画能表现这样一种美的境界是没有的……元画又以高逸为尚……高逸的画,又以倪瓒最为典型……明清的画家没有不学倪瓒的"①。

(四)简淡为贵的创作笔法。不追求形似,必然带来求简去繁的笔法。前文胡祗遹所说文人画求"浑全"而不求"细密",即是表明了其笔法的简约。元画的开创者赵孟頫用简笔作画。他说:"吾所作画,似乎简率,然识者知其近古,故以为佳。"(《清河书画舫》)而倪瓒的"逸笔",也就是简笔,可谓奇峭简拔:近景是一脉土坡,旁边是树木几株,茅屋几间,远处则是淡淡的山脉。画面上方留白,以示森森的湖波和明朗的天宇。简单的笔墨,却境界旷远。此种格调,前所未有。清人赞美元画正是因其笔法之简易。恽寿平认识到简笔的难得:"平远数笔,烟波万状,所谓愈简愈难。"(《南田画跋》)王原祁称倪瓒"平易中有矜贵,简略中有精彩"(《雨窗漫笔》),故以为四家第一逸品。钱杜认为元人因简而胜宋人:"宋人写树,千曲百折……至元时大痴仲奎一变为简率,愈来愈佳。"(《松壶画忆》)这个从宋到元的转变,具有根本性的意义。顺带指出,倪瓒的"逸笔草草,不求形似,聊以自娱耳",已经具有了后世表现论美学的萌芽。而求"淡"必然意味着不贵五彩。虽然唐代张彦远提出:"草木敷荣,不待丹绿之采;云雪飘扬,不待铅粉而白;山不待空青而翠,凤不待五色而翠。是故运墨而五色具,谓之得意。"(《历代名画记》)但真正实现了这一理想的,是讲求水墨趣味的元画。伴随着"逸"范畴登上审美舞台,逐渐产生了贵墨轻彩的趣味变化。据清代记载,赵孟頫认为颜色浓艳是一种病态:"作画贵有古意……今人但知用笔纤细,傅色浓艳,便自为能手。殊不知古意既亏,百病横生,岂可观也!"(张丑《清河书画舫》)吴镇指出意

---

① 陈传席:《山水画史话》,第 109 页,南京:江苏美术出版社,2001 年。

趣比真实色彩更重要:"尝观陈简斋墨梅诗云:意足不求颜色似,前身相马九方皋,此真知画者也。"(《论画》)事实上,元四家的画作几乎都不设色,而以淡岚轻施、淡水素描的水墨线条取胜。正如后来清人所领悟到的:"画之妙处不在华滋,而在雅健,不在精细,而在清逸。盖华滋精细可以力为,雅健清逸,则关乎神韵骨格,不可强也。"(王昱《东庄论画》)"萧条淡漠是画家极不易到功夫,极不易得境界。萧条则会笔墨之趣,淡漠则得笔墨之神。"(邵梅臣《画耕偶录》)元代把简淡的笔法作为山水画创作的要求,对后世美学观念产生了重大影响。

那么,为什么"逸笔"会成为元代的绘画创作论思潮呢?从内部来说,是艺术家们自身的个性气质决定的;而从外部来看,与社会政治大环境有关。元朝实行外族高压政治,初期废止科举,导致了儒家地位一落千丈,士人阶层长期苦闷。于是他们被迫选择了对社会集体性的退避和隐逸,也造就了其艺术中孤高超逸、静远冷淡、不近世事的特点。他们标举"古意""士气",借助"逸笔"来抒发自由抱负,亦常寓有对民族压迫和腐朽政治的愤懑之情。故而元人能把"逸"范畴上升为有时代色彩的审美理想。长期以来,在绘画界也流行有类似"诗教"的"画教"说。唐张彦远说:"洎乎有虞作绘,绘画明焉。既就彰施,仍深比象,于是礼乐大阐,教化由兴……故陆士衡云:丹青之兴,比雅颂之述作,美大业之馨香。宣物莫大于言,存形莫善于画……图画者,有国之鸿宝,理乱之纪纲。"(《历代名画记》)而元代画坛创作论上的崇逸轻形,实质上是重趣轻教,是对"教化说"的挑战,体现了艺术自律的美学追求,具有重要的观念意义,并在后代得到了更多的回响。

二、诗画同源:跨门类的美学思考

元代是书法和绘画高度成熟的时代。如果说在西方美学史上,德国的莱辛在《拉奥孔》里指出了诗歌和造型艺术的区别,那么,元代美学则更多地强调二者的相通相融之处,体现出独特的诗书画合一观。这可分为以下几个层面:

（一）诗歌与绘画的相通。其一是诗中有画。不少元代散曲家都特别喜爱描绘如画的山水。其中，张可久（约 1270—1348 以后）尤以描绘江南景色见长。他的《普天乐·暮春即事》《天净沙·江上》《殿前欢·西溪道中》等等，每每以洒落的文字勾勒出一幅幅极富田园气息的山水长卷。此外，他的小令中，更是直接在诗歌中把景色比喻为丹青图画。诸如"江村路，水墨图"（《落梅风·江上寄越中诸友》），"长空雁，老树鸦，离思满烟沙，墨淡淡王维画"（《梧叶儿·春日郊行》），"且将诗做画图看"（《红绣鞋·虎丘道上》）等等一类比拟屡见不鲜。这既表明元代作家对元画淡逸新风的喜爱，也表明他们的散曲创作与当时画坛的审美时尚之间的相通。其二是画中有诗。元四家（黄公望、吴镇、倪瓒、王蒙）在山水画中注重写意，使"文人画"得到最终确立。也就是说，他们的画不仅仅是一种自然景观的再现，而更表现了浓厚的文人意趣，即诗意。无论是黄公望的《富春山居图》，吴镇的《渔父图》，还是倪瓒的《秋亭嘉树图》、王蒙的《春山读书图》，无不富有浓郁的田园诗意。事实上，他们还常常就画意而题诗，把画作中的诗意径直以语言形式呈现给观者。

（二）书法与绘画的相通。首先是书中有画。元代书法家把画法技巧融入书法之中，以画作书，最典型的是倪瓒。他是元代个性较为强烈、风格较为独特的书画家，擅长将书笔与画法揉于一道，参为一体，达到新的境界。他的书法既有钟繇二王的奕奕神采，又有高人隐士的萧散虚静，更辅之以画意的枯淡清逸，显得格调尤为高旷，意境格外悠远。他的《江南春词卷》，不但书法风格与绘画相同，且运笔也一如画法：笔墨淡逸，点画清虚，恰如其山水画的干皴擦。撇捺二笔自由舒展，灵动有致，起笔露锋，收笔轻松利落。他的收笔没有唐代楷书的严谨，而是疏朗呈扁平状，字距与行距间隔也宽裕松散，这也与他"逸笔草草""聊以写胸中逸气"等画论莫不契合。明代书画家文徵明、董其昌都曾高度赞美过他的书法，并从他那独特的风格中吸取了养料。

其次是画中有书。中国画很讲究书法，认为书法和绘画在用笔方面是相通的。元代画家强调要以书法的笔法作画，力求线条具有书法的韵味。赵孟𫖯曾经问过画家钱选什么是"士气"？钱回答："隶体耳。画史能辨之，即可不翼而飞，不尔便落邪道，愈工愈远。"（董其昌《容台集》）即是说，钱把用写隶书的方式作画，看作一种特殊而高超的境界。没有书法线条的意味，则画作越形似越等而下之。后来赵孟𫖯在《秀石疏林图卷》的题诗中表达了"书画同法"的著名观点："石如飞白木如籀，写竹还应八法通。若也有人能会此，须知书画本来同。"画家柯九思（1290—1343）也说："写竹干用篆法，枝用草书法，写叶用八分法，或用鲁公撇笔法，木石用折钗股、屋漏痕之遗意。"（《丹邱题跋》）这些思想，为文人画的创作奠定了理论基础，被后来明清两代的何良俊、王世贞、董其昌、陈继儒、邹一桂、盛大士诸人不断发挥，最终定型出"书画同源"的命题。赵孟𫖯的不少画作均体现了他自己的理论，在《枯木竹石图》中，他用书法的"飞白"写出石块和树干，以书法的撇捺写出竹叶，类似"个"字或"介"字等。而他的《策杖图》中，所绘的弯曲水流之形则极类篆字笔法的流转。倪瓒也多以书法线条作画，此类实例甚多，兹不枚举。有学者提出，唐宋绘画笔墨从属于形象，可以称作"绘画性绘画"，而元代在赵孟𫖯等人的倡导下，画的绘画性有所减弱，书法性增强。明清绘画更是形象为笔墨服务，构成"书法性绘画"。书法性绘画的极端便是文人画。[①] 因此，文人画的特征就在于注重吸收书法的营养，把书法的笔墨情趣引入绘画，勾勒线条亦具文人的典雅风格。它更彻底地实现了从重再现到重表现的变革，愈发使绘画成为一种写意的、主观的艺术。

最后是书画同纸。元人把书法艺术巧妙地合璧于绘画作品里，使书法、绘画艺术的形式美，更趋于多样化。过去画家的"题画"比较简单，且不为人们注意。在一幅绘画作品中，"题画"无足轻重，充其量只不过是画的附属品罢了。宋元两代的"画面题款"开始引起一部分艺术家的重视，但发展到倪瓒手里，才真正出现了新的变化。他十分注意诗书画的有机结合，根据绘画布局的特点，加以适当而必要的题款。画面上有时

---

① 周膺：《书法审美哲学》，第 233 页，杭州：西泠印社出版社，2011 年。

长款直下数尺,有时横款拦腰而起,有时洋洋洒洒满款半幅,有时又寥寥数语妙款点角,真可说是应有尽有。题款根据画面的要求,书体选用真、草、行、隶、篆诸体,风格多样而不千篇一律。书衬画,画托书,书画在一幅作品里成为不可分割的整体。再加上诗作的清新韵味,朱红印章点缀的风姿多采,更使水墨中增添了诗意和鲜明的亮色,真是珠联璧合,美不胜收。这种艺术形式,唐宋少有,西方罕见,洵为元代艺术的美学特色。

第六章　宋元时期诗词曲论中的美学思想

　　理论思维发达是宋型文化的特征,和在其他领域一样,这一点在诗词艺术领域也表现得非常明显。无论是宋诗,还是宋词,理论探讨与创作实践几乎是同步并行发展的。宋代对诗词美学理论作出贡献者,既有在创作实践上成就斐然的诗词作家,也有主要致力于撰写诗话和词论的鉴赏家和批评家,他们从自己或他人的创作实践中总结出大量的经验教训,用以指导诗词艺术实践不断走出窠臼,开辟审美理论新天地。

　　被尊为江西诗宗的黄庭坚所倡导的"点铁成金""夺胎换骨"等论诗主张,为诗歌创作提供了可以依循的法则,故一经提出便在诗坛广为流传,江西派诗人们竞相传此"心法",追求诗歌形式美的风气盛行于北宋中后期诗坛。黄庭坚的"心法"本来也有"活"的一面,是法与非法这两个相反相成的审美维度的辩证统一①,但在北宋中后期,此"活"的一面未能得到很好的发扬,致使黄庭坚提出的创作法则渐渐流为凝定的死法。南北宋之际的叶梦得曾指出:"诗人以一字为工,世固知之,惟老杜变化开阖,出奇无穷,殆不可以形迹捕……今人多取其已用字模仿用之,偃蹇狭

---

① 参束景南《黄庭坚的"心法"》,《浙江大学学报(人文社会科学版)》,2003 年第 6 期。亦可参看周裕锴《宋代诗学通论》,第 204—211 页,上海:上海古籍出版社,2007 年。

陋,尽成死法。"(《石林诗话》卷中)当此背景之下,吕本中和陈与义陆续提出了自己的诗歌美学见解,为革除江西末流之弊提供了理论武器。吕本中提出的"活法"说,一面强调要遵循规矩法度,一面又主张要不为绳墨所拘,是对苏轼和黄庭坚两家诗法的辩证融合。吕本中又提出"悟入"说,主张对前人作品勤下工夫,同时"涵养吾气",以促成诗歌语言形式层面的律法之悟和艺术思维层面的诗境之悟。"悟入"说也有兼采苏、黄两家思想的意思,同时隐含了对禅宗思想的某种借鉴。陈与义是江西诗派的"一祖三宗"之一,与其他江西诗人一样主张学习杜甫,但强调学杜应避免走极端,在学习和借鉴黄庭坚诗法以学杜的同时,还应借鉴苏轼诗歌的自然之美,以两家之长济对方之短,方可望真正学得杜诗神髓。陈与义在诗歌美学上的另一个理论贡献,是强调作诗当以自然为师,反对闭门觅句,这一思想为后来的陆游和杨万里(尤其是杨万里)开导了先路。

陆游和杨万里同是南宋中兴时期的杰出诗人,二人学诗均从江西诗派入,后又都跳出江西窠臼而卓然成家。两人的文学美学思想是他们各自创作经验的理论升华。陆游主张文通"至道",并在此基础上提出了养气说。陆游的养气说固然包含着对前人思想的继承,但也有不同于和超越于前人之处。陆游在诗歌美学上最重要的贡献是他所提出的"工夫在诗外"这一创作原则。根据这一原则,无论是诗歌的题材来源,还是诗歌创作的艺术灵感,都应该从现实生活而非从前人作品中获取,否则就会窒息诗歌艺术的生命;得之于诗外工夫的作品当讲求自然之妙,不可过分雕琢,否则便是又回到了诗内工夫。杨万里的诗歌美学思想首先体现在他的"诗味"说上。他将"味"这一美学范畴提升到诗歌本体的高度,同时突破司空图和道家美学的影响,扩大了"味"的涵义所指。以清新自然的"诚斋体"诗著称于世的杨万里,极其重视外向诗情的感发,强调师法自然的重要性,同时主张以"透脱"的审美心胸与天地万物进行沟通和交流,摆脱前人成规,走自我作古的创新之路。陆游和杨万里二人的诗歌美学理论,以及他们各自在创作实践上取得的非凡成就,对于扭转江西诗法笼罩诗坛所造成的形式主义风气,引导宋诗开辟新的艺术途径,具有十分积极的意义。

王国维曾在《宋元戏曲考序》中提出"一代有一代之文学"的著名观点,并谓"楚之骚,汉之赋,六代之骈语,唐之诗,宋之词,元之曲,皆所谓一代之文学"。词这一文艺样式之所以能成为有宋"一代之文学",是因为其走向成熟和达到高峰都是在宋代完成的。词体文艺经过北宋众多词人,尤其是柳永、苏轼和周邦彦等人的锤炼开拓,到北宋末年时已较宋初大为成熟,但其真正走向高峰,却是在国势大不如前的南宋时期。"靖康之变"促使时代的审美风气发生陡转,从前粉饰太平的浅斟低唱顿时失去了存在的意义;南宋初年的词人们不再将词作为歌筵酒畔的娱乐之具,他们或者以词作抗战救国的呼号,或者以之抒发国破家亡或身世凋零的悲感,扩大了词的审美表现领域。及至以辛弃疾为代表的爱国词人崛起词坛,苏轼开创的豪放词风被进一步发扬光大,一时间雄宏之声竞起,壮美之风大炽;辛派词人"于剪红刻翠之外,屹然别立一宗"(《四库全书总目提要》),继南渡词人之后,将词的"言志"功能发挥到登峰造极的的程度,最终确立了词与诗平起平坐的艺术地位。随后又有姜夔、吴文英等风雅派词人,在师法周邦彦的同时,兼采花间以来直至辛派等各家词人之长,在新的社会文化环境下多所开拓,完成了雅词的深化和提高,使其艺术表现手法更加成熟,体式和风格更加丰富多样。

宋代文学艺术家的美学思想还体现在诗话和词论之中。宋代诗话数量众多,且其中理论思辨的成分和记事考证的内容常相交混,十分繁琐、芜杂。在本章中,我们主要以郭绍虞《宋诗话考》[①]和《宋诗话辑佚》等著作为依据,从宋诗话中淘沥出如下三个方面的诗歌美学思想。一是关于诗的本质特性。宋代诗论家时常重倡或发挥前人关于诗歌本质特性的有关命题,借以强调诗歌的抒情审美特征,试图以此来扭转诗坛重理轻情的不良风气。二是关于诗歌意象的结构与特征。宋代诗论家一方

---

① 郭绍虞:《宋诗话考》,北京:中华书局,1979 年。

面对诗歌审美意象中"情""景"结合的不同方式作了探讨,一方面对"情"与"景"的特征进行了分析,后者主要体现为对刘勰"隐秀"说的发挥与运用。第三是关于诗歌艺术的风格与境界。与在其他各门文艺中一样,在诗歌艺术领域,平淡的风格和境界在宋代受到极大的推崇。而所谓平淡,根据宋代诗论家们的论述,包含有平易自然和淡远有味这两个方面的基本内涵。宋代的词论与词的创作一样,都是到南宋时期才最为成熟。南渡以前的词论主要集中在两个方面:一是以苏轼为代表的以诗为词的理论,二是从陈师道、晁补之、李之仪到李清照的词本色论。进入南宋以后,随着豪放词的繁盛,涌现出王灼、胡寅、汤衡、范开、刘克庄和刘辰翁等一大批词学理论家,他们接过苏轼以诗为词的大旗,将词的诗化理论不断推向深入。与此同时,早在北宋即已萌芽的崇雅黜俗的风气在南宋愈演愈烈,最终成为一代审美主潮。词坛尚雅之风一直持续到宋末元初,最后由张炎和沈义父这两位词学理论批评家对宋词的雅化理论作了总结。在论词尚雅者的理论主张中,有些观点与北宋人提倡的词本色论存在潜通暗合之处。

在禅悦之风盛行的大环境下,以禅喻诗在有宋一代几乎成为诗人文士们的口头禅,但真正从诗禅相通的角度展开详细而系统论述的,惟推严羽的《沧浪诗话》。在《沧浪诗话》中,严羽提出作诗当有"别材别趣",学诗当有"第一义之悟"和"透彻之悟"。通过"第一义之悟",严羽提出了"以识为主"的理论,一面强调"以盛唐为法",一面提倡"广见""熟参",对于当时江西末流以及永嘉四灵与江湖诗派在学诗门径与方法上的失误具有纠偏导正的意义;通过"透彻之悟",严羽探讨了诗歌艺术的本质特征、诗歌创作过程中的艺术思维特征,以及诗歌艺术的理想境界,对于纠正宋诗议论化、散文化的偏弊,促进诗歌创作向抒情本质回归具有积极意义。从更宏观的角度看,《沧浪诗话》的以禅喻诗之论为后来禅与艺发展到完全融合提供了基础,堪称是中国美学传统走向完形的重要一环。

第一节　南宋江西诗论的美学见解

一、吕本中诗学的美学见解

吕本中(1084—1145),字居仁,世称东莱先生,寿州(今安徽凤台)人。早年曾作《江西诗社宗派图》,并在序言中对黄庭坚极力揄扬,其意显然在于通过标榜宗派的方式推广黄庭坚提倡的创作法则。然而到后来,吕本中觉察到黄氏诗法在一些江西末流诗人手中遭到歪曲和误用,为纠偏导正,遂在晚年又提出了有名的"活法"说:

> 学诗当识活法。所谓活法者,规矩备具,而能出于规矩之外;变化不测,而亦不背于规矩也。是道也,盖有定法而无定法,无定法而有定法。知是者,则可以与语活法矣。谢元晖有言:"好诗流转圆美如弹丸。"此真活法也。近世惟豫章黄公,首变前作之弊,而后学者知所趣向,毕精尽知,左规右矩,庶几至于变化不测。(《后村先生大全集》卷九五引《夏均父集序》)

吕本中的这一段关于"活法"的集中表述,既继承了黄庭坚重视创作法度的理念,又吸收了苏轼追求自然为文的思想,富于艺术的辩证法。

作为江西派中人,吕本中对黄庭坚的句法理论是持肯定态度的,这可从他的其他论诗言论中得到佐证:

> 前人文章各自一种句法。如老杜"今君起柂春江流,予亦江边具小舟","同心不减骨肉亲,每语见许文章伯",如此之类,老杜句法也。东坡"秋水今几竿"之类,自是东坡句法。鲁直"夏扇日在摇,行乐亦云聊",此鲁直句法也。学者若能遍考前作,自然度越流辈。

> 渊明、退之诗,句法分明,卓然异众,惟鲁直为能深识之。学者若能识此等语,自然过人。阮嗣宗诗亦然。

> 徐师川云:"作诗回头一句最为难道,如山谷诗所谓'忽思钟陵江十里'之类是也。他人岂如此,尤见句法安壮。山谷平日诗多用

　　此格。"（引文均出《童蒙诗训》）

上引诸条均是对诗律句法（即所谓"规矩""定法"）的讨论，是对黄庭坚诗论的继承和发挥。

　　在吕氏"活法"中，除规矩、定法之外，还有很重要的一个方面，即对规矩和定法的超越。黄庭坚诗法本有"活"的一面，"但以'句法'二字来表述，便极易被视为一种语言的表达技巧或遣词造句的程式，从而凝固为一种机械的定法，而丧失其变化出奇的意义"①。因此，吕本中改为提倡"规矩备具，而能出于规矩之外""变化不测，而亦不背于规矩"的"活法"，强调"有定法"与"无定法"的统一，亦即规则与自由的统一。

　　"变化不测""无定法"是苏轼诗文美学的基本特征。苏轼认为文学创作应该"随物赋形"，为文当"如行云流水，初无定质，但常行于所当行，常止于不可不止"（《答谢民师书》），为诗当"冲口出常言，法度法前轨"（周紫芝《竹坡诗话》）②，亦即提倡根据审美意识的需要而自由表达，纵意挥洒，反对死守成法，斤斤于绳墨规矩。与黄庭坚注重"法"相比，苏轼更注重的是"活"。不过，苏轼的"活"也不是不要法度，而是在掌握了艺术创作的规律之后达到的自由境界，是法入于妙、技进于道的结果。故此范温认为东坡作诗以韵胜，因为他能"曲尽法度，而妙在法度之外"（《潜溪诗眼》）。

　　苏、黄均提倡在诗歌创作中兼顾规则与自由，但毕竟各有侧重，两家诗风的追随者们每每只取其所侧重的一端，于是便在北宋后期形成了"一种则波澜富而句律疏，一种则锻炼精而情性远"（刘克庄《后村诗话》前集卷二）的两个极端。吕本中的"活法"说灵活地融合苏、黄二家诗法，为宋诗的发展指示了一条新径。《童蒙诗训》中有"苏黄诗不可偏废"一则云："读《庄子》令人意宽思大敢作。读《左传》使人入法度，不敢容易。

---

① 周裕锴：《宋代诗学通论》，第 224 页。
② "法度法前轨"句，通行本《苏东坡集·诗颂》作"法度去前轨"。

此二书不可偏废也。近世读东坡、鲁直诗亦类此。"①按照吕氏"活法",学诗当从江西诗派提倡的法度入手,但最后还应跳出法度之外,入于类似于苏轼那样变化不测的神明之境;得"活法"而创作出来的诗歌,能摆脱江西末流诗歌的瘦硬干枯之弊,而具有如同弹丸一般流转圆美的特征②。

除提倡"活法"外,吕本中又强调"悟入":

> 要之,此事须令有所悟入,则自然越度诸子。悟入之理,正在工夫勤惰间耳。如张长史见公孙大娘舞剑,顿悟笔法。如张者,专意此事,未尝少忘胸中,故能遇事有得,遂造神妙;使他人观舞剑,有何干涉? 非独作文学书而然也。(《与曾吉甫论诗第一帖》)

> 作文必要悟入处,悟入必自工夫中来,非侥幸可得也。如老苏之于文,鲁直之于诗,盖尽此理也。(《童蒙诗训》)

吕本中的"悟入"说是针对"活法"而提出来的——"悟入"即是对于活法的领悟。如同"活法"说一样,"悟入"说也是兼取苏、黄两家之意。《与曾吉甫论诗第一帖》云:"《楚辞》、杜、黄,固法度所在,然不若遍考精取,悉为吾用,则姿态横出,不窘一律矣。"主要强调的是语言形式层面的律法之悟。又云:"如东坡、太白诗,虽规摹广大,学者难依,然读之使人敢道,澡雪滞思,无穷苦艰难之状,亦一助也。"则主要强调的是一种艺术思维层面的诗境之悟。

无论是语言形式层面的律法之悟,还是艺术思维层面的诗境之悟,在吕本中看来,都只能"自工夫中来"。律法之悟来自"学问",亦即对前人优秀诗文的学习和领会。《童蒙诗训》云:"学文须熟看韩、柳、欧、苏,先见文字体式,然后更考古人用意下句处。学诗须熟看老杜、苏、黄,亦先见体式,然后遍考他诗,自然工夫度越过人。""作文不可强为,要须遇事乃作,须是发于既溢之余,流于已足之后,方是极头,所谓既溢已足者,

---

① 见郭绍虞《宋诗话辑佚》,第 592 页。
② 此种特征正是苏轼所欣赏的。苏轼《新渡寺席上次赵景贶陈履常韵送欧阳叔弼比来》云:"中有清圆句,铜丸飞柘弹。"又其《次韵答参寥》云:"新诗如弹丸,脱手不暂停。"

必从学问该博中来也。"都是说的这个意思。吕本中的这一思想实是对黄庭坚"词意高深要从学问中来"（《论诗帖》）的诗法理念的继承。

不过吕本中并不主张一味规摹前人。《童蒙诗训》中说："老杜诗云：'诗清立意新'，最是作诗用力处，盖不可循习陈言，只规摹旧作也。鲁直云：'随人作诗终后人'；又云：'文章切忌随人后'，此自鲁直见处也。近世人学老杜多矣，左规右矩，不能稍出新意，终成屋下架屋，无所取长。独鲁直下语，未尝似前人而卒与之合，此为善学。如陈无己力尽规摹，已少变化。"此段话足证吕本中已认识到创新的重要性，惜乎其创新仍是从以古人为师出发的创新，而非从以自然与生活为师、以诗心灵性为师出发的创新，后者只有到陈与义、陆游、杨万里那里才真正得到提倡和实践。"悟入"的另一层涵义是诗境之悟。在吕本中看来，诗境之悟除了来源于学问之外，还须借助于"气"的涵养。吕本中在《与曾吉甫论诗第二帖》中说：

> 诗卷熟读……其间大概皆好，然以本中观之，治择工夫已胜，而波澜尚未阔，欲波澜之阔去，须于规摹令大，涵养吾气而后可。规摹既大，波澜自阔，少加治择，功已倍于古矣。试取东坡黄州已后诗，如《种松》、《医眼》之类，及杜子美歌行及长韵近体诗看，便可见。若未如此，而事治择，恐易就而难远也。退之云："气，水也，言，浮物也，水大则物之浮者大小毕浮，气之与言犹是也，气盛则言之长短与声之高下皆宜。"如此，则知所以为文矣。曹子建《七哀诗》之类，宏大深远，非复作诗者所能及，此盖未始有意于言语之间也。近世江西之学者，虽左规右矩，不遗余力，而往往不知出此，故百尺竿头，不能更进一步，亦失山谷之旨也。

吕本中借鉴了韩愈的"气盛言宜"说，提出"涵养吾气"可提高诗歌的艺术境界，使其波澜浩大而变化不测。这无疑是对此前江西诗论之美学思想的一个突破。不过，吕本中终归是江西派中人，其所提出的"涵养吾气"的具体方法仍然以学习前人作品为主。《童蒙诗训》云："读三苏进策涵养吾气。他日下笔自然文字霏霏，无吝啬处。"通过涵泳前人作品而"涵养吾气"，诚然是养气的一种有效途径，但"气"之最本根的来源，并不在前人作品内，而是存在于人的生活实践之中，这一点，又是吕本中没能认识到的。

二、陈与义诗学的美学见解

陈与义（1098—1138），字去非，号简斋，洛阳人，南北宋之际的重要诗人。传世有《简斋集》三十卷，外集一卷，《无住词》一卷。

陈与义虽未列名《江西诗社宗派图》，却被后人尊为江西诗派的"一祖三宗"之一[①]，盖因与义与其他江西诗人一样同尊杜甫，且在学杜时多少受到黄庭坚和陈师道的影响。不过，陈与义之于江西先辈，创新多于继承，无生硬尖巧之弊，比一般江西诗人更得杜诗之神髓。刘克庄赞其诗："造次不忘忧爱，以简严扫繁缛，以雄浑代尖巧，第其品格，当在诸家之上。"（《后村诗话》前集卷二）明胡应麟亦称其诗"宏壮在杜陵廊庑"（《诗薮》外编卷五）。陈与义的诗歌创作成就，与其在理论上的创新是分不开的。

宋人晦斋《简斋诗集引》中有一段文字记录了陈与义的诗歌美学观点：

> 诗至老杜极矣，东坡苏公、山谷黄公奋乎数世之下，复出力振之，而诗之正统不坠。然东坡赋才也大，故解纵绳墨之外，而用之不穷；山谷措意也深，故游泳玩味之余，而索之益远。大抵同出老杜而自成一家，如李广、程不识之治军，龚伯高、杜季良之行己，不可一概诘也。近世诗家知尊杜矣，至学苏者乃指黄为强，而附黄者亦谓苏为肆。要必识苏、黄之所不为，然后可以涉老杜之涯矣。此简斋陈公之说云耳，予游吴兴得之。乃知公所学如此，故能独步一代。

[①] 江西诗派的殿军元代方回在《瀛奎律髓》卷二六中称："古今诗人当以老杜、山谷、后山、简斋四家为一祖三宗，余可预配飨者有数焉。"

陈与义认为苏轼和黄庭坚同出老杜,这一看法未必准确。一般认为,苏轼与李白的风格更为接近。方回在《瀛奎律髓》卷一中即有"东坡暗合太白,惟山谷法老杜"之说。不过,陈与义指出的苏、黄二家各有其风格特征,确为不争之事实。苏轼才气横溢,作诗不为绳墨所限,满心而发,肆口而成,自然奔放而变化无穷;黄庭坚才情不及东坡,但着意于诗律句法之类的学问工夫,其对诗歌艺术内在审美规律的把握独步当时,堪称一代宗师。但在北宋后期,学苏和学黄者各走极端,乃至互相攻伐,成为诗坛之弊。陈与义认为,欲"涉老杜之涯","要必识苏、黄之所不为",意即苏、黄二家均可学,但应认识到两家各有其短处,在学习时要取长补短,长短相济。陈与义在《度岭一首》诗中也曾言道:"已吟子美湖南句,更拟东坡岭外文。"意谓学杜时还应参学东坡。陈与义的这一诗歌美学观点,与吕本中的"活法"说一样,都体现了南北宋之际苏、黄诗歌创作思想的合流,对于促进当时宋调的转型具有积极意义。

陈与义对江西派诗歌美学的突破还体现在他对师法自然的重视上。黄庭坚、陈师道等人提倡作诗以古人为师,讲究字字均有来历出处,是所谓"资书以为诗"①。陈与义则力纠此弊,提倡以自然为师。试看其以下诗句:

> 朝来庭树有鸣禽,红绿扶春上远林。忽有好诗生眼底,安排句法已难寻。(《春日》二首之一)
>
> 莺声时节改,杏叶雨气新。佳句忽堕前,追摹已难真。(《题酒务壁》)
>
> 落日流霞知我醉,长风吹月送诗来。(《后之日再赋》)
>
> 蛛丝闪夕霁,随处有诗情。(《春雨》)
>
> 物象自堪供客眼,未须觅句户长扃。(《寺居》)

在陈与义这些自陈创作体会的诗句中,包含着如是的美学见解:诗歌创

---

① 刘克庄《韩隐君诗序》:"资书以为诗失之腐,捐书以为诗失之野。"见《后村先生大全集》卷九六,四部丛刊本。

作应该以自然为师,而不应闭门觅句,因为自然物象能触发诗人的创作灵感,并为诗人提供无尽的诗材,而高堂华屋则隔断了诗人与自然世界的接触,故从来都与诗无关。这种诗学观是对江西先辈注重文字语言工夫的诗学传统的反拨,为诗歌艺术找回了真正的源头活水,也为后来陆游和杨万里的诗歌美学理论开导了先路。

除吕本中、陈与义之外,南北宋之际对传承江西诗论美学思想作出较大贡献的还有曾几。曾几(1084—1166),字吉甫,号茶山,江西赣州人。所著《易释象》及文集已佚。《四库全书》有《茶山集》八卷,系辑自《永乐大典》。

曾几学诗曾得吕本中指导,故其论诗主张直接渊源于本中。曾几不仅继承了吕本中的"活法"和"悟入"说,还将此二说中所隐含的与禅学的关联明确地揭示了出来。其《读吕居仁旧诗有怀其人作诗寄之》云:"学诗如参禅,慎勿参死句。纵横无不可,乃在欢喜处……居仁说活法,大意欲人悟。常言古作者,一一从此路。岂惟如是说,实亦造佳处。"曾几"勿参死句"的思想为陆游所继承。陆游《赠应秀才诗》云:"我得茶山(按:即曾几)一转语,文章切忌参死句。"甚至后来力批江西诗论的严羽也袭用了这一说法,在《沧浪诗话·诗法》中主张"须参活句,勿参死句"。

第二节　陆游、杨万里的美学观

一、陆游的诗文美学

陆游(1125—1210),字务观,号放翁,越州山阴(今浙江绍兴)人,南宋最杰出的爱国诗人。陆游一生创作勤奋,自称"六十年间万首诗"(《小饮梅花下作》),流传至今的《剑南诗稿》存诗九千三百余首。陆游生活于国势衰颓、偏安江左的南宋时代,对沦陷区人民的痛苦和希望感同身受,故其诗作高扬爱国精神,以收复失地、洗雪国耻为最重要的创作主题,表现出强烈而深沉的忧患审美意识。在长期的创作实践中,经由不断探索总结,陆游形成了自己独具特色的诗文美学思想。

1. 文通"至道"

关于文与道的关系,陆游曾有过不少论述:

> 古声不作久矣,所谓诗者遂成小技。诗者果可谓之小技乎? 学不通天人,行不能无愧于俯仰,果可以言诗乎?(《答陆伯政上舍书》)

> 夫文章小技耳,特与至道同一关捩,惟天下有道者,乃能尽文章之妙。(《上执政书》)

> 自昔文章关治道,即今台阁要名流。(《送范西叔赴召》)

陆游所称的"文"或"文章","不仅指散文,在更多的情况下是指诗歌,或是泛指诗文"①。如云:"天未丧斯文,杜老乃独出"(《宋都曹屡寄诗且督和作此示之》),"陶谢文章造化侔,篇成能使鬼神愁"(《读陶诗》),是专就诗歌而言;而如"文章要须到屈宋"(《答郑虞任检法见赠》),"文章天所秘,赋予均功名……离堆太史公,青莲老先生"(《感兴》),则是兼指诗文辞赋。

在陆游看来,诗文并非如"学不通天人,行不能无愧于俯仰"者所以为的,只是"小技"而已,而是"与至道同一关捩"。陆游自言其"道"是承继儒典《大学》《中庸》和《生民》《清庙》等"古声"而来,可见他所谓"至道"即是儒家之道。《大学》《中庸》集中阐述的是儒家的修己治人、内圣外王之道,《生民》是《诗经·大雅》中周人自叙开国史事的诗篇,《清庙》则是《诗经·周颂》中祭祀周文王的乐章。于此不难看出陆游所说的"至道"包含了为人之道和治世之道("治道")两个层面,亦即道德与政治两个层面。他继承了传统儒家的文道思想,既强调文艺的政治功用和社会价值,也坚持文艺与道德的统一(即美与善的统一)。

文质关系是儒家文道思想的重要内容,陆游对此也不曾忽视。他说:

> 君子之有文也,如日月之明,金石之声,江海之涛澜,虎豹之炳

---

① 王运熙、顾易生主编:《中国文学批评通史(宋金元卷)》,第 264 页。

蔚,必有是实,乃有是文。夫心之所养,发而为言;言之所发,比而成
文;人之邪正,至观其文则尽矣,决矣,不可复隐矣。爝火不能为日
月之明,瓦釜不能为金石之声,潢污不能为江海之涛澜,犬羊不能为
虎豹之炳蔚,而或谓庸人能以浮文眩世,乌有此理也哉? 使诚有之,
则所可眩者,亦庸人耳。(《上辛给事书》)

这段话实系对《论语》相关论述的继承与发挥。《论语·颜渊》载:"棘子
成曰:'君子质而已矣,何以文为?'子贡曰:'惜乎,夫子之说君子也,驷不
及舌。文犹质也,质犹文也。虎豹之鞟犹羊犬之鞟。'"君子是儒家的理
想人格典范,也即是陆游所推崇的学通天人、俯仰无愧的"有道者"。
"道"构成了君子的内在之"实"("质"),外发为文,自然光明如日月,铿锵
如金石,起伏如江海之涛澜,斑斓如虎豹之炳蔚。陆游关于文质关系的
看法坚持了美与善的统一、形式与内容的统一,是其文道理论合乎逻辑
的必然结论。

　　陆游的文道理论虽然主要是继承和发扬传统儒家的文道思想,表面
看来创见无多,但这里有两点需要指出。第一,陆游身处的是河山沦丧、
国势衰微的南宋初年这一特定的历史时期,因而其文道观包含了新鲜的
时代内容。他在《跋花间集》中说:"《花间集》皆唐末五代时人所作。方
斯时,天下岌岌,生民救死不暇,士大夫乃流宕如此,可叹也哉! 或者亦
出于无聊耶?"就是对国危民困之际士大夫未能以诗文来弘扬刚正大道
的慨叹。他之所以大力宣扬文通"至道",强调"必有是实,乃有是文",乃
是希望有更多的"有道者"("君子")能以诗文来关切时事,激励人心,担
当起振衰起弊、济国安邦的社会责任。第二,陆游所身处的还是一个理
学兴盛的时代,理学家们在文道问题上多重道轻文,他们谈论"道"也多
是从抽象性理出发,而非从生活现实出发,因而常常偏离了文艺的感性
原则,创作的诗歌也常常因此而成为"语录讲义之押韵者"[①]。与之相比,

---

① [宋]刘克庄《吴恕斋诗稿跋》:"近世贵理学而贱诗,间有篇咏,率是语录讲义之押韵者耳。"见
　　《后村先生大全集》卷一一一,四部丛刊本。

陆游的"至道"论注重寄兴托志、有感而发,坚持和维护了文道概念的审美属性,因而益显可贵。

2. 养气说

在中国思想史上,"气"先是作为一个哲学范畴而出现的。老子、《管子》、孟子、庄子、荀子、《淮南子》和王充的《论衡》均有不少关于"气"的论述,到了魏晋南北朝时期,哲学上的元气论转化成为美学上的元气论,"气"从哲学范畴转化成为美学范畴。[①] 曹丕在《典论·论文》中明确提出"文以气为主"的美学命题,成为历代文气说的嚆矢。刘勰在《文心雕龙》中专列《养气》一篇,集中论述"清和其心,调畅其气"的虚静精神状态对审美创造的重要性。后世在陆游之前提倡养气为文的还有韩愈、苏辙、吕本中等人。宋代理学家们虽然重道轻文,但也多主张以养气作为完善人格修养的重要手段。陆游继承前人的养气说,不仅将之运用到审美批评领域,还将其贯彻到自己的诗歌创作实践中,形成了独具特色的诗歌美学风格。

陆游在《桐江行》一诗中说:"文章当以气为主,无怪今人不如古。"在《傅给事外制集序》中说:"某闻文以气为主,出处无愧,气乃不挠。"陆游在这里虽是直接称引曹丕的命题,但在其思想中,这一命题比它在《典论·论文》中初次提出时具有更为丰富的内涵。

首先,这一命题是建立在陆游相关哲学思考的基础上,因而更具有理论的深度。陆游在呈给宋孝宗的《上殿札子二》中说:

> 臣伏读御制《苏轼赞》,有曰:"手抉云汉,斡造化机。气高天下,乃克为之。"呜呼! 陛下之言,典谟也。轼死且九十年,学士大夫徒知尊诵其文,而未有知其文之妙在于气高天下者……然臣窃谓天下万事,皆当以气为主,轼特用之于文耳。

他还在诗中写道:"周流惟一气,天地与人同。"(《宴坐》其二)认为包括人

---

① 参看叶朗《中国美学史大纲》,第216—219页。

在内的天下万事万物都是一气周流而成。这是继承了先秦以来的气本体论思想。《管子·心术上》说:"天之道,虚其无形。虚则不屈,无形则无所位迕。无所位迕,故遍流万物而不变。"①汉代王充认为:"天地,含气之自然也。"(《论衡·谈天篇》)"人之所以生者精气也。"(《论衡·论死篇》)北宋理学家张载也以"气"为天地万物之本体。陆游接受了这种"气"本体论,并认为苏轼文章之妙绝天下乃是他将气"用之于文"的结果。这一说法为"文以气为主"的命题提供了哲学基础,将文气说提到了艺术本体论的高度。

其次,陆游所讲的"气"的概念涵义比较宽广。根据郭绍虞的看法,曹丕所言之"气"是将才气和语气混而言之②,但多数学者还是认为曹丕所说的"气"主要指的是才气,因为《典论·论文》中有"气之清浊有体,不可力强而致"等非常明确的论述。陆游对"气"的理解则比较宽泛。他所说的气,既是指诗文艺术作品中的气势,也是指审美创造主体的内在素质。如陆游《玉局观拜东坡先生海外画像》"气力倒犀象,律吕谐鸾凤",《醉中作行草数纸》"堂堂笔阵从天下,气压唐人折钗股",是就前者而言,强调的是作品气势的不同凡响;而如"出处无愧,气乃不挠"云云,则是就后者而言,强调的是审美创造主体内在精神境界的高卓。之所以能有这种高卓境界,乃是由于审美创造主体内蓄正气之故。若细分之,正气又可有豪雄、不平与中和三种类型。"少年喜任侠,见酒气已吞"(《村饮》),"当年书剑揖三公,谈舌如云气吐虹"(《感旧》),"壮岁从戎,曾是气吞残虏"(《谢池春》),"老夫壮气横九州,坐想提兵西海头"(《冬暖》),"侠气当年盖五陵"(《题庵壁》),"豪举当年气吐虹"(《初寒在告有感》),是言豪雄之气;"愤气塞穹壤"(《北望》),"艰险外备尝,愤郁中不平"(《感兴》),"盖人之情,悲愤积于中而无言,始发为诗"(《澹斋居士诗序》),是言不平之气;而"平生养气心不动,黜陟虽闻了如梦"(《病起游近村》),"气全自可

---

① 在《管子》中,"道"与"气"是一个概念。参看叶朗《中国美学史大纲》,第 97—99 页。
② 参见郭绍虞:《中国文学批评史》,第 44 页。

忘忧患,心动安能敌死生"(《村舍》),"论书尚欲心先正,学道宁容气不平"(《自诒》)则是言中和之气。豪雄之气与不平之气均属于孟子所说的"配义与道""至大至刚"的"浩然之气"(《孟子·公孙丑上》),是"浩然之气"在得志能用之时和厄而不用之际的不同表现形态。至于陆游诗中体现出的中和之气,则与他受道家道教思想和宋代理学思想的影响有关(关于这一点我们在下文还将谈到)。

再次,陆游明确强调气须由"养"而致。在陆游看来,作为诗文之根柢的气和才是有区别的。他说:

> 诗岂易言哉,才得之天,而气者我之所自养。有才矣,气不足以御之,淫于富贵,移于贫贱,得不偿失,荣不盖愧,诗由此出,而欲追古人之逸驾,讵可得哉?(《方德亨诗集序》)

才是审美创造主体的先天素质,非人力所能改变,气则是审美创造主体的后天修养,可通过主观培养使其充沛完足。先天之才和后天之气是互济互补的关系,前者须由后者来支配,始有望在文艺创作中"追古人之逸驾"。因此,陆游特别强调"务重其身而养其气"(《上辛给事书》),认为"若能养气塞天地",自然"吐出自足成虹霓"(《次韵和杨伯子主簿见赠》)。养气之说自孟子提出后,一直被儒家学者们奉若圭臬,唐宋文学家们更将其扩展到文学批评领域,如韩愈在《答李翊书》中提出著名的"气盛言宜"论,苏辙在《上枢密韩太尉书》中发表了"文者气之所形""文不可以学而能,气可以养而致"的观点,吕本中在《与曾吉甫论诗第二帖》中也强调,欲使诗作波澜壮阔,"须令规模宏放,以涵养吾气而后可"。陆游远承孟子,近接唐宋诸贤,继承并进一步深化了养气之说。到陆游这里,气从一般的道德修养变为"更多地是指气节,即作家对于事关国家民族命运的道德思考"①。他将养气说贯彻到自己的人格修养和艺文创作中,直到晚年仍保持着崇高的民族气节和抗敌救国的宏伟志愿,并自豪

---

① 王运熙、顾易生主编:《中国文学批评通史(宋金元卷)》,第267页。

地发之于诗："平生养气颇自许，虽老尚可吞司并。何时拥南横戈去，聊为君王护北平。"(《秋怀》)

陆游主张养气，还同道家道教思想以及宋代理学的影响有关。道家和道教以养气作为性命修养之功夫，其以静为本的养气主张带有阴柔色彩。陆游晚年好道，曾专筑道室，特制道服，对道门的修炼功夫身体力行。同时，如前面曾提到的，陆游身处理学兴盛的时代大背景中，也难免受到理学家们重养气修身之时风的熏染，以致钱锺书认为他"好谈……心性之学……酸腐可厌"①。理学家们本对道家思想有所吸收，在讲求诚意正心的人格修养时亦多爱向静中求，倡养中正平和之气，反对过分使气而沦于偏激。上述影响，在陆游晚年文字中有不少体现，如："养得山林气粗全，此怀无处不超然"(《书意》)，"气住即存神，心安自保身"(《宴坐二首》其一)，"平生养气心不动，黜陟虽闻了如梦"(《病起游近村》)，"养气勿动心，生死良细故"(《访医》)，"养气颓然似木鸡，谤谗宁复问端倪"(《次韵范参政书怀》)，等等。

复次，陆游对于由气到文的审美创造过程有相当深刻的理解。前面说过，陆游所说的"文"多指诗歌而言，因而"文以气为主"在他这里殆亦多指"诗以气为主"。然而，由内在之气到外在之诗文毕竟要经历一个审美创造的过程。作家所养之气总是体现为一定的思想感情，将这种主观上的思想感情抒发出来，外化和表现于一定的客体形式之中，就成为诗文。汉代《毛诗序》"情动于中而形于言"的说法已经触及审美创造过程的发生机制问题，唐代孔颖达在解释"诗言志"的命题、韩愈在阐述"不平则鸣"的思想时，也均对此有所论述。陆游站在审美创造主体的角度对这一问题进行了较为深入的理论思考，在前人思想的基础上作了进一步发挥。

陆游在《曾裘甫诗集序》中说：

　　古之说诗曰言志，夫得志而形于言，如皋陶、周公、召公、吉甫，

————————
① 钱锺书：《谈艺录》，第 394 页。

> 故所谓志也。若遭变遇谗，流离困悴，自道其不得志，是亦志也。然感激悲伤，忧时闵己，托情寓物，使人读之，至于太息流涕，故难矣！至于安时处顺，超然事外，不矜不挫，不诬不怼，发为文辞，冲澹简远，读之者遗声利，冥得丧，如见东郭顺子，悠然意消，岂不又难哉？

作为诗人胸中之所酝蓄，志与气是相通的。善于养气者，得志之时，气自豪雄，不得志时，气多不平。然而无论是得志还是不得志，既然所养之气充沛于胸，其思想情感势必刚正而不颓靡；外发为诗，则相应地呈现出一种阳刚健劲的美学风格。

尚健是陆游自觉的审美追求，他亦引此为自豪。"歌罢海动色，诗成天改容。"（《航海》）"激烈哦诗殷金石，纵横落笔走蛟鲸。"（《张功甫许见访以诗坚其约》）"弦开雁落诗亦成，笔力未饶弓力劲。"（《秋声》）"高吟金石裂，健笔龙蛇走。"（《秋郊有怀》）这些诗句均可看作陆游诗人形象的自我写真。正是由于崇尚"健"，陆游才对晚唐诗风深恶痛绝，他在《宋都曹屡寄诗且督和答作此示之》一诗中说："及观晚唐作，令人欲焚笔。此风近忽炽，隙穴殆难窒。淫哇解移人，往往丧妙质。"认为晚唐诗人及刻意模仿晚唐的永嘉四灵之诗作缺乏气格骨力，徒具形式而于"妙质"多有丧损。

陆游有部分诗作全篇雄快健爽，一意豪迈，富于浪漫主义色彩，如《航海》（"潮来涌银山"）、《醉歌》（"我饮江楼上"）等，但这些作品在其全集中究属少数。这主要是由于在当时特定的历史环境下，诗人的雄才大略得不到施展，收复失地的爱国理想无法实现，遂"感慨发奇节，涵养出正声"（《感兴》），将满腔忠愤之气化为沉郁悲慨的诗歌艺术作品。其《书愤》即是此类诗作中的名篇："早岁那知世事艰，中原北望气如山。楼船夜雪瓜洲渡，铁马秋风大散关。塞上长城空白许，镜中衰鬓已先斑。出师一表真名世，千载谁堪伯仲间。"

陆游晚年曾在诗中写道："我诗虽日衰，得句尚悲健。"（《忆昔》）以"悲健"一词作为对其诗风的自我评价。所以能"健"，在于诗人养气醇正,始终具有深挚强烈的爱国激情和不屈不挠的战斗精神;所以会"悲",在于宏伟之理想与严酷之现实的矛盾太过激烈。这一矛盾在现实中得不到解决,便只好"通过浪漫的想象、通过梦境得到缓释,得到补偿"①。在《出塞曲》中,他想象王师北伐的气势:"三军马甲不知数,但见银山动地来。"在《战城南》中他想象敌军溃败的情形:"马前喁咿争乞降,满地纵横投剑戟。"陆游更常常梦到自己赴疆杀敌、收复失地的情景,如他有一首诗的题目即是《五月十一日夜且半梦从大驾亲征尽复汉唐故地……》据今人统计,在《剑南诗稿》中这类纪梦诗多达 157 首。② 通过想象和梦境,诗人的豪情壮志得到醋畅淋漓的抒泄。然而想象与梦境终归是幻,一旦幻梦消逝,诗人仍旧不得不面对冷峻而严酷的现实,其情感便常常不由自主地带上了"悲"的色彩。"梦回愁对一灯昏"(《枕上偶成》),"酒醒客散独凄然,枕上屡挥忧国泪"(《送范舍人还朝》),"破驿梦回灯欲死,打窗风雨正三更"(《三月十七日夜醉中作》),都是对这种心境的真实绘状。真可谓"感激悲伤,忧时闵己,托情寓物,使人读之,至于太息流涕"。陆游的诗作,在描写想象与梦境时,有着类似李白的雄奇奔放;在感慨现实时,又有着类似杜甫的沉郁悲凉。浪漫主义与现实主义的风格特征就这样在他的作品中熔铸在一起,构合成"其声情气象自是放翁,正不必摹仿李杜"③的悲健诗风。

除尚"健"之外,陆游还有着另外一种审美取向,即尚平淡。钱锺书在论及陆游诗歌时曾说:"他的作品主要有两方面:一方面是悲愤激昂,要为国家报仇雪耻,恢复丧失的疆土,解放沦陷的人民;一方面是闲适细腻,咀嚼出日常生活的深永滋味,熨帖出当前景物的曲折情状。"④陆游一生创作了大量反映其休闲生活意趣的诗歌,尤其在晚年罢官后退居故里

---

① 程千帆、程章灿:《程氏汉语文学通史》,第 192 页,沈阳:辽海出版社,1999 年。
② 详张健《陆游》,第 114—121 页,台北:河洛图书出版社,1977 年;[韩]李致洙《陆游诗研究》,第 174—191 页,台北:文史哲出版社,1991 年。
③ [清]李兆元:《十二笔舫杂录》卷八,清道光二年刻本。
④ 钱锺书:《宋诗选注》,第 190 页。

的 20 年中,表现闲适已成为他最重要的诗歌题材,恬淡平和成为其晚年诗风的最典型特征。这一方面是由于诗人的生活环境和日常行为内容已发生重大变化,另一方面也同他所养之气和对由气到文的审美创造过程的独特理解有关。如前面所说,陆游因为受到道家道教和理学家的影响,自觉蓄养中和之气,晚年尤然。同时他将蓄养中和之气所达到的"安时处顺,超然事外,不矜不挫,不诬不怼"的人生境界也作为"志"的一种。因此,在他看来,"诗言志"也应包括通过诗歌来表现这种淡泊超然之志,即通过"发为文辞",产生一种"冲澹简远"的审美效果,能使"读之者遗声利,冥得丧,如见东郭顺子,悠然意消"。正是出于这种审美趣尚,陆游对具有平淡风格的诗人诗作推崇备至。如陶渊明历来被视作平淡诗风的代表作家,陆游曾这样表达对他的向慕之情:"我诗慕渊明,恨不造其微。千载无斯人,吾将谁与归?"(《读陶诗》)梅尧臣提倡作诗"惟造平淡",其质朴古淡的诗歌作品被邵博称为"圣俞诗到人不爱处"[1],陆游则直接宣称"诗到无人爱处工"(《明日复理梦中意作》)、"俗人犹爱未为诗"(《朝饥示子聿》),具见其对梅氏的称赏与认同。陆游晚年创作的表现其淡泊之志的闲适诗,风格平和粹美,意味隽永深长,深得陶、梅之旨趣,是诗人将养气与言志相结合的另一种体现。

3."功夫在诗外"

"功夫在诗外",这是陆游提出的一条重要的诗歌美学原则,是他在生活实践和创作实践的基础上,通过反思江西诗派的诗歌美学思想,不断探索艺术规律而悟出的作诗心得。

陆游在《颐庵居士集序》中说:"文章之妙,在有自得处,而诗其尤者也。舍此一法,虽穷工极思,直可欺不知者。有识者一观,百败并出矣。"

---

[1] [宋]邵博:《邵氏闻见后录》卷一九载:"晁以道问予:梅二诗何如黄九? 予曰:鲁直诗到人爱处,圣俞诗到人不爱处。以道为一笑。"这一评价实是尊梅抑黄,是对梅氏平淡诗风的肯定。清代诗人吴仰贤在其《小匏庵诗话》卷一中有一段话可以作为对邵氏评价的注解:"诗到无人爱,古今来惟陶渊明足以当之。此论允矣。然渊明之诗,淡而弥旨,骤看不见可爱,寻味久之,但觉爱莫能释,所以为工;若作诗必求无人爱,则土鼓黄桴亦何足尚!"

"功夫在诗外",正是陆游的"自得"之处,是他几十年诗歌艺术实践的经验之谈。他晚年在回顾自己走过的创作道路并向子辈传授心得的诗中写道:

> 我初学诗日,但欲工藻绘;中年始少悟,渐若窥宏大。怪奇亦间出,如石漱湍濑。数仞李杜墙,常恨欠领会。元白才倚门,温李真自郐。正令笔扛鼎,亦未造三昧。诗为六艺一,岂用资狡狯?汝果欲学诗,工夫在诗外。(《示子遹》)

在另一首诗中陆游讲述了自己顿悟"诗家三昧"的经过:

> 我昔学诗未有得,残余未免从人乞。力孱气馁心自知,妄取虚名有惭色。四十从戎驻南郑,酣宴军中夜连日。打毬筑场一千步,阅马列厩三万匹……诗家三昧忽见前,屈贾在眼元历历。天机云锦用在我,剪裁妙处非刀尺……(《九月一日夜读诗稿有感走笔作歌》)

中年以前,陆游学诗主要走的是江西诗派的路子。他早年私淑吕本中,后又拜受吕本中影响至深的江西派诗人曾几为师,算得上江西诗派的嫡传弟子。江西诗派偏爱于诗律句法、使典用事等诗歌形式技巧方面用力,作为江西心法的"点铁成金""夺胎换骨"诸论,莫不是在追求"诗内功夫"。陆游确曾得到这种"诗内功夫"的真传。他在《赠曾温伯邢德允》诗中说:"发似秋芜不受耘,茶山曾许与斯文。回思岁月一甲子,尚记门墙三沐熏。"在《追怀曾文清公呈赵教授赵近尝示诗》中说:"忆在茶山听说诗,亲从夜半得玄机。"然而陆游晚年在回顾学诗经历时却又认为自己早年之"但欲工藻绘"并未真得"诗家三昧",不过是"从人乞残余"而已,真正的"诗家三昧"乃是"功夫在诗外"。

"功夫在诗外"这一命题包含有以下三个方面的思想。

第一,关于诗歌的题材来源。陆游悟得"诗家三昧"是在中年入蜀以后,具体是在从军南郑期间。这一时期他身着戎装,投身于紧张沸腾的军旅生活,"打毬筑场""阅马列厩",丰富的生活实践终于使他豁然开朗,从此在诗歌创作中不断获得丰收。陆游清楚地认识到了诗歌的题材应

该来源于真实的生活。他在其他诗文作品中也多次表达过类似的思想,如:

> 诗材满路无人取。(《自江源过双流不宿迳行至成都》)
>
> 法不孤生自古同,痴人乃欲镂虚空。君诗妙处吾能识,正在山程水驿中。(《题庐陵萧彦毓秀才诗卷后》)
>
> 大抵此业在道途则愈工,虽前辈负大名者,往往如此。愿舟楫鞍马间,加意勿辍,他日超尘迈往之作,必得之此时为多。(《与杜思恭书》)
>
> 挥毫当得江山助,不到潇湘岂有诗!(《予使江西时以诗投政府丐湖湘一麾会召还不果偶读旧稿有感》)

都是强调作为审美创造主体的诗人应该多与外部世界相接触,积极、热情地投身于无限丰富的现实生活。在山程水驿之中、舟楫鞍马之间,自有取之不尽的题材可供掇拾入诗;相反,若只是闭门觅句,不得"江山之助"①而欲刻镂虚空,势必难有成功的艺术创造;如果一味"资书以为诗",即便将江西派的点化脱换功夫用到纯熟,也终不免落入剿袭模拟的窠臼。

第二,关于诗歌创作的艺术灵感。诗歌创作的艺术灵感与其题材来源密切相关。前者是"诗思",后者是"诗材"。正如陆游认为诗材源于现实生活一样,他也认为"诗思"来自现实世界对诗人的触兴感发。因此他说:"诗思寻常有,偏于客路新"(《夜读巩仲至闽中诗有怀其人》),"诗思出门何处无"(《病中绝句》)。他更在《初晴》一诗中明确提出"诗凭写兴忘工拙"。出门在路,万象纷呈,随时随地皆有可能触发诗人的创作灵感。灵感一来,便可满心而发,肆口而成,连工拙也无须计较了,恰如他在另一首诗中所说的:"文章本天成,妙手偶得之。"(《文章》)

第三,关于诗歌创作的艺术技巧。与前面两点相联系,陆游在诗歌

---

① 陆游"江山助"的说法本诸刘勰《文心雕龙·物色》:"若乃山林皋壤,实文思之奥府,略语则阙,详说则繁。然则屈平所以能洞监《风》《骚》之情者,抑亦江山之助乎?"

创作的艺术技巧上顺理成章地主张追求自然之妙,反对刻意雕琢。他说:"大巧谢雕琢,至刚反摧藏"(《夜坐示桑甥十韵》),"琢雕自是文章病,奇险尤伤气骨多"(《读近人诗》),"锻炼之文,乃失本旨;斫削之甚,反伤正气"(《何君墓表》)。重锻炼、尚雕琢是江西诗派的创作特征,陆游虽被视为江西派诗人的"一灯之传"①,却敢于根据自己的审美认识提出针锋相对的看法,表现出非凡的理论勇气。

在好尚"诗内功夫"的江西诗风大行于世的诗学背景下,陆游以江西门人的身份而提出的迥异于江西心法的"诗外功夫"论,以及他依据这一理论而在创作上取得的巨大成功,对于扭转当时的诗坛风气,引导诗歌创作走出形式主义的误区,起到了良好的作用。不过在此有两点还须指出:一是陆游所说的"诗外功夫"除了指从现实生活中获取诗材、诗思以外,也将读书、穷理等都包括在内,如他在《何君墓表》中曾说:"诗岂易言哉!一书之不见,一物之不识,一理之不穷,皆有憾焉。"二是对注重形式技巧的"诗内功夫"陆游并未完全否弃,如他在晚年所写的《夜吟》一诗中即说:"六十余年妄学诗,功夫深处独心知。夜来一笑寒灯下,始是金丹换骨时。"于此可见陆游的诗歌美学思想并不偏此废彼,实具有一定的辩证法因素。

二、杨万里的诗歌美学

杨万里(1127—1206),字廷秀,号诚斋,吉州吉水(今江西吉安)人,南宋著名诗人,与陆游、范成大、尤袤并称"中兴四大家"。杨万里一生勤于创作,诗作数量惊人,据传多达两万余首,今存四千二百余首,多收入《诚斋集》中。此外尚有《诚斋诗话》《诚斋易传》等著作传世。与陆游一样,杨万里最初学诗也是由江西诗派入,后又跳出江西窠臼,别寻蹊径,自成一家。杨万里所创辟的诗歌新体以清新活泼、妙趣横生著称,人称

---

① [南宋]赵庚夫:《读曾文清公集》:"清于月白初三夜,淡似汤烹第一泉。咄咄逼人门弟子,剑南已见一灯传。"见[南宋]陈起编《江湖后集》卷八,文渊阁四库全书本。

"诚斋体"。在诗歌美学理论上,杨万里亦多有建树,其诗论对江西末流重词意而轻诗味、重锻炼而轻自然、重继承而轻创新等不良倾向起到了纠偏作用,开启了南宋中后期诗坛风气复归晚唐的端绪。

1."诗味"说

自西晋陆机在《文赋》中提出诗歌不可"阙大羹之遗味",第一次将"味"作为诗美来追求之后,以味论诗者代不乏人,逐渐成为中国文艺美学思想史中的一项优良传统。刘勰在《文心雕龙》中多处以"味"为标准评价诗文内涵,随后钟嵘在《诗品序》中以"滋味"为中心建立起自己的诗歌批评理论。到了唐代,司空图在《与李生论诗书》中又踵其事而增其华,提出诗歌艺术的最高境界当是有"韵外之致"和"味外之旨"。有宋一代,以味论诗更成为时代风气,如欧阳修论诗讲"真味",苏轼论诗讲"至味",范温论诗讲"深远无穷之味",等等。

杨万里的"诗味"说自是在吸收和借鉴前人理论的基础上提出的,却不乏创新与发展。首要的一点即在于他明确将"味"这一美学范畴提升到了诗歌本体的高度。杨万里在《颐庵诗稿序》中有一段著名的论述:

> 夫诗何为者也?尚其词而已矣。曰:善诗者去词。然则尚其意而已矣。曰:善诗者去意。然则去词去意,则诗安在乎? 曰:去词去意而诗有在矣。然则诗果焉在? 曰:尝食夫饴与荼(即茶)乎? 人孰不饴之嗜也? 初而甘,卒而酸。至于荼也,人病其苦也,然苦未既而不胜其甘,诗亦如是而已矣。

杨万里认为诗之所在既不是词,也不是意,而是去词去意之后所剩下的某种质素。这种质素,杨万里称之为"味",他在《诚斋诗话》里说:"诗已尽而味方永,善之善者也。"周汝昌对上引杨万里话曾作过很好的分析:

> 照诚斋的意见,诗应该像茶才行……不是就把词意迳直浅露地摆在表皮、浮面,而是要将词意酿化而成一种具有深度的"味道",须使读的人经过涵咏玩味才能领略感受。而领略感受之下,却又说不

出，道不得，也无法传达给别人。——这才是诗的艺术，诗的力量……这才是他说"去词去意而诗有在"的真意旨，并非是真正主张作诗连词句也不要考究、连意思也不要存在的一种"空"物而已。①

司空图在《与李生论诗书》中曾以醯、醝为喻，指出它们的味仅止于酸与咸，而诗歌之审美特征当在具有"酸咸之外"的"醇美"之味。杨万里以饴、茶为喻，与司空图如出一辙，显然是受了后者的影响；他所说的"去词去意而诗有在"也正是司空图所谓"近而不浮，远而不尽"的"韵外之致"和"味外之旨"，也就是所谓"不着一字，尽得风流"（《二十四诗品·含蓄》）。但这里有两点值得注意：一是杨万里的论述是对"夫诗何为者也"这一问题的回答，因而具有诗学本体论的高度，而司空图的"韵味"说则限于一般地讨论诗歌的审美特征与境界；二是杨万里将诗分解为"词""意""味"三个要素，并认为只有"味"才是最根本的，其对诗之审美特征的突出与强调较司空图更为明确具体，也启发了后来严羽在《沧浪诗话·诗评》中对诗之"词""理""意兴"的划分与论述。

从"味"这个诗歌所独具的本体性审美要素出发，杨万里强调了诗与文的区别。他在《黄御使集序》中说：

> 诗非文比也，必诗人为之，如攻玉者必得玉工焉。使攻金之工代之琢，则窳矣。而或者挟其渊博之学、雄隽之文，于是骡柘其伟辞以为诗，五七其句读而平上其音节，夫岂非诗哉？

在《周子益训蒙省题诗序》中，他说：

> 诗又其专门者也……自"春草碧色"之题，一变而为"四夷来吾"，再变而为"为政以德"，于是始无诗矣。非无诗也，无题也。

从唐代韩愈开始，以文为诗、以议论为诗的风气愈演愈烈，到了江西诗风盛行之时，更兼以学问为诗，讲究"无一字无来历"（黄庭坚《答洪驹父

---

① 周汝昌选注：《杨万里选集·引言》，第15—16页，上海：中华书局，1962年。

书》)。杨万里对这类做法提出了尖锐批评。他指出,"挟其渊博之学、雄隽之文""矖栝伟辞""五七其句读而平上其音节"等做法,混淆了诗与文这两类文学样式的本质区别,无异于让攻金之工代为琢玉,最终的结果必然是失败的。以作文之法作诗,将文的内容强塞进诗的形式中,创作出的诗歌必难具有深长隽永之味——这样的作品在很大程度上已经算不得诗了。为使得所写之诗真正"是"诗而非仅仅"似"诗,首贵乎择题。以"春草碧色"入题,便成好诗;以"四夷来吾"和"为政以德"入题,终成败笔。原因在于"四夷来吾"和"为政以德"只适合于说理议论之文,勉强用为诗题则意随言尽,其味不永,而"春草碧色"则能触发诗人的审美感受,启其情思而具悠远无穷之味,故为诗中好题。因此,按照杨万里的观点,诗人须能够把握"味"这一诗歌审美特质,择对诗题,并遵循诗歌艺术自身的审美创造规律,方有望创作出真正的好诗来——这是对诗歌创作主体提出的要求。

杨万里进一步对诗歌鉴赏主体也提出了相应的要求。他在《习斋论语讲义序》中写道:

> 读书必知味外之味,不知味外之味而曰"我能读书"者,否也!《诗》曰:"谁谓荼苦,其甘如荠。"吾取以为读书之法焉。

就诗来说,"味外之味"隐藏在"词"和"意"的后面,诗歌鉴赏主体须先"去词"(得意而忘言),再"去意"(得味而忘意),才能涵泳体会得到含蓄隽永的"味外之味",正如饮茶须待苦味去后才能品味到"其甘如荠"一样。这无疑是对司空图在《与李生论诗书》中提出的"辨于味,然后可以言诗"这一诗歌鉴赏原则的引申与发挥。

杨万里对前人以味论诗的继承与发展,还体现在他对"味"的涵义的理解上。我们在前面谈到,杨万里的"诗味"说是受了前人尤其是司空图理论的影响,他的所谓"去词去意而诗有在"与司空图的"韵外之致"和"味外之旨"一样,指的是某种超出词意之外的空灵隽永的审美情趣。现代一些学者正是从这一角度来理解杨万里所说的"味"的。如郭绍虞即认为："(杨万里)也与东坡一样,颇阐司空图味外之味之说。"①成复旺等人也认为："杨万里所说的味,大体上就是司空图所谓的'味在咸酸之外'的味,也就是诗所特有的那种令人回味无穷的味。"②司空图论诗处处渗透着道家的审美理想,杨万里也因此间接接受了道家美学思想的沾溉。司空图将老子提出的"味"的范畴运用到诗歌理论批评中,并相应地提倡一种平淡的诗歌审美趣味和审美风格,如他曾多次对王(维)、韦(应物)冲和淡远的诗风极力推举,引为诗家正的。这种源自道家的审美倾向也在杨万里的诗歌理论和诗歌创作中有所体现。如杨万里对陶渊明和柳宗元语言淡朴而诗味隽永的五言古诗推崇备至,赞为"句雅淡而味深长"(《诚斋诗话》)。在《应斋杂著序》中,他称赞赵无咎之文"平淡夷易,不为追琢,不立崖险",也是以平淡自然作为审美标准。在自身创作实践中,杨万里也对平淡诗风极力追踪,尤其在晚年,更以平淡作为其诗歌创作的主导风格,故此南宋李道传在《谥文节公告议》中评论:"其为诗始而清新,中而奇逸,终而平淡。"

然而杨万里的诗歌美学思想并不止一个面向。他不仅受到道家美学思想的间接影响,更直接继承了儒家诗论的现实主义精神。体现在"诗味"说上,他所说的"味"除了指司空图所强调的诗歌艺术的审美特征之外,更多的时候是继承了儒家温柔敦厚的诗教传统,指一种寄寓劝讽之意的含蓄蕴藉之味,即如罗根泽所说的,"是三百篇的'好色不淫,怨诽不乱',是《春秋》的微婉显晦,尽而不污,直然是怨刺。不过不是谩骂的怨刺,而是委婉的怨刺,与苏轼的怨刺不同,与黄庭坚的反讪谤更异"③。

杨万里对"味"的内涵的这种理解,是同他认为诗具有"矫世复道"之社会功用的观点相联系的。他在《六经论·诗论》中有一段议论:

> 论曰:天下善与不善,圣人视之甚徐而甚迫。甚徐而甚迫者:导

---

① 郭绍虞:《中国文学批评史》,第 303 页。
② 成复旺、黄保真、蔡钟翔:《中国文学理论史》(二),第 457 页,北京:北京出版社,1987 年。
③ 罗根泽:《中国文学批评史》(三),第 152 页,上海:中华书局,1961 年。

> 其善者以之于道,矫其不善者以复于道也……天下皆善乎? 天下不能皆善,则不善亦可导乎? 圣人之徐,于是变而为迫。非乐于迫也,欲不变而不得也。迫之者,矫之也。是故有《诗》焉。诗也者,矫天下之具也……圣人引天下之众,以议天下之善不善,此《诗》之所以作也。故诗也者,收天下之肆者也……

自孔子提出诗歌具有兴、观、群、怨的社会作用后,重视诗歌的诗教功能渐成为儒家诗论的一项优良传统。兼有诗人与理学家双重身份的杨万里自觉地继承了这一传统。不仅如此,他还进一步认为诗歌是"迫"而"矫天下",较之其他诸艺如《书》《礼》《乐》《易》《春秋》之"徐"而"矫天下"有其自身优势。而欲使诗歌的这种社会功能得到最佳的发挥,就必须如《国风》《小雅》一样,寓大义于微言之中,怨而不怒、婉而多讽。杨万里在《颐庵诗稿序》中曾以《小雅·巷伯》为例,指出这首诗虽"无刺之之词,亦不见刺之之意",却能收到使暴公"外不敢怒而其中愧死"的效果,正是由于在言辞背后有刺讽之味在,也即他在《诚斋诗话》中所说的"诗中无有其词而句外有其意"。

杨万里认为,这种温柔敦厚的劝教之味自《诗经》以后近乎绝迹,只是在晚唐诗歌中还有所保留。他说:"三百篇以后,此味绝矣,惟晚唐诸子差近之。"(《颐庵诗稿序》)其所谓晚唐诸子,乃是指李商隐、杜牧、陆龟蒙、吴融、陈陶、韩偓等,这些诗人殆多追求委婉含蓄、尽而不污的艺术境界,也即杨万里在《周子益训蒙省题诗序》中所说的:"好色而不淫,怨悱而不乱,犹有国风小雅之遗音。"晚唐诗人的这种艺术追求及其所达到的审美效果受到杨万里的特别欣赏。对效法晚唐的诗歌作者,杨万里给予热情鼓励:"晚唐异味今谁嗜? 耳孙下笔参差是。"(《跋吴箕秀才》)对时人轻视晚唐诗歌的风气,他则深致不满:"晚唐异味同谁赏? 近日诗人轻晚唐。"(《读笠泽丛书三绝》其一)于宋人中,杨万里对王安石独多肯定,甚至以"半山绝句当朝餐"(《读诗》),也无非是因为在他看来,那种言微旨远的"三百篇之遗味",除"晚唐诸子差近之"以外,"近世惟半山老人得之"(《颐庵诗稿序》)而已。在杨万里本人创作的大量诗歌中,有一部分作品是寓意深刻、关心现实的时事诗,但在艺术手法上大都藏锋不露,词婉意深,将忧国忧民之意寄寓在曲折隐喻之中,体现了杨万里对"三百篇之遗味"和"晚唐异味"的自觉继承。

2. 触物感兴,师法自然

杨万里以清新自然的"诚斋体"诗歌著称于世,其诗作多描写自然山水,以活泼工巧的手法传达出因自然事物之感发而产生的独特审美情趣。"诚斋体"的形成是诗人重视感兴、师法自然的结果。

杨万里曾在《诚斋荆溪集序》中回忆自己学诗"开悟"的过程:

> 余之诗始学江西诸君子,既又学后山五字律,既又学半山老人七字绝句,晚乃学绝句于唐人。学之愈力,作之愈寡……戊戌三朝时节,赐告,少公事,是日即作诗,忽若有寤,于是辞谢唐人及王陈江西诸君子,皆不敢学而后欣如也。试令儿辈操笔于予,口占数首,则浏浏焉无复前日之轧轧矣。自此……万象毕来,献予诗材。盖麾之不去,前者未雠,而后者已迫,涣然未觉作诗之难也。

初时学习前人,竟至"学之愈力,作之愈寡",这是向故纸堆中觅诗所导致的创作窘境;一旦摆脱前人束缚,步入自然天地,则天机鸣发,触处皆诗,这是师法造化所带来的艺术自由。经历了这一番艺术上的顿悟之后,杨万里的诗歌创作从此迈入新境,常常体验到"感物而发,触兴而作"(《应斋杂著序》)所带来的审美创造的冲动与快感:

> 郊行聊着眼,兴到漫成诗。(《春晚往永和》)
> 哦诗只道更无题,物物秋来总是诗。(《戏笔》)
> 雨剩风残忽春暮,花催草唤又诗成。(《答章汉直》)
> 此行诗句何须觅,满路春光总是题。(《送文黼叔主簿之官松溪》)
> 闭门觅句非诗法,只是征行自有诗。(《下横山滩头望金华山》)

散见于诚斋诗集中的这些句子所描述的,莫不是诗人师法造化,从自然万象中获取诗材和灵感的真实体验。"开悟"之后的杨万里,扫尽从前专学前人时的寒俭局促之态,一派潇洒自由的风采,无怪乎姜夔在赠诗中称赞说:"年年花月无闲日,处处江山怕见君。"(《送朝天续集归诚斋时在金陵》)

杨万里还曾对触物感兴的审美观照过程进行过较为自觉的理论探讨。他在《答建康府大军库监门徐达书》中说:

> 大抵诗之作也,兴,上也;赋,次也;赓和,不得已也。我初无意于作是诗,而是物是事适然触乎我,我之意适然感乎是物是事,触先焉,感随焉,而是诗出焉,我何与哉? 天也。斯之谓兴。

杨万里所说的"兴"即是审美感兴,他在这里不仅将得之于天的"兴"与专乎我的"赋"和牵乎人的"赓和"相比较,突出了"兴"在诗歌创作中的极端重要性,而且揭示出"兴"的实质乃是主体因客观对象的触动而引发的审美心理反应,是心与物的交感和契合。这一认识符合唯物主义的艺术反映论,具有相当的理论深度。

重视触物感兴,强调师法自然,"不听陈言只听天"(《读张文潜诗》),既是杨万里在创作实践中通过艰辛探索而得出的经验之谈,也是对前人美学思想的自觉继承。西晋陆机在《文赋》中曾提出"诗缘情而绮靡",其所谓"情",指的即是感物所兴的审美情感。后刘勰在《文心雕龙·物色》中也强调"情以物迁,辞以情发"。杨万里的诗"兴"之说无疑是对陆、刘观点的重新提倡。

杨万里强调感物兴情的重要性,主张从自然万象汲取诗材和灵感,与陆游"功夫在诗外"的诗学观一样,均是对江西诗派重视内向的诗法参悟而忽视外向诗情感发的反拨,在诗歌美学史上具有重要意义。不过,陆游的"诗外功夫"更多地指向现实的社会生活,杨万里审美观照的对象则主要是自然景物,遂致其诗集中"江湖岭海之山川风物多有在焉"(杨万里《朝天续集序》),在思想性方面较陆游诗歌有所不如。

3. 胸襟"透脱",自我作古

求新求变是杨万里诗论思想和创作实践的一大特色。新变就意味着超越，包括对前人的超越和对自我的超越。杨万里认为"衣钵无千古，丘山只一毛"（《和李天麟二首》其一），反对倚门倚闾、死守成法。他说："问侬佳句如何法，无法无盂也无衣。"（《酬阁皂山碧崖道士甘叔怀赠十古风》）"传宗传派我替羞，名家各自一风流。黄陈篱下休安脚，陶谢门前更出头。"（《跋徐仲恭省干近诗三首》其三）——这是主张超越前人。元代方回在《瀛奎律髓汇评》卷一中评价杨万里诗"一官一集，每一集必一变"；杨万里本人亦在《南海诗集序》中借尤袤之口说自己诗歌是"每变每进"，并表达了对"老矣"之后能否继续递变递进的担心。——这是追求自我超越。

杨万里之能实现对前人的超越并不断超越自我，最终别创诗歌新体，为南宋诗坛带来一股清新活泼的审美新风，既与其能摆脱"资书以为诗"的窠臼、师法造化自然有关，也是他充分发挥审美主体之能动精神的结果。他在《过池阳舟中望九华山》一诗中说："不是风烟好，缘何句子新?"认为诗句之"新"离不开胜美风景的感发；在另一首诗中又说："不是胸中别，缘何句子新?"（《蜀士甘彦和寓张魏公门馆用予见张钦夫诗韵作二诗见赠和以谢之》其一）认为要创作出以"新"为特色的诗句，还需诗人具有与众不同、超凡脱俗的审美心胸。

这种与众不同、超凡脱俗的审美心胸，用杨万里自己的话来说就是——"透脱"。他在《和李天麟二首》（其一）中明确提出了"学诗须透脱，信手自孤高"的诗歌美学主张，认为只有心胸"透脱"，方能心手相应，信笔为诗而自成绝诣。南宋罗大经《鹤林玉露》卷一四中有一段记载："杨诚斋丞零陵日，有《春日绝句》云：'梅子留酸软齿牙，芭蕉分绿与窗纱。日长睡起无情思，闲看儿童捉柳花。'张紫岩见之，曰：'廷秀胸襟透脱矣！'"[1]被后人屡屡称引，以为杨万里"透脱"之佐证。

究竟何谓"透脱"? 周汝昌曾这样解释道："这是宋儒的一种理想，希

---

① 据今人考证，杨万里《春日绝句》（原题《闲居初夏午睡起二绝句》）作于张浚逝世两年之后，张不可能得见此诗并发表评论。"廷秀胸襟透脱"之语或系张浚之子张栻所言，而罗氏误记。见胡建升《杨万里"透脱"考》，《北京化工大学学报（社会科学版）》，2007年第2期。

望在生活体验中对事物认真探索，通晓以后而能达到的一种修养境地。"①这一解释固不无道理，却没有阐明此种"修养境地"的丰富内涵究竟是什么，以及这种"修养境地"与诗歌创作有何关联。为正确理解杨万里的"透脱"概念，我们必须联系杨万里本人的学术思想进行考察。杨万里"以学人而入诗派"(清·全祖望《宝瓶集序》)，其哲学思想势必影响到其诗歌美学思想并进而影响到其诗歌创作实践。杨万里在诗人之外的另一身份是理学家，然其思想较为驳杂，兼受理学与心学两大学派的影响，在某些方面甚至受心学影响更大。杨万里与理学名家张栻的关系至为密切，而张栻之学虽是继承洛学思想，但走的乃是程颢注重"心"之超越性力量的路子。杨万里又是心学代表人物陆九渊的江西同乡，与陆氏交情匪浅，难免受其心学思想的濡染。在张、陆等人的影响下(或许还有禅宗的影响)，杨万里形成了其重视主体之灵明本心的思想："人者，天地之心也。""观吾心，见天地；观天地，见吾心。"(《庸言》十二)"认为人反观'吾心'，可以窥见、体认天地自然之心；而观察、体认天地自然之心，也可以会通、知晓人心。人之心与天地万物之心是相通的，人只要有爱人、爱物之心，又善于体悟、观察，就可以实现人之心与物之心的沟通、交流。"②这种与天地万物相沟通、相交流的心胸，就是杨万里所说的"透脱"。它与道家单纯强调内心虚静超脱的"涤除玄鉴""心斋""坐忘"等有所不同，而更接近禅宗自性澄明、色空不二的心灵状态，因而能以"静默的观照和飞跃的生命构成艺术的两元"③。有了这种"透脱"的心胸，就能够在审美观照中"发造化之秘"(杨万里《雪巢小集后序》)，即能够透过外在的自然景物发现、感知和理解其内在的灵性生命，并在此基础上通过诗人之笔构建起一个鸢飞鱼跃、腾踔万象的审美灵境。

杨万里的诗歌常常被人称道为"活法"诗之典型。如周必大说："诚斋万事悟活法。"(《次韵杨廷秀待制寄题朱氏焕然书院》)张镃说："目前

① 周汝昌选注：《杨万里选集》，第42—43页。
② 陶文鹏、韦凤娟主编：《灵境诗心——中国古代山水诗史》，第501页，南京：凤凰出版社，2004年。
③ 宗白华：《中国艺术意境之诞生》，《美学散步》，第76页。

言句知多少,罕有先生活法诗。"(《携杨秘监诗一编登舟因成二绝》)刘克庄说:"后来诚斋出,真得所谓活法,所谓流转圆美如弹丸者,恨紫微公不及见耳。"(《江西诗派小序》)"活法"成为杨万里诗歌公认的特色。"活法"本是吕本中在《夏均父集序》中提出的诗歌口号,谓作诗应"规矩备具,而能出于规矩之外;变化不测,而亦不背于规矩",其实质乃在于提倡一种流转圆美的作诗技法,以矫江西末流硬峭枯涩之弊。杨万里诗歌中体现出的"活法",其内涵较吕氏"活法"更为丰富,恰如钱锺书所说:"杨万里所谓'活法'当然也包含这种规律和自由的统一,但是还不仅如此。根据他的实践以及'万象毕来''生擒活捉'等话看来,可以说他努力要跟事物——主要是自然界——重新建立嫡亲母子的骨肉关系,要恢复耳目观感的天真状态……不让活泼泼的事物做死书的牺牲品,把多看了古书而在眼睛上长的那层膜刮掉,用敏捷灵巧的手法,描写了形形色色从没描写过以及很难描写的景象。"[①]可见诚斋诗"活法"特征的一个非常重要的方面就是要在审美观照中捕捉活泼灵动的自然物象,而要做到这一点,无疑需要有"透脱"的审美心胸。

"透脱"的胸襟,辅以"五六十年之间,岁锻月炼,朝思夕维"(周必大《跋杨廷秀石人峰长编》)的锤冶功夫,终于成就了杨万里的"活法诗",使他在江西诗派之外别寻蹊径,独树一帜,为南宋诗坛开辟了一片审美新天地。站在整个中国古代自然山水诗发展史的角度看杨万里诗歌,其审美创新意义也十分明显。从诗歌体现的物我关系的角度来看,在杨万里之前,中国自然山水诗有过两种类型,其代表人物分别是六朝时的谢灵运和唐代的王维。谢灵运将自然山水视作娱目悦耳的客观对象,因而其诗作也以求得形似为主,主要是对自然山水之外在形貌的摹写。到了王维笔下,则力图把人变成自然,通过拟物主义的手法,追求一种物我不分、思与境谐的审美境界。而到杨万里这里,审美主体性得到空前的强调和发挥,物我关系又演变出一种新的类型。杨万里"一反古时的虔诚、

---

① 钱锺书:《宋诗选注》,第 180—181 页。

缄默态度,代之以无时不在的俯察审视把玩姿态"①,并大量使用拟人主义的手法,赋予自然景物以世态人情。他笔下的山水景物不特能与人相会,而且能与人相交、相知。如其诗句所描写的:"溪水留我住,溪月愁我归"(《六月十六日夜南溪往月》),"我行莫笑无驺从,自有西山管送迎"(《归自豫章复过西山》),"隔岸山迎我,沿江柳弄人"(《过横山塔下》),"我行山忻随,我住山乐伴"(《轿中看山》)等。山水景物无不具有人的灵性,"作为主体明确的感知对象奔命于诗人笔下"②,真可以说是"中原万象供驱使"(《跋丘宗卿侍郎见赠使北诗五七言一轴》),达到了"古今百家景物万象,皆不能役我而役于我"(《应斋杂著序》)的境界。

杨万里"打破了传统山水诗的艺术思维方式和审美规范,给人们呈现出别具一格的诚斋体山水诗"③,在中国自然山水诗史上树立起又一座丰碑。这一成就的取得,既得力于诚斋胸襟之"透脱",也与其敢于打破成规,在师法自然的同时兼师内心有关,是其大胆创新、自我作古的结果。

陆游和杨万里都是从江西诗派入又跳出江西窠臼而各自名家的,二人的诗歌艺术成就是南宋前中期宋调转型结出的硕果。在这一时期的诗坛上,与陆游和杨万里同享盛名、并称中兴四大诗人的还有尤袤(1127—1194)和范成大(1126—1193)。方回《跋遂初尤先生尚书诗》云:"宋中兴以来,言治必曰乾、淳,言诗必曰尤、杨、范、陆……特擅名天下。"与陆游和杨万里一样,尤袤和范成大早期都曾受到江西诗派注重诗律句法之风气的影响,但后来却更多地继承并实践了黄庭坚不"随人作诗"的创新思想,终于摆脱羁绊而自成一家。尤袤诗追求平易自然④,脱却了江西诗派之注重字句锻炼的斧斫痕迹。范成大则走出江西诗派"资书以为

---

① 程杰:《宋诗学导论》,第 343 页,天津:天津人民出版社,1999 年。
② 同上。
③ 陶文鹏、韦凤娟主编:《灵境诗心——中国古代山水诗史》,第 501 页,南京:凤凰出版社,2004 年。
④ 杨万里以"平淡"概括尤袤的诗风特点,其《千岩摘序稿》云:"余尝论近世之诗人,若范石湖之清新,尤梁溪之平淡,陆放翁之敷腴,萧千岩之工致,皆余之所畏者云。"又,元方回《瀛奎律髓》卷二十评尤袤诗云:"尤遂初诗初看似弱,久看却自圆熟,无一斧一斤痕迹也。"

诗"的狭径,走进了自然与生活的广阔天地,最终成为中国古代田园诗的集大成者。尤、范二人在诗歌理论批评方面,均没有留下多少文字。

稍后于中兴四大诗人并在诗坛上产生较大影响的,还有永嘉四灵和江湖诗派。永嘉四灵指永嘉(今浙江温州)地区的四位诗人徐照(?—1211,字灵晖)、徐玑(1162—1214,字灵渊)、赵师秀(1170—1220,号灵秀)、翁卷(生卒年不详,字灵舒)。因四人同出永嘉学派叶适之门,字或号中又都带有"灵"字,故合称"永嘉四灵"。四灵专以晚唐诗人贾岛、姚合为法,诗风清瘦野逸,代表了南宋中后期诗歌创作上的一种倾向,在当时影响较大。

江湖诗派是继永嘉四灵之后兴起的一个诗派,因书贾陈起刊刻的《江湖集》而得名。《江湖集》中所录的诗人大部分为身处社会下层的江湖谒客,他们身份各异,但大都不满于江西派之以黄(庭坚)、陈(师道)为师,改为效仿四灵而师法晚唐,但所学晚唐诗人的面要宽得多,诗歌题材也较四灵更为广泛,代表了南宋后期的诗坛风尚。

江湖诗派以戴复古和刘克庄为代表人物。戴复古(1167—?),字式之,常居南塘石屏山,故自号石屏、石屏樵隐。天台黄岩(今属浙江台州)人。著有《石屏诗集》《石屏词》。戴复古与严羽友善,著有《论诗十绝》,系与严羽等人切磋诗艺时所成,其中包含的某些诗论思想或曾对严羽产生过一定启发和影响。如《论诗十绝》第七首:"欲参诗律似参禅,妙趣不由文字传。个里稍关心有悟,发为言句自超然。"强调学诗与参禅相似,重在一个"悟"字。乍看之下,这一见解似乎没有什么新意,因为前人,如江西诗派之吕本中、曾几,早有过类似的说法。实则不然。江西诗派所提倡的"悟",来自勤苦的学问工夫,吕本中说"悟入之理,正在工夫勤惰间耳"(《与曾吉甫论诗第一帖》),曾几说"又如学仙子,辛苦终不遇。忽然毛骨换,政用口诀故"(《读吕居仁旧诗有怀其人作诗寄之》),都包含有这样的意思。而戴复古则认为,诗人的"悟"并非来自对前人诗书文字的参究("妙趣不由文字传")。然则"悟"从何而来呢?戴氏在接下来的一首诗中作了更进一步的说明。《论诗绝句》第八首云:"诗本无形在杳冥,网罗天地运吟情。有时忽得惊人句,费尽心机做不成。"诗情的发动乃是由"网罗天地",亦即观照自然和师法自然所引致的;天地自然(包括社会)可以触发诗人的艺术灵感,催生出惊人的佳句,而这样的佳句是只知在古人书中下工夫者费尽心机也做不出来的。显然,戴复古所说的"悟"大不同于江西诗派所提倡的"悟",而是接近和类似于杨万里的"悟活法"之"悟",以及严羽所强调的"透彻之悟"。

刘克庄留有不少诗话和题跋文字,其中有些深刻揭示了宋诗过重理致而缺乏抒情性的整体缺陷①,和严羽诗论一起,共同体现了宋末诗坛抒情审美意识的复苏。

第三节　严羽的美学贡献

宋代最有影响的论诗专著当推严羽的《沧浪诗话》。严羽,字仪卿,又字丹邱,自号沧浪逋客,邵武(今属福建)人。约生活于南宋宁宗、理宗时期。有诗集《沧浪吟卷》和论诗专著《沧浪诗话》传世。《沧浪诗话》的最大特色是以禅喻诗。以禅喻诗乃是有宋一代十分流行的论诗方法,虽非严羽首创,却只是在《沧浪诗话》中才得到了最为集中的体现和发挥。

一、禅悦之风与"以禅喻诗"

中唐以后儒家经学渐趋衰落,与此同时,传统佛教与老庄思想相结合所形成的慧能一系的新禅宗却日益流行。晚唐时期,佛禅与诗歌出现了双向渗透的趋势:一方面是诗歌向禅门渗透——禅师们越来越喜借诗以说禅,以之作为接引后学的手段;另一方面,佛禅也向诗歌创作和审美批评领域渗透——或者以诗歌来宣说禅理或表达禅悦之趣(以禅入诗),或者借用禅宗术语乃至思想来论诗(以禅喻诗,如皎然《诗式》)。入宋以后,在追求内在超越的思想文化大环境下,参禅说佛更成为文人士大夫

---

① 详见本章第四节。

们一种普遍的习尚,他们"在以社会政治改革为目的的'经世'活动中遭遇的种种现实的悲愤、压抑,往往通过'治心以释'而得到化解"①,呈现出外儒内佛或亦儒亦佛的精神风貌。与此相应,在诗歌审美批评领域,以禅喻诗之风也愈来愈盛,成为宋代美学的一道独特景观。

北宋以禅宗喻诗者有苏轼、李之仪、叶梦得、范温、黄庭坚、陈师道、韩驹、吴可②、徐俯、吕本中等人。

苏轼诗《送参寥师》云:"欲令诗语妙,无厌空且静。静故了群动,空故纳万境。"强调只有先具备空明虚静的审美心胸,才能在审美观照中洞察和把握世界万象之纷纭变幻。又其题李之仪诗云:"暂借好诗消永夜,每逢佳处辄参禅。"(《夜直玉堂携李之仪端叔诗百余首读至夜半书其后》)李之仪本人也说:"悟笔如悟禅"(《赠祥英上人》),"说禅作诗本无差别"(《与李去言书》)。将诗歌欣赏或创作同参禅相联系,正是因为诗禅可以互相沟通、互相启发之故。

叶梦得《石林诗话》卷上曾以"云门三句"比拟杜甫诗歌的三种境界:"禅宗论云门有三种语:其一为随波逐浪句,谓随物应机,不主故常;其二为截断众流句,谓超出言外,非情识所到;其三为函盖乾坤句,谓泯然皆契,无间可伺。其深浅以是为序。余尝戏谓学子言:老杜诗亦有此三种语,但先后不同。以'波漂菰米沉云黑,露冷莲房坠粉红'为函盖乾坤句;以'落花游丝白日静,鸣鸠乳燕青春深'为随波逐浪句;以'百年地僻柴门迥,五月江深草阁寒'为截断众流句。若有解此,当与渠同参。"

范温《潜溪诗眼》云:"学(诗)者要先以识为主,如禅家所谓正法眼者。"③这当是后来严羽"以识为主"说之所本。又其评杜甫诗《樱桃》("西蜀樱桃也自红")如"禅家所谓信手拈来,头头是道者"。这一话头后来亦

① 张毅:《宋代文学思想史》,第334页。
② 吴可,字思道,号藏海居士,祖籍瓯宁(今福建建瓯),生于金陵(今江苏南京)。生卒年不详,约活动于两宋之交。著有《藏海居士集》二卷、《藏海诗话》一卷。
③ 郭绍虞:《宋诗话辑佚》(上册),第317页。

为严羽采用①,形容悟得诗法后的挥洒自如、圆融无碍的创作境界。

黄庭坚、陈师道、韩驹、徐俯、吕本中等人皆属江西诗派,也都有以禅喻诗的言论,以致诗禅说几乎成为江西诗派的共识(实际上,江西诗派之形成本身就是受了佛教宗派意识的影响)。黄庭坚的论诗言论如"句中有眼""待境而生""识取关捩""点铁成金""夺胎换骨"等说法,陈师道的"换骨"说,徐俯的"中的"说,吕本中的"活法"与"悟入"说,均借鉴了禅宗的语言表达方式②。韩驹也明确以禅宗"参""悟"喻诗,其《赠赵伯鱼诗》云:"学诗当如初参禅,未悟且遍参诸方。一朝悟罢正法眼,信手拈出皆成章。"吴可有《学诗诗》三首,正与韩驹同一论调:"学诗浑似学参禅,竹榻蒲团不计年。直待自家都了得,等闲拈出便超然。""学诗浑似学参禅,头上安头不足传。跳出少陵窠臼外,丈夫志气本冲天。""学诗浑似学参禅,自古圆成有几联。春草池塘一句子,惊天动地至今传。"吴可的这三首论诗诗在当时影响较大,诗人龚相和赵蕃都有相应的赓和之作③。

南宋时期,在严羽之前(或与之同时)以禅喻诗者有曾几、杨万里、葛天民④、戴复古等。曾几和戴复古的以禅喻诗之论在本章第一节和第二节中分别曾予介绍,此处不赘。

杨万里论诗喜用"参""传法""关捩"等禅宗话头,如:"不分唐人与半山,无端横欲割诗坛。半山便遣能参透,犹有唐人是一关。"(《读唐人及半山诗》)"要知诗客参江西,政如禅客参曹溪。不到南华与修水,于何传法更传衣。"(《送分宁主簿罗宏材秩满入京》)"受业初参且半山,终须投换晚唐间,《国风》此去无多子,关捩挑来只等闲。"(《答徐子材谈绝句》)

葛天民《寄杨诚斋诗》云:"参禅学诗无两法,死蛇解弄活鱍鱍。气正

---

① 《沧浪诗话·诗法》:"学诗有三节:其初不识好恶,连篇累牍,肆笔而成;既识羞愧,始生畏缩,成之极难;及其透彻,则七纵八横,信手拈来,头头是道矣。"

② 详参周裕锴《宋代诗学术语的禅学语源》,《文艺理论研究》,1998年第6期。

③ 参见郭绍虞《中国文学批评史》,第257、313页。

④ 葛天民,字无怀,越州山阴(浙江绍兴)人。生卒年不详。从其有《寄杨诚斋诗》来看,当大略与杨万里同时。曾出家为僧,法名义铦。后还俗,卜居杭州。著有《无怀小集》一卷。

心空眼自高,吹毛不动全生杀。生机熟语却不俳,近代独有杨诚斋。才名万古付公论,风月四时输好怀。知公别具顶门窍,参得彻兮吟得到。赵州禅在口皮边,渊明诗写胸中妙。"使用禅宗话头如"死蛇弄活"、"生"与"熟"①、"顶门窍"②、"参"、"赵州禅"等,以形容杨万里的"活法"诗之高妙。

除上述诸人外,杨梦信、徐瑞等人也都有以禅喻诗的言论,足见"诗禅之说原已成为当时人的口头禅了"③。

然而,通观上述以禅喻诗之论,不难发现多系采摘禅门之只言片语以与诗相比类,缺乏系统全面的论述。稍具整体性者如叶梦得之所谓"云门三句",又因所言过于玄虚而让人不甚了了。真正能系统地以一整套禅学范畴来表达诗学思想,论述详赡而又较为明晰者,还当数严羽的《沧浪诗话》。《沧浪诗话》可以说是有宋一代以禅喻诗的集大成之作。

二、严羽以禅喻诗的美学意义

严羽的《沧浪诗话》共五篇。一、《诗辨》。这是整部诗话的总纲,从学诗门径、方法、诗歌的基本特征、诗歌创作的最高境界等方面,全面概括作者的诗歌艺术观。二、《诗体》。探讨诗歌体式与风格的流变,并参择多种标准,对宋及宋以前诗歌的体式与风格进行分类。三、《诗法》。主要探讨诗歌创作的具体方法与技巧。四、《诗评》。从艺术鉴赏的角度对历代诗人诗作作言简意赅的评价。五、《考证》。对一些诗篇的文字和作者进行辨析与订误。《沧浪诗话》另附有一篇《答出继叔临安吴景仙书》,补充说明诗话写作的动机和宗旨,实可视为全书之序言。

以禅喻诗的思想方法贯穿整部《沧浪诗话》,而于《诗辨》一章中体现

---

① 关于"死蛇弄活"、"生"与"熟"的禅语渊源,参见周裕锴《宋代诗学的禅学语源》,《文艺理论研究》1998 年 6 期。

②《景德传灯录》卷八载逍遥和尚语:"顶门上着一只眼。"《五灯会元》卷二〇载法真禅师语:"欲明向上事,须具顶门眼。若具顶门眼,始契出家心。既契出家心,常具顶门眼。"又《无门慧开禅师语录》卷一:"可怜五十三知识,未曾梦见顶门窍。"

③ 郭绍虞:《中国文学批评史》,第 313 页。

得最为集中与充分。严羽在《答出继叔临安吴景仙书》中说道：

> 仆之《诗辨》，乃断千百年公案，诚惊世绝俗之谈，至当归一之论。其间说江西诗病，真取心肝刽子手。以禅喻诗，莫此亲切，是自家实证实悟者，是自家闭门凿破此片田地，即非傍人篱壁、拾人涕唾得来者。李杜复生，不易吾言矣。而吾叔靳靳疑之，况他人乎？所见难合固如此，深可叹也！

> 吾叔谓："说禅非文人儒者之言。"本意但欲说得诗透彻，初无意为文，其合文人儒者之言与否，不问也。

从中可以看出如下几点。

第一，严羽将以禅喻诗作为方法论原则是出于自觉而清醒的理论考虑。诗禅是否相通，能否以禅喻诗，无论在严羽的时代还是在后世都是有不同意见的。上节所举都是对此持正面肯定观点者，而持异议者亦复不少。从上引文字中可看出吴景仙就不同意严羽的做法，认为"说禅非文人儒者之言"。与严羽同时代的刘克庄也说过："诗家以少陵为祖，其说曰：'语不惊人死不休。'禅家以达摩为祖，其说曰：'不立文字。'诗之不可为禅，犹禅之不可为诗也。"（《题何秀才诗禅方丈》）清李重华《贞一斋诗说》谓："诗教自尼父论定，何缘堕入佛事！"清潘德舆《养一斋诗话》卷一也说："诗乃人生日用中事，禅何为者！"均反对以禅喻诗。更有人批评严羽对佛禅缺乏准确理解，仅凭一知半解而作皮相之谈，因而其涉禅处每多错误。如明代陈继儒《偃曝谈馀》、清代钱谦益《唐诗英华序》及冯班《严氏纠谬》等著作均曾指出严羽在佛禅之大小乘、南北宗等问题上的混淆之处。这些批评固然各有其道理，但都没有说到点子上。因为严羽自己已经明言，其以禅喻诗"本意但欲说得诗透彻"，即只是为了借用禅学话语来将诗歌理论解说得清楚明白，至于是否符合"文人儒者之言"，乃至对禅的理解是否准确无误，都属无关紧要。

第二，严羽对其以禅喻诗十分自许。既强调其诗论是出诸一己之独悟，具有极大的创新性，也坚信自己理论的正确无疑，直有压倒万古之气概。事实上,如前所述,从方法论的角度看,严羽的以禅喻诗多有继承前人之处,只不过更加全面,更加体系化。因此,其谓以禅喻诗"是自家实证实悟者,是自家闭门凿破此片田地,即非傍人篱壁、拾人涕唾得来者",未必尽属事实。然而,从内容的角度看,严羽所阐发的一系列诗学见解又确实不同凡响且深具美学价值。因此,其自赞之辞也不能说都是大言欺人。

第三,严羽写作《沧浪诗话》一个很重要的目的就是要揭示江西诗派的弊端,因而具有鲜明的理论针对性。

清贺贻孙《诗筏》中说:"严沧浪诗话,大旨不出'悟'字。"的确,"悟",或曰"妙悟",诚乃严羽以禅喻诗之核心思想。《诗辨》中云:"大抵禅道惟在妙悟,诗道亦在妙悟。"然则严羽所谓"悟"或"妙悟"的内涵究竟指什么? 我们赞同郭绍虞在其《中国文学批评史》中的观点,即通观严羽之论,他所说的"悟"或"妙悟"实际上有两层涵义:一是指"第一义之悟",二是指"透彻之悟"。① 以下分别对这两层涵义予以论析。

1. "第一义之悟"

《诗辨》中在上述引文之前还有一段话,是阐述"第一义之悟"的:

> 禅家者流,乘有小大,宗有南北,道有邪正。学者须从最上乘,具正法眼,悟第一义;若小乘禅,声闻辟支果,皆非正也。论诗如论禅。汉、魏、晋与盛唐之诗,则第一义也;大历以还之诗,则小乘禅也,已落第二义矣;晚唐之诗,则声闻辟支果也。学汉、魏、晋与盛唐诗者,临济下也;学大历以还之诗者,曹洞下也。

"第一义"是佛学术语,《楞伽经》卷二云:"第一义者,圣智自觉所得,非言说妄想觉境界。"隋释慧远《大乘义章》卷一云:"第一义者,亦名真谛,第一是其显圣之目,所以名义。"可见"第一义"的本义是指无上甚深、彻底圆满的佛教真理。严羽移用到诗学中来,则指的是学诗当以汉、魏、晋与

---

① 参郭绍虞《中国文学批评史》,第 315—318 页。

盛唐为师。这就如同学禅者须从最上乘入手，方能行其正道而具正法眼一样。中唐（"大历以还"）之诗便"已落第二义矣"，至于晚唐乃至更以后的诗，则"皆非第一义也"，益不足为取法对象了。

严羽的"第一义之悟"和他"以识为主"的观点密切相关。《诗辨》开篇即云：

> 夫学诗者以识为主：入门须正，立志须高，以汉、魏、晋、盛唐为师，不作开元、天宝以下人物。若自退屈，即有下劣诗魔入其肺腑之间，由立志之不高也。行有未至，可加工力；路头一差，愈骛愈远，由入门之不正也。故曰：学其上，仅得其中；学其中，斯为下矣。又曰：见过于师，仅堪传授；见与师齐，减师半德也。工夫须从上做下，不可从下做上。

主张学诗要"以识为主"，这是继承了范温《潜溪诗眼》中的说法。所谓"识"，乃是指的能辨识诗歌艺术之发展趋势、体式风格与优劣得失的能力，也即高超的艺术鉴别能力。《诗法》篇中的"看诗须着金刚眼睛，庶不眩于旁门小法"，也是指有"识"而言。有"识"，才能达到所谓的"第一义之悟"，即悟得正确的师法对象和学诗门径。严羽主张学诗应取法乎上，与张戒在《岁寒堂诗话》里主张的学诗应"从汉、魏诗中出"，方可望"与李杜争衡"，否则"屋下架屋，愈见其小"[1]意思相近。严羽此论，主要是为反对江西诗派之宗法黄庭坚和永嘉四灵与江湖诗人之宗法晚唐而发。晚唐和宋人诗歌在严羽看来均非"第一义"，或缺乏雄浑悲壮之气象，或走入"以文字为诗，以议论为诗，以才学为诗"的歧路，再以之作为取法对象，自是"入门之不正"与"立志之不高"的表现，"岂盛唐诸公大乘正法眼者哉"（《答出继叔临安吴景仙书》）。

---

[1] ［宋］张戒《岁寒堂诗话》卷上："国朝诸人诗为一等，唐人诗为一等，六朝诗为一等，陶、阮、建安七子、两汉为一等，《风》、《骚》为一等，学者须以次参究，盈科而后进，可也……人才高下，固有分限，然亦在所忌，不可不谨，其始也学之，其终也岂能过之？屋下架屋，愈见其小。后有作者出，必欲与李杜争衡，当复从汉魏诗中出尔。"

严羽论诗特别强调辨别体制。他单开《诗体》一篇,区分并说明了历代诗歌的各种体制。他还在《答出继叔临安吴景仙书》中说:"作诗正须辨尽诸家体制,然后不为旁门所惑。今人作诗,差入门户者,正以体制莫辨也。"这里所谓体制,主要指的是作家作品的总体艺术风貌。"体制莫辨",就是无"识"的表现,就会迷失于浩如烟海的作家作品中而无所适从,甚至选错师法对象,"路头一差,愈骛愈远"。严羽有时也把"体制"称为"家数",如他在《诗法》中说:"辨家数如辨苍白,方可言诗。"并于本条下自注云:"荆公评文章先体制而后文之工拙。"能辨体制或家数如辨苍白,正是识力高超的表现。在《诗体》中,严羽将唐诗区分为唐初体、盛唐体、大历体、元和体和晚唐体,就是以其非凡的识力辨别体制的结果。这一区分直接启发了明代高棅在其《唐诗品汇》中对唐诗所做的初、盛、中、晚唐四期之分。

按照严羽的观点,有"识"就能悟入"第一义",就会选择以汉、魏、晋、盛唐为师。虽将汉、魏、晋、盛唐并称,但严羽最终的着眼点其实是盛唐。他在《诗辨》篇的最后说:"推原汉、魏以来,而截然谓当以盛唐为法。"并在自注中解释"舍汉、魏而独言盛唐"的原因是"古律之体备也",即到盛唐时,包括古体和律体在内的诗歌体裁方始发展齐备。严羽肯定了盛唐之于汉、魏有进步、发展的地方,因此不能简单地将他说成是艺术上的复古主义者,但他以盛唐为诗歌艺术之顶峰,坚决反对"作开元、天宝以下人物",认为这样是"自生退屈",会致使"下劣诗魔入其肺腑之间"。因此王运熙和顾易生主编的《中国文学批评通史(宋金元卷)》中说严羽是"以盛唐为界的发展到顶论者",并评论说:"他把古代的优秀艺术作品,视为艺术的极限,凝固的模式,画地为牢,这样又可能反过来否定了文学的发展,终于成为一种束缚创作的新桎梏。"①不过从当时来看,严羽高倡以盛唐为宗,反对以黄庭坚或晚唐诗人为法,对于纠偏诗坛弊端确具有振聋发聩的意义。

要练就高超的识力,并悟入"第一义",还须要有"熟参"历代诗歌的工夫。《诗辨》云:

---

① 王运熙、顾易生主编:《中国文学批评通史(宋金元卷)》,第 415—416 页。

> 先须熟读《楚辞》,朝夕讽咏,以为之本;及读《古诗十九首》,乐
> 府四篇,李陵、苏武、汉、魏五言皆须熟读,即以李、杜二集枕藉观之,
> 如今人之治经,然后博取盛唐名家,酝酿胸中,久之自然悟入。虽学
> 之不至,亦不失正路。此乃是从顶上做来,谓之向上一路,谓之直截
> 根源,谓之顿门,谓之单刀直入也。

又云:

> 天下有可废之人,无可废之言。诗道如是也。若以为不然,则
> 是见诗之不广,参诗之不熟耳。试取汉、魏之诗而熟参之,次取晋、
> 宋之诗而熟参之,次取南北朝之诗而熟参之,次取沈、宋、王、杨、卢、
> 骆、陈拾遗之诗而熟参之,次取开元、天宝诸家之诗而熟参之,次独
> 取李、杜二公之诗而熟参之,又取大历十才子之诗而熟参之,又取元
> 和之诗而熟参之,又尽取晚唐诸家之诗而熟参之,又取本朝苏、黄以
> 下诸家之诗而熟参之,其真是非自有不能隐者。倘犹于此而无见
> 焉,则是野狐外道,蒙蔽其真识,不可救药,终不悟也。

严羽主张熟读《楚辞》并以之为本,而不以历来被奉作圭臬的《诗经》为
本,表明其论诗重在诗歌的艺术审美层面,而非"温柔敦厚"之教化功能。
在此基础上,还须"广见""博取"并"熟参"历代诗歌,以吸收前人在创作
上的经验教训。经过长期的艺术熏陶与参究,自然就能"悟入",也即能
够锻炼出敏锐的艺术感受能力,包括辨别体制"如辨苍素"的高超识力,
也包括在创作时无须借助理性的分析思考就能直觉地构造审美意象的
能力。这里要注意的是,严羽所说的"熟参"的范围非常广,既包括汉、
魏、晋与盛唐之诗,也包括中晚唐和宋代苏、黄以下诸家之诗。但这与他
"不作开元、天宝以下人物"的说法并不矛盾,因为"熟参"是为了辨识体
制高下,是为了判别"真是非",并不意味着就要取法所参对象或是以之
为师。"熟参"实际上只是"妙悟"的前提,"熟参"的结果是为了最终"悟
入"。严羽自谓其理论堪比禅宗"顿门",这一比拟其实不尽恰切。禅宗
"顿门"也就是慧能创立的南禅法门,这一法门与提倡渐修渐悟的"渐门"

相对,反对坐禅读经,主张不立文字而明心见性、顿悟成佛。严羽提倡在"悟入"之前须广取前代诗歌而"熟参"之,实际上是糅合了顿、渐二门,主张通过日积月累的渐参渐悟以达最终顿悟之艺术高境。

2. "透彻之悟"

严羽之论"透彻之悟",主要体现于以下两段话中:

> 大抵禅道惟在妙悟,诗道亦在妙悟。且孟襄阳学力下韩退之远甚,而其诗独出退之之上者,一味妙悟而已。惟悟乃为当行,乃为本色。然悟有浅深、有分限,有透彻之悟,有但得一知半解之悟。汉、魏尚矣,不假悟也。谢灵运至盛唐诸公,透彻之悟也。(《诗辨》)

> 夫诗有别材,非关书也;诗有别趣,非关理也。然非多读书、多穷理,则不能极其至,所谓不涉理路、不落言筌者,上也。诗者,吟咏情性也。盛唐诸人惟在兴趣,羚羊挂角,无迹可求。故其妙处,透彻玲珑,不可凑泊,如空中之音,相中之色,水中之月,镜中之象,言有尽而意无穷。近代诸公,乃作奇特解会,遂以文字为诗,以才学为诗,以议论为诗。夫岂不工?终非古人之诗也。盖于一唱三叹之音,有所歉焉。(《诗辨》)

这里的"惟悟乃为当行,乃为本色",以及《诗法》篇中的"须是当行,须是本色"云云,当是借用了晁补之和陈师道评论诗词的语汇。晁补之评黄庭坚词为"非当行家语",陈师道认为韩愈诗和苏轼词"要非本色",都是说没能抓住艺术样式的本质特征。因此,严羽所谓"透彻之悟",也就是指对诗歌艺术之本质特征领悟、把握得十分准确而深刻。

联系"盛唐诸公,透彻之悟"和"盛唐诸人惟在兴趣"这两句话来看,严羽所理解的诗歌艺术的本质特征显然就是"兴趣"。"兴趣"一词,是严羽特创的文学术语。叶朗在《中国美学史大纲》中将"兴趣"解释为"诗歌意象所包含的那种为外物形象直接触发的审美情趣"[1],点出了这一概念

---

[1] 叶朗:《中国美学史大纲》,第 315 页。

的实质。"兴"在中国古代诗论中历来有两种基本含义：一是指政教风化意义上的"兴"，侧重于诗歌现实内容与社会作用的角度；一是指由于外物之感触而引发主体情思的"感兴"之"兴"，侧重于艺术审美的角度。（这两种含义有时也发生交叉或相混。）严羽所说的"兴趣"之"兴"正是第二种意义上的，即指的乃是审美感兴。在审美感兴中，外物所感发兴起的，自然是审美主体的"情"，正如托名贾岛的《二南密旨》所说："兴者，情也。谓外感于物，内动于情，情不可遏，故曰兴。"至于"趣"，也就是审美情趣的意思，大略相当于钟嵘的"滋味"和司空图"韵外之致""味外之旨"。严羽将"兴"和"趣"结合起来，用以指称由外物形象感发而引起的耐人咀嚼、回味的审美情趣，在美学史上堪称一大贡献。

严羽所说的"别趣"（以及他在其他地方使用的"兴致"和"意兴"）与兴趣基本上是同一概念。"别趣"之"别"，乃是相对于"理"而言。宋诗受理学影响，有重视理而忽视情的倾向，"以议论为诗"，于形象和意境创造有所不足，降低了诗歌的艺术性和感染力。刘克庄在《吴恕斋诗稿跋》中说："近世贵理学而贱诗，间有篇咏，率是语录讲义之押韵者耳。"所言虽过分绝对，却也切中了宋诗的要害。严羽在《诗评》中批评"本朝人尚理而病于意兴"，也是针对宋诗重理轻情的弊病而发。不过要注意的是，严羽并没有认为诗中不能有理，不能发议论，他所反对的乃是因"尚理"而"病于意兴"，是因"理"害"情"的"理障"。如果"理"与"情"能在诗中自然地融为一体，如水着盐，了无痕迹，"不涉理路，不落言筌"（《诗辨》），则非但不构成"理障"，反而能成为"理趣"。从严羽批评"南朝人尚词而病于理"，"唐人尚意兴而理在其中；汉魏之诗，词理意兴，无迹可求"来看，可知严羽认为诗中可以甚至应该有"理"，只不过应以"理趣"的形式存在。于此，我们也就不难理解为何严羽要在《诗辨》中提倡诗人应该"多穷理"了。

理解了"兴趣"（"别趣"）的涵义之后，即可对严羽所说的"妙悟"作出更多说明。严羽认为，与禅道相似，"诗道亦在妙悟"，落实到诗歌创作中，"妙悟"便体现为诗人在观照外物的基础上，启动感知、体验、想象、联想等心理功能进而创造出审美意象的综合心理过程。这一过程具有感性和直觉性的特征，不同于理性的逻辑推演。这一过程也就是审美感兴的过程。叶朗在其《中国美学史大纲》中正是将"妙悟"解释成审美感兴，认为"妙悟"与"兴趣"之"兴"具有相同的含义指向。但同时，他也指出：

> 兴趣说的贡献主要在于把审美意象和审美感兴紧密联系起来进行考察，从审美感兴出发，对诗歌意象（主要是其中的"情"）作了重要的规定。妙悟说的贡献主要在于把审美感兴和逻辑思维区分开来，从而对艺术家的审美创造力作了一个重要的规定。[1]

这一分析十分到位。严羽在当时确已触及了艺术创造中形象思维与逻辑思维的分别，只是"没有适当的名词可以指出这分别，所以只好归之为妙悟"[2]。

至于"别材"，则是针对宋人"以文字为诗，以才学为诗"的弊病而言。苏轼、黄庭坚等人偏好"资书以为诗"（刘克庄《韩隐君诗序》），从书中寻找诗歌题材，而不是从活生生的感性对象出发，导致了审美情趣的缺失。有人将"别材"的"材"解读为"才力"之"才"，并不符合严羽本意。[3]"材"在这里就是材料、题材的意思。"别材"指的乃是有别于书本材料的诗歌题材，也即能起到审美感兴作用、引发审美情趣的客观对象。"别趣"（"兴趣"）和"别材"是紧密相关的，"别趣"多自"别材"中来。唐人之诗之所以能"兴趣"盎然，正在于它们"多是征戍、迁谪、行旅、离别之作"，故"往往能感动激发人意"（《诗评》）。如同对"理"的态度一样，严羽对待"书"的态度也颇为辩证。他一面反对从书中觅取诗材，一面又强调诗人应"多读书"（《诗辨》）——这与前面所说的"广见""博取"并"熟参"历代诗歌的主张是一致的。

严羽对宋诗的缺点可谓洞若观火。他批评苏黄和江西诗派"以文字

---

[1] 叶朗：《中国美学史大纲》，第 317 页。
[2] 郭绍虞校释：《沧浪诗话校释》，第 22 页。
[3] 王运熙、顾易生主编：《中国文学批评通史（宋金元卷）》对此作了详细辨正，见该书第 264 页。

为诗，以才学为诗，以议论为诗"，几成千古定评。大慧宗杲禅师曾"以作奇特想"来批评学佛人不解佛法真义而溺于言句的毛病(《大慧普觉禅师语录》卷二之十六《示真如道人》)。严羽仿之而以"作奇特解会"批评宋诗偏离诗歌的审美本质而走向议论化、散文化的偏弊。为纠矫这一偏弊，他还特地拈出"吟咏情性"这一古老的诗学命题，以强调诗歌的抒情本质。

在严羽看来，盛唐诸公因达到了"透彻之悟"，所作诗歌"惟在兴趣"，是"吟咏情性"的典范。他还使用了一长串禅宗话头来形容这些典范诗歌："羚羊挂角，无迹可求"，"透彻玲珑，不可凑泊"，是形容诗歌形象的鲜明可感，纯净浑然，不因用事、押韵和锤炼字面而致形象模糊不清或支离破碎；"如空中之音，相中之色，水中之月，镜中之象"云云，则是形容诗歌意境空灵蕴藉，能够产生"言有尽而意无穷"的审美效果。严羽此论，与钟嵘的"文已尽而意有余"(《诗品序》)，司空图的"不着一字，尽得风流"(《二十四诗品·含蓄》)之说有相似之处。

《沧浪诗话》之以禅喻诗，虽如一些论家所指出的，对部分禅语的理解有欠准确之处，但严羽以之作为方法论，建立起了一整套以"悟"为核心的圆融贯通的诗学体系，对唐宋以来诗歌创作的经验教训作了一次全面的理论总结，大大超越了以往的以禅喻诗之论。无论是严羽提倡的"第一义之悟"，还是"透彻之悟"，都是建立在诗禅可以相通的观念基础之上的，而诗禅相通观的形成，乃是文化发展的自然结果。中唐以来，"儒门淡薄，收拾不住，皆归释氏"(宋·志磐《佛祖统纪》卷四之五)，士大夫们被讲求"顿悟"而显得生机勃勃的佛禅所吸引，纷纷谈禅说悟，这一风气又向诗歌艺术领域渗透，遂使诗禅之说成为时人的常谈。然而，严羽之前的诗禅说，不仅缺乏理论的系统性，在思想的深度上也远不及《沧浪诗话》。钱锺书指出："他人不过较禅于诗，沧浪遂欲通禅于诗。胡元瑞《诗薮·杂编》卷五比为达摩西来者，端在乎此。"[1]正是在严羽这里，禅与诗核心相通的一面得到了明确的揭示与强调。自此以后，在诗禅相通

---

① 钱锺书：《谈艺录》，第 745 页。

观的影响之下,书法、绘画等艺术门类也大量吸收和借鉴禅的思维方式
与神韵特征,终于在明清时期达到了诗书画禅一体化,实现了禅与艺的
完全融合。因此,严羽《沧浪诗话》的以禅喻诗之论,实为中国美学传统
走向完形的重要一环,它"进一步扩展和丰富了中国人的心灵世界,也进
一步拓宽和深化了中国美学的理论体系"①。

单从诗歌美学史的角度看,严羽的《沧浪诗话》对后世影响也是极其
深远的。元代杨士弘编选的《唐音》、明代高棅编选的《唐诗品汇》,都继
承了《沧浪诗话》的宗唐思想;明前后七子的"格调"说和"诗必盛唐"的复
古理论,以及清代王士祯的"神韵"说和袁枚的"性灵"说,均可以追溯到
严羽这里;此外,王夫之、叶燮、王国维等美学大师也都从不同角度和不
同方面吸收、借鉴过严羽的理论。在中国古代诗歌美学史上,《沧浪诗
话》堪称一座重要的里程碑。

第四节　元好问及金代崇尚阳刚的美学趣味

元好问(1190—1257),字裕之,号遗山,太原人。金代后期最有成就
的文学家、美学家、文坛盟主。他提出"以诚为本"的艺术本质观,在创作
论上则秉承了王若虚"尚意"之论,此外还大力倡导师古宗唐,转变了金
代末期的整个创作风气。

一、元好问的"以诚为本"说

元好问把诗文分为"正体"和"伪体"。正体即重视真情实感的抒发,
尚自然而无雕琢之作。在他眼里,《诗经》风雅、汉谣魏什、陶诗及唐诗乃
是正体。他认为诗歌的最高境界不在文字,而在性情,故而反复强调一
种得意忘言的境界。他反对魏晋的浮靡形式:"斗靡夸多费览观,陆文犹

---

① 董运庭:《"以禅喻诗,莫此亲切"——禅与艺术在观念上的沟通》,《西北师大学报(社会科学版)》,1990 年第 3 期。

恨冗于潘。心声只要传心了,布谷澜翻可是难。"(《论诗》之九)相反,他赞美陶渊明的真率自然,直抒胸臆:"君看陶集中,《饮酒》与《归田》。此翁岂作诗,直写胸中天。"(《继愚轩和党承旨雪诗》)又说他"一语天然万古新,豪华落尽见真淳"(《论诗》之四)。元好问认为唐诗能与《诗经》媲美的原因就在于其"情性之外,不知有文字"(《杨叔能小亨集引》)。他称陶渊明为唐之白乐天,意在指出白居易和陶渊明一样有着天然、真淳、不假雕琢的表达。他把白居易和杜甫一起作为唐贤的代表,赞美其作品的真意流露:"子美夔州以后,乐天香山以后,东坡海南以后,皆不烦绳削而自合……唐贤所为,情性之外不知有文字。"(《陶然集序》)这与王若虚驳斥温庭筠,赞赏白居易之论不谋而合。他赞扬苏轼因真性情的流露而得工巧于自然:"自东坡一出,情性之外,不知有文字,真有'一洗万古凡马空'气象……东坡圣处,非有意于文字之为工,不得不然之为工也。"(《新轩乐府引》)他赞扬赵秉文,也是因为他"真淳古淡似陶渊明"(《闲闲公墓铭》)。

相反,他对后世"巧伪失天真"(《赠祖唐臣》)的不健康诗风十分不满。他这样分析近古以来人们创作心态的恶化:"去古既远,天质日丧,人伪日胜。机械之士,以拙为讳,天下万事,一以巧为之。矜长出奇,争捷求售,其心汩汩焉。"(《拙轩铭引》)他认为宋诗中的酬唱诗多是毫无真意、于事无补的"伪体":"窘步相仍死不前,唱酬无复见前贤。纵横正有凌云笔,俯仰随人亦可怜。"(《论诗》二十一)批评说:"次韵是近世人之弊,以志之所之而求合他人律度,迁就傅会"(《十七史求蒙序》),即反对为合他人言语形式而损害了自己的文意。他还反对江西诗派的雕琢字句,嘲讽陈师道"可怜无补费精神"(《论诗》二十九),明确表示"未作江西社里人"(《论诗》二十八)。对当时人作诗雕镂穷年的状况,他则讽刺说:"乃知时世妆,粉绿徒争怜。"(《继愚轩和党承旨雪诗》)

由于对"伪"的深恶痛疾,晚期的元好问便很自然地提出"以诚为本"的艺术本质观。他认为,诗与文的功能不同,文是用来记述事物的,而诗则是用来吟咏性情的。因而,"诚"就成为诗的真正本源:

尝试妄论之，诗与文特言语之别称耳：有所记述之谓文，吟咏情性之谓诗，其为言语则一也。唐诗所以绝出于三百篇之后者，知本焉尔矣。何谓本？诚是也……故由心而诚，由诚而言，由言而诗也，三者相为一。情动于中而形于言，言发乎迩而见乎远……虽小夫贱妇、孤臣孽子之感讽，皆可以厚人伦、美教化，无他道也。故曰："不诚无物"。夫惟不诚，故言无所主。心口别为二物，物我邈其千里……其欲动天地、感鬼神，难矣。其是谓之本。唐人之诗，其知本乎。(《杨叔能小亨集引》)

"诚"的概念来自《周易·乾卦·文言》"修辞立其诚"和《中庸》"诚者，物之终始，不诚无物"的论断。在宋代，"诚"已经是理学上具有本体论、认识论和方法论意义的核心概念。元好问用"诚"来统一情与性，在内容和形式中更重视前者。而从上文可知，元好问所推崇的"诚"，主要是指作家发自内心的真实情感，表现为一种真率自然、温柔敦厚的儒家美学风格。周惠泉认为此概念的提出，"既体现了对我国古代著诚去伪哲学思想的合理发展，又包含对于我国北方民族尚质抑淫艺术观念的积极吸收"①。

二、元好问对"尚意论"的传承

元好问在早期提出，语言形式虽然是千变万化的，但都是要服从于"意"这个整体的，即"作文字千变万化，需要有主意在"(《诗文自警》)。他晚期的"以诚为本"论，总体来看仍是以意为主的，其"意""知本""诚""情性"皆相融通。他对当时文人的创作也是以"意"来作为评价标准。例如金代中期文坛领袖之一的党怀英，元好问肯定他"辞不足而意有余"(《中州集》卷三)。至于后期的元好问本人之作，清人赵翼评价说："遗山词修饰词句，本非所长；而专以意为主。意之所在，上者可以惊心动魄，次亦沁人心脾。"(赵翼《瓯北诗话》卷八)可见他自己的创作也积极践行

---

① 周惠泉：《金代文学学发凡》，第 65 页，长春：东北师范大学出版社，1994 年。

了其"以意为主"的美学思想。

元好问之后,还继有刘祁(1203—1250)的同调之论:"夫诗者,本发其喜怒哀乐之情,如使人读之无所感动,非诗也。予观后世诗人之诗,皆穷极辞藻,牵引学问,诚美矣,然读之不能动人,则亦何贵哉? ……古人歌诗,皆发其心所欲言,使人诵之至有泣下者。今人之诗,惟泥题目、事实、句法,将以新巧取声名,虽得人口称,而动人心者绝少,不若俗谣俚曲之见其真情,而反能荡人血气也。"(《归潜志》卷一三)这番议论与周昂、赵秉文、王若虚等人可谓一脉相承。此外,李治也沿袭元好问的观点,主张当效"古人因事为文,不拘声病,而专以意为主"(《敬斋古今注》)。在以上理论背景下,尚意轻言成为整个金代美学批评的主流标准。

"以意为主"的观念一直是汉族儒家伦理规范对文学的要求,体现了文艺的社会价值,形成了中国古代美学务实黜虚、重质轻文的传统。金代虽为少数民族政权,但积极推崇儒学治天下,加之北方民族自古就崇尚真率自然,不喜华饰,不尚雕琢,因此,重内在充实、轻外在浮华成为金代的审美倾向,雄健、自然成为金代最大的两个审美范畴。在有金一代文学创作中,重意轻言、重自然反伪饰的美学思潮是反对学宋过程中形式主义的弊端而产生的,特别针对明昌、承安时期宫廷咏唱内容单调、注重雕琢的浮艳文风,在当时具有现实意义。唐宋作家在论内容与形式关系时常用的"文、道"这对概念,在金代已经被"言(辞)、意"所取代。这个变化的重要意义在于,它对内容的侧重点不再局限于唐宋所倡导的枯燥空洞的"儒道",而是更为广阔的对社会与人心的关注,尤其是由性情的火花所带来的体验性认识,因此,这是美学创作论的一大解放。

后来元代的周德清论曲,也接受了以意为主的观念,提出"未造其语,先立其意;语、意俱高为上"(《作词十法》之二)的命题,对具体作品的批评均把意放在第一位。元代的文人画观念,如汤垕的"画者当以意写之","高人胜士,寄兴写意者,慎不可以形似求之"(《画鉴·杂论》)。也可以认为即是在美术领域继续了金代"尚意"的审美理念。随着心学的崛起,"言、意之辨"在明代转变为"情、意之争"。以王世贞、李东阳、费经虞等为代表的诗论家继续"以意为主"、尊杜尚意的观念,这虽受到主流诗学强力的质疑和否决,但实际上,公安派主张诗歌要抒发真情,强调表现自我,反对形式主义,与王若虚、元好问等对自然真率的崇尚并不矛盾。到了清代,"以意为主"的理论在诗话中得到了普遍认同和更深入的阐述。袁枚、冒春荣、张谦宜、林昌彝、李重华、刘大勤、乔亿、厉志、钱良择、孙涛、赵翼、沈德潜、王夫之等大批诗论家,使金代尚意之论的涓涓细流成为浩瀚江海之势。尤其是赵执信,对周昂"以意为主"的理论佩服得五体投地,并以之作为反拨明代诗论的武器。"言、意之辨"在清代得到了理论升华,达到了最后的终结。因此可以说,金代的"言意之辨"承上启下,为中国美学史做出了不可磨灭的理论贡献。

三、复古师唐的美学取向

在"以诚为本"的艺术本质观、"以意为主"的创作论基础上,元好问与赵秉文遥相呼应,倡导"师古",并具体指出"得唐人为指归"(《杨叔能小亨集引》),为元代后期诗坛弃宋宗唐,改变风气起到了推波助澜的作用。

要说清元好问复古师唐的美学取向,首先还得谈一谈金代美学的师从之争。和"言意之辨"一样,"师古"与"师心"之争,也是贯穿了整个金代的美学现象。其实,从第一节已经可以透露些许端倪。在创作论中,无论重言还是重意,在具体实践时都有一个要不要向古人学习的问题。如果说金代美学家们在重意的问题上基本达成了一致,那么,在面对前人遗产时,则发生了严重对立,产生了"师心派"和"师古派"之争,而后者又分化出"师宋"和"师唐"的流变。

"师心派"反对遵循古人,主张师从自心。代表人物是李纯甫、李经、雷渊等。金代明昌、承安年间以后,文坛"陈腐萎弱……喜为奇异语者往往遭绌落"(刘祁《归潜志》卷一〇),诗坛死守格律而毫无生气。在这种情况下,李纯甫追求与其迥异的新文学,重视主体个性的发挥,力主创新,反对泥古不化,具有一定积极作用。后来元代杨维桢提出:"人各有性情,则人各有诗也。得于师者,其得为吾自家之诗哉?"(《李仲虞诗序》)也几乎与李纯甫师心说如出一辙。师心说的意义在于,它以极强的主体精神驱遣、整合万象百态,重视内悟自解,突出心灵创造,驰骋于想象天地,遨游于精神世界,故而对儒家"明王道,辅教化"(赵秉文《答李天英书》)的文学功效论表现出很大程度的偏离。它对艺术独创性的追求,抓住了创作论的根本规律和特性,对于纠正创作中缺乏创新的弊端有重要意义。它破除因袭模拟古人,盲目迷信权威,有解放个性的作用。不过,李纯甫及师心派的雷渊、李经、马天采等一些作品走向了歧途,由桀骜不驯、出语横崛走向过于求奇,不讲章法,好用硬语、险韵,最终导致的不是戛戛独造,意象奇瑰,而是沦为险怪苦涩、怪气诡谲(这也与他们大多仕途不顺,难以和儒家有共同话语有直接的关系),遂导致师古派的攻击。

周昂是师古派的早期实践者,明确以杜甫为法,倡导沉郁苍凉,凝重洗练,开金代师古学唐的先河。而赵秉文是师古派的理论家,最先就师古与师心的关系做出了理论回答。他认为历代作者在语词、文体形式等方面都是师袭前人的,所以"六经吾师也","为文当师六经、左丘明、庄周、太史公、贾谊、刘向、扬雄、韩愈。为诗当师《三百篇》、《离骚》、《文选》、《古诗十九首》,下及李杜……尽得诸人所长,然后卓然自成一家"。(《答李天英书》)他自己也做到了"晚年诗多法唐人李、杜诸公"(《归潜志》卷八),体现出对金代中期求奇尚新诗风的反拨。他反对师心自用,在给李经的信中指出,完全否定前人既定章法,漫无边际地别出心裁,将有自毁的危险:"足下之言,措意不蹈前人一语,此最诗人妙处,然亦从古人中入。譬如弹琴不师谱,称物不师衡,上匠不师绳墨,独自师心,虽终身无成可也。"(《答李天英书》)他这样告诫师心派:"愿足下以古人之心为心,不愿足下受之天而不受之人。"(《同上》)他比喻说:"自古才人,多恃一时聪辨,少积前路资粮。"(《答麻知几书》)指出如果放弃师法古人,就和行路没有干粮一样不能走远。他又以学书法比喻作文说,高水平的书法作品都不是随意而作的:"须真积力久,自楷法中来,前人所谓未有未能坐而能走者。"(《答李天英书》)他还劝告李经不但要师古人，而且要转益多师，从诗经、离骚、文选、汉乐府直至李杜唐诗中全面吸收养料，接受前人的丰富性和多样性。

王若虚也反对师心派过于自用求新，说过："文贵不袭陈言，亦其大体耳，何至字字求异……且天下安得许多新语耶！"(《文辨》三)他认为白居易好就好在"不为奇诡以骇末俗之耳目"(《高思诚咏白堂记》)。有鉴于此，他提出："凡文章须是典实过于浮华，平易多于奇险，始为知本末。世之作者往往致力于其末，而终身不返，其颠倒亦甚矣。"(《文辨》四)他还提出具体的方法，就是通过师古来约束险怪："必探《语》、《孟》之渊源，撷欧、苏之菁英，削以斤斧，约诸准绳。敛而节之……勿怪、勿僻、勿猥。"(《送吕鹏举赴试序》)赵秉文批评李纯甫："之纯文字最硬，可伤！"(《归潜志》卷八)王若虚也批评李"好做险句怪语，无意味"(同上)，同时还批评雷渊"作文好用恶硬字，何以为奇"(同上)。此外，金末元初的郝经(1223—1275)也曾批评过师心派诗人"尽为辞胜之诗，莫不惜李贺之奇，喜卢仝之怪"(《与阚彦举论诗书》)的现象。

总体来看，金代的师古派占了上风。而对于具体所效法的取舍侧重，赵秉文主张"言""意"二者不同，古人亦各有其擅长，所以效法时要有所区分。他的取舍是："太白、杜陵、东坡，词人之文也，吾师其辞，不师其意。渊明、乐天，高士之诗也，吾师其意，不师其辞。"(《答李天英书》)赵秉文的这个区分，具有理论的见识，并由此引发了"师宋"与"师唐"、"师辞"与"师意"的论争。

就师古而言，赵秉文之前许多诗人早已做到了，但主要是就"师辞"而言的，即点化古人词句，加以翻新。这其实就是宋代黄庭坚为代表的江西诗派的理论主张。所以金代的师古派一开始是宗宋的，实质是"师辞"一派，主张点化古辞。例如元好问称王寂的诗学苏轼到了"依仿苏才翁太甚"(《中州集》卷二)的程度，而雷渊说自己"好黄鲁直新巧"(《归潜志》卷八)，但实际上常流于翻新而怪。赵秉文的师古，虽然是师宋和师唐兼有的，但后期有明显的崇唐趋向。原因是认为唐人"有忠厚之气"，而宋儒"忠厚之气衰"(《中说类解引》)。对宋诗,他也只取欧苏、梅尧臣作品中淳雅古淡、与唐代柳宗元风格相亲的那部分。

在这样的背景下,元好问与周昂、赵秉文、王若虚一脉相承,倡导"师古"。他在《论诗》30 首中多次批评宋诗仿效苏、黄,一意好新好奇,以奇外出奇、不同古人为标榜,违背了师古的正途,实则意在针砭金代的师心派之弊。在宗宋和宗唐问题上,元好问旗帜鲜明地提出要"得唐人为指归"(《杨叔能小亨集引》)。他解释说,他之所以赞成师唐,是因为"唐人之诗,其知本乎? 何温柔敦厚、蔼然仁义之言之多也"(同上)。而他批评师心派马天采,就是因为他的诗不但过于求异,而且多讥刺,"不得不谓之乏中和之气"(《中州集》卷七)。不难看出,无论赵秉文赞赏的"忠厚之气",还是元好问仰慕的"温柔敦厚",其角度都不再是"师辞"的而是"师意"的了——这就造成了金代美学趣味的重要变化,即师古派由师宋之辞变为宗唐之意。而唐之所以值得师从,是因为其文意的中和沉郁。作为中州硕儒,赵秉文、元好问等人,都极力推崇儒家中和沉郁的审美范畴。赵秉文这样倡导"中和"之美:"中者,天下之大本也。"(《性道教说》)而宋人欧阳修之文也同样值得称道,是因他"不为尖新艰险之语,而有从容闲雅之态"(《竹溪先生文集引》),即合乎中和之美的准则。所以,关键不在于宗宋还是宗唐,而在于师辞还是师意,凡中和沉郁皆当师从。

元好问进一步认为,师古还应在师唐的基础上,上追六朝乃至《诗经》的风雅。正如狄宝心所言:"金人不像南宋那样眼界狭窄,摇摆于唐宋诗之间,而是着眼于诗、骚以来两千年的文学遗产,向兼采众长、推陈出新的集大成之路开拓。"[1]元好问将先秦的中和沉郁作为诗歌的本体生命。在他看来,先秦之后,谢灵运、陶渊明、陈子昂、韦应物、柳宗元最接近风雅,其余则多有杂体了。对宋人,他虽然赞赏苏轼的真情流露,但对苏轼以嬉笑怒骂皆入文章表示不满,说:"曲学虚荒小说欺,俳谐怒骂岂诗宜? 今人合笑古人拙,除却雅言都不知。"(《论诗》二十三)这里,他明

---

① 狄宝心:《金与南宋诗坛弃宋宗唐的同中之异及成因》,《文学遗产》,2004 年第 6 期。

确表示宁可师法古人之拙,也不愿意以嬉笑怒骂来破坏诗歌的中和风雅。因此,他对宋诗基本持批评态度,认为宋诗学苏、黄而变本加厉,变得生硬放佚,离唐调越来越远。宋人中唯得他认可的是欧阳修、梅尧臣等人,原因是他们的诗作有"古风"。对自己所处的时代,他则遗憾"风雅久不作,日觉元气死"(《别李周卿》三首之二),"《诗》亡又已久,雅道不复陈"(《赠答杨焕然》)的现状。他还引述同时代文学家杨云翼(1170—1228)的观点说:"文章天地中和之气,过之则为荒唐,不及之为灭裂。"(《诗文自警》)这实际上也是他一贯遵循的审美原则。他曾用21对"要"和"不要"对举完整地表述了这种"无过与不及"的中和的美学要求,又在《杨叔能小亨集引》中用30个戒条以自警,把自己匡正于儒家审美的轨道而不至于流于怪险出格。

这样,师唐求意、力主中和的追求逐渐成为创作风尚。不过由于唐人也并非全都合乎中和沉郁,所以金代虽然宗唐,但同样对一些文风激烈、险怪的唐人加以毫不留情的批判。王若虚就曾批评柳宗元的《捕蛇者说》"恶语多而和气少"(《文辨》二),对李翱、韩愈发出"甚矣,唐人之好奇而尚辞也"(《文辨》三)的负面评价。而始终持中和沉郁而反极端的元好问,尖锐地讥讽李贺是"灯前山鬼",称卢仝之作是"鬼画符"等。他还同样反对宋代江西末流尚奇务险,违背中和之美,坚决地表示"北人不拾江西唾"(《自题中州集后》二)。由于元好问本人一直师从正宗,他本人的创作实践,也符合了他自己倡导的理论。所以郝经称赞他"上薄风雅,下规李杜,粹然一出于正"(《遗山先生墓铭》)。清代翁方纲认为元好问胜过陆游,也是因为他"其体气较放翁淳静……平放处多"(《石洲诗话》卷一)。元好问之后,倡导师古、师唐的还有王郁(1204—1236),他有"必求尽古人之所长"(《归潜志》卷三)之论,反对尖慢浮杂。

总体来说,金代的师古,是以复古师唐为主导。它由赵秉文发端,由元好问完成。导致的结果是金代总体上前期学宋,中后期弃宋学唐,以唐人为旨归。从政治角度说开去,赵秉文、元好问的师古思潮,将儒孔美学形态称为"正脉、正体、雅道",有强调金代政权是居于华夏文明的产生和传承之地的用意,适合于金代统一后意识形态方面的需要,在各民族融合与建立一致的社会规范中发挥了一些积极的作用。而就文学自身而言,是对金代中期求奇尚新诗风的反拨,对于纠正师宋中重词藻雕琢、轻真情实感等流弊起了一定作用,开元、明两代弃宋学唐的先河。

四、金人崇尚阳刚的审美风尚

阳刚之美与阴柔之美是中国两大传统美学范畴。二者的相映成趣,在南北朝文学中即已显露。而宋代与金代是继南北朝之后又一次南北政权对立。这次比前度为时更久的对峙,使中国文学北雄南秀的特色更加明显。客观地说,金代文学可能没有宋词那么高的成就,但它所挟持的豪风壮气,丰富了中国传统美学形态,为壮美范畴注入了新的生机与活力。正如周惠泉所言:"植根于各民族文化结合部特殊人文地理环境之上的金代文学,在汉文化与北方民族双向交流、优势互补中,则以质实贞刚的审美风范彪炳于世,为中国文学北雄南秀、异轨同奔的历史走向增加了驱动力,促进了中华文化从一元发展为多元的进程。"①

北雄南秀的审美形态与地理环境、民族禀赋关系密切。北方大漠地域广袤,山川雄伟。而相对恶劣的自然条件,使当地的游牧民族自古养成骁勇剽悍的气质。宋人史载建立金朝的女真人"俗勇悍,喜战斗"(宇文懋昭《大金国志》卷三九),"勇悍不畏死"(徐梦莘《三朝北盟会编》卷三)。这就决定了他们的审美趣味必然是一种崇尚洒脱大气、豪放壮观、自然真率的风格。这种独特的文化风尚在与中原汉文化的撞击融合中,使得金初南方文士变换了气质,女真族自身文人得到崛起,金末文人豪杰纷纷涌现。

唐代李延寿这样对比南秀北雄的审美风格:"江左宫商发越,贵于清绮;河朔词义贞刚,重乎气质。"(《北史·文苑传序》)如果说这种对比还是不分高下的话,那么在元好问眼中,"南秀"未必胜于"北雄","若从华

---

① 周惠泉:《金代文学学发凡》,第 289 页。

实评诗品,未便吴侬得锦袍"(《自题中州集后诗》其一)。元初的郝经也同样对"北雄"表示偏爱:"燕……荐罹辽金四百年。然而不渐宣政(按,指宋朝)佻靡之化,豪劲任侠,浑厚敦雅,犹有唐之遗风焉。"(《陵川集》一三)而清代以降的评价就更有明确的取舍倾向了。对金诗,顾奎光认为,"北雄"是"南秀"的必要补救:"金诗雄健而踔厉,清刚而激越悲凉","以苍莽沉郁慷壮之思,救宋季靡曼絮弱之病,固亦未可少也"(《金诗选·自序》)。陶玉禾则这样赞美金诗的真率豪放:"金诗有本色。其华赡不及元人,然苍茫悲凉不为妩媚,行墨间自露幽并豪杰之气。"(《金诗选·凡例》)对金词,清人亦赞其刚劲之美。陈廷焯说金词"格律尤高,不流薄弱"(《云韶集》卷一一)。况周颐则云:"金源人词,伉爽清疏,自成格调。"(《蕙风词话》卷三)近人陈匪石也持同调:"金据中原之地……歌谣跌宕,挟幽、并之气者,迥异南方之文弱。国势新造,无禾油麦秀之感,故与南宋之柔丽者不同。"(《声执》卷下)对金代散文,清人尤赞其雄。阮元这样高度评价:"大定以后,其文章雄健,直继北宋诸贤。"(《金文最·序》)张金吾也对"北雄"溢美有加:"金有天下之半,五岳居其四,四渎有其三,川岳炳灵,文学之士后先相望。惟时士大夫禀雄深浑厚之气,习峻厉严肃之俗,风教固殊,气象亦异,故发为文章,类皆华实相扶,骨力遒上……后之人读其遗文,考其体裁,而知北地之坚强,绝胜江南之柔弱。"(《金文最·自序》)

故而单从审美大风格看,金代就是刚健质朴、慷慨雄浑的。吴功正指出:"金代美学不是软弱无力的,而是有着振奋的功能和效用,是有感于诗坛靡废而出现劲健,产生向建安风骨回归的趋向。"[①]因宋金对峙而导致的美学对话,实质是农耕文明与游牧文明的相激相融,它使各民族文学互动互补,使中华文明不断更新发展,永不停顿。我们暂且不去比较"北雄"与"南秀"孰优孰劣,但至少可以认为,有了金代美学突出的阳刚之气,中华美学的气象才丰富而完整。正如周惠泉所言:"正是由于北方民族文化、包括诗歌音乐的南渐,才为中华文化注入了新的活力,使多

---

① 吴功正:《宋代美学史》,第 507 页,南京:江苏教育出版社,2007 年。

元一体、具有丰富内涵的中华文化形成兼收并蓄多民族文化之长的优化组合格局。"①

　　金代美学雄健磊落的基本格调,使传统美学具有了多元的形态。以下首先由文坛的风貌来看。金代文坛,远远不像很多人想象的那样荒芜。由于政府大开科举,且民族歧视相对不重,汉族文人得以脱颖而出,也为文坛提供了庞大的创作队伍。元好问的《中州集》收录了金代251位诗人的2062首诗,并提到120余种诗文集。清代郭元釪所编《全金诗》收录了358位金人的5544首诗。而据清末龚显增《金艺文志补录》统计,金代有文集留存者不下90余人。今人唐圭璋《全金元词》录金代词人71位,词3572首。当代薛瑞兆等所编《全金诗》收录诗人534位、诗歌12066首,阎凤梧主编《全辽金文》收录金代作者558人,文章2546篇。这样看来,金代文坛可谓相当繁盛,它对后来元代"曲偏于刚"艺术特色的形成也产生了深刻影响。

　　总之,阳刚之美是金代文坛的主导性审美范畴,当然,这个总体特征在金代各时期也因社会文化、历史变迁而各有不同的差异:初期的阳刚之美含有旧臣故国之悲,中期的阳刚之美与浮华婉媚并存,后期的阳刚之美具文人豪杰之气。

　　元好问的思想为金代崇尚阳刚之美奠定了基础。元好问是北魏鲜卑后裔,"生长云朔,其天禀本多豪健英杰之气"(赵翼《瓯北诗话》卷八),诗文以沉郁刚健著称,被当时目为文坛宗师。郝经赞其"歌谣跌宕,挟幽并之气,高视一世"(《遗山先生墓铭》)。庄仲方赞其散文"宏衍博大……雄浑挺拔"(《金文雅·序》)。他在理论上继承辛愿等人学唐宗杜之风,反对自章宗以来文坛的浮艳侈靡之风,始终强调雄健阳刚之美。在著名的《论诗绝句三十首》里,他以诗论诗,赞美气象沉雄的建安风骨、阳刚豪迈的盛唐气象,而讽刺孟郊的穷愁萎靡和秦少游的阴柔纤弱:

　　　曹刘坐啸虎生风,四海吾人角两雄。可惜并州刘越石,不教横

---

① 周惠泉:《金代文学学发凡》,第78页。

榘建安中。

　　笔底银河落九天,何曾憔悴饭山前? 时间东抹西涂首,枉著书生待鲁连。

　　东野穷愁死不休,高天厚地一诗囚。江山万古潮阳笔,合在元龙百尺楼。

　　"有情芍药含春泪,无力蔷薇卧晚枝"。拈出退之《山石》句,始知渠是女郎诗。

他尤其对《敕勒歌》所表现出来的北方美学风格着意赞赏:

　　慷慨歌谣绝不传,穹庐一曲本天然。中州万古英雄气,也到阴山敕勒川。

他还通过编选《唐诗鼓吹》来弘扬他的美学理想。他选取的诗歌风格大都"遒健宏敞",刻意与南宋诗风抗衡。他自身则以《横波亭》《箕山》等为代表的"丧乱诗"很好地实践了其理论主张。清代李调元称赞他的诗"精深老健,魄力沉雄,直接李杜"(《雨村诗话》)。潘德舆说他的诗"豪情胜慨,壮色沉声,直欲跨苏黄,攀李杜矣"(《养一斋诗话》卷七)。他的词作被称为"遗山壮词",其中多有北国雄浑的风光(如《水调歌头·赋三门津》)以及狩猎、战争场面的描写,尤有阳刚意味。故陈廷焯称其词"驭奔腾之气……骨韵铮铮,精金百炼"(《云韶集》)。况周颐称其词"亦浑雅,亦博大;有骨骼,有气象"(况周颐《蕙风词话》卷三)。连言情之词,他也是赞赏爱情刚烈和坚贞的一面,如两首《迈陂塘》(问世间情是何物、是岁此陂荷花开),表现了北方民族"惟力是爱",不喜柔弱的风格。该作情深而毫不纤弱,显得沉雄绝丽。在金朝国运转衰时,遗山之词却以英雄气、男儿气,开拓了词境,为金代词坛保持了阳刚之美。

第五节　元代曲论中的美学思想

　　元代是中国历史上第一个由北方少数民族建立的统一政权,因而在元代,整个华夏美学有着一股独特的阳刚之气,与宋代迥然相异。明代方孝孺曾指出,元代士风"以豪放为通尚"(《赠卢信道序》)。在这种性格基础上,诗词理论崇尚阳刚之美。

金末元初元好问在他著名的《论诗》30首中赞美阳刚雄健,而嘲笑宋代诸如秦观等人的婉约柔弱,这已经在本书金代美学部分有所论述。与此相呼应的是,宋亡之后,不少由南宋入元的文人沿袭了陆游、刘克庄等文人的议论,推重苏辛豪放刚健一派。赵文便是其中典型代表。他论词说:

> 近世辛幼安跌荡磊落,犹有中原豪杰之气,而江南言词者宗美成,中州言词者宗元遗山……风气之异遂为南北强弱之占,可感已。《玉树后庭花》盛,陈亡;《花间》丽情盛,唐亡;清真盛,宋亡。可畏哉!(《吴山房乐府序》)

在这里,他从国家兴亡的角度,把柔弱的文风看作亡国之兆,斥周邦彦词为亡国之音,显示了对故国的哀痛和反思。值得注意的是,他在推崇辛弃疾"中原豪杰之气"的同时,把元好问也视为其同调,说明了他对金代文坛的认可。此外还有张之翰(生卒年不详),他这样批评宋代婉约派的流连光景,气象衰弱,赞美苏辛为天人妙手:"留连光景足妖态,悲歌慷慨足雄姿。秦晁贺晏周柳康,气骨渐弱孰维纲?稼翁独发坡仙秘,圣处往往非人为。"(《方虚谷以诗饯余至松江固和韵奉答》)

在这样的理论背景下,元代文坛创作充满了阳刚之美。元代重要诗人郝经,其《白沟行》《沙陀行》等,都表现了推崇北方阳刚武勇的美学风格。其后的刘因(1249—1293),诗风亦个性豪迈,高昂自信,没有南方儒者中常见的局促拘谨之态。即使是他的词,也是在朴素中散发着豪放之气,风格接近苏辛。此外,以散文家著称的姚燧(1238—1313),风格类似唐代韩愈的雄浑,而没有宋代散文的平易。《元史》本传称他"闳肆该洽,豪而不宕,刚而不厉"。他的诗作也短截有力,回肠荡气。

以上都是汉士之作,而北方少数民族的作家就更加阳刚了。耶律楚材(1190—1244),字晋卿,契丹族人。作为元初一代名相,其不少作品如《阴山》《过阴山和人韵》《过夏国新安县》,虽不够精细,却都境界开阔,情调苍凉。蒙古族(一说回族)作家萨都剌(约1272—1355),性格磊落,诗词兼擅,他的词如《百字令·登石头城》《满江红·金陵怀古》等,气象高远,苍凉情调中不失豪迈旷达,历来传诵。贯云石(1286—1324)出身高昌回鹘畏吾人贵胄。自幼武艺超群,后弃武学文,诗词曲俱佳。内容多啸傲山林,风格皆豪放俊逸,被乐而歌,响彻云汉。再后的廼贤(1309—1368),突厥族,属色目人。诗风自然浑成,每一篇出,则为士大夫争相传诵,被《新元史》记载为"江南三绝"。

元代最著名的文学体裁是元曲,主要分为杂剧和散曲。元曲成熟后,文人们开始倾向于认为它胜过宋词。虞集(1272—1348)在给《中原音韵》的序中批评宋周邦彦、姜夔词气卑弱,赞赏辛弃疾、元好问的阳刚风格,并由此认为,元曲的产生扫荡了南方靡弱的美学风格:"自是北乐府出,一洗东南习俗之陋。"其后的贯云石,首肯"东坡之后,便到稼轩"(《阳春白雪》序)的说法,抹去秦观、周邦彦等婉约一派,显然以豪放词为正宗,并以之为元代散曲的直接来源。琐非复初(生卒年不详)同样在《中原音韵》序中称赞元曲以其雄浑而胜过江南的柔美:"音亮语熟,浑厚宫样,黄钟大吕之音也。迹之江南,无一二焉。"可见,反对婉约派的气格软弱,提倡苏辛明朗的词风,推崇元曲的阳刚之美,是当时普遍的美学趣味。

俞平伯说:"大概词偏于柔,曲偏于刚,诗则兼之。"[①]此论可谓高屋建瓴。元杂剧从总体来看,虽然也有王实甫《西厢记》那样秀丽优雅的风格,但大多数作家的风格是阳刚而激越的,代表作不胜枚举。比如关汉卿的《单刀会·驻马听》、马致远的《岳阳楼·贺新郎》、郑光祖的《王粲登楼·普天乐》等等。此外,纪君祥、高文秀等重要杂剧家,也无不都具有阳刚激越的风格。

----

① 俞平伯:《读词偶得》,第29页,北京:人民文学出版社,2000年。

再看散曲。元代重要的散曲家,其作品亦呈现出强烈的阳刚之美。关汉卿的《南吕·一枝花·不伏老》、白朴的《夺锦标》、张养浩的《山坡羊·潼关怀古》、乔吉的《折桂令·风雨登虎丘》等等,都是明显的例证。当然,散曲后期,因为南北文化的交融和散曲家的南迁,有所柔美化。但阳刚之美总体上不失为整个元代审美范畴的主导风格。此外,元后期的两部话本小说巨著《三国志通俗演义》和《水浒传》,其所塑造的一幅幅宏伟的历史画面和一个个英雄人物,无不具有阳刚之美和豪杰之气,这与整个元代的审美风格也是一致的。

一、元曲中的雅俗之辨

雅俗之争是中国美学史上的重要现象。宋代文学有"以俗为雅"或"化俗为雅"的审美取向,元代文学实现了审美趣味世俗化的一次大规模转变,更为彻底地从雅返俗。正如清代徐大椿所言,元曲的偏好是"取直而不取曲,取俚而不取文,取显而不取隐"(《乐府传声·元曲家门》)。从雅到俗,从运用文言到运用口语,其原因是多方面的。从政治角度来说,封建制度开始走向下坡路,统治思想日趋反动,缺乏号召力。从经济角度来说,市民经济初露头角,市民意识也随之显露,文学同大众传播媒介结合日趋紧密。从文化角度,封建正统文体缺乏新的创造,而戏曲、小说等民间艺术形式勃兴。它们无论在题材、内容或形式方面,都直接受市民意识的制约,表现出世俗生活的众生相及其美学情趣。因此,"温柔敦厚"的传统美学风格和强调道德说教的"诗教"束缚被打破,人们的情感在元曲形式中得到率直、恣肆的表现,这在中国美学史上具有重要的意义。万云骏指出:"曲能容俗,曲尚显露,曲贵尖新,曲带戏谑,这四个方面,构成了元曲的本色。或者简单地归纳为几条:口语化、通俗化、戏剧化(包括滑稽调笑、着重刻画动作等)。这些都是它有别于诗词的地方。"①据此分析,元曲的"俗",包括了这样几层美学意蕴:直露之情、天然

---

① 万云骏:《诗词曲欣赏论稿》,第 366 页,北京:中国社会科学出版社,1986 年。

之美、尖新之风和喜剧之趣。

（一）直露之情。元曲常敢于大胆表露内心活动。例如曾瑞（？—1330前）以专写男女恋情出名。他的名作《快活三·过朝天子·老风情》，描绘了一个年华已过的中老年女性对感情生活的大胆向往，闪烁着反抗叛逆的光辉。并且，元人不仅敢于描绘婚姻、爱情，甚至敢于涉及人最隐秘的本能、性欲、性爱活动等过去羞于启齿的题材，这些都罕能在唐诗宋词里找到。例如：

> 想则想蹴金莲三寸弓，启樱桃半点红。想则整酥体一团玉，露春纤十指葱。透酥胸，麝兰香送。傍妆台整玉容，列华筵捧玉钟。按红牙思转浓，拨银筝兴不穷，望瑶池云乱封，盼青鸾信不通。（无名氏《后庭花·忆佳人》）

> 伸玉臂把才郎搂定，束纤腰不整乌云。美纣纣舌尖儿冷丁丁。低声叫，悄声应，咱两个亲的来不待亲。（无名氏《中吕·红绣鞋》）

（二）天然之美。曲的总体倾向是通俗直白，即所谓"诗庄、词媚、曲俗"。元曲最贴近社会活生生的口头语言。以一首无名氏的《塞鸿秋·村夫饮》为例，我们很容易看出这个特点：

> 宾也醉主也醉仆也醉，唱一会舞一会笑一会。管甚么三十岁五十岁七十岁，你也跪他也跪怎也跪。无甚繁弦急管催，吃到红轮日西坠，打的那盘也碎碟也碎碗也碎。

元曲通俗易懂，故明代王骥德说："世有不可解之诗，而不可令有不可解之曲。"（《曲律·杂论》第三十九上）元曲大量运用俗语和口语，甚至常常包括"哎哟、咳呀、呵呵"之类的语气词。这种不避俚俗，但并不庸俗的风格，开拓了全新的美学意境。

通俗之语带来的是一种不加雕琢，没有矫饰的天然之美。天然美自魏晋以来一直都很受推崇，是中华民族的审美理想之一。元好问就极为推崇"天然"这种艺术风格："一语天然万古新，豪华落尽见真淳。"（《论诗》之四）如果说宋代是偏重知性审美趣味的诗风，那么元曲则是偏重感性的直率表达。关汉卿、白朴、马致远等一大批曲家,作品都是本色当行,较少文饰。此外,元曲还常常采用设问、独白、模拟对话体等方式,这是它不同于唐诗宋词的一大特色。这也有利于直抒胸臆,表达内心感受,例如:"一夜一个花烛洞房,能有得多少时光"(无名氏《双调·水仙子·遣怀》),"得,他命里;失,咱命里"(刘致《中吕·山坡羊·燕城述怀》),"炎凉本来一寸心。亲,也在您;疏,也在您"(汤式《中吕·山坡羊·书怀示友人》),等等。王国维说元曲"摹写其胸中之感想,与时代之情状,而真挚之理,与秀杰之气,时流露于其间。故谓元曲为中国最自然之文学,无不可也"(《宋元戏曲史·元剧之文章》),正是对元曲自然之美的高度评价。而诗人中萨都剌、王冕、杨维桢、顾瑛、高启等也都以自然地表达真性情而著名。他们淡泊诗歌"载道""教化"的意识,而把"情性"看作诗的根本。故而明代李东阳"宋诗深,却去唐远;元诗浅,去唐却近"(《怀麓堂诗话》),胡应麟"元人力矫宋弊"(《诗薮》)之语,正是指出元诗语浅情真的特点。

当然,也有一些过于通俗而实则粗俗,颇不文雅的作品出现,虽天然而并不美,如"则被一泡尿,爆的我没奈何"(杜仁杰《庄家不识勾栏》)等,但这并不占主导地位。

(三)尖新之风。元代曲家芝庵(生卒年不详,约与胡祗遹同时)云:"街市小令,唱尖歌倩意。"(《唱论》)即指出了元曲的尖新之风。元曲炼俗为雅,化雅为俗,而始终新鲜活泼,生气蓬勃。试看"滑稽佻达"的王和卿的(生卒年不详,约与关汉卿同时)名作:

> 弹破庄周梦,两翅驾东风。三百座名园、一采一个空。谁道风流种,唬杀寻芳的蜜蜂。轻轻飞动,把卖花人扇过桥东。(和卿《醉中天·咏大蝴蝶》)

这首小令,从用典、想象、夸张、象征、谐谑等各个方面来说,都有尖新之感。再如奥敦周卿(生卒年不详,约与白朴同时)的《南吕一枝花·远归》套数写他从远方归家,与妻子相见的一幕:"将个椒门儿款款轻推,把一个可喜脸儿班回。"也给人以不同传统的尖新感,完全有违于过去情感收敛的美学观念。

尖还有透彻的意思:不说则已,要说就倾盆而出,说个透彻,追求裸露无余、淋漓尽致的民间艺术风格。如关汉卿《南吕·一枝花·不伏老》,这支套曲长达五百多字,作者将勾栏行院的情事写得露而又露,决不含糊、吞吐,故意将十分的情事说到十二分,形成尖新风格,给人以惊世骇俗之感。

(四)喜剧之趣。胡祗遹提出艺术的宣泄作用。他说:"百物之中,莫灵莫贵于人;然愁莫愁苦于人……于斯时也,不有解尘网,消世虑,熙熙皞皞,畅然怡然,少导欢适者,一去其苦,则亦难乎其为人矣。此圣人所以做乐,以宣其抑郁,乐工伶人之亦可爱也。"(《赠宋氏序》)胡氏的"宣泄说"和古希腊亚里士多德的"净化说"颇有类似之处,都是指出通过艺术可将内心中不良的情绪宣泄出去,以便达到心灵的健康,实现审美的解放、心理的超越。不同在于亚氏在《诗学》里提到的净化是用悲剧净化哀怜和恐惧,在《政治学》里提到的是用宗教音乐净化过度的热情,而胡氏的净化则是用作品的喜剧性来解放尘世的身心操劳之苦。在这样的指导思想下,元代作品,无论小说、杂剧、南戏,还是散曲,都洋溢着喜剧性的趣味。话本小说如《一窟鬼癞道人除怪》《简帖和尚》《五代史平话》等,其戏谑性超过以前任何时代的小说。并且,这种趣味不是文人散趣,而是市井之趣,杂以插科打诨,对明清通俗小说的美学形态产生了深刻影响。杂剧如关汉卿的《救风尘》、白朴的《墙头马上》、秦简夫的《剪发待宾》,南戏的《拜月亭》等,都是喜剧性很强的戏曲,具有更多的娱乐成分。而散曲,则常常通过一个短小的情节,写出人物活跃的情绪,如杜仁杰的套数《般涉调·耍孩儿·庄家不识勾栏》、马致远《般涉调·耍孩儿·借马》等。并且不仅套数,连小令也是如此。试看:

> 夺泥燕口,削铁针头,刮金佛面细搜求,无中觅有。蚊子腹内剜脂油,鹭鸶脚上劈精肉:亏老先生下手!(无名氏《醉太平·讥贪小

利者》)

正如明代王骥德所云："须以俗为雅,而一语之初,辄令人绝倒,乃妙。"(《曲律·论俳谐》)此种写法带有一种娱乐性、戏剧性的效果,虽然它给予读者诗意的联想和再创造的余地不大,但显得比诗词更加活泼、灵动、风趣。元代市民经济发端,市民意识萌芽,而市民阶层对文艺的要求是通俗文学,把它作为闲暇的消遣和情绪的宣泄,以消解日常生活所带来的紧张。人幽默、旷达,元曲中的爽朗笑声,是古代美学大观园里的一片亮丽风景。

在整个元代,文学创作缺乏儒家中和之美。这和元代"一官、二吏""九儒、十丐"(谢枋得《送方伯载归三山序》)的社会阶层分布有着密切关系。由于朝廷贱儒士、轻科举,文士丧失了政治机遇,而增加了同平民阶层的联系。他们的人生观念、审美情趣,也就与前代士人明显不同。许多作家开始以一种前所未有的大胆作风表述着自身的感情,挑战着温柔敦厚的儒家伦理和美学规范。此外,一些作家甚至竭力使用浪谑的词语,营造刺激感官的意象,以投合市井的审美趣味。虽然这不足为训,但文学的发展究竟需要不断更新,元代率直乃至粗俗的语言对于宋代纤弱、矫情的文学肌体来说,不失有一种补充"元气"的作用。因此,元代文学家钟嗣成(约1279—约1360)曾用"啖蛤蜊"(《录鬼簿》自序)来表达欣赏元曲的感受。用"蛤蜊风味"来描绘元曲这种洒脱泼辣的俗文学风格,这的确是再形象不过了。

二、"悲剧"审美范畴的确立

清代焦循提出中国文学"一代有一代之所胜"(《易余龠录》卷一五)的观点。到了近代,王国维加以发挥,提出这样的著名论断:"凡一代有一代之文学;楚之骚,汉之赋,六朝之骈语,唐之诗,宋之词,元之曲,皆所谓一代之文学,而后世莫能继焉者也。"(《宋元戏曲史·自序》)元曲,是元代文学之所胜,具有独特的美学特点,其中之一就是在中国戏剧史上确立了悲剧的审美范畴。

悲剧,作为一个审美范畴,长期被视为西方所特有。对它的研究,长期处于"言必称希腊"的状态,原因是历来认为中国人排斥悲剧。胡适曾明确表示:"中国文学最缺乏的是悲剧观念。无论是小说,是戏剧,总是一个美满的结局……这种'团圆的迷信'乃是中国人思想薄弱的铁证。"[①]朱光潜也曾认为:"中国文学在其他各方面都灿烂丰富,唯独在悲剧这种形式上显得十分贫乏……事实上,戏剧在中国几乎就是喜剧的同义词。中国的剧作家总是喜欢善得善报、恶得恶报的大团圆结尾……随便翻开一个剧本,不管主要人物处于多么悲惨的境地,你尽可以放心,结尾一定是皆大欢喜,有趣的只是他们怎样转危为安。"[②]

这样看来,似乎中国人的耳朵不愿听到哀伤逆耳、暴露黑暗的声音。然而,对元曲的细读和正确的评析将使我们扭转这些偏见。的确,由于尊诗教,中国戏剧一直地位较低,成熟较晚,从汉朝一直到宋末仍然没有出现像样的悲剧。而在元代,由于民族压迫,儒家知识分子失去地位而散落民间,于是大量创作了过去正统文人不屑为之的戏剧作品。虽然元杂剧多数是以诙谐、调笑为主要特点的喜剧,但划时代地诞生了"元人四大悲剧":关汉卿的《窦娥冤》、马致远的《汉宫秋》、白朴的《梧桐雨》和纪君祥的《赵氏孤儿》。此外,还有关汉卿的《哭孝存》《西蜀梦》、狄君厚的《火烧介子推》、郑廷玉的《崔府君断冤家债主》、无名氏的《张千替杀妻》等等,都是典型的悲剧形态。这的确意义深远,不容忽视。

王国维早就注意到了这一点,并指出:"其最有悲剧之性质者,则如关汉卿之《窦娥冤》,纪君祥之《赵氏孤儿》。剧中虽有恶人交构其间,而其蹈汤赴火者,仍处于其主人翁之意志。既列之于世界大悲剧中,亦无愧色也。"(《宋元戏曲史·元剧之文章》)事实上,中国古代悲剧的确产生了世界性的影响。在 18 世纪的欧洲,《赵氏孤儿》被译为多种文字,并出

---

① 胡适:《文学进化观念与戏剧改良》,《新青年》,1918 年第 5 卷第 4 号。
② 朱光潜:《朱光潜全集(第二卷)》,第 427—428 页,合肥:安徽教育出版社,1966 年。

现了五种改编本,其中两种分别出于伏尔泰和歌德之手。剧本上演后,一时盛况空前,引起极大轰动。19 世纪初期,《汉宫秋》也在英国译出,20 世纪初又在法国上演。

不过,一些中国学者仍以西方悲剧为准绳,断言中国没有悲剧。最具代表性的如钱锺书在《中国古典戏曲中的悲剧》一文中所指出:"悲剧自然是最高形式的戏剧艺术,但恰恰在这方面,我国古代剧作家却无一成功……留下的只有个人的同情,而没有上升到更高层次的悲剧体验。"[①]认为中国的悲剧不算悲剧,原因不外以下两点。

首先是认为中国悲剧都有"悲剧喜剧化"的形下结局。例如有人认为,元杂剧《窦娥冤》的结尾,窦天章作为皇帝所派的"廉访史",在女儿冤魂的提醒下,重翻卷宗,平反昭雪。这是一个对皇帝、清官充满幻想的喜剧结尾。《赵氏孤儿》最后,有了感谢君恩浩荡、孤儿终于复仇的圆满结局。而西方《俄狄浦斯王》中俄狄浦斯的悲剧、《奥赛罗》中奥赛罗的悲剧、《麦克白》中麦克白夫人的悲剧、《费德尔》中费德尔王后的悲剧等,都没有符合现实合理性或艺术合理性的喜剧化空间。因此,中国悲剧的解决是形而下的,而西方的悲剧才是真正的悲剧。事实上,悲剧喜剧化并非中国特色和中国专利。西方也存在悲剧喜剧化的情况,如古希腊悲剧《被缚的普罗米修斯》,到了英国诗人雪莱的诗剧中却被改编成了喜剧化的《解放了的普罗米修斯》。再如法国悲剧《熙德》《贺拉斯》均反映个人利益与国家利益之间的冲突,也都有在国王调解下的喜剧化结尾。可见,"大团圆"式的喜剧性结局并非就是中国古典悲剧的特点和中西悲剧的根本差异。更何况,中国悲剧也并非都有喜剧性结尾,元杂剧的《汉宫秋》《梧桐雨》《西蜀梦》《火烧介子推》等,都无法喜剧化,并没有所谓"光明的尾巴"。此外,中国悲剧对现存冲突的解决不是形而上的,而是形而下的,这是中国文化思维的特征而非缺陷。中国悲剧的解决,不是像西方那种诉诸某种抽象的"绝对理念"的自我发展和自我完善,而是诉诸形

---

① 李达三、罗钢主编:《中外比较文学的里程碑》,第 359—360 页,北京:人民文学出版社,1997 年。

下的物质力量即正义力量,因而能从根本上解决现实生活的矛盾和冲突。这样,中国悲剧就和西方悲剧从根本上区别开来。因此,中国式悲剧的"大团圆",就具有了意义,它不是抽象的,而是具体地表现了这种正义力量战胜邪恶势力的历史过程。

其次是认为中国戏剧冲突只有外部冲突而无内部冲突。钱锺书在《中国古典戏曲中的悲剧》一文中认为中国悲剧从总体上来说,远未达到西方悲剧,尤其是内心冲突的悲剧所涵盖的心理深度。他还引用了美国欧文·白璧德的观点——后者认为中国等级制度下特定的道德秩序,使得主人公的内部冲突无法产生:"两个不相容的伦理实体之间的冲突也就失去其尖锐性,因为其中的一个比另一个道德价值高,而道德价值较低的实体在冲突中永远处于劣势。这样,我们只能从中看到一种直线性的人格,而不是一种平行人格。"[①]以上观点都囿于西方文论的游戏规则,难免先入为主而得出片面结论。的确,中国古代悲剧所反映的冲突,很少有悲剧人物的内在冲突,而主要是人与人、人与社会以及人性与封建伦理之间的外部冲突,它们主要发生在邪恶势力与正义力量之间。但这也同样是悲剧的内涵。中国悲剧人物对外在邪恶势力的斗争是最坚决的,一往无前的,义无反顾的,这正是中国悲剧的价值所在。中国悲剧人物很少有主动放弃的行为,总是继续抗争,如元杂剧中的窦娥等,而西方悲剧人物的放弃是退让,是自我否定,如俄狄浦斯选择刺瞎双目,离开祖国。因此,如果按图索骥,以西方悲剧理论模式来衡定一切,以内部冲突作为唯一标准,就不可能真正理解和认识中国悲剧。

三、丑:审美范畴的多元品格

美是古代艺术家的法则。西方是如此,东方也基本是如此。先秦的庄子可谓凤毛麟角的例外,他以其天才的高妙,在《庄子》里描绘了不少丑陋的人物形象,如支离疏、瓮盎大瘿等。但这并不是以丑为美,而是力

---

① 李达三、罗钢主编:《中外比较文学的里程碑》,第 365 页。

图说明,最重要的并不在于美或丑,而在于有"生意",表现自然的生命力。可惜庄子描绘艺术丑的匠心,当时并没有得到许多知音。一直到了元代,情况才终于有所改变。元代艺术作品,尤其是文学中,诞生了许多对丑的描绘。可分为以下四种类型。

(一)以丑衬美。这是一种传统的艺术手法。在对某种丑的否定中,却赞颂另一种肯定性的审美价值。例如:

> 我事事村,他般般丑。丑则丑,村则村,意相投。则为他丑心儿真,博得我村情儿厚。似这般丑眷属,村配偶,只除天上有。(兰楚芳《南吕·四块玉·风情》)

在这里,写相貌之丑是为了反衬心灵之美,肯定不重相貌而重心意的美好婚姻。

(二)以丑为乐。这种类型是元代更为多见的特色。元曲写琐碎丑陋的事物成了普遍风气,乃至脸上的黑痣、小脚、豁嘴、跳蚤、蚊子、尿盆、屎壳郎,都可以成为歌咏的题材。例如曾瑞这样表达丑陋的意象:

> 想道是物离乡贵有些峥嵘,撞着个主人翁少东没西。无料喂把肠胃都抛做粪,无水饮将脂膏尽化做尿。(《羊诉冤·耍孩儿》)

又如无名氏这样嘲笑一位妓女的黑色皮肤之丑:

> 猛回头错认做砂锅底。只合去烧窑淘炭,漆碗熏杯……莫不是房儿中描来的黑鬼,莫不是酒楼前贴下钟馗。(《梁州·嘲黑妓》)

再看王和卿这样描绘一对丑胖夫妻的房事:

> 胖妻夫一个胖双郎,就了个胖苏娘,两口儿便似熊模样。
>
> 成就了风流喘豫章,绣帏中一对儿鸳鸯象,交肚皮厮撞。(《拨不断·胖妻夫》)

这种滑稽之态,在元曲中屡见不鲜。有人说,每个严肃的面孔背后,都有一个小丑存在。在社会的各种压抑下,小丑的出现,使人得以卸去一本正经的人格面具,得到轻松和释放。此类丑的意象,无疑拓展了审美活动的领域。

（三）以丑拒美。在元代，封建专制日益增强，民族矛盾日益尖锐，知识分子越来越没有出路，儒家圣人成为偶像的黄昏，俗文学成为文化主流。在这样的情况下，元代的审美越来越淡薄理性、道德的超越与胜利，而开始张扬一种恶狠狠的、自虐性的快感。它表现为对美的否定，对崇高的拒绝。试看以下二例：

> 蛩吟罢一觉才宁贴，鸡鸣时万事无休歇，何年是彻？看密匝匝蚁排兵，乱纷纷蜂酿蜜，急攘攘蝇争血。（马致远《双调夜行船·秋思·离亭宴煞》）
>
> 一个空皮囊包裹着千重气，一个干骷髅顶戴着十分罪。（邓玉宾《正宫·叨叨令·道情》）

这种残酷、狰狞、丑陋的景象描写，简直近乎现在的所谓"反美学"，与唐诗宋词的审美风格大异其趣，倒和现代诗人闻一多诗歌《死水》的风格颇有类似之处。它们并非以丑为乐，而是对自由的强调，对异化现实的反抗。《秋思》洞察到了"万事"的虚假，并对其丑陋深感厌恶。同时，正因为它又洞察到了生命的有限，才在下文中表达了急流勇退，去及时行乐的愿望。同样，《道情》更看透了人生的假面具，足以警世劝俗。

因此，元代的审丑，是对现实更清醒、深刻的认识，它拒绝虚假、廉价、做作地歌颂现实，不愿"被和谐"，而敢于直面生命中不利于生命存在的东西。因此，它不是化丑为美，不需要从传统审美的肯定性层面去考察；它也不是以丑为乐，不同于庸俗市井把肉麻当有趣的肤浅调笑，而更多的是一种以丑拒美，意味着更高层次美学评价的觉醒。

（四）以丑释怀。元代的审丑，一方面拒绝廉价的美与和谐，另一方面则直接把非理性、非道德的东西赤裸裸地直接呈现出来。有时无所顾忌，甚至让人难堪。例如无名氏的《正宫·叨叨令过折桂令·驮背妓名陈观音奴》：

> 虾儿腰龟儿背玉连环系不起香罗带，脊儿高绞儿细绿茸毛生就

的王八盖，眼儿眍鼻儿凸驱处走了猢狲怪，嘴儿尖舌儿快洛伽山息受的菩萨戒！……莺花寨命里合该，一背儿残疾，一世儿裁划。便道是倒凤颠鸾，莺俦燕侣，弯不剌怎么安排！风月债体将人定害，俺则怕雨云浓厌杀乔才。你这形骸，其实歪揣。调稍弓着不的扯拽，窍头船趁早儿撑开。

这正是"一种使人难堪的美感，事实上是无意识对理性的反叛所带来的解放感、性兴奋、犯罪感、罪恶感、放纵感"①。弗洛姆指出：人的超越性由创造性与破坏性两种本能构成。在这里，所谓破坏性正与丑对应。既然真理是赤裸裸的，那么赤裸裸地表现真实，而没有扭曲和矫饰，也就是一种美，尽管让人难堪，却有释放的快感。在元代市民经济萌芽，市民意识觉醒，传统道德衰退的背景下，对丑的美感类型来说，是否与理性、道德相符已经毫无必要，重要的只是非理性、非道德的感性存在的成功释放本身。而且，只要是成功的释放，就能成功地揭示人类自身而合乎了丑的美感，从而产生审美愉悦。反和谐的审美活动乃是人类的一种特定的美学评价手段，是对于周围某种时时在威胁着生命僵化之物的解脱。其实，哪怕是第一种类型的以丑衬美，不也是要摆脱"郎才女貌"传统观念的束缚吗？

正视丑，欣赏丑，释放丑，是元代审美的独特品格。在这样的趣味下，钟嗣成甚至以"丑斋"作为自己的别号，这充分说明，元人开始懂得，只爱美的人性是不完整的人性。丑以其真实性的释放和对传统、理性、道德、崇高的抗拒，获得自身的价值。元代文学正是以丑作为"强心剂"的。而元代不求形似、逸笔草草的文人画里，粗糙丑陋的石头、粗头乱服的树根，麻竹莫辨的竹叶，不也都是一种对丑的欣赏吗？粗糙对象反而可以入画，这意味着生命的一种境界，而精致的对象却反而丧失了生命的活的内涵。这种思想上承庄子，下启清代刘熙载"丑到极处，便是美到极处"（《艺概·书概》）的美学命题。从审美到审丑，美学思路始广，体验

---

① 潘知常：《美学的边缘》，第190页，上海：上海人民出版社，1998年。

乃深。这就是元代美学的深刻所在。

四、荒诞:近代审美范畴的萌芽

　　丑走向极端,就是荒诞。在现代美学中,荒诞被解释为不合逻辑、不合情理、悖谬、无意义、不可理喻、人与环境之间失去和谐后生存的无目的性,世界和人类命运的不合理的戏剧性,等等。其实这些内在的语义,我们在元曲中也并不难发现。

　　试看钟嗣成所作《南吕·一枝花·自序丑斋》。在这篇套数里,他这样描写自己的外貌:

　　　　【凉州】子为外貌儿不中抬举,因此内才儿不得便宜。半生未得文章力,空自胸藏锦绣,口唾珠玑。争奈灰容土貌,缺齿重颏,更兼着细眼单眉,人中短髭鬓稀稀。那里取陈平般冠玉精神,何晏般风流面皮?那里取潘安般俊巧容仪?自知就里,清晨倦把青鸾对,恨杀爷娘不争气。有一日黄榜招收丑陋的,准拟夺魁。

　　这样的描写,与其说是丑的,不如说是荒诞的。这是一种荒诞不经的笑,它与喜剧的开怀大笑不同,与悲剧的痛楚的哭也相异。它无奈地通过自嘲的方式与痛苦拉开距离,体现出的却是高洁和清醒,对世间怪现状的揭示。

　　这种揭示怪现状的名篇甚多。以下两首都撕开所谓"达人"和"英雄"的真面目,揭开是非善恶颠倒的现实:

　　　　这壁拦住贤路,那壁又挡住仕途。如今这越聪明越受聪明苦,越痴呆越享了痴呆福,越糊突越有了糊突富。(马致远《荐福碑》)

　　　　不读书有权,不识字有钱,不晓事倒有人夸荐。老天只恁忒心偏,贤和愚无分辨!(无名氏《朝天子·有感》)

　　以下二首则更直接描写了当时混乱、荒诞,乃至骇人听闻的政治现实:

人皆嫌命窘,谁不见钱亲?水晶环入麦糊盆,才沾粘便滚。文章糊了盛钱囤,门庭改做迷魂阵,清廉贬入睡馄饨。葫芦提倒稳!(张可久《正宫・醉太平・无题》)

堂堂大元,奸佞专权。开河变钞祸根源,惹红巾万千。官法滥,刑法重,黎民怨。人吃人,钞买钞,何曾见?贼做官,官做贼,混贤愚。哀哉可怜!(无名氏《醉太平》)

而睢景臣(约1275—约1320)的套数《般涉调・哨遍・高祖还乡》就更接近现代荒诞的意蕴。它赋予汉代高祖还乡的历史故事以荒诞意味,简直可以用"无厘头"来形容,而它所要表达的,是一种历史性的虚无。在主人公眼里,皇帝的飞虎旗成了迎霜兔,飞凤旗变成了鸡学舞,仪仗队的斧钺钩叉成了甜瓜苦瓜,高祖还乡的仪仗威严就这样被滑稽地消解了。耀武扬威的皇帝,原来就是当年的流氓"刘三"。作者就是要取消一切界限,抹平一切差别,从而大胆向人们指出:这是一个没有英雄崇拜,社会榜样丧失的时代,伟大与平凡、重要与琐碎的区分毫无意义——而这就是一种荒诞式解构。

丑和荒诞都拒绝虚伪地赞美世界。和丑一样,荒诞也是通过对"文明"的反抗的方式来满足审美需要的。发现理性的有限性和欺骗性,是荒诞得以出现的前提。无论是《自序丑斋》,还是《高祖还乡》《水仙子・讥时》,元代人都试图深刻地告诉我们,世界并不存在传统的美和艺术那样简单因果式的完美安排。心灵崇高的人不一定相貌也美,"英雄人物"不一定出处清白,更未必真有本事。这个世界常常是混乱晦涩、不可理喻的。

荒诞虽然与丑一样,同样是一种否定性的审美活动,但它又超越了丑。如果说丑是不和谐,而荒诞就是不合理。丑常常是视觉形式上的,而荒诞则指向更高的精神层面。元代士人从卑微的地位和尴尬的处境中,逐渐意识到生命、文化、历史的空虚和无意义。荒诞的出现,是对传统的美的一种反抗。审丑与荒诞的出现,说明元代美学对抗传统审美活动的意义,它已经具备了多元论的美学品格。

第七章　宋代的休闲文化与美学

　　休闲是审美走向生活的契机,而审美则是休闲的最高境界。休闲较之审美,更切入了人的直接生存领域,使审美境界普遍地指向现实生活。① 宋代士人生存的特殊环境,使得宋代艺术审美在走向精致化的同时也越来越贴近日常生活,艺术与生活的充分接近与融合渐成为宋代的一时审美风尚。中国的休闲文化至宋代全面兴起乃至繁荣,它与审美和艺术互相呼应。宋人一方面在生活中追求艺术境界,同时在艺术中追求生活情趣。美学切入生活,走向休闲;生活走向审美,追求品质和趣味。这种艺术的生活化直接导致了宋代美学的休闲情调,而反过来说,宋代美学之所以能够多样化发展,并达到古代美学又一次顶峰,很大程度也归因于宋代社会生活中所普遍形成的休闲享乐的文化氛围。宋代艺术的生活化以及生活的艺术化现象,成为宋代美学的突出特征,同时也将中国古代的休闲审美文化推向了高潮。

　　如果说美学对人生—生活的观照是中国古代美学的重要特征的话,那么宋代的休闲审美文化则是这一特征的最好体现。"把握'玩'是理解

---

① 潘立勇:《休闲与审美》,《浙江大学学报》(人文社会科学版),2005 年第 5 期。

宋代艺术的一个关键。"①"玩"在一定意义上就是指休闲。朱熹在诠释儒家"游于艺"时,提出了"玩物适情"的命题。② 对艺术的把玩关乎到人的诗意生存的维度,这是宋代美学的一个主要特征。而"玩物适情"所昭示的美学旨趣便是艺术与生活的双向融通,是宋代美学重视生活并落实于生活的体现。其所反映的休闲内涵则包括了宋人对休闲的本体认同、适的工夫实践以及超然物外的境界追求。

士大夫休闲是宋代休闲文化的主流形态。不同于汉唐士人的功利进取的人生旨趣,也与之后元明清士人的世俗休闲文化相异,宋代士人的休闲文化蕴藉了深刻而又复杂的文化内涵。一方面,宋代士人开始自觉地追求闲适、自然的生活,他们通过远游山水,亲近林泉,构建私人园林,游戏文墨等方式展现出潇洒飘逸而又极具才情的休闲生活;但同时,在这种看似玩弄风月的生活方式下,休闲的人生诉求包涵了士人对政治出处、显隐、得失,以及对人生情性之道、人生意义与价值乃至宇宙天地意识的深入思考和体悟。因此,我们可以说,宋代士人的休闲文化具有一种宇宙人生意识的深度与社会日常生活的雅趣,这是后代元明清士人休闲文化所不能同日而语的。

宋代宫廷休闲则主要得益于皇帝的大力提倡与鼓励。宋代皇帝多具有艺术才能与闲情逸调。从宋太祖的"歌儿舞女,以享天年",宋真宗大开赏花钓鱼赋诗宴,到宋徽宗纵情于书画艺术,南宋诸帝则偏安杭州,"西湖歌舞几时休",都说明宋代宫廷生活及宫廷美学具有明显的休闲特征。宋代(尤其是南宋)皇室在收国无望、拘于一隅的偏安态势下转向了对感官声色的纵情享受与精致奢华追求,客观上推动了奢雅艺术的普及和提升。再加上宋代文人治政的影响,士人文化达到了古代封建文化的极致。士人的文化情趣势必与宫廷之奢雅相映生辉,宫廷休闲也因此体现出较为浓厚的文人化色彩。

---

① 张法:《中国美学史》,第 173 页。
② 朱熹:"游者,玩物适情之谓。"见《论语集注》"述而"篇。

随着宋代商业经济的繁荣和城市的发展,市民阶层的队伍急剧扩大。而市民文化的消遣娱乐诉求使得宋代的城市如洛阳、开封、扬州、杭州等,都成为市民休闲文化的滋生地。勾栏瓦舍遍及城市与郊区,盛况空前。在《武林旧事》《东京梦华录》《梦粱录》等宋人笔记中,充斥了对当时狂欢化的市民休闲娱乐的描写与追忆。以前不登大雅之堂的俗文化、底层人群所喜闻乐见的娱乐休闲和审美方式,纷纷崛起,登堂入室,蔚为壮观。向来被正统社会所忽视的普通大众的审美需求得到了畅快淋漓的表现,艺术式样更加多样化、生活化、世俗化。宋代市民休闲文化中孕育而出的小说、话本、杂剧、诸宫调等俗文学,成为元明时期文学发展的主要形式。

总之,宋代休闲审美文化是宋代美学的重要内容,也是宋代美学特有的精神旨趣和风貌。不深入研究宋代的休闲文化,就难以真正了解宋代的艺术审美风格与人生旨趣。

第一节　宋代休闲文化繁荣的原因

宋代虽然国土面积前不及汉唐,后不如元明清,却是华夏封建社会立国时间最长的王朝,这与宋代良好的休闲氛围所构建的社会和谐大有关系。宋代的社会变革及其成就,客观上对社会休闲氛围之营造产生了积极的影响,主要表现在三个方面。

第一方面,空前宽松优厚的环境造就了士人的休闲心态。首先是政治自由度高。宋朝统治者一直遵循广开言路的政策,其中最为人称道的是宋太祖关于不杀士大夫的祖训。据宋叶梦得《避暑录话》记载,赵匡胤曾在太庙立碑,明确写有"不得杀士大夫及上书言事人"等三条誓言。王夫之在《宋论》中对此举感叹道:"呜呼!若此三者,不谓之盛德也不能。"文人、士大夫是造就高雅休闲文化的主体。宋代如此宽松的政治环境,客观上保障了他们心态的放松,使其在休闲艺术和文化的创造方面获得空前的自由。其次是优待官员。清代赵翼就曾指出,宋代的制禄"其待士大夫可谓厚矣",甚至认为"给赐过优……恩逮于百官者唯恐其不足"①。此说也许有夸张成分,但总体可以肯定的是宋代官员俸禄是丰厚的,俸禄的整体水平是较高的。不仅物质待遇优渥,闲暇时间也有了制度的保证。据南宋李焘的《续资治通鉴长编》卷六四记载,宋真宗在景德三年"诏以稼穑屡登,机务多暇,自今群臣不妨职事,并听游宴,御史勿得纠察。上巳、二社、端午、重阳并旬日时休务一日,祁寒、盛暑、大雨雪议放朝,著于令"②。再据现代学者考证,宋代官员的节假日确实很多:"真宗时规定,祠部郎中和员外郎所管全年节假日共 100 天,其中包括旬休36 天。"③物质与闲暇的优厚待遇在客观上造就了宋代的有闲阶级。俸禄的增加导致的直接结果便是士人生活质量的提高以及生活方式的改变。优裕的生活,使得士大夫进可以为国尽心尽力,退可以置办田产,兴建园林,交游雅集。很多官员退休之后,依然能获得国家俸禄,继续其休闲享乐的生活。吕蒙正退休归洛阳之后,"有园亭花木,日于亲旧宴会,子孙环列,迭奉寿觞,怡然自得"④。俸禄的增加,生活上免去了许多后顾之忧,加之宋代官僚机构庞大,大量官员工作清闲,于是很自然地,这些上层文人就有闲情逸致追求精神文化的享受。

而对平民而言,"唐代以前的土地国有制理想破灭了,此后私有权制度确立了,奴隶地位上升为佃户,废除征兵制改为募兵制,同时,废止徭役制度,而改为以雇募为主了"⑤。这种革命性的人身自由和政治自由使他们更易于获得较多的闲暇来支配自己的时间。

第二方面,商业经济的高度发达培育了休闲发展的土壤。1973 年,英国汉学家伊懋可(Mark Elvin)提出中国唐宋两代存在"中古时期的经济革命"(The medieval economic revolution)⑥。他将宋代经济出现的巨

① [清]赵翼:《二十二史札记》(下册),第 331 页,上海:世界书局,1962 年。
② [宋]李焘:《续资治通鉴长编》(第五册),第 1425 页,北京:中华书局,1980 年。
③ 朱瑞熙:《辽宋西夏金社会生活史》,第 389 页,北京:中国社会科学出版社,1998 年。
④ [元]脱脱等:《宋史》卷二六五《吕蒙正传》,北京:中华书局,1997 年。
⑤ [日]和田清:《中国史概说》,第 127 页。
⑥ Mark Elvin. *The Pattern of the Chinese Past*, Stanford: Stanford University Press, 1973.

大进步称为"宋代经济革命",并归纳为农业革命、货币和信贷革命、市场结构与都市化的革命等方面。日本学者斯波义信也提出类似论说。我国学者漆侠认为:"社会生产力在唐宋特别是两宋时期的高度发展——正是这个高度发展把宋代中国推进到当时世界经济文化发展的最前列。"①而宋代经济的商业化,是其最重要的发展动力。从农业经济看,宋代的突出特点是多种经营和商业化生产程度发达。原来江南很少栽桑,宋时经过提倡林业,使江南迅速成为丝绸生产基地。以茶叶为代表的商品性生产和专业化农业区域日益出现,农副产品进入商业渠道的数量、规模超过以前任何朝代,比西欧各国农业生产商品化早二三百年。从城市经济看,宋代以前有所谓"坊市制度",城市中的"市"被局限在数坊之内,面积很小,管理严格。宋代政府逐渐放弃了对商业的干预,使这种千年之久的僵死制度最终瓦解。从宋代孟元老的《东京梦华录》中可以推断,城市到处有店铺,显然已无商业区与非商业区的界线,亦无时间和区域的限制。城市重要的街道上有不少的商业街,这是唐代以前所未有的。环绕着大城市近郊,往往还有规模可观的新型商业区"草市",其贸易兴盛程度不亚于内城。景德年间,开封已是"十二市之环城,嚣然朝夕"(吕祖谦《宋文鉴》卷二)。大城市周边还有新出现的行政单位"镇、市"千余处,由于工商业发展兴旺,它们的税收甚至超过所属州县治所。宋代还形成了互相依赖、影响的全国性五大区域市场(北方市场、西北市场、西南市场、东南市场和岭南市场)。从金融角度看,唐代货币使用量不多,而宋代是空前的货币经济,还产生了世界上最早的纸币(交子)这一货币的高级形态。据南宋李心传的《建炎以来朝野杂纪》(甲集一四)所载,宋太宗在建国之初即曾夸耀已拥有两倍于唐代的财富。宋代城市高度商业化,累积了大量财富,这就在客观上大大激发了休闲消费的需求,使得大量休闲文化形式得以破土而出。

---

① 漆侠:《宋代社会生产力的发展及其在中国古代经济发展过程中的地位》,《中国经济史研究》,1986 年第 1 期。

第三方面,城市化发展形成了庞大的休闲消费群体。休闲文化的孕育需要一定规模的休闲主体。城市是人口的聚集地,因此城市化进程决定着休闲文化的丰富与发展程度。伊懋可认为宋代具有城市化革命(The revolution in urbanization)。① 美国学者施坚雅(G. W. Skinner)也将这种城市化称为"中世纪城市革命"(The medieval urban revolution)②。斯波义信和伊懋可对于"宋代经济革命"的分类虽不尽相同,但也将城市化作为这场社会变革的基本特征之一。宋代的城市发展体现出以下特点。

城市人口规模迅速增大。据《元丰九域志》可知,北宋元丰年间 10 万户以上的城市有 40 多个,崇宁年间更上升到 50 多个,而在唐代只有 10 余个。据《宋史》卷八五《地理志一》载,北宋末年开封人口已达 26 万余户,按每户 5 口计当在 130 万人以上。周宝珠《宋代东京研究》一书则认为开封最盛时人口为 150 万左右,是当时世界最大城市。就全境而言,葛剑雄认为"根据户数推算,北宋后期的实际人口已达 1 亿"③。吴松弟估计则更多:"宣和六年约有 2340 万户、12600 万人。"④其二,城市职能更多地向经济职能转变。欧美学者对"唐宋变革论"虽有不尽相同的认识,但比较一致地认为城市革命相继发生于北宋时期的洛阳、开封和南宋时期的长江三角洲一带,特征是城市迅速扩大,出现具有重要经济职能的大批中小市镇。"日益增长的私人财富和商业促进了前所未有的城市化。京城从一个人为的行政产物变成了同时也是商业中心。"⑤国内学者亦举证如太湖流域的县城在宋代以前大多只是小规模的政治据点,宋代则"普遍由政治据点向城市形态转变,逐渐发展成为具有一定规模

---

① Mark Elvin. *The Pattern of the Chinese Past*, Stanford: Stanford University Press, 1973, pp. 113 - 199.
② [美]施坚雅:《中华帝国晚期的城市》,叶光庭等译,第 23—24 页,北京:中华书局,2000 年。
③ 葛剑雄:《宋代人口新证》,《历史研究》,1993 年第 6 期。
④ 吴松弟:《中国人口史》(第三卷 辽宋金元时期),第 352 页,上海:复旦大学出版社,2000 年。
⑤ [美]包弼德:《唐宋转型的反思》,《中国学术》,2000 年第 3 期。

的经济和社会中心"①。宋代由市镇发展而来的一批经济型城市"逐渐改变着中国城市以政治型城市为主的总体格局,这是宋代城市化高潮最突出表现"②。其三,市民阶层成为新兴社会力量。城市人口的飙升和商业人口的比重增加造就了平民社会与市民阶级。为了适应城市工商业的发展,宋代将城市中的非农业人口"坊郭户"单独作为法定户名列籍定等,这标志着市民阶层已经成为重要的社会群体正式登上了历史舞台。钱穆指出:"秦前,乃封建贵族社会。东汉以下,士族门第兴起。魏晋南北朝定于隋唐,皆属门第社会,可称为是古代变相的贵族社会。宋以下,始是纯粹的平民社会。"③从表面来看,唐宋变革是城市经济、社会事业和文化功能的显著改善逐渐向真正意义上的综合性、开放性社会活动中心方向的演进。而就其实质而言,则是市民阶层和市民文化的兴起。这种从贵族社会向平民社会的转变对休闲发展有重要意义。城市的商人、手工业者、小贩、工匠、雇匠、店员、苦力、平民等,他们在闲暇时或节假日,需要从事休闲娱乐活动以消除日常工作带来的紧张情绪。城市化使休闲消费群体得到扩大,从而促进休闲文化更加丰富、更有活力,使宋代出现了某种类似于现代意义上的休闲城市和休闲社会。

商品经济的繁荣,催生了富裕繁华的城市,如开封、洛阳、杭州、扬州、苏州等地,宋都南移使江南的城市商业经济更加发达。如宋人王观记载:"维扬,东南一都会也,自古号为繁盛,而人皆安生乐业,不知有兵革之患。民间及春之月,惟以治花木、饰亭榭,以往来游乐为事,其幸也哉!"(《扬州芍药谱后序》)马可·波罗当年在其《东方见闻录》有关中国的"行纪"中盛赞:"杭州是世界上最最美好、最高贵的城市","充满了各式的欢乐,几使人疑以置身天堂"。杭州的富人在室内陈设、衣着、精美饮食以及各种娱乐等等高雅兴致方面都能得到满足。繁忙的商业活动,密集的人口,以及各地不断涌入的游客都促成杭州城市的笙歌处处、宴

---

① 陈国灿:《宋代太湖流域农村城市化现象探析》,《史学月刊》,2001 年第 3 期。
② 吴晓亮主编:《宋代经济史研究》,第 145 页,昆明:云南大学出版社,1994 年。
③ 钱穆:《理学与艺术》,《宋史研究集》第 7 辑。

饮不断。饭店、客栈、酒楼、茶肆、歌馆一应俱全。①

此外,宋代休闲文化的兴起还与三教合流的文化氛围,尤其是禅宗的盛行及其世俗化有着直接关联。北宋一反后周灭佛政策,使各种佛教宗派重新兴盛起来,尤其是慧能开创的南宗禅,经过南岳、青原一二传以后,充分中国化、世俗化,将禅的意味直接渗透沾溉到人的日常生活中,因而盛行一时。禅释那种安顿人的心灵,注重当下的生命体验的思想,道家尤其是庄子逍遥自由的艺术精神、返璞归真的自然主义思想,都在一定程度上影响了宋代的知识分子。三教合一的文化背景,使得宋代的士大夫进可以仕,退可以闲逸。宏大叙事的消退,以及私人领域的敞开,也使宋代的士大夫开始自觉追求一种当下即成的私人化生命体验,休闲心态也随之敞开。

总之,政治的宽松、经济的繁荣、城市的勃兴、自然道趣和禅悦之风的流行,为宋代休闲文化的繁荣提供了肥沃的土壤,使宋代成为中国封建社会最早体现较为成熟的休闲特征的时代。

至南宋,休闲文化更是得到了长足的发展和空前的繁荣。南宋只剩半壁江山,尽管朝廷上下不乏如岳飞、辛弃疾、陆游等爱国志士,念念不忘收复河山,统一疆土,然朝廷决策者苟且偏安的格局,使爱国志士每每空怀悲切,壮志难酬,回天无力。"山外青山楼外楼,西湖歌舞几时休?暖风熏得游人醉,直把杭州作汴州。"林升这首脍炙人口的名诗成为南宋社会耽于安逸、不思进取的写照。缘此,南宋偏安的文化历来为人所诟病。然而,如今我们换一种角度看南宋文化,应该在肯定爱国志士收复疆土的雄心壮志,批评朝廷决策者苟且偷安的同时,对南宋在偏安的局势中所营造的提升本土国民生活品质的休闲文化予以必要的肯定。

南宋在偏安的局势下所获得的经济发展和文化繁荣不得不为世人瞩目,对中华文明的传承和发展,尤其是对中国休闲文化的发展,作出了特有的贡献。以临安为例,南宋社会各方面的高度发展,使其成为全国

① [法]谢和耐:《南宋社会生活史》,第27页,台北:"中国文化大学"出版社,1982年。

最大的手工业生产中心、全国商业最为繁华的城市和全国的文化中心。在12—13世纪,它是亚洲各国经济文化的交流中心和最为繁华的世界大都会。《梦粱录》如是描述临安商业繁荣的情景:"大小铺席连门俱是,即无空虚之屋,每日凌晨,两街巷门上行百市,买卖热闹……处处各有茶坊、酒肆、面店、果子、彩帛、绒线、香烛、油酱、食米、下饭、鱼肉、鲞腊等铺。"(卷一三)北宋至和年间(1054—1056),在东京汴梁首次出现了专门的市民娱乐休闲市场——"瓦市"(又称"瓦肆""瓦舍""瓦子")。每个瓦市内设有数量不等的"看棚"(又称"勾栏"),最大的看棚可容纳数千人。南宋瓦市比北宋更加发达,仅临安一地,其瓦市数量就是汴梁的4倍。它是南宋大众审美和休闲文化的最亮丽的风景线。

从产业角度来看,唐代以前城市的休闲娱乐活动通常是特权者的享受,很少作为市场交易行为。市场消费性的休闲活动虽然自中晚唐时开始出现,但当时并不普遍。宋代坊市制度崩坏后,不仅商品交易日趋活跃,而且"城市不再是由皇宫或其他一些行政权力中心加上城墙周围的乡村,相反,现在娱乐区成了社会生活的中心"[1]。由于宋代工商业高度发达,各行各业的行会组织也应运而生。而其休闲场所的兴旺发展,也激发了从业艺人和文人的行业意识。于是,南宋出现了大量休闲行业组织。如艺人有演杂剧的绯绿社、唱赚词的遏云社、唱耍词的同文社、表演清乐的清音社、小说艺人的雄辩社、演影戏的绘革社、表演吟啸的律华社等等,不胜枚举。这些社团都有自己严格的社条社规,它是规范本行业运行的有力保障。文人的休闲行业组织则称为"书会"。例如南宋有永嘉书会、九山书会、古杭书会、武林书会等。书会的产生,显然有利于文人大批量、专门化地创作适于娱乐表演的脚本,同时,也保证了文人从娱乐演出中获得的应有利益。谢桃坊在评论书会作家群时说:"书会先生在中国文学史上开辟了一条新的创作道路……其创作目的不是为了'经国之大业'或'不朽之盛事',而是服务于现实的商业利益。他们必须向

---

[1] [美]费正清、赖肖尔:《中国:传统与变革》,第125页。

艺人提供脚本或刻印脚本以取得合理的报酬,才能在都市里维持中等以下的生活消费。这样使文学走上了商业化的道路。"①这实际说明了休闲已经成为产业,不但可以养活艺人,还可以养活相关文人群体。因此,南宋的"社""会",有意识地起到了以群体力量规范自身行业的作用,能更好地为社会提供高质量休闲服务。它的兴盛,也是休闲业产业化的需要,证明南宋已有了初具规模的休闲产业。

社会的安定,城市的繁华,使南宋士人和市民普遍具有休闲的意识,讲究生活情趣。当时的临安,不但宫廷贵族、官绅士大夫们过着高贵奢华的休闲生活,一般文人沉醉琴棋书画、花鸟鱼虫式的高雅休闲,就是普通百姓也往往在闲暇时纵情山水、泛舟游湖,或在茶馆品茗,或在瓦市娱乐,充分享受休闲社会的乐趣。宋代美学的休闲旨趣和风貌,正是在这样的社会氛围中形成。

第二节　宋代美学的休闲旨趣

一、宋代审美与艺术的生活化旨趣

唐宋文化转型表现在宋代文化的内倾性特征的形成,宋代美学一改唐代美学顶天立地式的自我张扬与境界拓取,从自然、社会的外在形象的开掘写照转而进入一种生活理趣与生命情趣的内在体验品味。长河落日、大漠孤烟的壮阔意象被庭院深深、飞红落英的清雅意趣取代。宋代画家米芾的《西园雅集图记》记录了宋人雅集的情景,有"人间清旷之乐不过于此""汩涌于名利之域而不知退者,岂易得此"的感叹。于是,在宋人的艺术表现领域,日常生活的题材以及对个体生命意趣的表现越来越明显,艺术借助闲情进入了生活,人生通过艺术而得到了雅致化,宋代美学由此呈现出了不同于往代的休闲特征。

就艺术领域而言,从北宋诗文革新开始,宋诗更多地开始表现诗人

① 谢桃坊:《宋代书会先生与早期市民文学》,《社会科学战线》,1992 年第 3 期。

琐细平淡的日常生活(如梅尧臣、苏轼等),注重从这些生活内容中格物穷理、阐发幽微(如邵雍、程颢、朱熹等),由此感喟人生,嘲弄风月。典型的如苏轼在海南写过《谪居三适》,包括《晨起理发》《午窗坐睡》《夜卧濯足》三首诗,将一种诗意的情怀赋予看似平庸琐碎的日常生活,体现了闲适自放的文人情怀。缪钺指出:"凡唐人以为不能入诗或不宜入诗之材料,宋人皆写入诗中,且往往喜于琐事微物逞其才技。如苏黄多咏墨、咏纸、咏砚、咏茶、咏画扇、咏饮食之诗,而一咏茶小诗,可以和韵四五次(黄庭坚《双井茶送子瞻》《以双井茶送孔常父》《常父答诗复次韵戏答》,共五首,皆用'书''珠''如''湖'四字为韵)。余如朋友往还之迹,谐谑之语,以及论事说理讲学衡文之见解,在宋人诗中尤恒见遇之。此皆唐诗所罕见也。"①邵雍的诗歌如"林下一般闲富贵,何尝更肯让公卿"(《初夏闲吟》),程颢的"闲来无事不从容,睡觉东窗日已红。万物静观皆自得,四时佳兴与人同"(《秋日偶成》),也表现了在平凡生活中的理趣与闲情。

宋词的生活化特征更是明显,它本是"诗之余",是娱宾遣兴的艺术形式。词与诗之不同在于"诗常一句一意或一境。整首含义阔大,形象众多;词则常一首(或一阕)才一意或一境,形象细腻,含义微妙,它经常是通过对一般的、日常的、普通的自然景象(不是盛唐那种气象万千的景色事物)的白描来表现,从而也就使所描绘的对象、事物、情节更为具体、细致、新巧,并涂有更浓厚更细腻的主观感情色调,不同于较为笼统、浑厚、宽大的'诗境'"②。宋代文人对日常生活的关注以及市民休闲文化的繁荣,是唐宋的主要文学体裁由诗转向词的重要原因。诸如宋代城市生活、节日民俗、士人交游情趣等生活题材都由词更自由地传达出来。而宋代文人特有的细腻深婉的主观情感,也因词的特性而较诗更易体现。如:"浮生长恨欢娱少,肯爱千金轻一笑?为君持酒劝斜阳,且向花

---

① 缪钺:《论宋诗》,见《宋诗鉴赏辞典·代序》。
② 李泽厚:《美学三书》,第 155 页。

间留晚照。"(宋祁《玉楼春》)"翠叶藏莺,朱帘隔燕,炉香静逐游丝转;一场愁梦酒醒时,斜阳却照深深院。"(晏殊《踏莎行》)词中那种缠绵悱恻的闲情与落寞,是唐诗之中少有的境界。而词里透露出来的清新而又朦胧的人生韵味,则让读者品味到了浓重的生活气息与生命脉动。

宋代绘画,无论山水、人物还是花鸟,都充满了非常浓厚的生活气息与审美趣味。人物画的主流不再是历代帝王将相、贵族侍女,而是充满了生活化场景的文人雅集、童子嬉戏、妇女纺线、货郎渔樵等。宋代山水画也把大众平民的生活融入山水之中,如李成《茂林远岫图》、郭熙《早春图》。宋代花鸟画惟妙惟肖,写实而不失灵动。最具生活气息的绘画代表要算张择端的《清明上河图》,简直就是把北宋城市生活的一角呈现在画面之上。两宋风俗绘画所表现的主题也不再是门阀地主和贵族的生活,而是对新兴的城市平民和乡村世俗生活的着力描绘。

除了诗词文学领域与日常生活结合紧密,宋代的园林艺术也越来越私人化、生活化、境界化了。园林本是古代审美文化与日常生活交接的典型空间。但在宋之前,中国园林的主流是皇家园林,士人私家园林尚未普及。皇室园林讲究宏大规模,气势的排场,设在郊区,远离都市。而且唐代园林,尤其中唐之前尚带有实用性的功能,如生产、祭祀等。到了宋代,这一现象有了很大的改变,大型庄园与园林基本分离,私家园林大量出现,园林的风格和形式有着浓厚的文人色彩,园林本身只作为怡情养性或游宴娱乐活动的场所。甚至宋代的皇家园林也深深受士人园林的影响。例如北宋末年宋徽宗在东京营造的艮岳,是当时士人园林环境模式及风格特征的集锦。园林的私人化,是士人审美理想的生活化体现。园林一旦成为一种生活理想的宣示,加上士人诗意情趣的灌注,便使得这一"壶中天地"别有洞天。这个既能封闭又可无限敞开的领域,将士人独特的审美生活境界展露无遗。司马光的"独乐园"就是士人审美意趣应用于生活实践的体现:"熙宁六年买田二十亩……以为园……其中为堂,聚书五千卷,命之曰:'读书堂'",另设有"弄水轩""种竹斋""采药圃""浇花亭""见山台"等,"不知天壤之间复有何乐可以代此也"①。宋代士人对生活的诗意营构在其所撰写的众多园林记文中不胜枚举，这显然成为当时士人的普遍精神追求：

> 盖得夫郊居之道。或霁色澄明，开轩极望；或落花满径，曳杖行吟；或解榻留宾，壶觞其醉；或焚香启阁，图书自娱。逍遥遂性，不觉岁月之改，而年寿之长也。此其游适之乐，居处之安，又称其庄之名矣。今士大夫或身老食贫，而退无以居；或高门大第，而势不得归。自非厚积累之德，钟清闲之福，安能享此乐哉？（范纯仁《薛氏乐安庄园亭记》）

宋代园林的生活化，一方面让宋人的生活别具诗意情调，另一方面宋人所追求的艺术审美理想也得以在这一生活化的场景中实现。一个狭小的园林空间，就容纳了宋代士人最为精致的日常生活。园林造成身心俱闲的生活模式，使得宋士人在激烈斗争的政治环境与民族危机中反而显得特别的优容闲适。

宋人审美生活化的另一重要体现是"居室的园林化"。一方面，文人的住居在整体格局的设计中体现出强烈的园林化倾向。如陆游故居三山别邺，由住居室、园林、园圃构成，居室与园林融为一体，共用一门，而园圃环绕四周。王十朋描写居住的茅庐、小室、小园，抒发自己悠然闲居的意绪："予还自武林，葺先人弊庐，静扫一室，晨起焚香，读书于其间，兴至赋诗，客来饮酒啜茶，或弈棋为戏……有小园，时策杖以游。"（王十朋《小诗十五首序》）居室的园林化倾向表明了宋代士人认识到日常起居休闲游憩的重要性。另一方面，在室内的陈设与日用器皿的使用上也体现出清远闲逸的园林风趣。宋代开始流行在居室内墙壁上装饰一些画作，尤其是将当时流行的山水画作张贴悬挂于墙壁上，寄托一种山水恬淡的闲情，所谓"不下堂筵，坐穷泉壑"：

> 但烧香挂画，呼童扫地，对山揖水，共客登楼。付与儿孙，只将

---

① 曾枣庄、刘琳主编：《全宋文》，第 56 册，第 236 页。

方寸,此外无求百不忧。(陈著《沁园春》)

宋代的一些休闲场所如青楼商铺酒店等,也流行将山水画张贴于室内,以招徕顾客。这些都是在借山水绘画增添居住空间的休闲情调。

另外,居室内的日用器皿也被赋予了高雅清远的风格。宋代日用器皿讲究古拙清逸、尚平淡简易的审美追求。居室中所常见的如香炉、花瓶、茶具、屏风、瓷器等,都是士人日常起居中增添闲情逸致的载体。宋代日用器皿中那些散发着清雅淡远意味的陶瓷器,更是在士人眼中成为日常生活艺术化的一部分:"厅堂、水榭、书斋、松下竹间,宋人画笔下的一个小炉,几缕轻烟,非如后世多少把它作为风雅的点缀,而本是保持着一种生活情趣。"①

"品茗"与"文玩"也是宋代士人审美生活化的典型趣味。士人饮茶之风自中唐就已兴起,但与宋人相比,唐人于茶事仅算粗知皮毛而已。北宋袁文(1119 1190)曾说:"刘梦得《茶诗》云:'自傍芳丛摘鹰嘴,斯须炒成满室香。'以此知唐人未善啜茶也。使其见本朝蔡君谟、丁谓之制作之妙如此,则是诗当不作矣。"(《瓮牖闲评》卷六)可见宋代士大夫对自己饮茶之精于前代而津津乐道。宋代士人饮茶之风兴盛,而饮茶的内容也是丰富多彩,大体分为点茶、分茶、斗茶等几种基本形式。这几种饮茶的形式反映出宋代饮茶之风的精致化、雅致化的特点,同时又充满了竞赛的乐趣。就斗茶而言,宋代士大夫之间此项活动非常普遍。如范仲淹《和章岷从事斗茶歌》云:"北苑将期献天子,林下雄豪先斗美。"围绕斗茶,将采茶、制茶、品茶、茶之效用等写得跌宕多姿,神采飞扬。

黄儒于《品茶要录》中点破宋代品茗之精于时代休闲风气的关系:

> 说者常怪陆羽《茶经》不第建安之品,盖前此茶事未甚兴,灵芽真笋往往委翳消腐而人不知惜。自国初以来,士大夫沐浴膏泽,咏歌升平之日久矣。夫体势洒落,神观冲淡,惟兹茗饮为可喜。园林

---

① 扬之水:《古诗文名物新证》(一),第82页,北京:紫禁城出版社,2004年。

亦相与摘英夸异,制卷鬻新而趋时之好。故殊绝之品始得出于榛莽之间,而其名遂冠天下。使陆羽复起,阅其金饼,味其云腴,当爽然自失矣。(《品茶要论·总论》)

品茗是闲情使然,也是园林之趣,在宋代园林休闲之风盛行的时候,饮茶自然也趋于精致。南宋刘克庄一首《满江红》道出了宋代士人嗜茶的程度:"平戎策,从军什,零落尽,慵收拾。把《茶经》《香传》时时温习。生怕客谈榆塞事,且教儿诵《花间集》。叹臣之壮也不如人,今何及!"外在的事功欲望已然冷却,唯有在与客饮茶谈笑中体验人生。北宋蔡襄更是位茶痴:"蔡君谟嗜茶,老病不能复饮,则把玩而已。"(《又书茶与墨》)蔡襄一方面是"精于民事"名臣,又如此醉心于日常的生活艺术,这在宋之前都是极为少见的。

所谓"文玩"是指对古代器物、图籍等的收集、整理、辨识、欣赏。文玩之风魏晋以来便有之,然至宋朝达到鼎盛,蔡絛在历数往代文玩之风后,说:"然在上者初不大以为事,独国朝来寖乃珍重,始则有刘原父侍读公为之倡,而成于欧阳文忠公。又从而和之,则若伯父、君谟、东坡数公云尔……由是学士大夫雅多好之。"(蔡絛《铁围山丛谈》)玩"古玩"成为宋代士子日常生活的重要内容。梅尧臣在《吴冲卿出古饮鼎》一诗中记述了古鼎形制、纹饰后说:"我虽衰荼为之醉,玩古乐今人未识。"苏轼《书黄州古编钟》《书古铜鼎》等文也记录了他对文玩的欣赏。另外如欧阳修的嗜古石刻、李清照与赵明诚以伉俪之情投入到书画彝鼎的搜集展玩之中,感人至深。据《宋史》本传,书画家米芾也是一位金石家,"精于鉴裁,遇古器物书画则极力求取必得乃已"。画家李公麟则"好古博学,长于诗,多识奇字,自夏商以来,钟、鼎、尊、彝皆能考定世次,辩测款识。闻一妙品,虽捐千金不惜"①。米芾的书法美学成就、李公麟的绘画美学成就跟其金石美学素养有密切关系。文玩的闲赏更是由于皇帝的睿好之笃而更加风靡,很多著名的文玩金石类著作相继诞生,如《历代名画记》《法

①［元］脱脱等:《宋史》卷四四四,《李公麟传》。

书要录》《集古录》《金石录》《考古图》《宣和书谱》《宣和画谱》《宣和博古图录》《广川书跋》《广川画跋》《历代钟鼎彝器款识法帖》《洞天清录》《云烟过眼录》等等。

宋代士人之"玩"并非一般的喜好、玩弄,它有着精英主义的休闲审美情调。与其说"玩"是一种玩赏的行为、动作,不如说更强调了玩的过程中那种从容不迫、优容潇洒而又追求一种高雅理趣的心态。它是随兴而发、兴趣盎然、摒弃外务、沉淬心情而又精神高度集中的一种心境。正如有研究者指出的:"这'玩'不是一般的玩,而是以一种胸襟为凭借,以一种修养为基础的'玩'。它追求的是高雅的'韵',它的对立面是'俗'。"①宋代士人对文玩的玩味往往在深入世俗生活,而又化俗为雅的过程中,宣扬了主体的闲情逸致,渗透的是深刻的人生之思、性理之趣,并营造出士人特有的生活审美氛围。正如南宋赵希鹄在《洞天清录》中所言:

> 吾辈自有乐地。悦目初不在色,盈耳初不在声。尝见前辈诸老先生多蓄法书、名画、古琴、旧砚,良以是也。明窗净几,罗列布置,篆香居中,佳客玉立相映,时取古文妙迹,以观鸟篆蜗书、奇峰远水,摩挲钟鼎,亲见商周。端研涌岩泉,焦桐鸣玉佩,不知身居人世,所谓受用清福,孰有逾此者乎!是境也,阆苑瑶池未必是过,人鲜知之,良可悲也。(《洞天清录·序》)

苏轼亦常于品茶之事中发现性理之趣,他称黄儒"博学能问,淡然精深,有道之士也。作《品茶要录》十篇,委屈微妙,皆陆鸿渐以来论茶者所未及。非至静无求,虚中不留,乌能察物之情如此详哉……今道辅无所发其辩,而寓之于茶,为世外淡泊之好,此以高韵辅精理者"(《书黄道辅品茶要录后》)。

总之,以玩的心态来对待日常物什,宋人将日常实用之物如茶、酒皆

---

① 张法:《中国美学史》,第 224 页。

化为了艺术,用以寄托才情;以玩的心态留意旧物古货,则这些钟鼎器皿焕发出生机,情趣盎然。这些日常生活的艺术化和审美趣向同样影响到了宋代的传统的艺术审美领域,绘画由此成为墨戏,书法亦有消遣之乐,诗词皆可为戏为嬉。艺术的风格也由境转韵,由志入趣,士人的内在风度与潇洒韵味,就在"玩"中全面地实现出来了。

宋代士人普遍追寻日常生活的体验与享受,以及在享受日常生活体验的过程中所表达出来的那种雅致与诗意,反映了一种新的休闲审美心态的形成,即"玩物适情"。虽然朱熹并未对这一命题进行更多的阐述,但我们可以认为,其中"玩"的心态正是弥合艺术与日常生活之间鸿沟的重要因素;也正是在"玩"的过程中,宋人将传统的艺术形式精致化、高雅化、韵味化、意趣化了,同时也促生了一些能够适应时代审美心理需求的新的文艺形式,这都对后世中国的美学发展产生了深远的影响。总之,多种多样的艺术不仅极大地丰富了宋代士大夫的休闲生活,使宋代士大夫的休闲生活在事实上处于为艺术所包围、所环绕的状态中,而且也直接地提升了宋代士大夫休闲的文化品味,使宋代士大夫的休闲活动体现出精致优美、蕴蓄深厚而又俗中带雅、别有韵味的基本特点。可以说,丰富的艺术情调与艺术气息成为宋代士大夫的休闲生活之所以迷人,并充满独特文化魅力的重要原因。

二、"闲"的本体认同

在宋代,闲被士大夫看作为人生的本体。所谓的本体,即是一种终极意义、价值。闲作为人生之本体,意味着将休闲审美的生活方式作为人生最有价值意义的存在方式。在宋代的知识分子看来,一个人的社会价值和生命意义既可以通过外在的事功去实现,亦可于个体内心的适意、自足与自由中获得,二者本不矛盾。古代社会自中唐以来,社会经历了由盛而衰的历史剧变,自那时起人们纷纷将生命的旨向从建功立业的意气转向了日常的心境体验。宋代愈演愈烈、纷繁复杂的政治斗争更是犹如催化剂一般加速了这种风气的转变。到了北宋中后期,整个社会都弥漫着一种倦怠感和休憩欲。尽管仕途经济依然是士人获取生活之资的重要手段,但单纯地走仕途来实现士人的精神抱负已然越来越困难了。在此情况下,士人如何重新体现其独特价值? 如何彰显其作为一个阶层的自由创造力? 一种文化的休闲人生观就成了必然的选择。于是,我们可以在宋人的文集中读到大量对"闲"的赞颂,如"百计求闲,一归未得,便得归闲能几年"(李曾伯《沁园春》),"乐取闲中日月长""一闲且问苍天借"(李曾伯《减字木兰花》),"只思烟水闲踪迹"(吴渊《满江红》),"这闲福,自心许"(汪晫《贺新郎》)。

由此可以看出,在宋人那里,休闲意味着自由的生活,可以回归自然,体验自我。但相比起外在的功业建设来说,这似乎是微不足道的。但正是这微不足道的闲情逸致被宋人赋予了极大的意义。休闲之人生的地位在宋代获得空前的重视:

> 有上人贫甚,夜则露香祈天,益久不懈,一夕方正襟焚香,忽闻空中神人语曰:"帝悯汝诚,使我问汝何所欲。"士答曰:"某之所欲甚微,非敢过望。但愿此生衣食粗足,逍遥山间水滨,以终其身足矣。"神人大笑曰:"此上界神仙之乐,汝何从得之,若求富贵则可矣。"……盖天之靳惜清乐百倍于功名爵禄也。(费衮《梁溪漫志》卷八)

这真是:此"闲"只应天上有,人间哪得几回得! 李之彦在《东谷所见》中也曾有论:"造物之于人,不靳于功名富贵而独靳于闲……故曰:身闲则为富,心闲则为贵;又曰:不是闲人闲不得,闲人不是等闲人。"有闲之人生,已经超越了一般所谓的功名富贵。而且,宋代士人将休闲现象分为"身闲"与"心闲",体现了宋代士人对于休闲现象认识的深度。宋人在一种文化内转的时代背景下,把休闲作为了人生之本体。休闲不再是无所事事微不足道,而是蕴含了深刻的本体价值。

对于闲之价值的认识是与宋人对人生的深刻洞察有关。休闲之生活是看似微而实著,看似轻松而实至为难得,赵希鹄在《洞天清录集·序》中可谓一语中的:

> 人生一世间，如白驹过隙，而风雨忧愁者居三分之二，期间得闲
> 者才一分尔！况知之而能享用者又百分之一二。于百一之中又多
> 以声色为受用。

在此看来，人生已然短暂，而闲只占三分之一。这对所有人都是一种客
观的生命现实。三分之一的休闲生活，能够知之并享用者已经很少了，
而能很高质量地享用者，则更少。赵希鹄站在精英文人的立场，把休闲
看作是区别智者与盲者，精英与大众的关键所在。也就是说，能否休闲
需要的是人生智慧，而休闲质量之高下则取决于是否具备高雅的情怀。

那么休闲为何如此重要？从人的生理角度，宋人认为人常处于勤劳
困苦中，生命未免局促衰弊，"人之情，久居劳苦则体勤而事怠"（田况《浣
花亭记》），同时，宋人也从普遍的人性角度说明休闲为人生之所必须：
"人之为性，心充体逸则乐生，心郁体劳则思死。"（王安石《风俗》）由此看
来，"心充体逸"的休闲是生命的积极状态，而相反"心郁体劳"则令生命
处于消极状态中。休闲乃至成为人的最基本、最普遍的权利诉求：

> 噫！彼专一人之私以自利，宜其所见者隘而弗为也。公于其
> 心，而达众之情者则不然。夫官之修职，农之服田，工之治器，商之
> 通货，早暮汲汲以忧其业，皆所以奉助公上而养其室家。当良辰佳
> 节，岂无一日之适以休其心乎！孔子曰："百日之蜡，一日之泽"，子
> 贡且犹不知，况私而自利者哉！（韩琦《定州众春园记》）

要注意，"当良辰佳节，岂无一日之适以休其心乎"，这里不再仅指身体的
放松、恢复精力，而是指"休其心"，精神情感层面的休憩。宋人节日风俗
的游闲之盛，似能助解宋代由经济社会繁荣带来的情感解放。韩琦认
为，那些表面勤于政务而无视民众休闲之情的官吏，其实是狭隘自私的
表现。而民众官员假借庆典节日以狂欢嬉游，政府创造条件以鼓励之，
实现之，则是"公于其心，而达众情"的表现。

宋代士人对休闲问题进行了十分严肃而深刻的思考，这已经不是局
限于政治意义上的思考，而是更深入到了人的生命—生存领域。随着宋

代商业经济的繁荣，社会物质财富的增加，宋人开始思考休闲对于人生的普遍意义了：

> 君曰："夫备其形于事者，宜有以佚其劳。厌其视听之喧嚣，则必之乎空旷之所……岸帻弦歌而诗书，投壶饮酒谈古今而忘宾主，孰与夫擎跽折旋之容接于吾目也？凡物所以好其意者如此。而又为夫居者厌于迥束，行者甘于憩休，人情之所同……"噫！推君之意可谓贤矣。吾为之记曰："夫智足以穷天下之理，则未始玩心于物，而仁足以尽己之性，则与时而不遗。然则君之意有不充于是与？"（王安国《清溪亭记》）

王安国在这段记文中明确指出，"夫居者厌于迥束，行者甘于憩休，人情之所同"，因为休闲的生活是自由随性的（"孰与夫擎跽折旋之容接于吾目也"），休闲需求也是人之常情。然而人的智识往往能穷尽万物之理，却"未始玩心于物"，对于休闲之道似乎要有更高的人生智慧，也就是"仁足以尽己之性"。休闲上升到了生命本体的高度。

宋代审美走向生活，使得宋人能够以一种诗意的眼光去看待人的生存，从而发现休闲的价值。我们不能简单地看待宋代士人对休闲本体的认同，休闲毋宁说是宋人在复杂文化背景与政治环境下，对个体人生的审美调节。宋代士人纵情闲逸、归依休闲的人生旨趣反映出宋代士人二重性的文化心理结构。所谓的二重性的文化心理结构即一方面宋代士人从内圣外王的角度体现出忧国忧民、勤勉报国、重理崇性的进取特征，另一方面又在个人私人领域体现出随缘任适、沉溺风月、抒写心灵的放达享乐特征。以休闲作为人生之本体，不能仅仅看到宋代士人红巾翠袖、诗酒风流的一面，此充其量只是休闲之一方面而已。我们更应看到宋人休闲文化更为深刻的一面，也就是将休闲的本体价值提升至了一种精神的高度，也即超然放达的"心闲"境界。在宋代士人那里，休闲既是本体，也是境界。这从欧阳修、王安石、苏轼、黄庭坚、朱熹等人物的休闲人生实践中即可总结出来。他们所倡导的"寓意于物""心充体逸则乐生""无往不乐""超然物外""玩物适情"等思想,就是把一般的休闲情致提升内化为精神的超越性理念,视休闲为本体,自觉追求一种闲适的心态,成为宋人生命实践中起着导向调节作用的精神机制,从而在复杂的二重性文化格局之下,使得他们能够从容不迫、优游自然地达到一种身心的审美平衡与相对和谐。

三、"适"的工夫实践

在宋代士人看来,"适"对于审美与休闲人生的意义重大,是获取休闲境界的基本功夫。苏轼曾说"适意无异逍遥游"(《石苍舒醉墨堂》),苏辙亦有"盖天下之乐无穷,而以适意为悦"(《武昌九曲亭记》)的说法。"人生贵在适意尔"(李流谦《晚春有感答才夫上巳之作二首》),司马光也主张"人生贵适意"(《送吴耿先生》),其实适意的文化心理已经成为宋代士人安身处世的重要依据。

适的思想最早应上溯至庄子。庄子哲学中适的思想非常丰富,既有由身之适到心之适,再到忘适之适的层次变化,又有"适志"的本体观念,还有"自适其适"的价值取向。

庄子这种适的思想最为契合宋人的内倾型的文化心理。有证据表明,宋人的休闲自适的文化心理受了庄子思想的影响,苏舜钦在《答范资政书》中提到:

> 今得心安舒而身逸豫,坐探圣人之道,又无人讥察而责望之,何乐如是! 摄生素亦留意,今起居饮食皆自适,内无营而外无劳,斯庄生所谓遁天之刑者也。

适与闲又到底有何关联? 从苏轼的休闲思想中,我们大概能得出结论。苏轼曾言"心闲手自适"(《和陶贫士七首》),又言"我适物自闲"(《和陶归园田居》)。从前者来看,强调了一种在艺术创造过程中,主体心灵处于超功利审美的状态,也即"闲"的状态,这是进行艺术创造非常重要的规律,闲成了适的本然基础。而在后者看来,"我适"是主体身心处于一种自我满足而无所外求的状态,此时主体也是处于审美的无功利状态,世界的美与趣味便在个体眼前呈现出来,而适则成了闲的生成条件,也即适乃闲之工夫。闲与适互为体用,一体相关。

在欧阳修看来,休闲自由的生活方式能令人适意,反之奔走忙碌的生活,则令人痛苦难堪:

> 余为夷陵令时,得琴一张于河南刘几,盖常琴也。后做舍人,又得琴一张,乃张越琴也。后做学士,又得琴一张,则雷琴也。官愈高,琴愈贵,而意愈不乐。在夷陵时,青山绿水,日在目前,无复俗累,琴虽不佳,意则萧然自释。及做舍人、学士,日奔走于尘土中,声利扰扰盈前,无复清思,琴虽佳,意则昏杂,何由有乐? 乃知在人不在器,若有以自适,无弦可也。(《书琴阮记后》)

在夷陵为令,官务省简,而山水丰美,恣意休闲于自然之中,内心是自由的,充满了诗意;而官越大,责越重,反倒失去了生活的乐趣。所以人生之贵"正赖闲旷以自适"(《与梅圣俞书》)。很大程度上,人生的快乐来自"自适",音乐亦然。音乐之乐"在人不在器",如果有"自适"的心灵,即便在"无弦"中,也能得到天籁之乐。于是,"自适"成为宋人追求的一种新价值观,"适"被认作是实现休闲的内在人生价值的契机。正是自觉地回归内在自我,使得士人主动地寻求闲适,以"适"来获得诗意之人生。

宋人获得闲暇之乐的途径看似是非常简单的。以欧阳修、苏轼为代表的宋代士人在遭遇贬谪时,往往将休闲之乐的获得归之于两个方面:一是拥有闲暇之时间,此闲暇之时间在贬谪士人那里是被给予的,由于贬谪而得到的闲暇时间,常被认为是因祸得福,拥有了嘲弄风月、流连山水的条件;其二,更为重要的是要具备自适之心态,因而能"无往而非乐"。这种"自适"之乐,是缘人的生存态度而生成的。否则如宋之前的贬谪文人韩愈柳宗元等,也会因悲剧的境遇而自我哀悯、愤懑。苏轼曾在贬谪生涯期间得出两个很重要的论断,如"山川风月本无常主,闲者便是主人"(《与范子丰书》),"何夜无月,何处无松柏,少闲人如吾两人耳"

（《记承天寺夜游》）。他所谓的"闲者""闲人"就既是因被贬谪而拥有了闲暇时间之人，更是内心平和自适的人。然而就一般士人而言，休闲的两个条件当如何做到？ 梅尧臣的一段小文中有着清晰的论述：

> 有趣若此，乐亦由人。何则，景虽常存，人不常暇。暇不计其事简，计其善决；乐不计其得时，计其善适。能处是而览翠，岂不暇不适者哉？ 吾不信也。（梅尧臣《览翠亭记》）

趣景在于能休闲之人的赏临，而休闲之人不是说要事情少，而是要善于"决断"；能够得到快乐的人，在于"善适"，即知足常乐之意。不要有太多与自己能力不相称的欲望。无论"善决"还是"善适"，其实都是要从根本上减少过多向外求索的欲望，而回到内在真实的自我生命上来。这就是"乐亦由人"。没有一种自我满足、知足常乐的心态，就很难从容优游于山水林泉之间。宋代贬谪文人大多都能做到休闲放旷、内心平和，这与他们善于自适的工夫实践是有很大关系的。

四、超然物外的境界追求

宋代士人审美与休闲追求的是超然物外的境界。具体说来，这种超然物外的境界一是表现在对具体休闲对象（物）的超越，二是对出处、穷达、毁誉、是非等人生际遇的超越。超然物外的境界最终是一种"心闲"的审美境界。

宋代琴棋书画、铜鼎钟彝作为"文玩"进入士人的日常生活中，宋人又以"玩"的心态去避免因为嗜好这些物什而导致有累于心的、甚至丧失主体性的倾向。欧阳修认为以玩乐之心爱好书法，可以"不为外物移其好"《六一论书》。因他认为"自古无不累心之物，而有为物所乐之心"，以一种玩乐的心态去游于此艺中，自然会超越物的束缚，让所好之艺术与主体之生活更加融为一体。所以，他说艺术之休闲"在人不在器，若有以自适，无弦可也"（《书琴阮记后》）。苏轼也有此意："自言其中有至乐，适意不异逍遥游。"（《石苍舒醉墨堂》）这其实就是欧苏所倡导的"寓意于物"的思想。

苏轼在《宝绘堂记》中对寓意于物的思想进行了深入的阐发。他说："君子可以寓意于物，而不可以留意于物。寓意于物，虽微物足以为乐，虽尤物不足以为病。留意于物，虽微物足以为病，虽尤物不足以为乐。"寓意于物，即是超越现实功利，以一种审美的心态去对待"物"，也就是他所说的"譬之烟云之过眼，百鸟之感耳，岂不欣然接之，然去而不复念也"。这样，无论是"微物"，还是"尤物"，都能带给主体以快乐。而若"留意于物"，带着功利、执着的心态去对待"物"，则无论所爱好的是什么都会对自身造成伤害。苏轼还通过列举历史上钟繇、宋孝武等人"以儿戏害其国凶此身"的例子说明休闲之境界高低给人带来的危害。

"寓意于物"，放大而言，就是一种超然物外的审美人生境界。苏轼在《超然台记》中同样指出这种境界：

> 凡物皆有可观。苟有可观，皆有可乐，非必怪奇伟丽者也。餔糟啜醨，皆可以醉，果蔬草木，皆可以饱。推此类也，吾安往而不乐？

对于具体之物是这样，"推此类也"，则对于人生所遭之一切际遇，苏轼都以"寓意"的人生态度，获得超然物外的境界。这里的"物"，就不仅仅是具体的物了，而是人生各种机遇。欧阳修曾提出"知道之明者，固能达于进退穷通之理，能达于此而无累于心，然后山林泉石可以乐"（《答李大临学士书》）。看来，山水园林之乐并非一般所言的乐。一般的乐是纯然感性的日常情感，而山水园林之乐则属于"知道者之乐"，是内心达于进退穷通之理之后，一种深入人生存在价值体验之后的情感。苏轼的超然物外，就是"达于进退穷通之理"。宋代士人，包括欧阳修、苏轼在内，一生仕途跌宕起伏，鲜有未经历过贬谪生涯的。但他们大多能在日常的生活中，表现出一种闲暇自若、无往不乐的姿态，也正是由于他们懂得"达于进退穷通之理"，正所谓："县有江山之胜，虽在天涯，聊可自乐。"（欧阳修《与梅圣俞》）

宋代道学家同样以这样的境界为最高。程明道《定性书》说："天地之常，以其心普万物而无心，圣人之常，以其情顺万物而无情。故君子莫若廓然而大公，物来而顺应。"对于曾点舞雩风流的休闲行为，朱熹也曾评价道："见道无疑，心不累事，而气象从容，志尚高远。"（《论语或问》卷十一）"情顺万物而无情""心不累事"，都表现了宋人对闲适无累、洒落自然的心闲境界的追求。周敦颐的"光风霁月"、邵雍的"安乐逍遥"，都体现了这种休闲境界。

第三节　文人士大夫的休闲之境

一、仕隐之间

1. 隐与闲

就士人而言，隐逸与休闲关系紧密。宋代士人对于隐逸的态度客观上给宋代休闲审美文化的勃兴创造了条件。宋代隐士文化出现了转折。首先表现在隐士的数量很少，《宋书·隐逸传》记载的隐士只有 49 人，可见其少。其次，隐士之隐，很少再有像陶渊明那样避世疾俗的了，宋代的隐士多与仕宦者往来交游。最后，最重要的一点变化是，宋代士人普遍具有"归隐"的倾向，而且这种甘于归隐的心理并不能完全用传统隐士那种为了名节、人格之独立等来解释了，更多的是源于一种形而上的人生之思。也就是在对外在事功名利与内在生命享受两者之间的权衡上，宋人思考得更为深入了。前者通常被看得很虚幻、无意义，而后者通常被认为是生命的真实。注重对生命的个性化体验，追求审美的自由生活，成为大多数士人孜孜以求的人生理想。政治意义上的隐居落实到了略显世俗的诗酒人生、壶中天地的闲隐。至少这种趋势与特点在宋人的诗文中表现得很明显。

比如北宋邵雍自称"已把乐作心事业，更把安作道枢机"（《首尾吟》），"安乐窝中快活人，闲来四物幸相亲"（《四长吟》），"雨后静观山意思，风前闲看月精神"（《安乐窝中酒一樽》）。诗酒居游，处处寻乐，乐天安命,悠游闲适。邵雍的隐居是那么的生活化,丝毫看不出有"高尚其事"自命清高的心态。他坦然地展现出其隐居的生活充满了人伦之情、世俗交游的欢乐。另如苏辙《吴氏浩然堂记》:

> 新喻吴君志学而工诗,家有山林之乐,隐居不仕,名其堂曰浩然。曰:"孟子,吾师也。其称曰:'我善养吾浩然之气。'吾窃喜而不知其说,请为我言其故。"

隐士傅公谋尝作小词曰:

> 草草三间屋,爱竹旋添栽。碧纱窗户,眼前都是翠云堆。一月山翁高卧,踏雪水村清冷,木落远山开。唯有平安竹,留得伴寒梅。唤家童,开门看,有谁来? 客来一笑,清话煮茗更传杯。有酒只愁无客,有客又愁无酒,酒熟且徘徊。明日人间事,天自有安排。(《嘉靖袁州府志》卷九)

在这些隐士那里,隐而不仕已不再是宣泄某种与政治对抗的情绪,或者宣扬一种洁净的人格魅力。而是很简单的理由:"家有山林之乐"。自然审美的欣赏进入了"可游可居"(《林泉高致》)的生活化场景之中。另外日常生活的亲情、友情,即一种对生活审美的重视,也成为士人隐居不仕的借口。过一种审美的生活,充满情感的生活,而非忙碌、异化的政治生活,是促使很多士人放弃仕宦而归田园,或者在仕宦而梦寐田园的重要因素。从儒家隐士邵雍与隐士傅公谋对其隐居生活的描述来看,隐士的生活毋宁说都是世俗的享乐,是对一种休闲生活模式、休闲人生观的铺张与回归。

中唐以来,士人普遍流行及时行乐的闲逸心理,唐宋词中多有表现。究其原因,以白居易为代表的"中隐"文化心态对此影响显著。比如,宋都官员外郎龚宗元"取白乐天'大隐住朝市,小隐入丘樊,不如做中隐,隐在留司官'之诗,建'中隐堂',与屯田员外郎程适、太子中允陈之奇相与从游,日为琴酒之乐,至于穷夜而忘其归";龚况又"用宗元中隐故事,自号'起隐子'";太子中舍王绅也把他在长安城中的居第园圃称为"中隐堂"；徐得之建"闲轩"，"欲就闲旷处幽隐"①。可见，举凡以"中隐"名其堂者，皆意在此营构诗意的生活空间，以寻求一种艺术化的本真生命体验，表现了一种休闲生活的审美旨趣。相对于外在异化的政治生活空间，中隐堂无疑更像一处世外桃源——精神停泊的港湾。

"中隐"既是隐逸的一种方式，也是一种休闲审美心态的体现。或者可以说，中隐是以审美来调节生活，以休闲来获得有着生命韵律的生存方式，在休闲的生活中实现一种不离政治而远离政治的仕途智慧：

> 今张氏之先君，所以为子孙之计虑者远且周。是故筑室艺园于汴、泗之间，舟车冠盖之冲，凡朝夕之奉，燕游之乐，不求而足。使其子孙开门而出仕，则跬步市朝之上，闭门而归隐，则俯仰山林之下。予以养生治性，行义求志，无适而不可。（苏轼《灵壁张氏园亭记》）

虽然宋代士人大多倾慕白居易的中隐模式，但亦有很大的超越。白居易的中隐前提，他说得很清楚，"隐在留司官"。这样的官位是"不劳心与力，又免饥与寒。终岁无公事，随月有俸钱"（《中隐》）。而对于"大隐"，即隐于朝市的做法，白居易是否定了的，认为"朝市太喧嚣"。而小隐入山林的模式又显得过于冷清辛苦。白居易的休闲审美生活仍是要寄托于外在物质条件之上，要有官做，但不大不小，不闲不忙，还要有较为丰裕的俸禄；因此，大隐、小隐、遭遇贬谪等，对于白居易而言似很难真正洒脱闲适。宋代的士人则大为不同。诸如在朝为官、隐居山野、遭遇贬谪等传统士人所能处的所有境遇，宋代士人仍表现出诗酒风流、山水怡情的人生姿态；他们自觉地将审美的因素与张弛有致的生命节奏融入日常生活中来，在仕与隐之间做到无往而不闲，无入而不自得。

因此，在宋人看来，更为难得的并非身心两闲，而应是"体未得休，而心无他营"身不闲而心闲的生活方式。尹洙在《张氏会隐园记》中提到：

---

① 张再林：《中唐——北宋士风与词风研究》，第80页，北京：人民文学出版社，2005年。

> 夫驰世利者,心劳而体拘,唯隐者能外放而内适,故两得焉。有
> 志者虽体未得休,而心无他营,不犹贤乎哉?

"有志者"通过休闲的方式体现出很高的人生智慧。无论大隐还是中隐、小隐,隐于何处已经不重要了,重要的是"心隐",也即心闲。这是士人休闲观念的深刻独到之处:

> 盖得夫郊居之道。或霁色澄明,开轩极望;或落花满径,曳杖行
> 吟;或解榻留宾,壶觞共醉;或焚香启阁,图书自娱。逍遥遂性,不觉
> 岁月之改,而年寿之长也。此其游适之乐,居处之安,又称其庄之名
> 矣。今士大夫或身老食贫,而退无以居;或高门大第,而势不得归。
> 自非厚积累之德,钟清闲之福,安能享此乐哉?(范纯仁《薛氏乐安
> 庄园亭记》)

在范纯仁看来,郊居之道、游适之乐,不在于士大夫退休获得身闲,也不在于高门大第有很丰厚的经济基础,而在于"厚积累之德,钟清闲之福"。这种重视主体内在精神力量的休闲观念,一方面是提升了士人休闲活动的文化内涵与层次,另一方面也成为宋代士大夫普遍追求闲、享受闲的重要心理依据。

总之,中国的隐士文化自宋代起就越来越休闲化了。就是说隐逸并不主要是达到一种政治的目的,而更是为了获得美的生活,是从对劳形怵心到闲情逸致的转化。当然,也不否认在宋代及以后的时代,有个别时期隐逸文化会带有很浓的政治色彩,但这已经不是隐逸文化的主流形态。正如苏辙所言:

> 一出一处,皆非其真。燕坐萧然,莫之与亲。(《壬辰年写
> 真赞》)

出处、隐仕都是形迹,最为重要的是"萧然"之心境。萧然心境,即为淡泊、闲适的心境。当官的往往劳形累心,隐居者往往内心向往功名。所以,能拥有"萧然"(审美心胸)的人是最真了。

2. 仕与闲

宋代是文人治天下,士大夫获得前所未有的政治机遇。具备文艺才能的宋代士人从政难免会将审美与休闲情感带入到政治生活中来。在从政文人那里,审美与休闲不仅融入生活,还贯穿从政的始终。然而宋代士大夫的双重人格结构,使得士人休闲总处在一个公与私的夹缝之中。在宋代特殊的政治环境下,范仲淹的一句"先天下之忧而忧,后天下之乐而乐"是萦绕在大多数宋代士子头上的道义准则。在私人领域发生的休闲活动虽然被赋予了非常大的价值,但行走在政治空间的士人们无论从自身的道德自律来讲,还是国家社会对他们的期望、制度对其的约束等,都要求他们不得不遵循先公后私的为政之道。从政治领域而言,勤政爱民毕竟是具有统治形象的正面意义,而若在其位不谋其政,将游乐狎戏作为任职期间的首务的话,则很容易被认为是不尽忠职守、不务正业,是"玩物丧志"。韩琦(1008—1075)在《定州众春园记》中提到一种观点,也许是当时一般流俗的观点,即认为如果为官上任,致力于"园池台榭观游之所"的话,容易"使好事者以为勤人而务不急,徒取庆焉"。因此,具有才情的士人如果想过一种休闲的生活,就必须找出足够好的理由以免遭到外界的批判。

一种策略是在休闲于园庭林泉之际,向外宣示自己为政地方岁物丰成,天下无事,平安太平。此时休闲游赏,便无愧于皇帝,百姓也不会有怨言。如欧阳修知滁州时,曾于琅琊山幽谷泉上修建丰乐亭,记云:

> 修之来此,乐其地僻而事简,又爱其俗之安闲。既得斯泉于山谷之间,乃日与滁人仰而望山,俯而听泉。掇幽芳而荫乔木,风霜冰雪,刻露清秀,四时之景,无不可爱。又幸其民乐其岁物之丰成,而喜与予游也。因为本其山川,道其风俗之美,使民知所以安此丰年之乐者,幸生无事之时也。夫宣上恩德,以与民共乐,刺史之事也,遂书以名其亭焉。(《丰乐亭记》)

此似指出为政一方,有事治事,无事就要"宣上恩德,以与民共乐,刺史之事也"。休闲不仅是民众之情,更成了治事者的正经之务了。

苏舜钦对这种无事而休闲的为政观也表示了赞同,其云:

> 名之丰乐者,此意实在农。使君何所乐,所乐惟年丰。年丰讼息,可使风化浓。游此乃可乐,岂徒悦宾从。(《寄题丰乐亭》)

这里苏舜钦极力地想解释欧阳修所乐,并非徒为休闲、悦宾从,而是乐此丰年之事。内含的意思似乎唯有此丰年才有休闲之乐的机会("游此乃可乐")。这也从侧面看出,当时的士大夫若想恣意休闲还是有一些心理上的顾忌的。

另外,《梁溪漫志》记载苏轼"平生宦游多在淮浙间,其始通守余杭,后又为守杭。人乐其政,而公乐其湖山"。在宋代苏轼的闲情逸致是出了名的,但也要首先强调"人乐其政"。王安石在《石门亭记》中认为要想休闲游乐,就必须要先政成民化;反之若"民不无讼"则很难做到"令其休息无事,优游以嬉"。这里就出现了士人为政休闲的第二条策略,即政成而始游乐。

随着宋代林泉休闲游赏的发达,构建园林池榭成为士人的风尚。"天下郡县无远迩大小,位署之外,必有园池台榭观游之所,以通四时之乐。"[1]这种兴园之风,宋代统治者是有所顾虑的,深怕这种大兴休闲类建筑空间会受到地方百姓的不满。对于地方官兴修非必要的官廨或亭园,统治者多半是消极不鼓励的。因此,地方官要想从事休闲类的空间筑造以及从事游玩之乐的话,就必须强调百姓丰衣足食、民不知役、人通政和这样的前提:

> 予曰:池馆之作,耳目之娱,非政之急,何足道哉……后之踵予武者,其以才选而来,厥职是宜,政成民和,能无燕嬉之事与?(苏洵《袁州东湖记》)

"政成民和,能无燕嬉之事与?"这就是说,当社会发展到一定程度之后,

---

[1] 曾枣庄、刘琳主编:《全宋文》,第40册,第37页。

休闲才好成为必需。这似乎是当时士人的通识。兹举几例：

> 政成治东圃，于焉解宾榻。（赵抃《留题剑门东园》）

> 居数月，上承下抚，政克有闻，于是即其厅事之右，荒芜废圃之中，择地而构堂焉，以为燕休之所。（邹浩《东理堂记》）

> 平政岁丰，士民康乐，乃作亭于北城之上。（陈师道《忘归亭记》）

> 遂号无事，民则岁丰而义重，吏则日闲而兴长，始有公余之计，为堂于山水间。（黄裳《公余堂记》）

> 政成俗阜，相地南山，得异境焉。（陆游《盱眙军翠屏堂记》）

政成则可以休闲，首先是因为政成之后，会有休闲的时间（"政成有暇日"），也能避免流俗的指责。那么怎么样做到政成呢？黄庭坚给出了较为具体可操作的策略，即"唯整故能暇"：

> 无事而使物，物得其所，可以折千里之冲之谓整；有事而以逸待劳，以实击虚，彼不足而我有余之谓暇。[1]

"整暇"观比起政成民和始游乐，又更进了一层，而且很简洁地将"政成"与"休闲"之间联系起来。所谓"整"，"无事而使物，物得其所，可以折千里之冲之谓整"，也就是事事物物各得其所，恰到好处，呈现出为一种合理而有机的秩序；而暇，则是"彼不足而我有余之谓暇"。整与暇之间的关系，黄庭坚认为"唯整故能暇"，"政成有暇日"[2]于是官吏与民众皆可以为休闲之事了。这种"整——成——暇"的为政休闲模式，是宋代士人政治休闲文化的高度提炼与概括，具有很强的指导意义。如果士人为政完全做到了既能"整"，又能"暇"，这被宋人认为是为政的最佳境界：

> 尚书外郎杜君挺之之为守也，狱无冤私，赋役以时，事举条领，民用消息，近郊胜概，亡不周览……挺之以诚应物，庭无留事，日自

---

[1] 曾枣庄、刘琳主编：《全宋文》，第 107 册，第 168 页。

[2] 同上书，第 107 册，第 171 页。

适于山水间,乃知为政自有体也。(余靖《涌泉亭记》)

总之,在时间与经济两个休闲基本要素都具备之后,如何能合理有效地开展休闲活动,便主要从一种文化的角度进行设计了。宋代士大夫对古代休闲思想的主要贡献就在于通过"无事而休闲""政成始游乐""唯整故能暇"这三种途径成功地解决了为政与休闲之间的矛盾。通过这样的诠释与构建,宋代士人一方面可以承担起对社会、国家的道义与责任,同时也通过合情合理的方式满足了自己与民众的休闲需求。山水园林的自然审美、民俗游憩的生活审美等审美形式都借此契机融进了士人的仕途生涯。

二、山水之兴

宋代士人山水田园休闲,是指其暂时摆脱世俗琐务尤其是政治生活的纷扰,而沉浸于自然山水与田园生活中,从而获得一种回归山水林泉,体验宁静、淡泊、平和的生活感受与境界的休闲方式。这也是宋代自然审美日趋生活化的体现之一。如果说魏晋士人还是将自然山水作为生活背景的点缀之物,或者更多的是以玄观山水的话,宋代士人却更多地在休憩游赏中亲近山水。"江山风月本无常主,闲者便是主人。"人与自然走得更近了。甚至,最佳的自然山水不再是荒寒偏远的地方,不再是"高蹈远引,离世绝俗"(《林泉高致》)的场所,而是"可游可居"能够生活化的地方。

清代孙琮在评论宋代士大夫的行为时说:"宋世士大夫类皆耽于玩山水,以为清高,亦是一时风气。"(《答李大临学士书》)此话不虚。在宋代休闲文化风气的影响下,由于江南经济的开发,山水林泉休闲成为宋代士人普遍追求玩赏的对象,几乎到了魂牵梦萦的地步。沈括在《梦溪笔谈》自志中说:"翁年三十许时,曾梦至一处,登小山,花木如覆锦,山之下有水,澄澈极目,而乔木翳其上。梦中乐之,将谋居焉。自尔岁一再或三四梦至其处,习之如平生之游。"这真的如郭熙《林泉高致》所言:"林泉之志，烟霞之侣，梦寐在焉。"另外如邵雍、司马光、欧阳修、苏轼、朱熹、陆游、范成大等人皆是有名的游赏大家，都有大量的山水园林游记传世。欧阳修在任西京留守推官时，"凡洛中山水园庭、塔庙佳处，莫不游览。"①谪守滁州，当地"有琅琊幽谷，山川绮丽，鸣泉飞瀑，声若环佩，公临听忘归"②。苏轼则"有山可登，有水可浮，子瞻未始不褰裳先之。有不得至，为之怅然移日。至其翻然独往，逍遥泉石之上，撷林卉，拾涧实，酌水而饮之，见者以为仙也"（《武昌九曲亭记》）。朱熹同样是嗜好山水，自称是"性好山水"："每经行处，闻有佳山水，虽迂途数十里，必往游焉……登览竟日，未尝厌倦。"③在宋代，士大夫普遍具有怡心山水、田园的生活倾向。在这种投身于山水田园休闲的生动实践中，表现出一种追求自然与超逸的休闲情趣。游于山水田园从而获得闲逸之趣，成为宋代士大夫回归自然从而获得诗意生存的重要途径。

宋代士大夫山水之兴的特征有三：一是内适性情，二是天地之教，三是仁智境界。

先来看内适性情。休闲于林泉之间被认为是公务之余的调剂身心、散心探幽的重要手段。官员于假日之中出外闲游，可以纾解政务繁忙的压力。山水林泉既是他们愉悦耳目，放松心情的地方，同时也可以涤除现实俗务的烦恼及郁闷，张咏在《春日宴李氏林亭记》所云"外作官劳，内适情性"，即此之谓。又如余靖所道：

> 贤人君子乐夫佳山秀水者，盖将寓闲旷之目，托高远之思，涤荡烦缀，开纳和粹。故远则攀萝拂云以跻乎杳冥，近则筑土伐材以寄乎观望。（《涌泉亭记》）

这里可以看出，山水林泉之乐"内适性情"有三个层次，一是感官层愉悦（寓闲旷之目），二是情感层愉悦（涤荡烦缀，开纳和粹），三是志意层的愉

---

① ［宋］王辟之：《渑水燕谈录》卷四《才识》，第 40 页，北京：中华书局出版社，1981 年。
② 同上书，卷七《歌咏》，第 85 页。
③ ［宋］罗大经：《鹤林玉露》丙编卷三《观山水》，第 281 页，北京：中华书局出版社，1983 年。

悦(托高远之思)。

北宋释智圆对此有深刻的论述:

> 处则讨论经诰以资乎慧解,出则遨游山水以乐乎性情。道远乎
> 哉? 在此而已。今是行也,始欲归故乡,游山水,吾知其将乐于性
> 情乎。①

释智圆虽为名僧,却也有着儒家的情怀。他认为出处语默无非道的
体现。遨游山水,是乐乎性情。他在《送天台长吉序》中也提到:"名士招
游名山,谋道乐性耳。"②他所谓的"乐乎性情",已不仅仅是形而下的感官
体验,而是包含了对形而上的道性的体认。

其二,天地之教。在宋代士人看来,大自然蕴含着天地造化生机和
生理,游山玩水的过程能使人默契天地之机,是所谓"天地之教",也即道
家所谓"无言之教"。"行万里路","远游以广其闻见",奇山秀水不仅是
大自然神妙造化的产物,引人遐思;更蕴含着古往今来的人文遗迹,供人
凭吊。在山水林泉休闲之中,满足了宋代士人好学求知、广博见闻的心
理需求。苏辙在《上枢密韩太尉书》谈到自己行旅汴京的经验:

> 其居家所与游者,不过其邻里乡党之人,所见不过数百里之间,
> 无高山大野,可登览以自广。百氏之书虽无所不读,然皆古人之陈
> 迹,不足以激发起志气。恐遂汩没,故决然舍去,求天下奇闻壮观,
> 以知天地之广大。
>
> 过秦汉之都,恣观终南、嵩、华之高;北顾黄河之奔流,慨然想见
> 古之豪杰。至京师,仰观天子宫阙之壮,与仓廪府库、城池苑囿之富
> 且大,而后知天下之巨丽。

这真是"百闻不如一见",囿于乡里难免志气拘束,坐井观天;游观览胜,
云游四方,则激发志气,增长见闻。

---

① 曾枣庄、刘琳主编:《全宋文》,第 15 册,第 192 页。
② 同上书,第 193 页。

　　另外如苏轼在游览石钟山时,考证求索石钟山名之来历,写下《石钟山记》:"事不目见耳闻,而臆断其有无,可乎? 郦元之所见闻,殆与余同,而言之不详;士大夫终不肯以小舟夜泊绝壁之下,故莫能知;而渔工水师虽知而不能言。此世所以不传也。而陋者乃以斧斤考击而求之,自以为得其实。余是以记之,盖叹郦元之简,而笑李渤之陋也。"陆游的《入蜀记》,以日记体的形式写景物,记古迹,叙风俗,作考证。在游玩的同时广博见闻,应该是宋代士大夫山水休闲的重要内容。

　　其三,仁智境界。宋代士大夫作为一个群体重新登上历史舞台,他们必须向外界宣示一种士大夫所独有的阶层特质与文化品味。在宋代游玩林泉是普遍的社会风尚,但士人的林泉之乐自有其鲜明的特征,不同于一般流俗的"盘游"。士人的山水休闲追求的是孔子所谓"仁者乐山,智者乐水"的仁智境界。实际上,那种在山林间纵玩不已、东西游玩以示夸耀的休闲方式,是被士人所不齿的。他们通过"道德理性、节制、才情、性理、雅趣"等,较为自觉地构建起属于士人阶层的独有趣味。

　　如释智圆对山水之休闲做了深入的思考与辨析,认为同样是"山水之游,乐乎性情",亦有君子小人之别:

　　　　山也水也,君子好之甚矣,小人好之亦甚矣。好之则同也,所以好之则异矣。夫君子之好也,俾复其性;小人之好也,务悦其情。君子知人之性也本善,由七情而汩之,由五常而复之,五常所以制其情也。由是观山之静似仁,察水之动似知,故好之,则心不忘于仁与知也。心不忘仁与知,则动必由于道矣。故曰:"仁者乐山,智者乐水"焉。小人好之则不然,唯能目嵯峨、耳潺湲以快其情也……夫飞与走非不好山也,鳞与介非不好水也,唯不能内思仁与知耳。呜呼! 人有振衣高岗,濯足清渊,而心不能复其性,履不能由于道者,飞走鳞介之好与![1]

---

[1] 曾枣庄、刘琳主编:《全宋文》,第 15 册,第 255 页。

君子之好山水,是"俾复其性",小人之好山水则仅为"悦其情"。前者由山水林泉而返观仁智之性,后者则徒快一时耳目之情。若游憩山水间而不能"复其性""由于道"者,与动物无异。这种自然休闲审美观显然是深刻的。

另外如朱熹认为山水自然审美之乐,一不留神就会流于庄子式的放荡。他在评价曾点沂水舞雩之乐时着重指出了这点:

> 恭甫问:曾点"咏而归",意思如何?曰:曾点见处极高,只是工夫疏略。他狂之病处易见,却要看他狂之好处是如何。缘他日用之间,见得天理流行,故他意思常恁地好。只如"暮春浴沂"数句,也只是略略地说将过。又曰:曾点意思与庄周相似,只不至如此跌荡。庄子见处亦高,只不合将来玩弄了。[1]

由此见出,朱熹认为曾点与庄周与自然山林的和谐之游,是"见处极高"。但对庄子来说,由于他耽迷于山水林泉之乐,而显得有些"跌荡"了。朱熹也曾多次批评陆九渊师徒闲散、放荡,只恁地高谈阔论,游荡不羁而不读书。朱熹认为这种闲散于自然山水中而疏于读书进道的行为,是虚乐而非实乐。这显然是十分警惕学者向庄释思想滑进的观点,充满了儒家理性主义精神。

除此之外,宋代士人表现出来对奢侈、低俗的林泉之乐的排斥。

> 故贤者谓其外作官劳,内适情性;不肖者谓其外张威气,内尽荒侈⋯⋯松篁啸风,怪石嵌虎,岂不体节贞与?又焉樱花迸红,乳草织绿而已?竹林诞放,金谷淫侈,亦奚足俦也?(张咏《春日宴李氏林亭记》)

士人之林亭之休闲,"外作官劳,内适情性"。一般人或者小人则是"外张威气,内尽荒侈"。君子之贤人之休闲,于林泉之中"体节贞",不是纵一时的耳目之欲。他也嘲讽批评了魏晋诞放、淫侈的林泉之乐。这其实是

---

[1] [宋]朱熹:《朱子四书语类》,第614页,上海:上海古籍出版社,1992年。

强调了士人道德文化素养的重要性。

士人在自然山水中休闲，自然美景与朋侣交游助发士人之诗兴，诗歌相咏，体现了士人休闲融自然美与艺术美为一体，自然审美通过诗文艺术而带上了文人化、精英化的色彩。对于士大夫而言，艺术常常与日常生活融合为一，生活中无处不画图，无处不诗意；而对庶民大众而言，生活与艺术则相隔较远。日常生活平凡无奇，艺术则相对难以企及。这也就决定了，在最为闲适自由的林泉休闲之乐中，士大夫通过对特殊的文化理性观照，实现了士人阶层的身份认同。

三、园林之境

正如郭熙所言："林泉之志，烟霞之侣，梦寐在焉，耳目断绝。"（《林泉高致》）自然山水毕竟远离都市人群，偶尔一至尚可，若经久流连则并不现实。因此，对于宋代士人而言，引自然山水入园庭，构建士人化、私人化的园林空间，就既能满足"林泉之志"的一份闲情，又能实现坐卧起居随时休闲的逸致。在煞费苦心找到了为官而休闲的理由之后，宋代士大夫为官期间开始积极努力地营建休闲的空间，或堂，或室，或轩，或园圃，或亭台楼阁。这些休闲空间的构建，一方面是起到融入自然山水的作用，另一方面也是邀朋聚友的场所。在这样的休闲场所，主人往往能达到人与自然的和谐、人与人的和谐、自身的和谐。

中国古典园林萌芽于商周之时，经过数千年的发展，到宋代步入鼎盛时期。广大士人积极参与园林的规划设计，士人园林、私家园林兴盛起来。园林的内容、形式都趋于成熟完善，技术手法高妙，艺术情趣细腻精致，呈现为殊异于前代的气象与风格，格调更加简洁流畅，高雅不群。园林成为士大夫们玩赏游乐、寄情抒怀的重要场所。文人士大夫往往对建造、玩赏园林乐而不疲，宋代园林成为深具文化内涵与艺术美学价值的重要载体。宋代士大夫在建造与玩赏园林的过程中展现出独特的美学情趣与人生态度。

宋代园林遍布全国，不仅汴京、临安有大量分布，而且其他城市也有数量极多的园林。

如周密的《癸辛杂识》对吴兴的主要园林进行了详细记载，并指出："吴兴山水清远，昇平日，士大夫多居之。"又说："倪文节《经鉏堂杂志》尝纪学时园圃之盛，余生晚，不及尽见。而所见者亦有出于文节之后，今撮城内外常所经游者列于后，亦可想像昨梦也。"认为当时士大夫经常游赏的吴兴园林的富庶与丰姿就像昨日之梦一样，以昨梦喻花园，充分表明当时吴兴的私家园林之盛。周密《癸辛杂识》详细记载了吴兴的南沈尚书园、北沈尚书园、章参政嘉林园、牟端明园、丁氏园、莲花庄、赵氏菊花园、程氏园（程文简尚书园）、丁氏西园、倪氏园、王氏园、赵氏园、赵氏清华园、俞氏园、赵氏瑶阜等三十六个园林。对花园之富盛美丽极尽描写。如记北沈尚书园曰："沈宾王尚书园，正依城北奉胜门外，号北村，叶水心作记。园中凿五池，三面皆水，极有野意。后又名之曰自足。有灵台书院、怡老堂、溪山亭、对湖台，尽见太湖诸山。水心尝评天下山水之美，而吴兴特为第一，诚非过许也。"引用叶适之言，认为天下山水之美，吴兴居首。

宋代的士大夫喜爱园林、乐于游园，是一种较为普遍的潮流。值得注意的是，他们不仅对一些名家园林感兴趣，而且对一些小巧的园林颇为倾心，如苏轼在《新葺小园二首》其一云：

> 短竹萧萧倚北墙，斩茅披棘见幽芳。使君尚许分池绿，邻舍何妨借树凉。亦有杏花充窈窕，更烦莺舌奏铿锵。身闲酒美谁来劝，坐看花光照水光。

苏轼认为在用短竹制作而成的篱笆围成的小园中，有碧绿的池塘，有可以乘凉的大树，有争奇斗艳的杏花，还有黄莺悦耳的鸣叫，人身闲静而酒味醇美，水光花色相互映照，一种悠悠自在的感受拂面而来。

司马光在居洛阳时，曾于国子监之侧买地辟建独乐园，过着惬意悠悠的生活，引来许多士大夫艳羡的目光。如苏轼就曾在《司马君实独乐园》中对其表示赞叹：

> 青山在屋上,流水在屋下。中有五亩园,花竹秀而野。花香袭
> 杖履,竹色侵杯斝。樽酒乐余春,棋局消长夏。洛阳古多士,风俗犹
> 尔雅。先生卧不出,冠盖倾洛社。虽云与众乐,中有独乐者。

苏轼此诗中的"先生卧不出",表明了司马光隐而不仕的基本生活境况,而司马光在能"与众乐"的同时,更加看重"独乐",则更说明司马光之隐并非只是表明一种政治不合作的基本态度,在很大程度上更是为了获得一种生活的乐趣。司马光在园林中的"独乐"之隐充分说明宋代士大夫园林之隐旨在满足自我生命的内在需要,自觉追求人生快乐的基本性质。

宋代园林的另一重要形式是书院的园林化。书院最早出自唐代,但真正教育意义上的书院却在宋代形成。在宋代统治者崇文政策的影响下,加之科举考试的发达,文化的繁荣,宋代书院一度非常兴盛。这一时期著名的书院有白鹿洞书院、岳麓书院、应天府书院、嵩阳书院、石鼓书院、茅山书院、华林书院、雷塘书院等。一直以来,书院都被认作是讲学、藏书、祭祀的场所,鲜有将其与休闲文化联系在一起的。但仔细观察宋代的书院,就会发现,书院是宋代士大夫休闲重要空间之一。

一般而言,书院大多建立在自然风景优美的地方。优美的风景不仅造成一种幽静天然的学习环境,还可以在教学之余游山玩水以做休憩。在宋人眼里,书院的环境很令人羡慕:"陶山读书处,景物自天成。幽涧菁莪盛,高冈彩凤鸣。雨余山色秀,云净月华明。静听寒泉响,潺潺洙泗声。"(王应辰《陶山书院》)朱熹曾记载:"予为前代庠序之不修,士病无所学,往往相与择胜地,立精舍,以为群居讲习之所,而为政者乃或就而褒美之。"[1]除了自然山水的优美引人入胜之外,宋代书院也会凿池引水、叠石成山,通过亭台楼阁的点缀,更加增强了书院的休闲审美情趣。据陈舜俞《庐山记》记载,江西白鹿洞书院刚创立之时"即洞创台榭,环以流

---

① 赵所生、薛正兴:《中国历代书院志·国朝石鼓书院志》,第 423 页,南京:江苏教育出版社,1995 年。

水,杂植花木,为一时之胜"。而其他的如凤岗书院"别有游息之圃、亭、阁十余所"①,龙潭书院"临池有亭,名以爱莲;玩芳有榭,名以春风"②。另外书院中经常植花木,叠假山,俨然就是园林艺术的构造,而这都是宋代书院成为休闲场所的重要原因。

宋代士人园林更是把绘画、书法、诗词、音乐、文玩、品茗、棋局等颇具文人色彩的活动,作为日常之趣融入园林休闲之中。王禹偁《黄州新建小竹楼记》曰:"宜鼓琴,琴调虚畅;宜咏诗,诗韵清绝;宜围棋,子声丁丁然;宜投壶,矢声铮铮然;皆竹楼之所助也。"南宋吴自牧的《梦粱录》记载:"四月谓之初夏,气序清和,昼长人倦,荷钱新铸,榴火将燃,飞燕引雏,黄莺求友,正宜凉亭水阁,围棋投壶,吟诗度曲,佳宾劝酬,以赏一时之景。"琴棋书画、诗词茶酒,都是宋代士人园林不可或缺的组成部分。

宋代士人园林突出地体现了宋人追求的"天人之境"及其由此显现的打通天人,穿透形上行下、融合宇宙人生意识的休闲意境。宋人的园林和休闲境界与后来的李渔等不同,后者虽然极为精致,但缺少了宋人的天地境界和宇宙人生意识。

士人园林自中唐就已经大量出现,宋代士人园林正是承续中唐而来,然而其间士人心态的变化是明显的。从园林休闲的角度而言,盛唐园林如太平公主的巨大庄园,从长安绵延到终南山的规模,在中唐也很少见了。士子纷纷建构自家的私人园林——所谓的"壶中天地",士人通过园林这样微小的空间来容纳广阔的天地。其实仔细观察不难发现,中唐士人表面看是回到了私人的领域,实际上盛唐士人建功立业,开疆拓土的豪情依然在他们的胸中燃烧,并未完全消失。中唐士人在园林休闲时的心态,仍是一种功利性的占有,只不过是以对私人空间的占有来幻想对外在空间的占有。我们先看具有代表性的白居易的壶中心态:

---

① 《嘉靖延平府志》卷一二《学校》,四库全书本。
② [宋]杨万里:《诚斋集》卷七五《廖氏龙潭书院记》,四库丛刊初编本。

> 帘下开小池，盈盈水方积。中底铺白沙，四隅甃青石。勿言不深广，但取幽人适。泛滟微雨朝，泓澄明月夕。岂无大江水，波浪连天白。未如床席间，方丈深盈尺。清浅可狎弄，昏烦聊漱涤。最爱晓暝时，一片秋天碧。（《官舍内新凿小池》）

小池规模不大，但相比起波浪滔滔的大江水，小池的优势在于主人对它的完全占有，以至于可以"狎弄"。而且小池虽小，在白居易眼中，它提供了大自然的微型幻象，青石或许有山岳之姿，而小小池面也能倒映微型的天空。诗中"勿言""岂无"的话语模式，是在极力想说服别人承认这个小池存在的价值，它足以能与大江水相媲美。白居易对园林的赞美，实际上是在炫耀他对小池的轻松占有，这与他对自己处于微官而能做到生活富裕闲适所进行的炫耀，其心理是一致的。而宋人对园林的赞美则更加深入到了人生的深处，体现了形而上的人生之思。我们来看宋人眼中的小池：

> 盆池虽小亦清深，要看澄泓印此心。不谦蛙黾相喧聒，夜静恐有蛟龙吟。（张孝祥《和都运判院韵七首》）

这里最为明显的区别就是，同样是小池，白居易以"深广"的角度拿来与外面的大江水来比较，从而说明小池的价值；而宋代诗人张孝祥则以小池之"清深"联想到人之"心"。前者还是一种外向功利的心，而后者则完全转向了内在心性的沉潜。前者虽拒绝天地之宽，但仍然在天地之内，后者则由天地广度转向了人心的深度。另外如朱熹的《观书有感》则在"半亩方塘"中透视"天光云影"：

> 半亩方塘一鉴开，天光云影共徘徊。问渠哪得清如许，为有源头活水来。

我们看到，无论是张孝祥眼前的盆池，还是朱熹的方塘，诗人都没有要去炫耀或占有的意思，而是从中获得审美的形而上感悟："要看澄泓印此心""为有源头活水来"。正如有学者指出的："以心路为主，可见中唐以来壶中天地园林境界入宋以后的分途。"①宋代士人是把他们的审美情趣、人生感悟与园林景观融合在了一起,园林即人生,人生即园林。这从唐宋士人园林的命名的差异也可以看到其中的变化。② 因此,宋代园林不仅有天地,更有人生。说壶中天地,是说通过小小园林,容纳天地宇宙之美。③ 说园林人生,是说园林的设计、游赏,寄托了士人形而上的人生理念。或者说,宋代园林之境,是宋代士人心中境界的外显。士人通过园林休闲,将天人合一之审美理念实践到了生活之中。

第四节 从皇室到民间的休闲风尚

一、宫廷美学的休闲风尚

宋代休闲文化的主流虽在士大夫阶层,但宫廷之休闲也有着重要的地位。宫廷休闲指围绕皇帝为中心以及宫廷人士及相关人员所参加的休闲娱乐活动。宋代尤其在南渡之后,收复故地希望一次次破灭,统治者多持偏安一隅而不思进取之心,索性纵声色于湖光山色、歌舞楼台之中,这是宋代宫廷休闲的重要背景。

首先,宋代宫廷休闲有皇帝的积极推动与参与。宋太祖有名的"杯酒释兵权"的典故,一方面奠定了宋代崇文抑武的政策,另一方面也推动了宋代休闲文化的形成,而且从中也能看出宋太祖本人对于休闲的态度:

> 上曰:"人生如白驹过隙,所谓好富贵者,不过欲多积金银,厚自娱乐,使子孙无贫乏耳。汝曹何不释去兵权,择便好田宅市之,为子孙立永久之业;多置歌儿舞女,日饮酒相欢,以终其天年。"(《涑水

① 张法:《中国美学史》,第171页。
② 中晚唐的园林很少有从士人人生追求与审美情趣的角度来命名的,而宋代往往一座园林亭台堂榭的名字就是园林主人的人生意趣的体现。如沧浪亭、超然台、快哉亭、乐圃、独乐园、众乐园等,不胜枚举。
③ 如苏轼:《涵虚亭》诗:"惟有此亭无一物,坐观万景得天全"。

记闻》）

宋代的皇帝多喜好休闲享乐，终宋一朝，除了两宋初期有过节俭之风外，大多数时期皆深深浸润着一种奢靡享乐之风。即便是在力行节俭时期，如宋高宗，对于休闲享乐的生活还是不能忘怀的。如选定临安作为都城即主要出自他的决定。《四朝闻见录》"六龙驻跸"条载：

> 高宗六龙未知所驻，尝幸楚，幸吴，幸越，俱不契圣虑。暨观钱塘表里江湖之胜，则叹曰："吾舍此何适？"时吕公颐浩提师于外，以书御帝曰："敌人专以圣躬为言，今驻跸钱唐，足以避其锋，伐其谋。"……若奠都之计，盖决于帝而赞成于颐浩也。或谓徽宗尝瘗钱王而诞高宗，盖因定都而附会云。

高宗皇帝企慕休闲已达极致，他尚未周甲便放弃帝位，优游自在于德寿宫二十六年，可谓是位极人间富贵而能享闲的皇帝。其子孝宗皇帝曾赋诗献高宗，其中有"圣心仁志情幽闲，壶中天地非人间"之句。

从皇帝本人的因素来看，除了乐于休闲的心态以外，尚有其自身的文化因素。宋代皇帝崇文抑武，多尚文艺活动。如宋太宗既懂音乐，又爱好书法，他曾说："书札者，六艺之一也。固非帝王之事。朕盖听政之暇，聊以自娱也。"①其他如宋仁宗、宋徽宗、宋钦宗等皆是能书能画的皇帝。宋代皇帝也热爱读书，并雅好诗词创作。这些都在一定程度上增加了皇帝自身的文化素养与艺术才情，这使得他们能在勤政之余追求闲雅之趣。

其次，宋代宫廷休闲的内容非常丰富。有皇家园林可以赏玩游憩，有规模宏大的宫廷乐舞，有舞文弄墨的闲情逸趣，还有君臣相欢的赏花钓鱼、御宴活动等。

两宋宫廷休闲的重要场所便是在皇家园林，皇家园林的风格特征及其游憩活动很能表现宋代宫廷休闲的特点。两宋皇帝皆热衷于园林修

---

① ［宋］王应麟辑：《玉海》卷三三《圣文·淳化赐近臣飞白书》，第 631 页，扬州：广陵书社，2007 年。

建。宋太祖虽尚俭约，但其修建园林之趣丝毫不减，且多雄壮。不过宋代皇家园林越来越求精致，而不似唐代的宏规巨制。至北宋末年艮岳，宋代皇家园林达到一个最顶峰。其园林特点是"叠石为山，凿池为海，作石梁以升山亭，筑土冈以植杏林，又为茅亭鹤庄之属"①。北宋御园注重自然天成，巧夺天工，不重魁伟，而以艺术技法的细部雕琢为胜。宋徽宗曾亲撰《艮岳记》，其中有云："东南五里，天台、雁荡、凤凰、庐阜之奇伟，二川、三峡、云梦之旷荡，四方之远且异，徒各擅其一美，未若此山并包罗列。又兼其绝胜，飒爽溟滓，参诸造化，若开辟之素有，虽人为之山，顾岂小哉！"由此可观北宋宫苑休闲之雅趣。另如太宗时期的金明池，始为水军演练场所，后至徽宗政和年间成为宫廷春游和观看水戏之所，每年三月还定期"开池"供庶民游玩（《东京梦华录》卷七）。

南宋都城临安，"借江南湖山之美，继艮岳风格之后，着意林石之雅韵，多独创之雅致"②。皇家园林多绕西湖而修之。规模更趋小巧，而精饬之度则有过于北宋。其中代表为德寿宫，为宋高宗、宋孝宗休闲娱老之所。

赏花钓鱼宴是宋代宫廷休闲的另一重要内容。③宫廷赏花钓鱼历代虽有，但皇帝与大臣一起赏花垂钓赋诗是起源于南唐，而将此活动发展成为宫廷固定的一项大型娱乐文化活动则是在北宋太宗时期。据史记载，宋太宗太平兴国九年三月十五日，"召宰相、近臣赏花于后苑。上曰：'春气暄和，万物畅茂，四方无事。朕以天下之乐为乐，宜令侍从词臣各赋诗。'赏花赋诗，自此始"（《续资治通鉴长编》卷二五）。次年四月二日，"召宰相、参知政事、枢密、三司使、翰林、枢密直学士、尚书省四品、两省五品以上、三馆学士，宴于后苑，赏花钓鱼，张乐赐饮，命群臣赋诗习射。自是，每岁皆然。赏花、钓鱼、曲宴，始于是也"（《续资治通鉴长编》卷二六）。

---

① 《宋史》卷五，《地理志》。
② 梁思成：《中国建筑史》，第 165 页，天津：百花文艺出版社，1998 年。
③ 此处多参照诸葛忆兵《北宋"赏花钓鱼之会"与赋诗活动》，《文学遗产》，2006 年第 1 期。

北宋太宗、真宗、仁宗三朝,宫廷赏花钓鱼与赋诗活动年年举行。翻检文献史料,诸如此类的记载甚多。如:

> (宋太宗淳化五年三月六日)召近臣赏花,宴后苑,上临池钓鱼,命群臣赋诗。应制三十九人,上亦赋诗以赐宰相吕蒙正等。因习射,上中的者六,张乐饮酒,群臣尽醉。(《玉海》卷三〇《圣文》)

> (真宗咸平三年二月二十八日)曲宴近臣于后苑,上作《中春赏花钓鱼》七言诗,儒臣皆赋。遂射于水亭,尽欢而罢。(《续资治通鉴长编》卷四六)

欧阳修《归田录》亦称:"真宗朝,岁岁赏花钓鱼,群臣应制。"到了仁宗朝,参与这项文化娱乐活动的人员又有了扩大。仁宗天圣三年三月,"幸后苑,赏花钓鱼,遂燕太清楼,辅臣、宗室、两制、杂学士、待制、三司使副、知杂御史、三司判官、开封府推官、馆阁官、节度使至刺史皆预焉"(《续资治通鉴长编》卷一〇三)。根据记载,这项活动大都在暮春时节举行,大约在农历二月末至四月初。胡柯《欧阳修年谱》还记载了这项活动的具体地点:嘉祐六年三月,欧阳修"侍上幸后苑,赏花华景亭,钓鱼涵曦亭,遂宴太清楼"。

后来由于国势动荡衰弊,此项活动偶有中断,但其制度并未全废。至南宋孝宗时,尚追思北宋宫廷休闲之盛况,排众议而举行赏花钓鱼会。《宋史全文》卷二五下载:"上(孝宗)宣谕曰:'祖宗时,数召近臣为赏花钓鱼宴。朕亦欲暇日命卿等射弓,饮一两杯。'虞允文等奏:'陛下昭示恩意,得瞻近威颜,从容献纳,亦臣等幸也。'上曰:'君臣不相亲,则情不通。早朝奏事止顷刻间,岂暇详论治道,故思欲卿等从容耳。'"从此看出,赏花钓鱼的宫廷休闲活动,可谓是君臣同乐,有一定的政治亲和目的,而受邀参加的大臣,也可借此良机显露才华,以悦龙颜。

宋代宫廷歌舞也是宫廷休闲活动中必备的内容,《东京梦华录》《武林旧事》《教坊记》等对北宋、南宋的宫廷歌舞记载较详。一般情况下,每年春秋二社及圣节(皇帝生日),宫廷之中设宴,皇帝升御座,宰相进酒,然后筚篥音乐吹奏,其他乐工和奏,然后君臣相次饮酒。小儿队舞,女弟子队舞,并致辞以述皇帝美德。其间还可以有百戏、杂剧等上演,可谓热闹非凡。

在这样的宫廷歌舞中,队舞往往被固定安排在宴飨的高潮之处,是最为华丽、精彩的一项艺术形式,参演人数也是最多。根据《宋书·乐志》记载,队舞中"小儿队"有72人,"女弟子队"则有153人,每类又分为十个独立的队舞,这就比唐代宫廷队舞的规模更大了。另外这种宫廷休闲形式相较以往也更为规范有序。例如融诗歌、念白、队舞和故事情节于一体的"大曲歌舞"。这种舞蹈同队舞一样,除了人数众多之外,还有有较为明确的角色的分工与名号,如手执竹竿、指挥舞队上下场并念诵致辞的人叫"竹竿子",类似节目主持者;"竹竿子"又叫"参军色",在表演时,引导舞队上场叫"勾队",表演完毕,招呼舞队退场叫"遣队"或"放队";舞队后面的乐队叫"后行";独舞演员叫"花心",与"竹竿子"有台词对白等。

宫廷休闲活动中最有两宋皇帝个人色彩的便是御画的欣赏与创作。宋代是中国宫廷绘画的鼎盛时期,画院规模宏大,创作水平高。绘画的主题由政治教化越来越转向了以纯为欣赏为主的花鸟山水画。这其中转变的很大一个原因便是宋代皇帝的身体力行积极参与。宋徽宗还特设立画学选拔培养绘画之士。可以说,在整个宋代,大多数皇帝都是绘画好手,其绘画的兴趣与天分都是一流的。如宋仁宗、宋神宗、宋徽宗、宋高宗、宋宁宗等。特别是宋徽宗,对绘画更是痴迷,且自身有很高深的绘画修养与技巧。因此,不难理解宋代大多数皇帝将欣赏与创作绘画作为其宫廷休闲非常高雅的活动之一。例如宋太宗即诏令宫廷画师到各地搜寻名画古迹,藏之于天章、龙图、宝文三阁,以及后苑。每年夏天都会晒画,召集近臣宴集观赏,被称为一时之盛。

宋徽宗赵佶的工笔花鸟名擅天下,他曾说:"朕万机余暇,别无他好,惟好画耳!"(《画继》卷一)他每有新作就喜令群臣欣赏。政和五年(1115)赵佶赐宰臣宴琼林,"且以《龙翔潋鹋图》并题序宣示群臣,凡预燕者皆起立环视,无不仰圣文,睹奎画,赞叹呼天下至神至精"。《画继》卷一)在群臣赏览御画时,宋徽宗也会将自己的画作赐予群臣。

除了自己勤奋作画,徽宗更是常命画院待诏作画,并会于其间进行品评优劣,也进行技艺的点拨。《画继》卷一〇"杂说论近"记:

> 徽宗建龙德宫成,命待诏图画宫中屏壁,皆极一时之选。上来幸,一无所称,独顾壶中殿前柱廊拱眼斜枝月季花,问画者为谁?实少年新进。上喜,赐绯,褒锡甚宠,皆莫测其故。近侍尝请于上,上曰:"月季鲜有能画者,盖四时朝暮,花、蕊、叶皆不同,此作春时日中者,无毫发差,故厚赏之。"

> 宣和殿前植荔枝,皆结实,喜动天颜。偶孔雀在其下,亟召画院众史令图之,各极其思,华彩灿然,但孔雀欲升藤墩,先举右脚。上曰:"未也。"众史愕然莫测。后数日再呼问之,不知所对,则降旨曰:"孔雀升高,必先举左。"众史骇服。

而到了南宋,特别是宋高宗、宋理宗等帝,朝廷偏安一隅,加上内忧外患频仍,宫廷画风多了些历史故事画以及民间风俗画等功利性的创作,以示宫廷敦化政教,关心民间疾苦的倾向。然而无论北宋还是南宋,宫廷绘画最主要的目的还是为了皇族愉悦生活,代表闲暇娱乐的宫廷花鸟画依然是创作的主流形态,并得到了很大的发展。宋代御画终因其鲜明的玩赏性以及皇帝的亲身参与,成为宋朝宫廷休闲文化中重要的内容之一。

在宋代宫廷休闲文化中,瓷器作为器物休闲的一种,尤为重要。因为在宫廷诸多休闲活动如饮酒、品茗、宴会、祭祀等场合,瓷器都是不可缺少的一个元素。宋代瓷器不仅仅是在制作工艺上精妙纯熟,它更融入了宋代士人独有的精神文化意蕴,这使得宋瓷成为古代瓷器史一个难以逾越的顶峰。宋代瓷器的代表来自汝窑、官窑、哥窑,其中所生产的瓷器大部分流入宫廷,民间也有出售。它成为点缀在宋代宫廷休闲活动中的奇葩。其审美特征自然朴素,却透露着典雅的庙堂之气;淡泊之中又有着温润如玉之美。其器型、线条、釉色晶莹柔和,厚重内敛,真可谓是宋代宫廷审美的典范代表,也是宋代审美人文精神的凝固与浓缩。

宋代宫廷休闲是宋代宫廷美学的重要组成部分,它表现出的特征就是奢、雅。宋代宫廷休闲活动之奢,是宫廷休闲的一个共性。不仅宋代宫廷如此,其他朝代莫不例外。由于宋代经济基础雄厚,帝国偏安一隅的心态,使得宋代宫廷除了在少数几个皇帝在位期间厉行节俭之外,大多数时期都是奢华的。"今陛下恭俭于上,而左右近习与夫贵戚之家第宅池馆穷极华美,田园邸舍连亘阡陌,此固不能使人之无疑也。"(南宋王应辰《应诏陈言兵食事宜》)所谓陛下恭俭于上,也定是当时客套之语。据有学者研究,宋代的宫廷费用是十分惊人的,宋仁宗作为宋代为数不多厉行节俭的皇帝,在位期间,知谏院披露:"今御宝凭由司、内东门札子取诸库犀玉、金银、钱帛,一岁取三百万贯。但有入内之名,不知所用之处。"(《诸臣奏议》卷二九)苏轼也曾发出"后宫之费,不下一敌国"(《御试制科策》)的感叹。

到了宋真宗时期,甚至直接鼓励臣下歆享太平,与臣下"以声妓自娱"相互劝勉,并为宰相王文正置办歌妓等,以尽情享乐:

> 真宗临御岁久,中外无虞,与群臣燕语,或劝以声妓自娱。王文正公性俭约,初无姬侍。其家以二直省官治钱,上使内东门司呼二人者,责限为相公买妾,仍赐银三千两。二人归以告公,公不乐,然难逆上旨,遂听之。盖公自是始衰,数岁而捐馆。(苏辙《龙川别志》)

自真宗开启奢侈之风后,宋代几乎没有哪个皇帝能够改此潮流。继真宗之后继位的仁宗是宋代有名的抑奢崇俭之君。他曾试图努力抑制奢侈靡费之风。如王栐《燕翼诒谋录》记载:

> 仁宗明道二年正月癸未,诏册宝法物凡用金者,并改用银,而以金涂之。自此十省其九,至今惟宝用金,余皆金涂也。
>
> 仁宗继统,以俭朴躬行,于庆历二年五月戊辰,申严其禁,上自

宫掖，悉皆屏绝，臣庶之家，犯者必置于法。然议者犹有憾，以为有未至焉。自是而后，此意泯矣。

仁宗的抑奢努力并未能从根本上改变真宗时在朝野上下刮起的崇奢尚靡之风，奢侈华贵已经成为宫廷社会群体的普遍追求。

宋代宫廷休闲的奢侈之风影响了宋代社会越来越注重享乐的风气，尤其是在商业经济发展较为充分的城市，如杭州、苏州、扬州等地，市民休闲文化的高涨，竞相奢华，遨游无已的现象也与宫廷休闲的豪奢不无关联。熙宁九年十月，时为监察御史里行的彭汝砺《上神宗论以质厚德礼示人回天下之俗》云："臣观四方之人，其语言态度短长巧拙，必问京师如何，不同则以为鄙焉；凡京师之物，其衣服器用浅深阔狭，必问宫中如何，不同则以为野焉。"

宋代宫廷休闲文化的另一特征是雅。两宋是宫廷文化与士人文化空前融合的时期。宋代统治者崇文抑武，大量起用文人从政，皇帝周围聚集了当时最为优秀的文人士子，这在客观上使得宫廷能够直接受到文人士子审美情趣的影响。另外，宋代统治者也多好文艺，能够自觉地学习和发扬文人的艺术精神。例如宋太祖本是武将出身，但"晚好读书"；以后的宋代皇帝也多具有很高的士大夫文化修养，如"太宗当天下无事，留意艺文，而琴棋皆造极品"（《石林燕语》卷八）。宋徽宗绘画书法皆令士人赞叹，他所建造的艮岳等皇家园林亦常追慕武陵、桃园之景致，大量借鉴士人园林的造园风格与意境。宋代画院绘画风格中越来越多地融入士大夫阶层特有的情趣，也是在这一背景下产生的。[1] 反过来，宫廷休闲中的尚文风气，崇雅的气质，审美的趣味，也对士人阶层以及民间的休闲文化产生了影响。例如鉴赏收藏文玩之风就是因北宋末年徽宗的热衷而在士人中也越来越炽盛。绘画领域，由于皇帝对山水画的认可与欣赏，南宋更多画家从事山水画创作（包括一些画院画家），宋代的山水画

---

[1] 士大夫文化体系与宫廷文化的融合情况，参看王毅《中国园林文化史》，第 449 页，上海：上海人民出版社，2004 年。

成就在南宋达到顶峰。这期间，宋徽宗等皇帝的审美趣味，一定程度上决定了作为主流画派的画院绘画的审美走向。因此可以说，宋代宫廷休闲文化与士大夫文化之间是相互融合，相映成趣的。

二、市民美学与大众休闲文化

根据著名的法国思想家丹纳的美学理论，一个时代精神气候或者民俗文化会直接影响这个时代的审美风格。宋代士人审美文化的休闲特征（包括艺术审美的休闲化、日常生活的休闲化），不是凭空就形成的，它有其产生的文化土壤。这个土壤就是宋代如火如荼、热闹非凡的市民休闲文化。

包括内藤湖南、麦克尼尔等人在内的史学家认为宋代是中国近代史的开端，其主要依据是宋代商业经济的发达以及随之带来的城市的繁荣。宋代城市的发展，必然会形成拥有大量物质财富及闲暇时间的市民阶层。这一阶层的文化具有鲜明的都市文化的特征，即不仅其物质财富比传统的农村丰富，更重要的是其具备适合这一群体独特的价值取向和意志品质的内在因素。在商品经济繁荣的刺激下，市民阶层的情感欲望获得空前的解放，纵情声色，流连湖山，遨游市井，渐渐成为一时民众风尚。而宋代大量市民文艺的兴起与繁荣，正是迎合了宋代这一情感解放的潮流。

市民休闲娱乐也与士大夫为首的官员阶层的积极推动有关。上文提到宋代士大夫开始重视休闲对于士人的重要性，同时也将闲提到人生本体的重要地位。同样的，宋代士人市民百姓，各行各业都有休闲的基本权利，休闲之情被认可为正当的：

> 夫官之修职，农之服田，工之治器，商之通货，早暮汲汲以忧其业，皆所以奉助公上而养其室家。当良辰佳节，岂无一日之适以休其心乎！孔子曰："百日之蜡，一日之泽。"子贡且犹不知，况私而自利者哉！（韩琦《定州众春园记》）

> 人之情,久居劳苦则体勤而事怠,过佚则志荒而功废,此必然之
> 理也。善为劝者节其劳佚,使之谨治其业,而不失休游和乐之适,斯
> 有方矣。(田况《浣花亭记》)

当时社会的休闲文化风潮也与宋代承平日久,相对和平稳定的大环
境有关:"宋有天命,武废不兴。元元白首衣食于里闾畎亩,而观游之乐
能侈于今日者,四圣之泽浸灌百年之深。"(王安国《池轩记》)正所谓
"上下给足,而东南六路之人无辛苦愁怨之声,然后休其余闲"(欧阳修
《真州东园记》)。

下面看一下宋代市民审美文化的休闲娱乐特质。

首先,宋代的市民审美文化本质上是一种消费文化。宋代市民消费
特点是服务性消费占有很大的比重,精神性消费也作为一种社会风尚流
行起来。著名宋史学家漆侠曾指出:"我国古代城市发展服务性行业大
于生产性行业,消费的意义大于生产的意义。"①宋代城市中服务性行业
数量规模都空前壮大,且服务质量也有很大的提高,诸如酒店、茶肆、青
楼妓院等等。就酒店行业而言,宋代是饮酒风气颇重的时代,酒店的经
营布置别具匠心,提高了饮酒休闲的质量,如:

> 诸酒店必有厅院,廊庑掩映,排列小阁子,吊窗花竹,各垂幕帘,
> 命妓歌笑,各得稳便。(孟元老《东京梦华录》卷二《饮食果子》)

随着城市商品经济的繁荣,宋代社会弥漫起一股奢侈之风,李觏曾
指出:"今也民间淫侈亡度,以奇相耀,以新相夸。"(《李直讲文集·富国
策第四》)这种奢侈之风直接导致了宋代服务性消费行业的发达。表现
为青楼妓院、茶楼酒肆密布林立,瓦舍勾栏也遍布各地。这些行业的发
展又促进了包括饮食、娱乐、文化等消费市场的繁荣。这种消费业的发
展,使得整个社会充满了诗酒宴饮、娱情适性的情调。社会各个阶层都
沉浸在奢靡风尚之中,世俗休闲的享乐活动成为时人的共同嗜好。

---

① 漆侠:《宋代经济史》,第 946 页。

其次,宋代市民审美文化集中表现在以口语性与形体技能性为主要特征的娱乐表演活动上。由于城市都会经济的兴盛,与诗词绘画这种高雅文学艺术亲近日常生活现象相对应的,是底层世俗文学的繁荣。这里面就有诸宫调、杂剧、话本小说、宋平话等。这类世俗文学不同于六朝志怪与唐人小说,常以鬼怪神奇、瑰丽辞藻等获取精英上层人物的阅读,宋代俗文学则是将逼真的现实生活搬上表演的舞台,即便是对历史故事的演绎,也多立足当下生活中一般受众的情趣水平来组织情节与人物性格的刻画。例如:

> 说国贼怀奸从佞,遣愚夫等辈生嗔;说忠臣负屈衔冤,铁心肠也须下泪。讲鬼怪,令羽士心寒胆战;论闺怨,遣佳人绿惨红愁。说人头厮挺,令羽士快心,言两阵对圆,使雄夫壮志。(《新编醉翁谈录》卷之一)

在民间艺术家的倾情渲染演绎之下,听众也会喜怒随之,非常地投入。如此贴近市民、贴近生活的艺术形式只有到了宋代才出现。正是这种文学的繁荣,迎合并推动了宋代城市休闲文化的勃兴,甚至受到了文人士大夫的普遍关注与参与。

市民文艺活动丰富多彩,形式多样化,令人目不暇接。例如以说唱为主的说话、诨话、弹唱;有以叙述故事为主的表演活动,如诸宫调、杂居、杂扮等;有以杂技为主的表演活动,如杂手艺、口技等;还有以竞赛为主的表演活动,如相扑、商迷、蹴鞠等。这其中有很多都是在勾栏瓦舍这样的专门的表演场所进行的。

勾栏瓦舍是宋代出现的典型的民间休闲娱乐场所。宋人吴自牧认为:"瓦舍者,谓其'来时瓦合,去时瓦解'之义,易聚易散也。不知起于何时。顷者京师甚为士庶放荡不羁之所,亦为子弟流连破坏之门。"(《梦粱录》外四种)这是一种城市市民娱乐聚会的休闲空间,来去自由,并带有狂欢的性质。两宋瓦舍最为繁盛的就是北宋都城开封与南宋都城临安。开封城内瓦舍至少有九处,而临安的瓦舍最多,到南宋中后期的时候,那里的瓦舍已达 20 多所,可见其盛。勾栏就是瓦舍之内各种类型的表演场地,是瓦舍组成的基本单元,又叫勾肆、构栏、游棚、腰棚、乐棚。宋代的勾栏瓦舍是典型的休闲娱乐的场所,表现在拥有固定的演员队伍;演出不受时间限制,不受气候影响;硬件设备完善。瓦舍构栏的设计能够充分地满足各种休闲活动的需求。另外,作为休闲娱乐场所,里面的表演没有宫廷演出的清规戒律,满足市民娱乐口味,表演的风格也自由灵活。除了一些表演娱乐活动,还附带经营饮食、茶水、妓馆等。这使得勾栏瓦舍成为宋代市民阶层利用闲暇时间进行休闲娱乐的主要场所。

再次,宋代市民文化的休闲元素更多地还体现在每年大量的节日民俗中。节日往往是从日常生活脱离出来,过一段充满神性或者某种意义的时间。著名休闲哲学家皮珀指出:"闲暇真正的核心所在是节日庆典。"①因此我们从宋代丰富的节日民俗中能看到宋代休闲风尚的热烈。南宋末年文天祥记载了当时元宵节的节日休闲状况:

> 岁正月十五,衡州张灯火,合乐,宴宪僚于庭。州之士女倾城来观,或累数舍,竭蹶而至。凡公府供张所在,听其往来,一无所禁,盖习俗然也……及献酬,州民为百戏之舞,击鼓吹笛,斓斑而前,或蒙倛焉,极其偃野,以为乐。游者益自外至,不可复次序。妇女有老而秃者,有羸无齿者,有伛偻而相携者,冠者……有自相笑语者,有甲笑乙者,有倾堂笑者,有无所睹随人笑者……(《衡州上元记》)

词人辛弃疾在《青玉案·元夕》中写道:"东风夜放花千树。更吹落、星如雨。宝马雕车香满路。凤箫声动,玉壶光转,一夜鱼龙舞。蛾儿雪柳黄金缕。"描写了当时元宵节灯会的热闹场景。

另外如中秋节。宋代中秋节有拜月的习俗,据金盈之《醉翁谈录》卷四记载:"中秋,京师赏月之会,异于他郡。倾城人家子女,不以贫富,能自行至十二三,皆以成人之服饰之。登楼或在中庭拜月,各有所期:男则

---

① [德]皮珀:《闲暇:文化的基础》,第 63 页,北京:新星出版社,2005 年。

愿早步蟾宫,高攀仙桂。女则愿貌似常娥,颜如皓月。"

最后,再来看一下宋代市民阶层休闲文化的特征。其一,宋代市民阶层休闲活动体现出一种"狂欢"的性质。例如:

> 今杭城元宵之际……舞队自去岁冬至日,便呈行放。遇夜,官府支散钱酒犒之。元夕之时,自十四为始……姑以舞队言之,如清音、遏云、掉刀、鲍老……各社,不下数十。更有乔宅眷、旱龙船、踢灯……府第中有家乐儿童,亦各动笙簧琴瑟,清音嘹亮,最可人听,拦街嬉耍,竟夕不眠。更兼家家灯火,处处管弦……至十六夜收灯,舞队方散。(《梦粱录》卷一,"元宵")

> 都城自旧岁冬孟驾回,则已有乘肩小女、鼓吹舞绾者数十队……三桥等处,客邸最盛,舞者往来最多。每夕楼灯初上,则箫鼓已纷然自献于下……至节后,渐有大队如四国朝、傀儡、杵歌之类,日趋于盛,其多至数十百队……终夕天街鼓吹不绝。都民士女,罗绮如云,盖无夕不然也。至五夜,则京尹乘小提轿,诸舞队次第簇拥前后,连亘十余里,锦绣填委,箫鼓振作,耳目不暇给……翠帘销幕,绛烛笼纱,遍呈舞队,密拥歌姬,绝管清亢,新声交奏,戏具纷婴,鬻歌售艺者,纷然而集。(《武林旧事》)

我们可以总结一下宋代市民休闲的狂欢性质。首先,狂欢的均等性。在市民的狂欢之中,没有了尊卑上下的关系,有的只是平等娱乐的生命体验。当时很多官僚大臣以及文人士大夫经常与庶民一起出入瓦舍观看演出,一起在节日里遨游享乐,所谓"士庶阗塞"的情况并不少见。这说明宋代市民在休闲娱乐的过程中,表现出一种狂欢的性质。其二,狂欢的参与性。宋代市民在参与休闲活动时,大都能积极投入,忘掉日常生活功利烦恼。例如在瓦舍听说书:

> 至说三国事,闻刘玄德败,颦蹙有出涕者;闻曹操败,即喜唱快。(苏轼《东坡志林》卷一,《怀古》)

可见当时老百姓在积极参与瓦舍听说之后所进入的一种狂欢状态。

其三,狂欢的语言,这体现在宋代说话、说诨话、笑话、说书等娱乐艺术形式上。不拘形式的狂欢语言是制造狂欢气氛和狂欢感受的关键。巴赫金认为正是这些语言充满狂欢感受,充满对官方世界的反叛。如:

> 张山人自山东入京师。以十七字作诗。著名于元祐绍圣间。至今人能道之。其词虽俚,然多颖脱,含讥讽。所至皆畏其口。争以酒食钱帛遗之。(洪迈《夷坚志》)

除了体现出狂欢化的特征,宋代市民休闲文化具备世俗化特征:宋代市民文化最突出的特点是追求感官享受的娱乐性,以满足各个阶层的、不同职业、年龄层次的不同爱好。这种文化形式令人接触后便一目了然,看完了或听完之后即能了解其全部的意义。通俗、粗野、贴近市民的生活,市民文化不但很容易得到市民的衷情与接受,成为他们生活中必要的休闲方式,放松心灵的重负。即便对深宫的帝王将相,才子佳人等鄙俗之辈,也产生了强大的吸引力,使他们不时侧身其间。

另外,与宋代市民休闲文化的世俗化特征相关的是这种文化形式的大众化。大众化是宋代市民文化在创作活动、传播方式上的重要特征。像市民文艺中很多形式都是在大众创作,在大众中流传,并服务大众,取悦大众的。这种来自底层的休闲形式显然与精英式的士人文化不一样。士人的休闲文化讲究高雅脱俗,并会极力强调士人的个性特色。而市民文化的大众化则要求这种文化要体现共性,通俗易懂。

最后,宋代市民休闲文化也体现出市场化的特征。这是说宋代市民休闲文化活动与市场联系紧密。在东京、临安的交通工具已经有了出租行业,市民出去游玩都可以租赁,如东京池苑内有"假赁大小船子,许士庶游赏,其价有差"(《东京梦华录》卷七);临安"若四时游玩,大小船只,雇价无虚日"(吴自牧《梦粱录》卷一二)。另外像在文化娱乐市场,其市场气息同样浓郁。演艺行业成为极为赚钱的资本市场,民间艺人也就成为很重要的市场资源提供者,他们的收入也就非常可观。于是东京:"中下之户不重生男,生女则爱护如捧璧擎珠",稍大即"随其姿质,教以艺业。"(洪巽《旸谷漫录》,《说郛》卷七三)从而挣钱为生。

宋代如火如荼的市民文化发展到了非常高的程度,市民文艺多姿多彩,有着消遣娱乐的特征。市民文化的这种鲜明的休闲特征,是宋代休闲美学得以形成的温床。两宋自然审美、艺术审美、工艺审美等所表现出的亲近世俗、娱乐化的审美特征与市民休闲文化的繁荣有很大的关系。同时宋代美学又追求化俗为雅,追求高逸韵致的审美境界,也是受到来自市民文化的挑战而做出的必然反应。

宋代民间的休闲文化还对后世元明清的市民文化产生了深远的影响。特别是在元代特殊政治文化背景之下,更多的文人阶层开始游离于仕途之外,自觉地加入到市民休闲文艺的创作中。他们从两宋以来积累的众多世俗休闲文艺形式中吸取了大量的民间素材及创作灵感,而文人的广泛加入,也进一步提升了元代市民休闲活动的内涵与层次。宋代市民休闲文艺中的小说、杂剧、诸宫调等,更是在元明两代发展成为一种高度发达的时代文学形式,这不能不说是宋代市民休闲文化对后世的巨大贡献。

参考文献

一、古籍

［宋］周敦颐：《周敦颐集》，北京：中华书局，1990 年。

［宋］邵雍：《伊川击壤集》，四部丛刊本。

［宋］张载：《张载集》，北京：中华书局，1981 年。

［宋］邵伯温：《河南邵氏闻见录》，北京：中华书局，1983 年。

［宋］程颢、程颐：《二程集》，北京：中华书局，1981 年版。

［宋］苏轼：《东坡易传》，龙吟注评，长春：吉林文史出版社，2002 年。

［宋］王辟之：《渑水燕谈录》，北京：中华书局，1981 年。

［宋］何薳：《春渚纪闻》，北京：中华书局，1983 年。

［宋］张表臣：《珊瑚钩诗话》，左氏百川学海本。

［宋］任渊、史容、史季温：《山谷诗集注》，上海：上海古籍出版社，2003 年。

［宋］胡仔：《苕溪渔隐丛话》后集，北京：人民文学出版社，1984 年。

［宋］李焘：《续资治通鉴长编》，北京：中华书局，1980 年。

［宋］朱熹：《朱文公文集》，四部丛刊本。

［宋］黎靖德编：《朱子语类》清同治壬申年元书院刊本；参《朱子语类》，北京：中华书局，1986 年。

［宋］朱熹：《四书集注》，长沙：岳麓书社，1985 年。

［宋］朱熹：《诗集传》，上海：上海古籍出版社，1980 年。

［宋］朱熹：《楚辞集注》，上海：上海古籍出版社，1979 年。

［宋］朱熹：《周易本义》，北京：中国书店《新四书五经》本，1994 年。

［宋］朱熹编：《近思录》，台北：台湾商务印书馆，1986 年。

［宋］杨万里：《诚斋集》，四库丛刊初编本。

［宋］陆九渊：《陆九渊集》，北京：中华书局，1980 年。

［宋］杨简：《慈湖先生遗书》，济南：山东友谊出版社，1991 年。

［宋］陈耆卿：《嘉定赤城志》，北京：中华书局，1990 年。

［宋］刘克庄：《刘后村大全集》，四部丛刊本。

［宋］罗大经：《鹤林玉露》，北京：中华书局，1983 年。

［宋］张戒：《岁寒堂诗话》，《历代诗话续编》本，上海：上海古籍出版社，1983 年。

［宋］陈起编：《江湖后集》，文渊阁四库全书本。

［宋］葛立方：《韵语阳秋》，钦定四库全书本。

［宋］王应麟辑：《玉海》，广陵书社，2007 年。

曾枣庄、刘琳主编：《全宋文》，上海：上海古籍出版社，2006 年。

四川大学中文系编：《苏轼资料汇编》，北京：中华书局，1994 年。

［元］脱脱等：《宋史》，北京：中华书局，1997 年。

［明］王阳明：《王阳明全集》上海：上海古籍出版社，1992 年。

［明］汪珂玉：《珊瑚网书录》，适园丛书本。

《嘉靖延平府志》，四库全书本。

［清］赵翼：《二十二史札记》，上海：世界书局，1962 年。

［清］潘德舆：《养一斋诗话》，北京：中华书局，2010 年。

［清］李兆元：《十二笔舫杂录》，清道光二年刻本。

［清］刘熙载：《艺概》，上海：上海古籍出版社，1978 年。

二、今人著作

王国维：《王国维论学集》，傅杰编校，北京：中国社会科学出版社，1997 年。

梁启超：《王安石传》，天津：百花文艺出版社，2006 年。

钱穆：《朱子新学案》，台北：台湾三民书局，1972 年。

钱穆：《中国近三百年学术史》，北京：商务印书馆 1997 年。

钱穆：《中国学术思想史论丛》，台北：东大图书公司，1978 年。

钱穆：《宋史研究集》第 7 辑，台北：台湾书局，1974 年。

钱穆：《国史大纲（修订本）》，北京：商务印书馆，1996 年。

柳诒徵：《中国文化史》，北京：中国社会科学出版社，2008 年。

余英时：《宋明理学与政治文化》，桂林：广西师范大学出版社，2006 年。

贺麟：《现代西方哲学讲演集》，上海：上海人民出版社，1984 年。

赵纪彬：《赵纪彬文集》，郑州：河南人民出版社，1985 年。

陈寅恪：《金明馆丛稿二编》，上海：上海古籍出版社，1980 年。

邓广铭：《邓广铭学术论著自选集》，北京：首都师范大学出版社，1994 年。

冯友兰：《贞元六书》，华东师范大学出版社 1996 年。

林毓生：《中国意识的危机》，贵阳：贵州人民出版社，1986年。

刘伯骥：《宋代政教史》，台北：中华书局，1971年。

关履权：《两宋史论》，郑州：中州书画社，1983年。

漆侠：《宋代经济史》，上海人民出版社，1988年。

陈植锷：《北宋文化史述论》，北京：中国社会科学出版社，1992年。

冯天瑜：《中华文化史》，上海：上海人民出版社1990年。

吴晓亮主编：《宋代经济史研究》，昆明：云南大学出版社，1994年。

黄仁宇：《中国大历史》，上海：三联书店，1997年。

朱瑞熙：《辽宋西夏金社会生活史》，北京：中国社会科学出版社，1998年。

吴松弟：《中国人口史》（第三卷　辽宋金元时期），上海：复旦大学出版社，2000年。

吴晓亮主编：《宋代经济史研究》，昆明：云南大学出版社，1994年。

张世英：《哲学导论》，北京：北京大学出版社，2002年。

张立文：《朱熹思想研究》，北京：中国社会科学出版社，1994年。

蒙培元：《理学范畴系统》，北京：人民出版社，1989年。

陈俊民：《张载哲学思想及其关学学派》，北京：人民出版社1986年。

陈来：《宋明理学》，沈阳：辽宁教育出版社，1991年。

何忠礼：《南宋政治史》，北京：人民出版社，2008年。

梁绍辉：《周敦颐评传》，南京：南京大学出版社，1994年。

张健：《陆游》，台北：河洛图书出版社，1977年。

罗传奇、吴云生：《王安石教育思想研究》，1991年。

郑家栋编：《道德理想主义的重建》，北京：中国广播电视出版社1992年。

崔大华：《南宋陆学》，北京：中国社会科学出版社，1984年。

张祥浩、魏福明：《王安石评传》，南京：南京大学出版社，2006年。

邓广铭：《王安石》，上海：三联书店，1953年。

陈望衡：《越中名士文化论》，北京：人民出版社，2010年。

刘小枫：《个人信仰与文化理论》，成都：四川人民出版社，1997年。

梁思成：《中国建筑史》，天津：百花文艺出版社，1998年。

王毅：《中国园林文化史》，上海：上海人民出版社，2004年。

赵所生、薛正兴：《中国历代书院志·国朝石鼓书院志》，南京：江苏教育出版社，1995年。

朱光潜：《朱光潜全集》，合肥：安徽教育出版社，1966年。

朱光潜：《西方美学史》，北京：人民文学出版社，2002年。

宗白华：《美学散步》，上海：上海人民出版社，2005年。

郭绍虞：《中国文学批评史》，上海：上海古籍出版社，1979年。

郭绍虞校释：《沧浪诗话校释》，北京：人民文学出版社，1983年。

郭绍虞主编:《中国古典文学批评专著选辑》,北京:人民文学出版社,1962年。

郭绍虞:《宋诗话考》,北京:中华书局,1979年。

郭绍虞:《宋诗话辑佚》,北京:中华书局,1980年。

朱东润:《中国文学批评史》,上海:上海古籍出版社,2001年。

罗根泽:《中国文学批评史》第3册,北京:中华书局,1962年。

钱锺书:《宋诗选注》,北京:人民文学出版社,1958年。

钱锺书:《管锥编》,北京:中华书局,1979年。

钱锺书:《谈艺录》,北京:三联书店,2001年。

俞平伯:《读词偶得》,北京:人民文学出版社,2000年。

叶朗:《中国美学史大纲》,上海:上海人民出版社,1985年。

叶朗:《美在意象》,北京:北京大学出版社,2010年。

李泽厚:《美学三书》,合肥:安徽文艺出版社,1999年。

李泽厚:《中国古代思想史论》,北京:人民出版社,1986年。

王运熙、顾易生主编:《中国文学批评通史(宋金元卷)》,上海:上海古籍出版社,1996年。

章培恒等主编:《中国文学史》,上海:复旦大学出版社,2004年。

刘若愚:《中国的文学理论》,台北:台湾联经出版公司,1981年。

徐复观:《中国艺术精神》,沈阳:春风文艺出版社,1985年。

缪钺:《诗词散论》,西安:陕西师范大学出版社,2008年。

袁行霈主编:《中国古代文学史》,北京:高等教育出版社,2005年。

程千帆、吴新雷:《两宋文学史》,上海:上海古籍出版社,1991年。

叶嘉莹:《王国维及其文学批评》,广州:广东人民出版社1982年。

朱良志:《中国艺术的生命精神》,合肥:安徽教育出版社,1995年。

张毅:《宋代文学思想史》,北京:中华书局,2006年。

成复旺、黄保真、蔡钟翔:《中国文学理论史》,北京:北京出版社,1987年。

敏泽:《中国美学思想史》,济南:齐鲁书社,1989年。

张法:《中国美学史》,成都:四川人民出版社,2006年。

张光福:《中国美术史》,北京:知识出版社,1982年。

彭亚非:《中国正统文学观念》,北京:社会科学文献出版社,2007年。

吴功正:《宋代美学史》,南京:江苏教育出版社,2007年。

高克勤:《王安石与北宋文学研究》,上海:复旦大学出版社,2006年。

钱基博:《中国文学史》,上海:东方出版中心,2008年。

赵士林:《心学与美学》,北京:中国社会科学出版社,1992年。

潘立勇:《朱子理学美学》,北京:东方出版社,1999年。

王振复:《中国美学的文脉历程》,成都:四川人民出版社,2002年。

王小舒:《中国文学精神·宋元卷》,济南:山东教育出版社,2003年。

金学智:《中国书法美学》,南京:江苏文艺出版社,1994 年。

谢武雄:《苏洵言论及其文学研究》,台北:台湾文史哲出版社 1981 年。

冷成金:《苏轼的哲学观与文艺观》,北京:学苑出版社,2003 年。

刘墨:《中国画论与中国美学》,北京:人民美术出版社,2003 年。

周裕锴:《宋代诗学通论》,上海:上海古籍出版社,2007 年。

程千帆、程章灿:《程氏汉语文学通史》,沈阳:辽海出版社,1999 年。

周汝昌选注:《杨万里选集》,上海:中华书局,1962 年。

陶文鹏、韦凤娟主编:《灵境诗心——中国古代山水诗史》,南京:凤凰出版社,2004 年。

程杰:《宋诗学导论》,天津:天津人民出版社,1999 年。

陶文鹏、韦凤娟主编:《灵境诗心——中国古代山水诗史》,南京:凤凰出版社,2004 年。

张惠民:《宋代词学审美理想》,北京:人民文学出版社,1995 年。

张再林:《中唐——北宋士风与词风研究》,北京:人民文学出版社,2005 年。

周惠泉:《金代文学学发凡》,长春:东北师范大学出版社,1994 年。

胡传志:《金代文学研究》,合肥:安徽大学出版社,2000 年。

陶然:《金元词通论》,上海:上海古籍出版社,2001 年。

陈传席:《山水画史话》,南京:江苏美术出版社,2001 年。

扬之水:《古诗文名物新证》,北京:紫禁城出版社,2004 年。

张再林:《中唐——北宋士风与词风研究》,北京:人民文学出版社,2005 年。

雍繁星等编:《20 世纪中国文学研究论文选·宋代卷》,北京:社会科学文献出版社,2010 年。

黄君主编:《黄庭坚研究论文选》,南昌:江西教育出版社,2005 年。

三、外国著作

[日]三浦藤作:《中国伦理学史》,张宗元、林科棠译,北京:商务印书馆,1926 年。

[日]佐野袈裟美:《中国历史教程》刘惠之、刘希宁译,上海:读书出版社,1939 年。

[日]和田清:《中国史概说》,北京:商务印书馆,1964 年。

[日]青木正儿:《中国文学概说》,隋树森译,重庆:重庆出版社,1982 年。

[日]今道友信:《关于爱和美的哲学思考》,王永丽、周浙平译,上海:三联书店,2003 年。

[韩]李致洙:《陆游诗研究》,台北:文史哲出版社,1991 年。

[美]宇文所安:《中国中世纪的终结:中唐文学文化论集》,北京:三联书店,2006 年。

[美]施坚雅:《中华帝国晚期的城市》,叶光庭等译,北京:中华书局,2000 年。

〔美〕费正清、赖肖尔:《中国:传统与变革》,陈仲丹等译,南京:江苏人民出版社,2012年。

〔美〕包弼德:《斯文:唐宋思想的转型》,南京:江苏人民出版社,2000年。

〔荷兰〕约翰·赫伊津哈:《游戏的人》,多人译,杭州:中国美术学院出版社,1996年。

〔德〕皮珀:《闲暇:文化的基础》,北京:新星出版社,2005年。

〔德〕伽达默尔:《真理与方法》,洪汉鼎译,上海:上海译文出版,2004年。

〔法〕谢和耐:《南宋社会生活史》,台北:中国文化大学出版社,1982年。

孙周兴选编:《海德格尔选集》,上海:三联书店,1996年。

索　引

本卷分工：

本卷由潘立勇拟定提纲、统稿。

潘立勇　第一、四章，第七章第一节。

陆庆祥　第三章，第五章第一、二、三节，第七章第二、三、四节。

章辉　第二章，第四章第四节，第五章第四节，第六章第四、五节。

吴树波　第六章第一、二、三节。

其中第七章第一节有关休闲文化的论述参考了章辉博士提供的材料；第四章第三节有关陆象山心学美学智慧的论述，参考了潘立勇指导的王煦博士学位论文的相关内容。